런던 홀리데이

런던 홀리데이

2023년 12월 5일 개정 2판 1쇄 펴냄

지은이 이정태 · 장인혜
발행인 김산환
책임편집 윤소영
편집 박해영
디자인 페이지제로 · 윤지영
지도 글터
펴낸 곳 꿈의지도
인쇄 다라니
종이 월드페이퍼

주소 경기도 파주시 경의로 1100, 604호
전화 070-7535-9416
팩스 031-947-1530
홈페이지 blog.naver.com/mountainfire
출판등록 2009년 10월 12일 제82호

979-11-6762-077-4-14980
979-11-86581-33-9-14980(세트)

LONDON
런던 홀리데이

이정태 · 장인혜 지음

꿈의지도

CONTENTS

LONDON BY STEP
여행 준비 & 하이라이트

STEP 01
Preview
런던을 꿈꾸다
020

STEP 02
Planning
런던을 그리다
034

LONDON BY AREA

런던 지역별 가이드

06
노팅 힐 & 나이츠브리지
340

07
캠든 & 킹스 크로스
362

08
쇼디치
388

LONDON SUBURBS BY AREA

런던 근교 가이드

prologue

당신에게 런던은 어떤 곳인가요? 빅 벤이 화려하게 빛나고 타워브리지는 템스강을 웅장하게 지키고 있죠. 영국 박물관과 내셔널 갤러리에는 전 세계에서 손꼽는 유물과 작품을 직접 눈앞에서 관람할 수 있습니다. 런던의 상징인 빨간 전화박스를 배경으로 사진을 찍고, 이층 버스를 타고 런던 곳곳을 다니며 여행자 기분을 마음껏 내볼 수도 있습니다. 런던은 정말 아름답고 멋진 도시입니다.

런던에서는 꼭 무언가를 봐야 하고 꼭 어딘가를 가야 한다는 부담을 버리고, 나에게 주어진 시간 동안 있는 그대로의 런던을 즐겨 보세요. 남을 위한, 남을 따라 하는 여행보다는 나를 위한, 나만의 여행을 만들어 보세요. 내가 정말 가고 싶은 한두 곳을 정해 먼저 가고, 나머지 일정은 날씨에 따라, 그날 기분에 따라, 마음 가는 대로 발길 닿는 대로 여행해 보세요.

날씨가 너무 좋은데 그날 꼭 가려고 했던 박물관을 가야 해서 아름다운 날씨를 포기하는 것보단 잠시 공원에 앉아 맑은 날씨를 즐기는 사람들과 함께 여유를 만끽해 보는 건 어떨까요? 길을 가다가 커피 향이 좋은 예쁜 노천카페가 있다면 잠시 들러 커피 한잔 마시며 또 하나의 즐거운 추억을 만들어 보세요. 여행 후 오랫동안 남는 건 유명한 관광지 인증사진보다도 그곳에 사는 사람들과 교류하며 그들의 문화나 생활을 체험하는 것이니까요. 곧 다가올 여행을 기대하며, 도화지에 마음껏 그림을 그리듯 즐겁게 여행 일정을 세워 보세요.

이 책은 런던 여행의 핵심적인 내용 외에도 숨은 명소들과 현지 맛집, 공원, 마켓, 예쁜 거리 등 여행자들이 더 폭넓고 여유롭게 런던을 즐길 수 있는 방법을 소개합니다. 알면 알수록, 지내면 지낼수록 더욱 사랑에 빠지는 도시 런던에서 〈런던 홀리데이〉와 함께 즐거운 추억을 많이 쌓아 가시길 바랍니다.

Special Thanks to

오랜 기간의 작업을 거쳐 〈런던 홀리데이〉가 출판될 수 있도록 도와주신 김산환 대표님, 꼼꼼함과 책임감을 가지고 큰 힘이 되어 주셨던 편집자님, 런던에 갈 수 있도록 허락해 주시고 긴 작업 기간 동안 믿고 응원해 주신 부모님, 런던에서 물심양면 도움을 준 사랑하는 내 친구들 은별, 혜원, 20년 지기 든든한 친구들 민영, 유화, 주미. 가족 같은 사랑하는 두 동생 예슬, 이슬. 멋진 런던 사진을 기꺼이 제공해 준 승수, 유진이, 예진 씨, 선욱 씨 정말 감사합니다. 그리고 정보를 제공해 준 런던 현지 호텔, 레스토랑 관계자 분들께도 감사의 마음을 전합니다.

이정태 · 장인혜

<런던 홀리데이> 100배 활용법

런던 여행 가이드로 〈런던 홀리데이〉를 선택하셨군요. '굿 초이스'입니다. 런던에서 뭘 보고, 뭘 먹고, 뭘 하고, 어디서 자야 할지 더 이상 고민하지 마세요. 친절하고 꼼꼼한 베테랑 〈런던 홀리데이〉와 함께라면 당신의 런던 여행이 완벽해집니다.

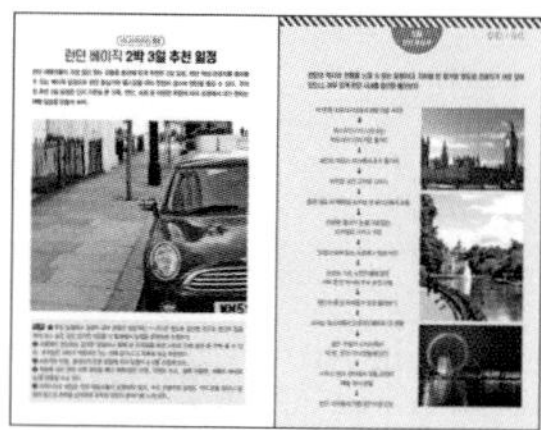

1) 런던을 꿈꾸다

❶ STEP 01 » PREVIEW를 펼쳐 여행을 위한 워밍업을 시작해보세요. 과거와 현재가 조화롭게 공존하는 세계 제1의 여행 도시 런던에서 꼭 봐야 할 것, 해야 할 것, 먹어야 할 것들을 안내 합니다. 큼직한 사진과 핵심 설명으로 여행의 밑그림을 그려보세요.

2) 여행 스타일 정하기

❷ STEP 02 » PLANNING을 보면서 여행 스타일을 정해보세요.
기본 2박 3일 일정부터 짧지만 알찬 하루 일정, 도심에서 벗어나 또 다른 런던을 즐길 수 있는 근교 여행까지, 런던을 샅샅이 파헤칠 수 있는 다양한 여행이 가능합니다.

3) 할 것, 먹을 것, 살 것 고르기

여행의 밑그림을 그렸다면 구체적으로 여행을 알차게 채워갈 단계입니다.
❸ STEP 03 » ENJOYING에서 ❹ STEP 05 » SHOPPING까지 펜과 포스트잇을 들고 꼼꼼히 체크해보세요. 무료 박물관, 보고 싶은 뮤지컬이나 클래식 공연과 뷰가 아름다운 레스토랑, 런더너들이 사랑하는 로컬 맛집 등을 찜해 놓으면 됩니다.

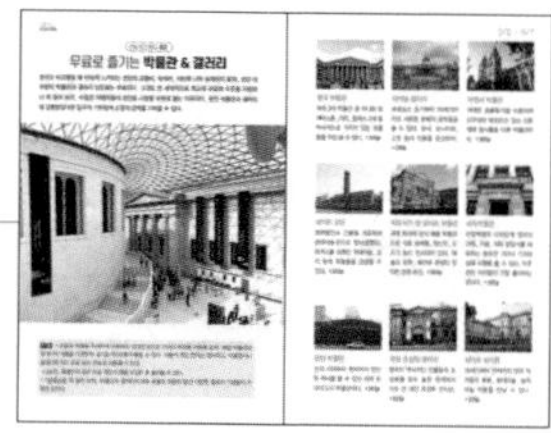

4) 숙소 정하기
여행 동선과 스타일에 맞는 숙박 시설이 무엇인지 찾아보세요. 런던에는 럭셔리 호텔부터 독특한 디자인 호텔, 실속있는 중저가 호텔, 가정집에서 머물 수 있는 B & B 등 다양한 형태의 숙소가 있습니다. ❺ STEP 06 » SLEEPING에서 확인해보세요.

5) 지역별 일정 짜기
여행의 콘셉트와 목적지를 정했다면 이제 지역별로 묶어 자세한 동선을 짜봅니다. ❻ LONDON BY AREA에 모아 놓은 런던의 구역별 명소와 레스토랑, 쇼핑센터 등을 보면 이동 경로를 짜는 것이 수월해집니다.
❼ LONDON SUBURBS BY AREA의 근교 여행지들도 놓치지 마세요.

6) D-day 미션 클리어
여행 일정까지 완성했다면 책 마지막의 ❽ 여행 준비 컨설팅을 보면서 혹시 빠뜨린 것은 없는지 챙겨보세요. 여행 80일 전부터 출발 당일까지 날짜별로 챙겨야 할 것들이 리스트 업 되어 있습니다.

7) 홀리데이와 최고의 여행 즐기기
이제 모든 여행 준비가 끝났으니 〈런던 홀리데이〉가 필요 없어진 걸까요? 여행에서 돌아올 때까지 내려놓아서는 안 돼요. 여행 일정이 틀어지거나 계획하지 않은 모험을 즐기고 싶다면 언제라도 〈런던 홀리데이〉를 펼쳐야 하니까요. 〈런던 홀리데이〉는 당신의 여행을 끝까지 책임집니다.

※ 이 책의 요금은 성인 기준, 운영 시간은 성수기를 기준으로 작성하였습니다.
※ 비수기인 동절기 기간은 운영 시간이 성수기에 비해 짧은 편이니 가기 전에 각 홈페이지에서 체크해보시길 권해드립니다.
※ 유료 관광지의 경우 홈페이지에서 예매 시 할인된 가격으로 티켓을 구매할 수 있습니다.

TAXI
AX16 OCO

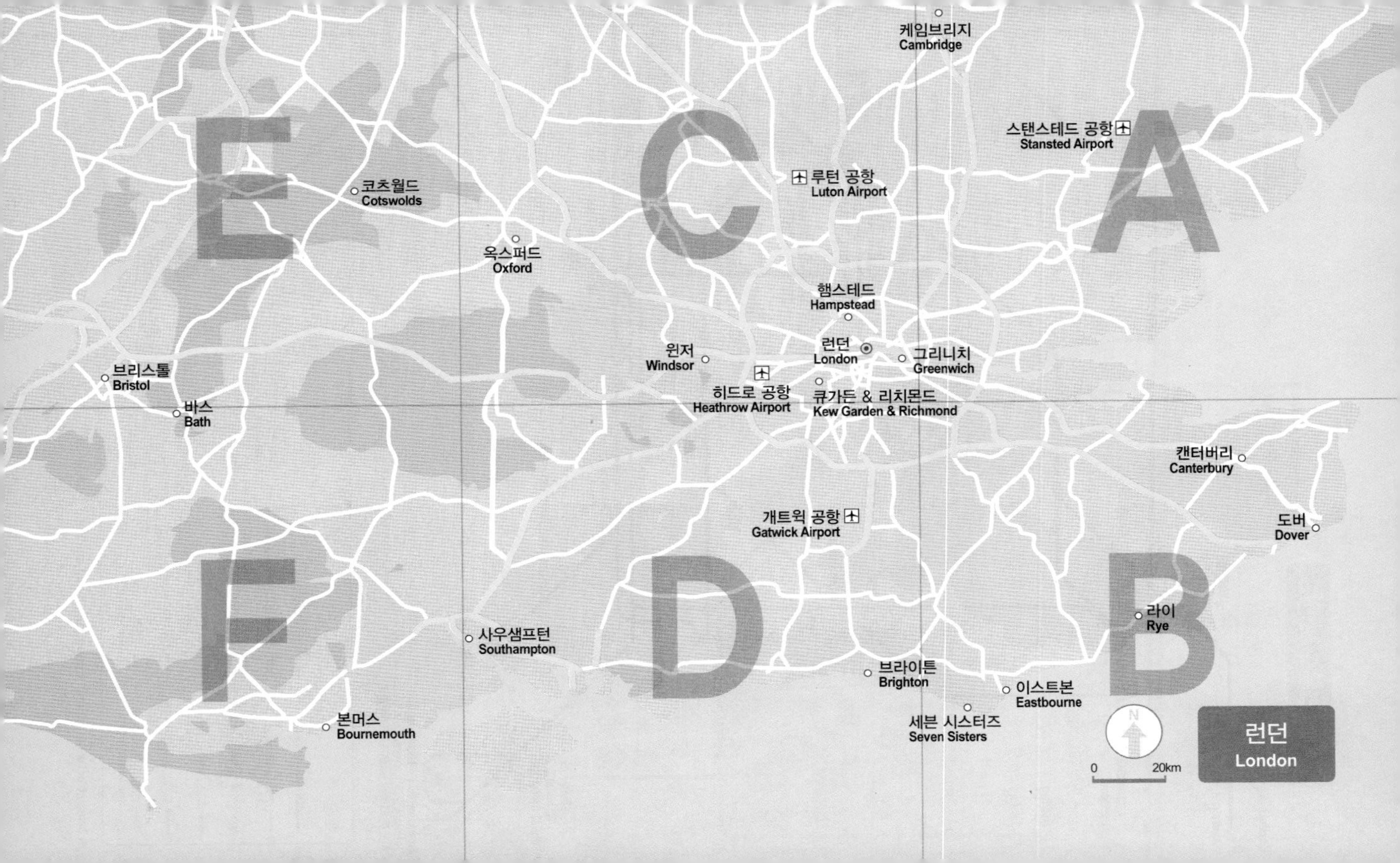
런던
London
케임브리지
Cambridge
스탠스테드 공항
Stansted Airport
루턴 공항
Luton Airport
코츠월드
Cotswolds
옥스퍼드
Oxford
햄스테드
Hampstead
윈저
Windsor
런던
London
그리니치
Greenwich
브리스톨
Bristol
히드로 공항
Heathrow Airport
큐가든 & 리치몬드
Kew Garden & Richmond
바스
Bath
캔터버리
Canterbury
개트윅 공항
Gatwick Airport
도버
Dover
라이
Rye
사우샘프턴
Southampton
브라이튼
Brighton
이스트본
Eastbourne
본머스
Bournemouth
세븐 시스터즈
Seven Sisters
A
B
C
D
E
F
N
0
20km

언더그라운드 노선도
Watford Junction
Watford High Street
Towards St Albans City and Luton Airport Parkway
Chesham
Chalfont & Latimer
Amersham
Watford
Edgware
Stanmore
Uxbridge
Reading
Twyford
Transport for London May 2023
Outside fare zones, Oyster not valid
Gospel Oak
Finchley Road & Frognal
Camden Town
South Hampstead
Finchley Road
Swiss Cottage
St John's Wood
Euston
Queen's Park
Edgware Road
Marylebone
Baker Street
베이커 스트리트
Hanger Lane
Park Royal
Edgware Road
Great Portland Street
Euston Square
Paddington
패딩턴
Bayswater
Bond Street
Oxford Circus
옥스퍼드 서커스
Ealing Broadway
White City
Shepherd's Bush
Notting Hill Gate
Leicester Square
Green Park
Wood Lane
Shepherd's Bush Market
Goldhawk Road
Hammersmith
해머스미스
Kensington (Olympia)
Barons Court
High Street Kensington
Charing Cross
차링 크로스
Acton Town
Victoria
빅토리아
Westminster
웨스트민스터
Turnham Green
South Kensington
Sloane Square
St James's Park
Earl's Court
얼스 코트
West Brompton
Waterloo
워털루
Heathrow Terminal 2, 3
히드로 터미널 2, 3
Hatton Cross
Imperial Wharf
River Thames
Richmond
Batersea Power Station
Kennington
Vauxhall
Clapham Junction
Clapham High Street
Stockwell
Clapham North
Wimbledon
Heathrow Terminal 5
히드로 터미널 5
Heathrow Terminal 4
히드로 터미널 4
Brixton
South Wimbledon
Morden
노선
버커루 Bakerloo
센트럴 Central
서클 Circle
디스트릭트 District
토, 일, 공휴일만 운행
해머스미스 & 시티 Hammersmith & City
주빌리 Jubilee
메트로폴리탄 Metropolitan
노던 Northern
피카딜리 Piccadilly
빅토리아 Victoria
워털루 & 시티 Waterloo & City
DLR
엘리자베스 라인 Elizabeth Line
오버그라운드 Overground
런던 트램 London Trams
IFS Cloud 케이블카
Thameslink
© Transport for London Correct at time of going to print, May 2023 344647-A01

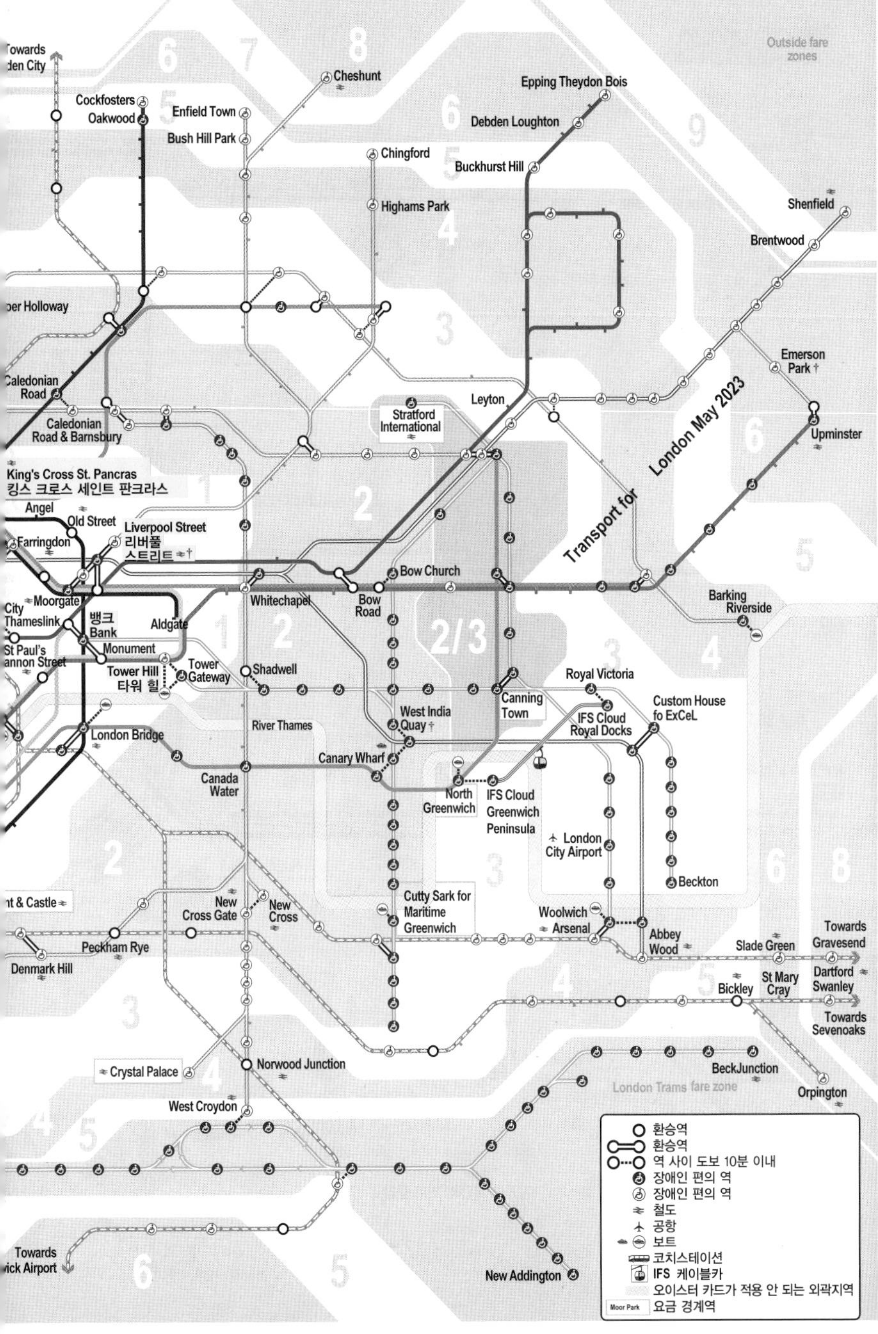

Towards
den City
Cockfosters
Oakwood
Enfield Town
Bush Hill Park
Cheshunt
Chingford
Highams Park
Epping Theydon Bois
Debden Loughton
Buckhurst Hill
Shenfield
Brentwood
Outside fare zones
per Holloway
Emerson Park
Caledonian Road
Caledonian Road & Barnsbury
Stratford International
Leyton
Transport for London May 2023
Upminster
King's Cross St. Pancras
킹스 크로스 세인트 판크라스
Angel
Old Street
Liverpool Street
리버풀 스트리트
Farringdon
Moorgate
City Thameslink
뱅크
Bank
Aldgate
Bow Church
Bow Road
Whitechapel
Barking Riverside
St Paul's
annon Street
Monument
Tower Hill
타워 힐
Tower Gateway
Shadwell
Royal Victoria
Canning Town
Custom House fo ExCeL
IFS Cloud Royal Docks
West India Quay
River Thames
London Bridge
Canary Wharf
Canada Water
North Greenwich
IFS Cloud Greenwich Peninsula
London City Airport
Beckton
nt & Castle
New Cross Gate
New Cross
Cutty Sark for Maritime Greenwich
Woolwich Arsenal
Abbey Wood
Slade Green
Towards Gravesend
Peckham Rye
Denmark Hill
Bickley
St Mary Cray
Dartford Swanley
Towards Sevenoaks
Crystal Palace
Norwood Junction
BeckJunction
London Trams fare zone
Orpington
West Croydon
Towards
wick Airport
New Addington
환승역
환승역
역 사이 도보 10분 이내
장애인 편의 역
장애인 편의 역
철도
공항
보트
코치스테이션
IFS 케이블카
오이스터 카드가 적용 안 되는 외곽지역
Moor Park
요금 경계역

버스 노선도

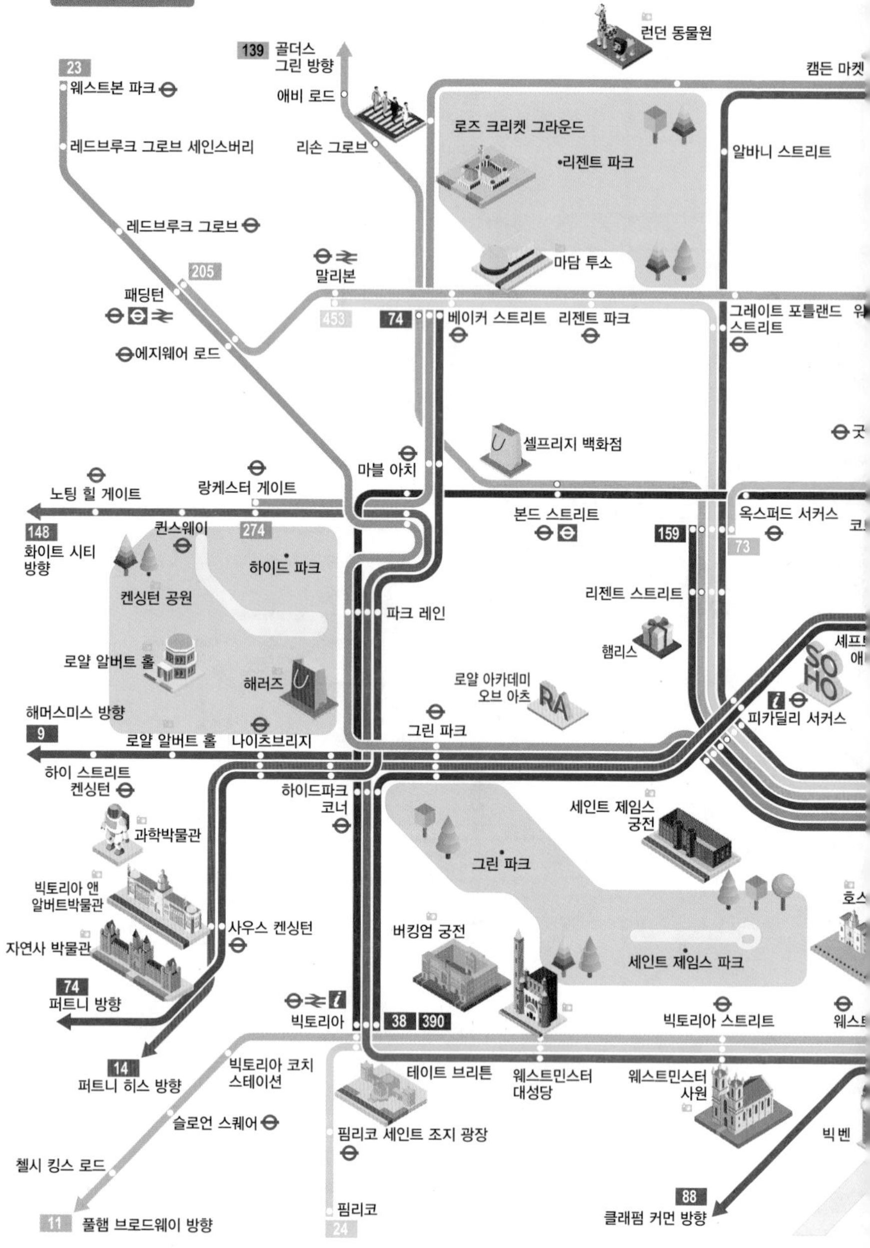

런던 동물원

캠든 마켓

139 골더스 그린 방향

23

웨스트본 파크

애비 로드

리손 그로브

로즈 크리켓 그라운드

리젠트 파크

알바니 스트리트

레드브루크 그로브 세인스버리

레드브루크 그로브

205

말리본

마담 투소

패딩턴

453

74

베이커 스트리트

리젠트 파크

그레이트 포틀랜드 스트리트

에지웨어 로드

셀프리지 백화점

마블 아치

노팅 힐 게이트

랑케스터 게이트

본드 스트리트

옥스퍼드 서커스

148 화이트 시티 방향

퀸스웨이

274

159

73

하이드 파크

켄싱턴 공원

리젠트 스트리트

파크 레인

햄리스

로얄 알버트 홀

해러즈

로얄 아카데미 오브 아츠

RA

SOHO

피카딜리 서커스

해머스미스 방향

9

그린 파크

로얄 알버트 홀

나이츠브리지

하이 스트리트 켄싱턴

하이드파크 코너

세인트 제임스 궁전

과학박물관

그린 파크

빅토리아 앤 알버트박물관

사우스 켄싱턴

버킹엄 궁전

자연사 박물관

세인트 제임스 파크

74 퍼트니 방향

빅토리아

38 390

빅토리아 스트리트

14 퍼트니 히스 방향

빅토리아 코치 스테이션

테이트 브리튼

웨스트민스터 대성당

웨스트민스터 사원

슬로언 스퀘어

핌리코 세인트 조지 광장

빅 벤

첼시 킹스 로드

88 클래펌 커먼 방향

핌리코

11 풀햄 브로드웨이 방향

24

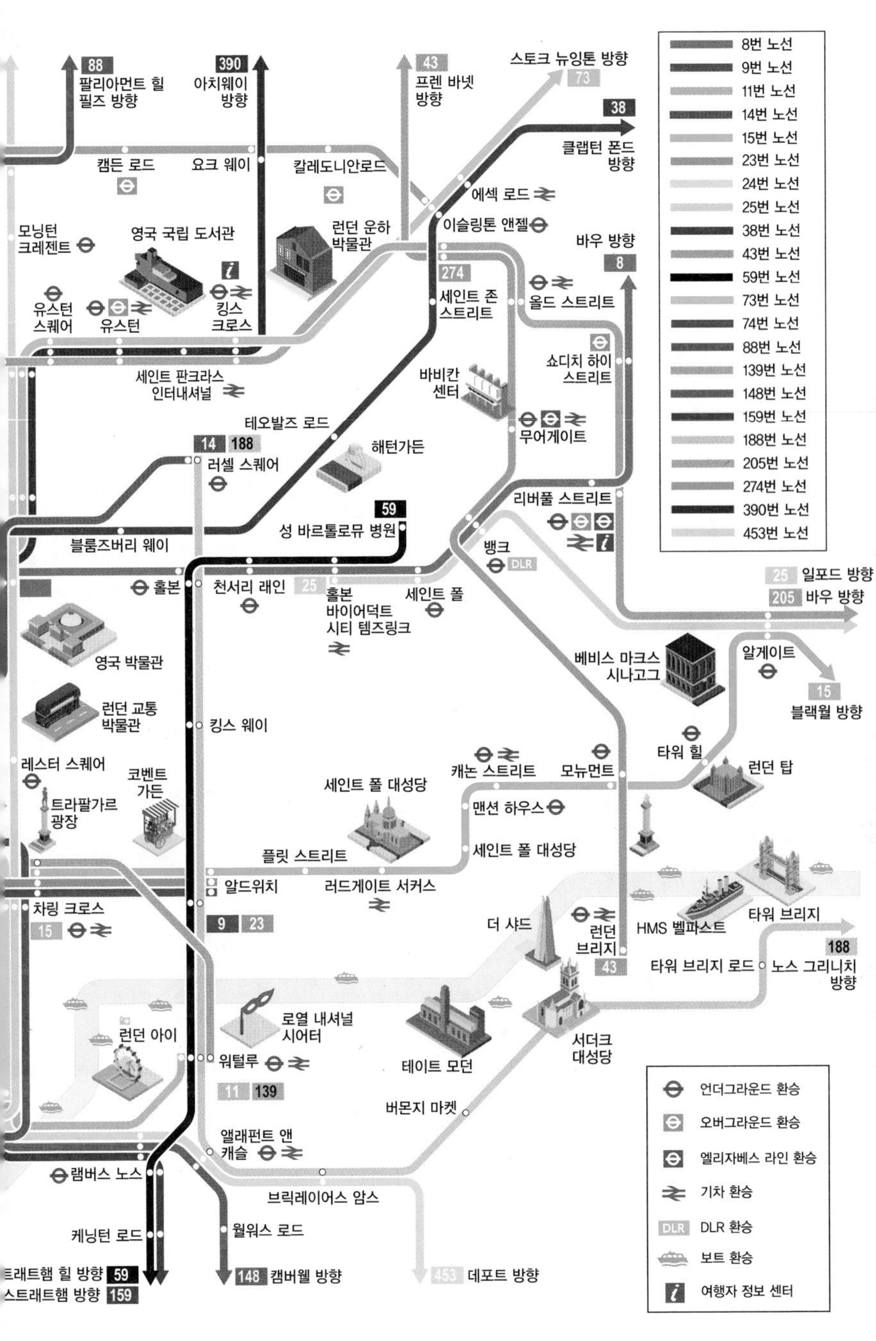

8번 노선
9번 노선
11번 노선
14번 노선
15번 노선
23번 노선
24번 노선
25번 노선
38번 노선
43번 노선
59번 노선
73번 노선
74번 노선
88번 노선
139번 노선
148번 노선
159번 노선
188번 노선
205번 노선
274번 노선
390번 노선
453번 노선
88 팔리아먼트 힐 필즈 방향
390 아치웨이 방향
43 프렌 바넷 방향
스토크 뉴잉톤 방향 73
38 클랩턴 폰드 방향
캠든 로드
요크 웨이
칼레도니안로드
에섹 로드
이슬링톤 앤젤
모닝턴 크레젠트
영국 국립 도서관
런던 운하 박물관
바우 방향 8
유스턴 스퀘어
유스턴
킹스 크로스
274
세인트 존 스트리트
올드 스트리트
쇼디치 하이 스트리트
세인트 판크라스 인터내셔널
바비칸 센터
테오발즈 로드
무어게이트
14 188
러셀 스퀘어
해턴가든
59
성 바르톨로뮤 병원
리버풀 스트리트
블룸즈버리 웨이
뱅크
DLR
홀본
천서리 래인
25
홀본 바이어덕트 시티 템즈링크
세인트 폴
25 일포드 방향
205 바우 방향
영국 박물관
베비스 마크스 시나고그
알게이트
15 블랙월 방향
런던 교통 박물관
킹스 웨이
타워 힐
레스터 스퀘어
코벤트 가든
캐논 스트리트
모뉴먼트
런던 탑
트라팔가르 광장
세인트 폴 대성당
맨션 하우스
세인트 폴 대성당
플릿 스트리트
알드위치
러드게이트 서커스
차링 크로스
15
9 23
더 샤드
런던 브리지
HMS 벨파스트
타워 브리지
188
타워 브리지 로드
노스 그리니치 방향
43
로열 내셔널 시어터
런던 아이
테이트 모던
서더크 대성당
워털루
11 139
버몬지 마켓
앨래펀트 앤 캐슬
램버스 노스
브릭레이어스 암스
케닝턴 로드
월워스 로드
트래트햄 힐 방향 59
스트래트햄 방향 159
148 캠버웰 방향
453 데포트 방향
언더그라운드 환승
오버그라운드 환승
엘리자베스 라인 환승
기차 환승
DLR DLR 환승
보트 환승
여행자 정보 센터

Step 01
Preview
런던을
꿈꾸다

03 런던 MUST EAT
04 런던 MUST BUY

PREVIEW **01**

런던 **MUST SEE**

세계 제1의 여행 도시 런던에는 다른 도시에서 느낄 수 없는 도도함과 특별함이 있다. 역사와 현대가 조화롭게 공존하는 런던에서 꼭 봐야 할 장소들.

1

빅 벤과 국회의사당

런던을 대표하는 랜드마크이자
민주주의의 시작 → **192p, 194p**

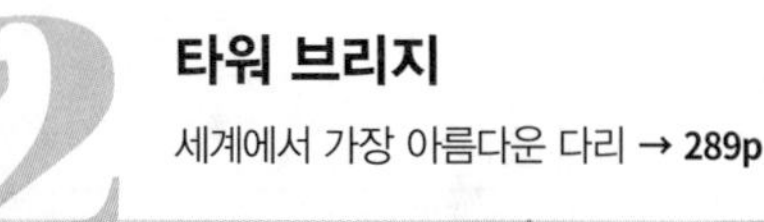

2

타워 브리지

세계에서 가장 아름다운 다리 → **289p**

3

웨스트민스터 사원

영국 군주의 대관식이 열리는
역사적인 사원 → **196p**

4

버킹엄 궁전과 근위병 교대식

영국 왕실의 위용과 웅장함을
눈앞에서~ → **198p**

5 피카딜리 서커스

역사적인 조지안 건물과 화려한 현대 광고판의 조화가 멋진 원형 교차로 → 227p

6 내셔널 갤러리와 트래펄가 광장

세계 최고 화가들의 명화를 볼 수 있는 내셔널 갤러리, 런던의 중심 트래펄가 광장 → 218p, 224p

7

세인트 폴 대성당

런던 사람들의 자부심이자
국민의 성당
→ 288p

8

영국박물관

인류 역사의 신비한 보물이
가득한 곳 → 316p

9

그리니치

세계 시간의 기준이
되는 곳
→ 404p

PREVIEW 02

런던 MUST DO

낮에는 독특한 빈티지 마켓을 구경하고, 밤에는 화려한 런던 야경에 빠져 든다. 여름에는 따스한 햇살을 받으며 공원을 산책하고, 겨울에는 반짝이는 조명에 황홀해진다. 일 년 내내 즐길 것들로 가득한 런던에서 꼭 해 봐야 할 열 가지.

1 **화려한 런던 야경 보기_** 빅 벤을 손에 잡을 수 있을 것 같은 런던 아이와 런던에서 가장 높은 빌딩인 샤드에서 바라보는 런던의 야경은 환상적이다.

3 **코벤트 가든 공연 즐기기_** 예술가들의 수준급 공연이 매일, 그것도 무료로 펼쳐진다.

4 **우아한 클래식 공연_** 최고 수준의 클래식 공연을 합리적인 가격으로 볼 수 있는 기회가 많다.

2 **감동의 웨스트엔드 뮤지컬**_ 고풍스러운 극장에 앉아 즐기는 세계 최고 수준의 뮤지컬.

5 **EPL 축구 경기 보기**_ 세계 축구 팬들의 심장이 뛰는 소리가 들리는가,
TV가 아닌 두 눈으로 직접 보는 프리미어 리그의 경기!

6 **빈티지 마켓 구경하기_** 세월의 흔적이 가득한 앤티크 제품과 세상 어디에도 없을 것 같은 독특한 빈티지 제품이 다 모여 있다.

9 **해리 포터와 셜록 만나기_** 호그와트 학교로 가는 해리 포터의 9와 3/4 승강장과 셜록의 베이커 가 221B에서 다시 한 번 드라마, 영화의 감동을 느껴보자.

7 공원에서 피크닉 즐기기_ 푸른 자연 속에서 잠시 여유를 갖고 여행의 쉼표를 즐겨 보자.

8 숨어 있는 예쁜 골목 찾아가기_ 아기자기한 카페와 상점이 있는 진짜 런던의 숨은 보석.

10 반짝이는 런던의 겨울 즐기기_ 겨울이 되면 런던은 아름다운 조명으로 물든다. 겨울에만 열리는 원더랜드와 아이스링크도 기다리고 있다.

PREVIEW **03**

런던 MUST EAT

음식이 맛없기로 유명하지만 사실 알고 보면 생각보다 '괜찮은' 영국 음식에 놀라게 될 것이다. 미쉐린 별을 받은 최고급 셰프의 메뉴부터 우아하게 즐기는 3단 애프터눈 티까지, 런던에서만 먹을 수 있는 음식들!

피시 앤 칩스 & 선데이 로스트

영국 대표 전통 요리들로 담백하고 고소한 피시 앤 칩스와 일요일마다 먹는 든든한 한 끼 선데이 로스트. → **114p**

애프터눈 티

3단 접시에 올려진 샌드위치, 스콘과 함께 즐기는 영국 홍차. 교양 있게, 매너 있게, 우아하게 오후의 차를 즐기자. → **118p**

허밍버드 베이커리

예쁜 비주얼은 물론이고 사르르 녹는 컵케이크 맛은 감동 그 자체! → **358p**

제이미 올리버와 고든 램지의 레스토랑

영국 요리의 자존심을 지키는 스타 셰프들의 최고급 요리를 맛볼 수 있는 곳.
→ 126p

버거 & 랍스터

한국인 여행자들이 가장 사랑하는 베스트 런던 맛집. 쫀득쫀득한 랍스터를 합리적인 가격에 먹을 수 있다.
→ 230p

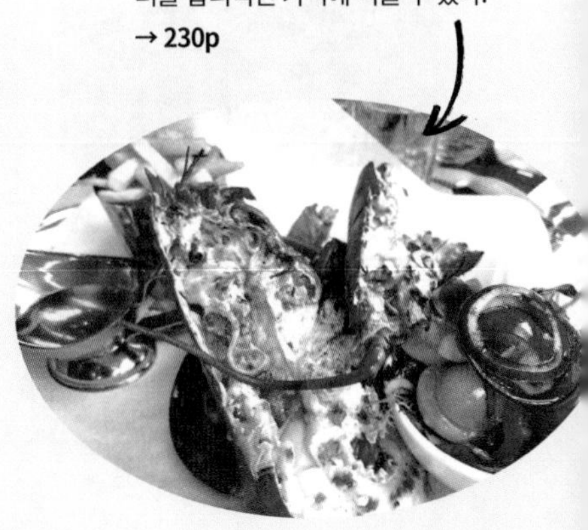

펍

런던 동네 어디에나 있는 펍에서 즐기는 시원하고 깊은 에일 맥주의 맛. → 138p

몬머스 커피

진하고 고소한 커피 향이 가득한 플랫 화이트. → 271p

홍차

런던 여행에서 절대 빼놓을 수 없는 쇼핑 아이템. 다양한 맛과 향에 더해 고급스러운 홍차 케이스가 더욱 마음을 사로잡는다.

조 말론 & 펜할리곤스 향수

여성들이 가장 써보고 싶어 하는 영국 향수 브랜드. 향 하나하나에 담긴 이야기와 테마를 알고 나면 더욱 사랑에 빠진다.

PREVIEW **04**

런던 **MUST BUY**

마트 제품

런더너들의 진짜 생활을 만날 수 있는 마트에는 품질 좋고 알찬 마트 브랜드 제품들이 많다.

그릇

식탁 위의 작은 행복을 느끼게 해주는 화사한 플라워 패턴의 예쁜 영국 그릇들.

빈티지 제품

한국에선 거의 보기 힘든 독특하고 신기한 빈티지 제품들. 브릭레인 마켓과 캠든 마켓에는 이런 빈티지 제품이 가득하다.

런던 기념품

볼 때마다 런던 여행의 추억과 감동이 떠오른다. 나를 위해서도, 지인 선물용으로도 부담 없는 아기자기한 기념품들.

세계적으로 유명한 최고 명품 브랜드부터 아기자기한 런던 기념품까지
생각만 해도 즐거운 런던의 쇼핑 타임!

버버리

영국 분위기를 제대로 느낄 수 있는 브랜드. 고유의 체크무늬와 트렌치코트는 버버리 불변의 인기 스타일.

앤티크 제품

누군가에겐 소중한 추억이었을 오래된 앤티크 제품들. 진품을 저렴한 가격에 득템할 수도 있다. 인테리어 제품으로도 손색없다.

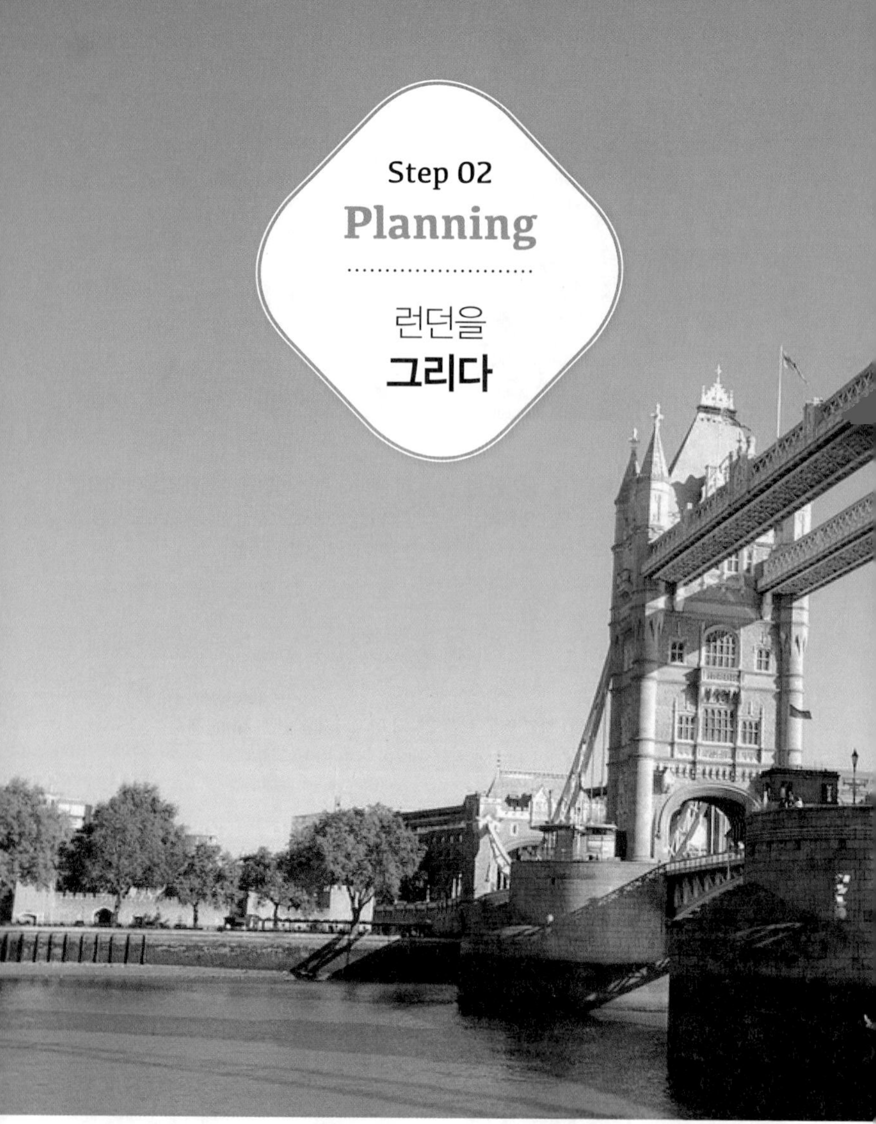

Step 02 Planning

런던을 그리다

PLANNING 01

8가지 키워드로 보는 런던

영국의 중심 Capital

런던을 가보지 않고는 영국을 보고 느꼈다고 말할 수 없다. 2천 년의 역사를 간직한 런던은 정치, 경제, 교육, 문화, 교통 등 모든 활동의 중심지이다.

무료 관광지 Attractions

세계 3대 박물관과 미술관으로 꼽히는 영국 박물관과 내셔널 갤러리를 무료로 즐길 수 있는 도시. 수준급의 관광지와 박물관을 누구나 무료로 입장할 수 있다.

쇼핑의 천국 Shopping

유럽에서 가장 핫한 쇼핑 도시 중 하나. 매년 런던 패션위크가 열리며 전 세계 패션을 선도한다. 버버리, 조 말론, 부츠, 러쉬, 폴 스미스, 전통 영국 차까지 영국 브랜드의 본점에서 즐기는 쇼핑!

영화 속 런던 Movie

로맨틱 영화의 정석인 〈노팅 힐〉, 〈러브 액추얼리〉를 비롯해 〈해리 포터〉, 〈어바웃 타임〉, 〈패딩턴〉, 〈킹스맨〉 영화의 배경이 된 곳이다. 직접 영화 배경지를 가보면 영화의 감동이 두 배.

도심 속 공원 Parks

영국 정원의 아름다움을 제대로 보여 주는 세인트 제임스 파크, 런던 시내 스카이라인을 내려다볼 수 있는 프림로즈 힐 등 다양한 공원은 런던을 즐기는 가장 아름다운 방법 중 하나.

프리미어리그 축구 Premier League Football

런던은 세계 3대 축구 리그 중 하나로 전 세계 축구팬들이 찾는 도시다. 첼시, 아스널, 토트넘 등의 경기를 보며 생생한 감동을 느껴보자. 라커룸, 프레스룸을 둘러보는 축구장 투어도 있다.

최정상 뮤지컬 West End Musical

뮤지컬의 본고장에서 즐기는 정통 뮤지컬. 〈오페라의 유령〉, 〈위키드〉, 〈맘마미아〉, 〈라이온 킹〉, 〈빌리 엘리어트〉, 〈레 미제라블〉 등 런던 극장에서 최정상 출연진들의 화려한 퍼포먼스와 사운드로 즐기는 뮤지컬의 감동!

매너의 도시 Manners Maketh Man

길을 물어보면 멈춰서 아주 쉽고 친절하게 가르쳐 주고, 뒷사람을 위해 문을 잡아 주고, "Sorry"와 "Thank you"는 필수인 런던 사람들. 런던 사람들의 배려는 런던 여행의 감동을 더 오래 간직하게 해준다.

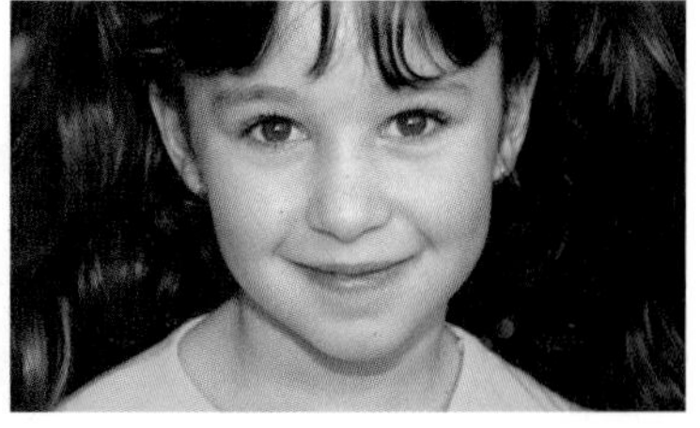

PLANNING **02**

런던 **여행 만들기**

꿈에 그리던 런던 여행, 현실이 되기 위한 첫 번째 단계는 런던 여행 일정을 짜면서 큰 방향을 잡는 것이다. 여행 일정은 개인의 기호에 따라, 기간에 따라 다르지만, 런던 지역별로 어떤 특징과 관광지가 있는지, 나에게 맞는 여행 일정 짜는 방법을 소개한다.

영국을 구성하는 네 부분

유니언잭 국기의 나라 영국United Kingdom은 잉글랜드, 스코틀랜드, 웨일즈, 노던 아일랜드 네 부분으로 나뉜다. 네 곳을 모두 통합해서 UK로 부르지만 각각 다른 민족성과 역사, 고유한 문화가 있고 이 사이에 미묘한 감정견해가 있기도 하다. 우리가 흔히 영국으로 알고 있는 잉글랜드는 UK를 구성하는 한 부분이다. 런던이 수도이며 잉글랜드 사람을 잉글리시English라고 부른다.

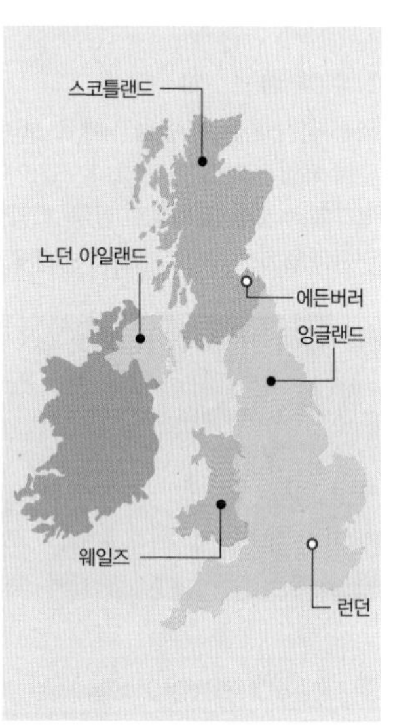

런던의 관광지역

런던은 템스강을 기준으로 북쪽 런던North London과 남쪽 런던South London으로 나뉜다. 역사적으로 템스강 북쪽을 중심으로 경제와 문화가 발달해서 대부분의 관광지는 북쪽 런던에 있다. 유적지, 공원, 쇼핑거리, 기차역 등이 북쪽에 있어 숙소를 정할 때 템스강 위쪽으로 고려하는 것이 이동하기에 좋다. 상대적으로 발전이 늦은 남쪽 런던은 관광지라기보다는 일반 런더너들의 거주지다.

여행 만들기

1. 가고 싶은 곳 나열하기

역사유적지, 갤러리, 박물관, 스트리트 마켓, 쇼핑센터, 공원, 영화와 드라마 촬영지 등 런던에는 갈 곳이 정말 많다. 하지만 한정된 여행기간 동안 다 가볼 순 없으므로 정말 내가 가고 싶은 곳이 어딘지 이 책의 'London by Area'에 나오는 관광지 소개를 참고해 미리 적어 보자.

2. 지도 잘 활용하기

런던 여행객들은 대부분 짧으면 2~3일, 길면 2주 정도를 잡고 여행한다. 그 기간에 효율적으로 여행할 수 있는 방법은 이동 시간을 최소화하는 것! 런던 지도를 펴고, 가고 싶은 곳들의 위치를 찾아 표시해 보자.

3. 동선이 가까운 것들끼리 묶기

가고 싶은 곳들을 간단하게 지도에 다 표시하면 어느 관광지가 서로 가까이 모여 있는지 한눈에 보인다. 근처에 모여 있는 것들끼리 묶어서 하루 일정으로 잡으면 동선을 최소화하고 이동 시간과 비용을 절약할 수 있다.

4. 런던 근교 여행은 하루 일정으로 잡기

런던 주변에는 런던과는 달리 여유 있는 분위기와 아름다운 자연환경을 느낄 수 있는 근교 도시들이 많다. 따라서 런던 여행 일정 중에 근교 한두 곳 정도를 다녀오는 것도 고려해 볼 수 있다. 당일로 다녀오기 좋은 근교 도시로 옥스퍼드, 캠브리지, 바스, 윈저, 라이, 브라이턴-세븐 시스터즈 등이 있다.

TIP 근교 여행 팁

❶ 런던 근교 여행은 아예 온전히 하루 일정으로 계획하자.

대부분의 런던 근교 도시는 버스나 기차로 왕복 2~4시간 정도 소요된다. 숙소에서 기차역이나 코치 스테이션까지 가는 시간을 계산하면 해당 날은 온전히 근교로만 일정을 잡는 것이 좋다.

❷ 뮤지컬이나 런던 아이는 런던 시내 관광하는 날로 예매하자.

근교 여행일 저녁 일정으로 뮤지컬이나 런던 아이의 입장권을 미리 예매하고 교통사정으로 불안해하느니 외곽여행에만 집중해서 편안한 마음으로 오는 편이 낫다. 근교 도시에서 시내로 돌아오는 버스나 기차가 도로사정에 의해 지연되어 예상 시간 내 런던에 도착하지 못할 수도 있기 때문이다. 근교 여행 후 저녁에는 템스강 산책이나 쇼핑을 하거나 펍에 갈 수 있다.

❸ 해리 포터 스튜디오, 그리니치는 반나절 이상으로 계획하자.

해리 포터 스튜디오나 그리니치도 행정 구역상 런던 안에 있긴 하지만 런던 중심가에서 왕복 1~2시간이 걸리므로 반나절 이상 할애하는 것이 좋다.

PLANNING **03**

런던 베이직 **2박 3일 추천 일정**

런던 여행객들이 가장 많이 찾는 곳들을 동선에 맞게 추천한 3일 일정. 런던 핵심 관광지를 둘러볼 수 있는 베이직 일정으로 런던 중심가와 템스강을 따라 천천히 걸으며 런던을 즐길 수 있다. 추천 3일 일정은 단지 기준일 뿐 누구와 함께 가는지, 무엇을 할 것인지에 따라 다양하게 조정해서 내가 원하는 여행 일정을 만들어 보자.

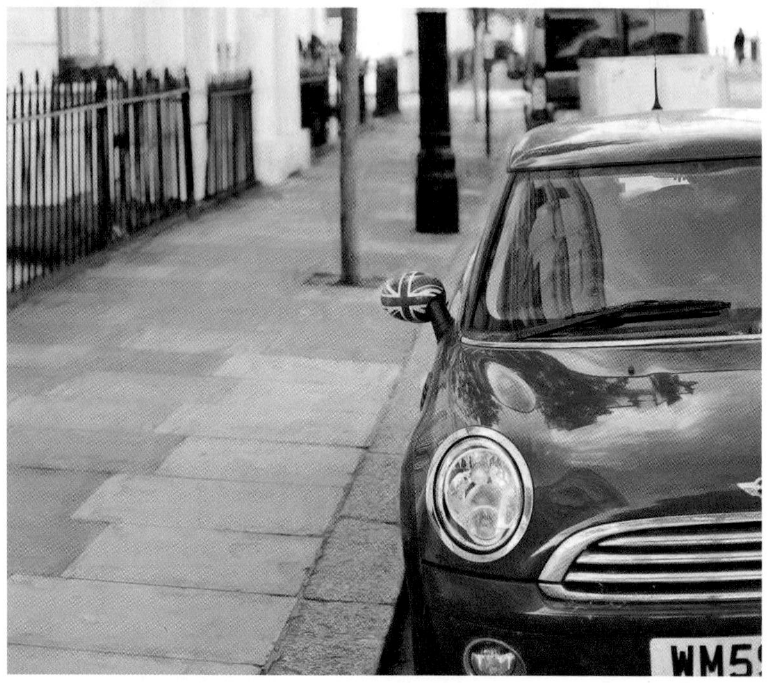

TIP ❶ 추천 일정에서 관광지 내부 관람은 대략 1~2시간 정도로 감안한 것이니 본인이 집중해서 보고 싶은 곳이 있다면 시간을 더 할애해서 일정을 유연하게 조정하자.

❷ 서울에서 런던으로 입국한 당일이나 둘째 날 뮤지컬을 보면 시차로 인해 공연 중 졸 수 있다. 뮤지컬은 시차가 적응되어 가는 셋째 날이나 그 이후에 보길 추천한다.

❸ 스트리트 마켓, 갤러리의 오픈 요일에 따라 일정의 순서를 조정해 보자.

❹ 취향에 따라 런던 서쪽 일정을 빼고 북쪽(캠든 마켓, 리젠트 파크, 셜록 박물관, 비틀즈 애비로드)을 방문해도 좋으니 참고하자.

❺ 크리스마스 당일 런던 대중교통은 운행하지 않으며, 주요 관광지와 상점도 거의 문을 닫으니 공원과 템스강 주변을 산책하며 한적한 런던의 분위기를 느껴 보자.

런던의 역사와 전통을 느낄 수 있는 일정이다. 지하철 한 정거장 정도로 관광지가 서로 모여 있으니, 여유 있게 런던 시내를 걸으며 둘러보자.

빅 벤과 국회의사당에서 런던 인증 사진!

↓

웨스트민스터 사원 또는
빅토리아 타워 가든 중 택1

↓

세인트 제임스 파크에서 호수 즐기기

↓

버킹엄 궁전 근위병 교대식

↓

영국 대표 차 백화점 포트넘 앤 메이슨에서 쇼핑

↓

전광판 광고가 눈을 사로잡는
피카딜리 서커스 구경

↓

맛집이 모여 있는 소호에서 점심 식사

↓

코벤트 가든 노천카페에 앉아
커피 한잔 마시며 무료 공연 관람

↓

런던의 중심 트래펄가 광장 둘러보기

↓

내셔널 갤러리에서 고흐의 〈해바라기〉 관람

골든 주빌리 브리지에서
빅 벤, 런던 아이 한눈에 담기

↓

사우스 뱅크 센터에서 각종 공연과
예술 전시 관람

↓

런던 아이에서 아름다운 야경 감상

2일
런던 동쪽

세계 3대 박물관인 영국 박물관을 둘러보고 템스강을 따라 걸으며 영국의 과거와 현재, 미래를 볼 수 있는 일정.

고대 이집트 미라를 눈앞에서! 영국 박물관

↓

세인트 폴 대성당 내부 관람 또는
원 뉴 체인지에서 점심 식사

↓

밀레니엄 브리지를 건너 템스강 남쪽으로 이동
테이트 모던에서 현대 미술 작품 관람
셰익스피어 글로브 극장에서
셰익스피어 연극 즐기기

↓

런던 최고의 푸드 마켓, 버로우 마켓에서
간식 먹방

↓

런던에서 가장 높은 건물,
더 샤드에서 런던 내려다보기

↓

달팽이 집 모양의 유리 건물, 런던 시청사

↓

런던에서 가장 화려한 다리, 타워 브리지 구경

↓

슬픈 역사를 간직한 런던 탑

↓

템스강 크루즈를 타고 즐기는 런던 야경

↓

숙소 근처 펍에서 즐기는
시원한 맥주 한잔과 야식!

런던 빈지티 마켓의 중심지 포토벨로 마켓과 켄싱턴 궁전, 해러즈 백화점 등 왕실 분위기를 물씬 느낄 수 있는 런던 서쪽 지역 일정. 세 곳의 주요 박물관까지 무료로 즐겨 보자.

앤티크 세상, 노팅 힐 포토벨로 마켓

↓

하이드 파크에 앉아 피크닉 즐기기

↓

켄싱턴 궁전에서 화려한 영국 왕실 엿보기

↓

영국 과학 기술의 역사를 보여 주는 과학 박물관

↓

자연사 박물관에서 공룡 만나기

↓

V&A 박물관에서 화려한 디자인 제품 관람하기

↓

해러즈 백화점 쇼핑 타임

↓

본고장에서 즐기는 감동의 뮤지컬

PLANNING **04**

짧지만 알찬 런던 **하루 일정**

09:00

빅 벤, 국회의사당, 웨스트민스터 사원 주변 관광

→

10:30

세인트 제임스 파크, 버킹엄 궁전 앞 근위병 교대식 보기

→

12:00

그린 파크를 따라 걸으며 포트넘 앤 메이슨 방문

→

19:00

런던 여행의 감동! 빅 벤과 런던 아이 주변 야경 즐기기

←

19:30

런던 여행에서 빼놓을 수 없는 웨스트엔드 뮤지컬 관람하기

←

22:00

하루를 마무리하며 숙소 근처 펍에서 시원한 생맥주 한잔 즐기기

런던 여행으로 딱 하루의 시간만 있다 하더라도 너무 슬퍼하지 말자. 하루 추천 코스로 짧지만 알차게 런던을 볼 수 있다. 개인적인 시간과 상황에 맞게 일정을 조정해서 나에게 맞는 알찬 일정을 만들어 보자. 정말 시간이 없는 이들을 위한 일정이니, 튼튼한 다리 힘과 강한 체력은 필수!

13:00

피카딜리 서커스를 지나 소호 혹은 코벤트 가든으로 이동 후 점심 식사

→

14:00

내셔널 갤러리로 이동 후 주요 대표 작품 관람하기

→

15:00

차링 크로스역 앞 버스정류소에서 15번 2층 버스 탑승

↓

15:30

세인트 폴 대성당에 내려 사진 한 장! 밀레니엄 브리지를 건너 테이트 모던까지 관람

←

17:00

템스 강변을 따라 걷거나, 테이트 모던 뒤 사우스워크 스트리트에서 381 버스 타고 타워 브리지로 이동

←

18:00

타워 브리지, 런던 탑, 샤드, 런던 시청의 야경을 즐긴 후 다시 웨스트민스터 쪽으로 이동

←

PLANNING 05

런던 반나절 여행

복잡한 런던 중심 관광지에서 30분에서 1시간 정도만 이동하면 여유롭고 평화로운 또 다른 런던을 즐길 수 있다. 하루 일정으로 근교 도시에 다녀오기 부담스러운 여행자들을 위한 런던 반나절 일정 장소들을 소개한다.

리치몬드 Richmond

런던 서남쪽 템스강 주변으로 아름다운 풍경과 여유 있는 런더너들의 삶을 느낄 수 있는 곳. 런던 왕립공원 중 가장 큰 면적을 자랑하는 리치먼드 공원에는 울타리 없이 자유롭게 다니는 사슴들을 쉽게 볼 수 있다. 봄이 되면 화려한 철쭉꽃이 공원을 수놓는 이자벨라 플랜테이션도 꼭 가봐야 할 곳.

큐 가든 Kew Garden

250년이 넘는 역사를 자랑하는 세계 제일의 왕립식물원. 유네스코 세계문화유산으로 지정되었다. 정원 역사에 관련된 작품과 자료들을 보유하고 있으며 세계 식물학에 많은 기여를 했다. 자체만으로도 아름다운 식물과 정원예술가들의 작품에서 영국 사람들의 식물에 대한 애정이 느껴진다.

햄튼 코트 Hampton Court

런던 서남쪽에 위치한 영국에서 가장 웅장하고 우아한 궁전. 1515년에 지어진 이곳은 500년의 역사를 자랑하며, 튜더식, 고딕양식, 바로크양식 등 다양한 건축양식을 보는 즐거움이 있다. 튜더 왕가의 시대상을 보여주는 궁전 곳곳의 미술작품과 헨리 8세의 부엌은 꼭 들러야 할 장소이다. 영국에서 가장 유명한 미로와 20만 송이가 넘는 꽃들이 있는 화려한 정원도 빼놓을 수 없는 햄튼 코트의 명소. 타임머신을 타고 돌아가 화려했던 튜더 왕가의 삶을 느껴보자.

그리니치 Greenwich

템스강 동남쪽에 있는 유네스코 세계문화유산 지역. 세계시간의 기준점 역할을 했던 왕립 천문대, 영국 해양문화의 역사를 볼 수 있는 국립해양박물관, 중국에서 차를, 호주에서 양모를 운반하는 용도로 사용되었던 쾌속범선 커티삭은 그리니치의 주요 방문 장소. 그리니치 공원 언덕에 앉아 아름다운 템스강의 석양을 바라보고, 수공예 앤티크 제품 등 볼거리가 다양한 그리니치 마켓을 둘러보는 것만으로도 평화롭고 아담한 그리니치의 매력에 빠지게 될 것이다.

햄스테드 Hamstead

런던 북서쪽에 위치한 햄스테드 히스 공원과 햄스테드 빌리지 지역. 햄스테드 히스 공원은 축구장 약 320개 면적으로 크고 작은 연못이 25개가 넘는 광활한 국립공원이다. 울창한 숲 사이로 아름다운 자연 그대로를 느낄 수 있다. 런던에서 가장 높은 곳인 햄스테드 히스 언덕에서 다양한 런던 스카이라인을 바라보자. 노팅 힐의 배경이 되었던 켄우드 하우스와 런던 부유층 사람들의 화려한 빅토리안 스타일 주택, 아름다운 정원을 구경하는 것은 햄스테드의 또 다른 재미!

PLANNING 06

런던 근교 **당일치기 여행**

런던을 보았다고 해서 영국을 보았다고 말할 수는 없다. 런던과는 또 다른 풍경과 분위기의 영국을 느끼고 싶다면 런던 근교 도시로 당일치기 여행을 떠나자. 도시마다 고유한 분위기와 건축 스타일을 갖고 있어 서로 비교할 수 없는 매력적인 곳들이다. 런던만 보고 가기에는 아쉬운 여행자들을 위한 꽉 찬 하루 일정의 런던 근교 여행지를 살펴보자.

윈저 Windsor

현재도 로열패밀리가 거주하는 세계에서 가장 크고 오래된 성의 도시. 윈저성은 템스강으로 둘러싸여 아름다운 풍경과 정원을 자랑하며, 영국 왕실가족들이 주말에 지내는 궁전이다. 수천 점의 그림과 공예품, 가구 등을 12분의 1 사이즈로 축소한 '퀸 메리 인형의 집'은 실제 궁전의 모습을 똑같이 보여 준다. 테마파크 레고랜드와 윌리엄, 해리 왕자가 졸업한 명문 사립학교 이튼 칼리지도 함께 둘러보자.

브라이턴 & 세븐시스터즈 Brighton & Seven Sisters

런던에서 기차로 한 시간이면 갈 수 있는 해안 도시 브라이턴은 도시 전체가 예술적이다. 동양적인 분위기로 꾸며진 로열 파빌리온은 브라이턴의 대표 건축물. 빈티지 제품 천국인 더 레인 거리에서 쇼핑을 하고 바다 한가운데 위치한 브라이턴 피어에서 짜릿한 놀이기구를 즐기자. 세븐 시스터즈의 거대한 하얀 절벽에서 자연의 아름다움을 느껴보자.

TIP • 근교 여행은 기차나 코치로 왕복 2~4시간이 소요되니, 온전한 하루 일정으로 계획하자.
• 근교로 이동하는 코치나 기차표는 가능한 일찍! 온라인에서! 3명 이상 그룹으로 결제 시 더 저렴하다.

옥스퍼드 Oxford

영화 〈해리 포터〉의 배경으로만 알려지기엔 그 역사와 전통이 어마어마한 도시 옥스퍼드. 약 8세기부터 지어진 옥스퍼드 건축물들은 영국 건축양식의 살아 있는 역사이며, 멋진 첨탑들이 솟아 있어 '꿈꾸는 첨탑들의 도시'라 불린다. 세계적으로 손꼽히는 최고의 명문대학 도시답게 교양 있는 영국 영어 악센트를 제대로 느끼고 싶다면 옥스퍼드로 가자.

코츠월드 Cotswolds

아름다운 전원풍경과 영국 전통 집들을 간직한 동화 같은 마을. 벌꿀 색의 석회암 집들이 모여 있는 작은 마을들을 둘러보며 영국인들의 진정한 여유로움을 느낄 수 있다. 아직도 사람들이 실제로 살고 있는 지어진 지 600년이 넘는 집들과 고대 성을 연상시키는 귀족들의 대저택, 마을 곳곳의 앤티크 숍과 아트 갤러리들은 코츠월드에서만 만날 수 있는 것들이다.

케임브리지 Cambridge

전통과 미래가 공존하는 영국 제2의 대학도시. 옥스퍼드가 고풍스럽다면 케임브리지는 모던하고 깔끔하다. 다양한 과학자, 문학자들을 배출한 케임브리지는 현재도 17만 명이 넘는 대학생이 생활하고 있다. 대학 건물들과 평화로운 풍경을 따라 흐르는 캠강에서 즐기는 펀팅은 케임브리지에서 꼭 해봐야 할 체험. 피츠윌리엄 미술관은 유럽역사에서 중요한 예술 작품과 유물을 소장하고 있다.

바스 Bath

약 2천 년의 로마 역사를 간직한 우아하고 화려한 도시. 로마시대 귀족들이 모여 천연 온천을 즐기던 바스에서 목욕이라는 뜻의 영어 단어 'bath'가 유래되었다. 도시 전체가 유네스코 문화유산에 등록될 만큼 화려하고 웅장한 건축물을 보다 보면 타임머신을 타고 로마시대로 온 느낌이 든다. 30채의 집이 초승달 모양으로 길게 연결되어 있는 로열 크레센트는 영국에서 비싼 건축물로 손꼽히는 것 중 하나다.

PLANNING 07

알짜배기 런던 **여행 준비**

물가 비싼 영국이라고 겁먹지 말자. 도도한 영국 입국 심사관이라고 무서워 말자. 미리미리 차근차근 준비하면 알뜰하고 똑똑하게 런던 여행을 즐길 수 있다. 런던 여행자들이 가장 궁금해하는 항공권 준비부터 여행 경비, 영국 화폐와 꼭 필요한 준비물, 스마트폰 사용하기까지 알짜배기 여행 정보를 모았다.

항공권 준비

한국-런던 왕복 항공권은 성수기, 경유조건, 항공사, 남아 있는 좌석 여부에 따라 다르다. 직항 140~250만 원(2023년 기준), 경유 120~200만 원(2023년 기준). 인천공항에서 런던 히드로 공항까지 오가는 직항 항공사는 대한항공, 아시아나항공 2곳이며, 경유 항공사는 핀에어, 중국항공, KLM네덜란드, 케세이퍼시픽, 러시아항공, 에미레이트 항공 등 선택의 폭이 넓다. 런던-인천 성수기는 여름방학이 있는 7~8월, 크리스마스 연휴와 겨울방학이 있는 12월 말~1월이며, 일찍 예약할수록 저렴한 티켓을 구할 수 있는 확률이 높다. 카타르항공, 루프트한자항공은 시즌별로 프로모션 이벤트도 진행하니 기간이 맞으면 시중보다 20~30% 할인된 티켓을 구할 수도 있다.

스카이스캐너 www.skyscanner.co.kr
카약 www.kayak.co.kr
인터파크 www.interpark.com

여행 경비 계산하기

흔히 런던의 물가가 살인적이라고들 하지만, 미리 잘 준비하면 알뜰한 런던 여행이 가능하다. 준비의 첫 단계로는 여행 경비 계산해서 예산을 세우는 것이다. 크게 항공권+숙박비+대중교통비+입장료+식비+그 외 뮤지컬, 축구관람 및 쇼핑 비용을 더하면 대략적인 여행 예산을 가늠할 수 있다. 여행일정에 따라, 소비패턴에 따라 개개인의 여행경비는 다를 수 있다(2023년 기준이며 일반적인 금액으로 실제와 차이 있을 수 있음).

항공권 직항 140~250만 원(2023년 기준), 경유 120~200만 원(2023년 기준)
숙박비 호텔 1박에 100파운드 이상/게스트하우스 1박 40~60파운드(도미토리 기준)
대중교통비 지하철 1회 2.70파운드, 하루 8.10 파운드, 일주일 40.70파운드(트레블카드 7일 1존 기준)/버스 1회 1.75파운드/런던 근교 기차 편도 10파운드 이상(목적지와 시간에 따라 가격은 다름)

입장료 런던 주요 박물관과 갤러리는 무료입장이며(영국 박물관, 내셔널 갤러리, 자연사 박물관, V & A 박물관, 테이트 모던 등) 웨스트민스터 사원, 런던 아이, 셜록 홈스 박물관, 마담 투소, 해리 포터 스튜디오, 런던 탑 등은 유료입장(15~40파운드)이다.
식비 커피 3~5파운드/샌드위치 간단한 점심 5~10파운드/점심 메뉴 15파운드 이상/저녁 메뉴 20~40파운드/펍 맥주 한 잔 4~7파운드
뮤지컬 20~80파운드(공연 종류, 좌석 위치, 시기에 따라 다름)

환전 혹은 신용카드

대략적인 여행 예산을 세웠다면, 여행 경비를 어떻게 챙겨가는 것이 좋을까? 런던에 하루 이틀 일정으로 잠깐 있는 경우가 아니라면 모든 여행 경비를 다 환전해서 가져가는 것을 추천하지 않는다. 잃어버리거나 소매치기를 당할 수 있으니 위험할 수 있고, 여행 내내 큰돈을 지니고 다니는 것이 부담스러울 수 있기 때문이다. 한인 민박 숙박비나 투어와 같이 현금으로 지불해야 하는 것들과 최소한의 경비만 현금으로 환전해 간 뒤 나머지는 해외 사용이 가능한 카드로 결제하는 것이 좋다(비자나 마스터카드가 일반적으로 사용되는 카드). 오이스터 카드를 비롯한 대중교통 티켓 기계, 런던 주요 관광지 입장료, 백화점, 레스토랑은 카드로 사용한다. 카드를 분실하거나 정지되는 경우를 대비해 사용 가능한 다른 카드도 챙겨오면 도움이 된다. 잃어버리면 바로 카드 분실신고를 할 수 있도록 해당 카드 전화번호를 알아두자.

분실정지 전화번호
비자카드 0800-89-1725
마스터카드 0800-96-4767

TIP 영국에서 카드 사용하기

대부분의 가게에서는 구매금액 상관 없이 자유롭게 카드 사용이 가능하다. 레스토랑에서는 웨이터가 휴대용 카드 결제 기계를 가지고 와서 앉아 있는 자리에서 바로 계산해 준다. 그 외 카페나 패스트푸드점, 일반 가게, 백화점에서는 매장 직원 계산대 앞에 있는 카드기계에 카드를 삽입한다. 두 경우 모두 결제 시에 카드 비밀번호 4자리를 기입해야 하며, 카드 뒷면의 서명란에 꼭 서명이 되어 있어야 한다. 해외 결제 가능한 카드(마스터, 비자, 아메리칸 익스프레스)가 연결된 삼성페이, 애플페이 결제도 가능하다.

알뜰하게 여행하자. 신박한 트래블 카드!

환전 수수료와 해외인출 수수료가 0%다. 게다가 원하는 시점, 원하는 환율에 외화를 충전하고 환전할 수 있다. 컨택리스 결제 기능이 가능하고 해외 가맹점 이용 수수료 무료이니 알뜰하고 쉽고 편하게 여행하고 싶다면 트래블 카드를 챙겨보자. 런던 교통카드 기능도 가능하다.

---

* **트래블 월렛**Travel Wallet

Visa 카드 기반. 모든 은행 계좌 연동 가능이 장점. 환전 가능한 통화가 38개(2023년 기준)로 여러 나라 여행 시 장점. 트래블 월렛 어플로 충전 및 사용기록 확인 가능.

* **트래블로그**Travelog

여행 욕구를 뿜뿜 일으키는 감각적인 카드 디자인이 매력적이다. 마스터카드 기반. 하나은행 계좌 연동으로 하나머니 앱으로 충전하고, 수수료 면제 금액이 확인되어 얼마나 아꼈는지 쉽게 볼 수 있다.

영국의 화폐

영국의 통화는 파운드이며, 표기는 £이다. 'Great British Pound'를 줄여서 'GBP'라고 부르기도 한다. 영국은 다른 유럽 나라와 달리 유로를 쓰지 않고, 자국의 통화인 파운드를 쓰기 때문에 영국 여행자들은 미리 한국에서 파운드로 환전해 가는 것이 좋다. 런던의 일부 주요 관광지는 유로도 받긴 하지만, 파운드 사용 시 환율이 제일 이득이다. 파운드는 한국의 천 원 단위 개념.

펜스 1파운드는 100펜스와 같다. pence의 약자인 p로 사용하며, '피(pee)'라는 단어를 쓰기도 한다. 한국의 백 원 단위 개념.

동전의 종류 현재 영국의 모든 동전은 종류에 상관없이 한쪽 면에 젊은 엘리자베스 2세 여왕의 모습이 새겨져 있다. 또한 동전의 테두리에는 여왕의 이름과 'D.G.REG.F.D'라는 글자가 새겨져 있는데 이는 라틴어 'Dei Gratia(신의 은총으로), Regina(여왕), Fidei Defensor(신앙의 옹호자)'의 약자로 영국 왕의 전통적 칭호이다. 동전의 종류와 크기가 다양해서 헷갈릴 수 있으니 계산할 때 유의하도록 하자. 2008년 이후로 영국 왕조 문장의 각 부분이 동전으로 디자인되어 사용되고 있다. 2파운드는 한국 화폐로 약 3,000원의 가치가 있는 셈이니 동전이라고 얕보지 말자.

지폐 동전과 같이 모든 지폐의 앞면은 엘리자베스 여왕의 초상화가 그려져 있고, 뒷면에는 유명한 역사적인 인물이 각 지폐마다 그려져 있다.

TIP 2017년 5월부터 영국 구권 지폐는 사용이 불가하다. 구권 지폐를 갖고 있다면 영국 내 모든 은행 또는 우체국에서 신권으로 교환 후 사용할 수 있다.

© Bank of England

런던에서 스마트폰 사용하기

스마트폰이 발달하기 전 해외여행을 떠나는 것은 곧 한국과의 작별과도 같았다. 해외에 있는 동안에는 한국에 무슨 일이 일어났는지 알 수 없었고, 가족과의 연락도 숙소 컴퓨터로 이메일을 통해 하거나 국제전화카드를 사용해 공중전화로 간단히 안부를 전하는 식이었다. 하지만 지금은 구글맵으로 길을 찾고, 블로그에서 런던 맛집을 검색한다. 느낌 있는 사진은 내 SNS에 바로바로 업로드! 메신저로 한국의 친구나 가족과 이야기를 나눌 수도 있다. 런던에서 똑똑하게 스마트폰 사용하는 법! 여행 기간과 데이터 사용 패턴에 따라 나에게 맞는 방법을 찾아보자.

유심(USIM) 구매하기

영국 모바일 회사 유심칩을 구매해 기존 국내 유심칩을 교체해서 사용하는 방법이다. 영국 통신사는 쓰리Three, 보다폰Vodafone, EE, O2, 기프가프Giffgaff 등 다양하며, 각 통신사에서 한 달 단위로 선불 충전 요금제(Pay as you go)를 제공한다. 각 통신사의 요금제를 비교하여 자신의 여행일정에 맞는 심카드를 구매하도록 하자(각 모바일 회사별 심카드 가격은 56p 영국 심카드 예상 비용 참고).

영국 모바일 회사 홈페이지

쓰리 www.three.co.uk
보다폰 www.vodafone.co.uk
EE모바일 ee.co.uk

TIP 영국 심카드로 바꿔도 기존 휴대폰에 저장된 전화번호 리스트, 사진, 메시지, 어플 등은 사라지지 않는다. 네트워크 사용자만 영국 통신사로 바뀌는 것뿐이다.

❶ 한국에 도착하면 원래 폰에 있던 심카드를 다시 사용해야 하므로 한국 심카드는 잘 보관해 두자.

❷ IT 강국 한국에 비해 영국의 데이터 속도는 빠른 편이 아니다. 하지만 여행 시 꼭 필요한 검색, 지도, 문자, 페이스타임을 하기에는 크게 지장이 없다.

❸ 튜브 안에서는 인터넷과 문자, 전화가 안 되며 사람이 많은 매우 복잡한 지역에서도 간혹 연결이 잘 안 될 때가 있다.

❹ 같은 요금제 유심패키지라도 히드로 공항에서 구입 시 유심 칩 비용을 추가 지불해야 하므로 시내 매장에서 살 때보다 5~10파운드 이상 비싸다. 영국의 브렉시트로 인해 영국 심카드로 유럽이나 다른 해외 지역에서 데이터나 유선 전화, 문자 등을 사용할 경우 추가 로밍 비용이 발생하니 해당 심카드의 로밍 플랜을 잘 확인하여 추가 금액이 나오지 않도록 주의하자.

이심(e-SIM)

모바일 칩(e-SIM)을 구매하여 QR코드를 등록해 사용하는 방법. 실물 유심을 구매하는 번거로움이 없으며 기존 한국 번호를 사용할 수 있는 장점이 있다. 이심을 지원하는 핸드폰(아이폰11, 갤럭시S20 이상)이 필요하며 EE, O2, Three 등 주요 영국 통신사에서 이심 서비스를 제공한다. 이심의 데이터 플랜 가격은 유심과 비슷하다.

	로밍	영국 심카드	와이파이만 이용
개념	한국 통신사에 신청하여 로밍 설정 후 데이터 사용, 네트워크 사업자는 영국 통신사를 이용함	영국 통신사 심카드로 교체 후 영국 데이터망을 이용해 전화나 데이터 사용	와이파이 존에서만 데이터 사용 가능
예상 비용	데이터 하루 24시간 무제한 요금제(SKT 9,900원/ KT 11,000원/U+ 11,000원)	쓰리Three : 10GB data 통화, 문자 무제한 10파운드 보다폰Vodafone : 21GB data, 통화, 문자 무제한 10파운드 EE 모바일: 8GB data, 통화 500분, 문자 무제한 10파운드 *통화, 문자는 영국내 회선에만 해당	무료 와이파이 존에서는 사용은 무료, 일부 장소의 경우 일정시간 이상 사용 시 결제 필요함
장점	• 심카드를 바꾸지 않아 사용이 편리함 • 어느 곳에서나 자유롭게 데이터 사용 가능	• 데이터 사용 날짜 감안 시 비용이 저렴함 • 어느 곳에서나 자유롭게 데이터 사용 가능	무료로 사용 가능
단점	• 비싼 비용 • 영국 통신망을 사용하는 것이므로 한국으로 전화, 문자 발신 시에는 추가 비용 발생	• 심카드 구입 및 교체해야 하는 번거로움 • 영국 통신망을 사용하는 것이므로 한국으로 전화나 문자 시에는 추가 비용 발생	• 한국만큼 무료 와이파이 존이 많지 않음 • 일부 패스트푸드점이나 카페에서 와이파이 사용 시 이메일 인증이나 회원가입 요구
사용 방법	각 통신사 로밍센터에 전화나 온라인 신청 후 휴대폰 설정에서 영국 네트워크 사업자로 변경	각 모바일 매장에 방문해 유심칩 구입 후 교체	'free wifi'라고 쓰여 있는 패스트푸드점, 카페, 일부 도서관에서 사용 가능
추천 대상	하루 이틀 일정으로 런던을 짧게 여행하는 경우	3일 이상 런던 여행하는 경우, 어디서든 바로 메시지와 SNS, 지도를 확인해야 하는 사람	여행에서만큼은 스마트폰에 얽매이지 않고 자유롭게 아날로그 여행을 즐기고 싶은 사람, 실시간으로 구글맵이나 블로그 검색 없이도 여행을 다닐 수 있는 사람

TIP ❶ 히드로 공항에서 간단한 회원가입 후 두 시간 무료로 와이파이를 사용할 수 있다. 그 이후로는 유료 구매 후 이용
❷ 소개한 방법 외에 포켓 와이파이 기계를 사용할 수도 있다.
❸ 최근에는 국내 통신사에서도 저렴한 로밍 상품을 많이 출시하고 있으니, 현지 심카드와 금액을 잘 비교한 후 선택하자.
❹ 영국 심카드는 잉글랜드, 스코틀랜드 등 영국 전역에서 사용 가능하다.

PLANNING 08

입출국 A to Z

영국에 들어가기 위한 마지막 관문, 바로 입국심사다. 영국 입국심사는 유럽의 다른 나라에 비해 까다로운 편이다. 하지만 우리는 자동 입국심사가 가능한 대한민국인. 떨리는 마음으로 입국심사 인터뷰까지 준비하던 시대는 안녕이다.

입국

취업을 위한 불법 체류와 테러 위험으로 인해 영국 입국심사는 유럽의 다른 나라에 비해 까다로운 편이었다. 대한민국 여권 소지자 역시 엄격한 대면 인터뷰 심사를 거쳐야 했다. 하지만 이제는 다르다. 영국 여행을 오는 한국 관광객이 증가하면서 한국인은 드디어 자동 입국심사로 간단하고 편하게 영국에 입국할 수 있게 되었다.

CHECK

히드로 공항 입국 순서

히드로 공항에는 5곳의 터미널이 있으며, 각 항공사에 따라 이용하는 터미널이 다르다. 인천-런던 직항은 각각 대한항공 터미널 4/아시아나항공 터미널 2를 이용한다.

❶ 긴 비행 끝에 드디어 영국 도착. 비행기가 멈추면 기내에 있던 짐을 모두 챙겨 '도착 Arrival' 표시를 따라 이동한다.

❷ 입국 심사장에 들어서면 UK+대한민국 국기가 표시된 곳을 따라 이동한다.

❸ 순서에 따라 여권을 스캔하고 안면인식 과정을 거쳐 자동 입국심사대를 통과하면 끝!

❹ 수화물 찾는 곳Baggage Reclaim 번호로 이동해서 본인의 짐을 찾아 나온다.

❺ 런던 시내까지 이동할 교통편에 따라(히드로 익스프레스, 히드로 커넥트, 지하철, 코치, 택시) 해당 승차장으로 이동한다.

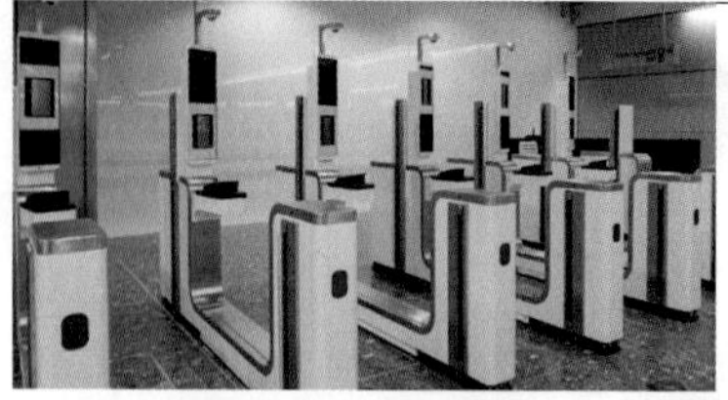

Tip 영국으로 출국 전에 이것만은 꼭!

1. 대한민국 국적자라면 여행 목적으로 6개월까지는 무비자로 영국체류가 가능하다.
2. 여권의 유효기간을 확인하자. 남아 있는 유효기간이 영국에서의 체류기간보다 길어야 한다.
3. 자동 출입국심사 덕분에 영국 입국심사관이 리턴티켓을 일일이 확인하지는 않지만, 영국에서 다른 나라로 나가는 아웃티켓이나 리턴티켓이 없을 경우 한국에서 출국 시 출국 거부가 되는 경우가 있을 수 있으므로 환불 가능한 리턴티켓이나 다른 나라로 나가는 티켓을 미리 구입해 놓는 것이 좋다.
4. 부모가 아이를 동반하는 경우에 입국심사관의 재량에 따라 친부모인지 확인하는 경우가 있다. 특히 한국에서는 엄마와 아이의 성Family Name이 다른 경우가 많아 간혹 여러 질문을 하는 경우가 있는데 이때 보여 줄 수 있는 영문 가족관계증명서를 준비해 가면 도움이 된다.
5. 만 18세 미만의 미성년자 혼자 입국하거나 부모가 아닌 동반자와 입국 시에는 아동매매나 취업의심을 받을 수 있어 입국심사가 까다로워지거나 간혹 입국을 거절하는 경우도 있으니 영문으로 된 부모의 확인레터, 영국에 보호자가 있다는 정보 등을 준비해야 한다.

히드로 공항에서 런던 시내로 이동하기

저렴한 지하철에서부터 편안하지만 비싼 택시까지 공항과 런던 시내를 이동하는 다양한 방법이 있다. 숙소의 위치, 짐의 크기와 무게, 일행의 수, 출입국 시간, 가격 등에 따라 나에게 맞는 교통수단을 선택해 보자.

히드로 익스프레스
Heathrow Express

히드로 공항에서 센트럴런던(패딩턴역)까지 논스톱으로 이동하는 가장 빠른 교통수단. 쾌적하고 편안한 시설에 짐을 놓을 수 있는 충분한 공간까지 갖추고 있는 기차이다. 패딩턴역까지 15분 소요된다(터미널 1, 2, 3 기준).

운영 시간 05:00~24:00(15분마다 운행)
요금 편도 25파운드, 왕복 37파운드(온라인으로 미리 예매하거나 2명 이상인 경우 그룹할인 가능)
홈페이지 www.heathrowexpress.com

지하철 Underground/Tube

히드로 공항과 센트럴런던을 오가는 가장 저렴한 방법. 하지만 실내가 좁아 출퇴근 시간 이동 시 짐을 간수하기 어렵고, 다른 라인으로 환승할 경우 계단이 많아 무거운 짐을 가지고 이동하는 데 불편하다. 피카딜리 서커스역까지 약 1시간 소요된다.

운영 시간 05:00~24:00(5~10분 간격으로 수시 운행) 요금 편도 5.60파운드(오이스터 카드 이용 시), 오프 피크타임 3.1파운드
홈페이지 www.tfl.gov.uk

코치 Coach

영국에서는 시외 · 고속버스를 코치라고 한다. 짐이 많아 지하철을 이용하기 어렵고, 비싼 가격 때문에 히드로 익스프레스나 택시가 부담스럽다면 코치를 이용해 보자. 빅토리아 코치스테이션까지 약 1시간~1시간 30분 소요된다.

운영 시간 05:00~23:00(20~30분 간격으로 운행)
요금 편도 6~10파운드(온라인으로 예매 시, 시간대에 따라 요금 다름). 공항 코치스테이션의 티켓 창구나 기계, 코치기사에게 현금으로 지불도 가능. 온라인으로 예매하거나 그룹, 왕복으로 예매 시 더 저렴.
홈페이지 www.nationalexpress.com

블랙캡/미니캡/우버
Black cab/Minicab/Uber

짐이 많고 공항으로 이동할 일행도 많은 경우, 또는 비행시간이 새벽이라 대중교통을 이용할 수 없는 경우에 택시를 타고 공항과 시내로 이동할 수 있다. 런던의 아이콘 중 하나인 블랙캡은 60~100파운드로 가격이 비싼 편이지만 길에서 바로 탈 수 있는 편리함이 있다. 일반 승용차나 밴으로 운영하는 미니캡은 미리 어플이나 전화, 인터넷을 통해서 예약해야 하며, 가격은 런던 시내와 히드로 공항 이동 시 40~90파운드 이상이다(인원, 차의 크기, 이동거리, 짐의 개수에 따라 가격 다름). 우버 이용시에도 40~80파운드 정도 금액이 부과된다.

우버 홈페이지 www.uber.com
미니캡잇 홈페이지 www.minicabit.com

나이트 버스 Night Bus, N9

심야에 히드로 공항과 런던 주요 관광지를 오가는 시내버스. 히드로 공항 센트럴버스 스테이션에서 런던 트래펄가 스퀘어까지 약 1시간~1시간 30분 소요된다.

운영 시간 23:55~04:55(20분 간격으로 운행)
요금 편도 1.75파운드(오이스터 카드 이용 시)

출국

히드로 공항 출국

즐거운 런던 여행을 마무리하고 이제 일상으로 돌아갈 시간. 런던 기념품과 메이드 인 영국 브랜드를 살 수 있는 마지막 기회. 즐거운 면세점 투어를 하며 런던 여행을 마무리해 보자.

❶ 늦어도 비행시간 3시간 전에는 공항에 도착해 항공권을 발권하고 짐을 부치자.

❷ Departure(출발) 표시를 따라 들어간 후 스크린에서 자신의 항공편과 게이트를 찾아 이동한다.

❸ 해당 비행기 보딩 게이트까지 한참 걸어가야 하는 경우도 있으므로 탑승 마감시간 전 여유 있게 게이트 앞에 도착하자.

|Theme|

히드로 공항 외 런던 공항

런던에는 히드로 공항 외에도 해외로 출입국이 가능한 여러 국제공항이 있다. 영국 내 다른 도시나 유럽 국가에서 런던으로 도착하는 저가항공사들이 주로 이 공항들을 이용한다.

게트윅 공항 Gatwick Airport

런던 게트윅 공항(LGW)은 히드로 공항 다음으로 큰 공항이며, 200개 이상의 도시로 비행기가 운항한다. 런던 중심에서 45km 떨어져 있다. 런던 시내까지는 게트윅 익스프레스 기차를 이용하면 런던 빅토리아역까지 약 30분이 소요되며, 이지버스나 내셔널 익스프레스 코치로 약 1시간 20분 소요.

홈페이지 www.gatwickairport.com

스탠스테드 공항 Stansted Airport

주요 유럽 및 지중해 주변 국가를 운행하는 저가항공을 이용할 수 있다. 스탠스테드 익스프레스 기차로 리버풀 스트리트역까지 약 50분 소요된다. 이지버스나 내셔널 익스프레스 코치로 베이커 스트리트, 빅토리아역 등 런던 시내 주요 지역으로 이동 가능. 약 1시간 30분 소요된다.

홈페이지 www.stanstedairport.com

루턴 공항 Luton Airport

런던 서북쪽에 위치한 공항으로 런던에서 네 번째로 큰 공항이다. 퍼스트 캐피털 커넥트 기차로 세인트 판크라스 인터내셔널역이나 런던 브리지역으로 이동할 수 있다. 약 20~30분 소요. 혹은 이지버스를 이용해 빅토리아, 마블아치 등 주요 역으로 이동 가능하다.

홈페이지 www.london-luton.co.uk

런던 시티 공항 London City Airport

런던 시내와 가장 가까운 공항이다. 런던 시티 공항 DLR역과 직접 연결된다.

홈페이지 www.londoncityairport.com

PLANNING 09

런던 대중교통 이용하기

런던에서는 대중교통을 이용하는 것도 특별한 추억이 된다. 150년의 역사를 가진 세계 최초 지하철인 런던 언더그라운드와 런던의 상징 2층 빨간 버스를 타고 런던을 둘러보자.

런던 교통카드

1. 오이스터 카드

Oyster Card

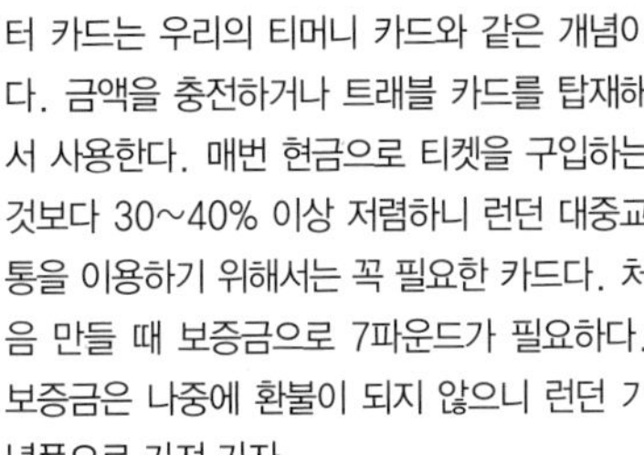

런던의 교통카드인 오이스터 카드는 우리의 티머니 카드와 같은 개념이다. 금액을 충전하거나 트래블 카드를 탑재해서 사용한다. 매번 현금으로 티켓을 구입하는 것보다 30~40% 이상 저렴하니 런던 대중교통을 이용하기 위해서는 꼭 필요한 카드다. 처음 만들 때 보증금으로 7파운드가 필요하다. 보증금은 나중에 환불이 되지 않으니 런던 기념품으로 가져 가자.

만드는 법

오이스터 카드는 창구 직원을 통해 만들 수 있고, 티켓 기계를 통해 만들 수도 있다.

❶첫 화면에서 'Oyster-Get new Cards'(오이스터 새 카드 얻기)를 클릭한다.

❷오이스터 카드에 충전하고자 하는 금액 Top up Pay as you go이나 트래블 카드 기간을 선택하자.

❸오이스터 카드 보증금 7파운드와 함께 지폐, 동전, 신용카드로 결제할 수 있는 화면이 나온다.

❹돈을 기계에 넣으면 금액이나 트래블 카드 기능이 탑재된 오이스터 카드가 나온다.

환불하기

잔액 10파운드 이하 : 기계 노란색 동그라미 부분에 오이스터 카드를 대고 환불Refund 버튼을 눌러 잔액을 환불받는다.

그 외 알아두면 좋은 사항

❶하나의 오이스터 카드를 여러 명이 공유할 수 없다. 카드 하나당 한 명만 사용 가능하다.

❷오이스터 카드나 트래블 카드는 런던 내에서만 사용 가능하다. 다른 도시에서는 사용할 수 없다.

❸오이스터 카드 기계에서 잔액과 사용내역을 확인할 수 있다.

❹버스나 지하철 이용 시 오이스터 카드를 갖다 대면 이번 이용요금과 잔액이 확인된다.

❺오이스터 카드에 잔액이 없고 충전할 곳이 없어도 걱정 말자. 한 번까지는 오이스터 보증금에서 차감된다.

TIP **오이스터 카드에 얼마를 충전할까?**

2일 20파운드, 3일 25파운드(1,2존 여행 기준 / 히드로공항 이동 제외)

런던에서 4일 이하 여행한다면 : 오이스터 카드 충전식이 이득이다.

런던에서 5일~일주일 여행한다면 : 트래블 카드 7Days가 이득이다.

비지터 오이스터 카드

Visitor Oyster Card

런던 여행자를 위한 비지터 오이스터 카드. 일반 오이스터 카드와 충전 및 사용방법은 동일하다.

1 **장점**

• 시간 절약: 여행 전 미리 한국에서 온라인으로 구매하면 런던에서 구입할 필요가 없다.

• 할인 혜택: 런던 내 제휴된 유명 상점, 레스토랑, 박물관 입장료 할인혜택을 받을 수 있다.

• 런던기념품: 런던 스타일로 디자인된 오이스터 카드만으로도 런던을 추억하는 기념품이 된다.

2 **단점**

• 트래블 카드 기능 탑재 불가 : 선불 충전 Pay as you go만 가능하며, 일주일 트래블 카드 기능은 탑재가 불가능하다.

• 오이스터 카드 보증금 환불 불가 : 비지터 오이스터 카드에 충전한 남은 금액은 환불이 되지만(지하철 기계에서 10파운드까지 환불 가능) 비지터 카드 자체는 보증금 5파운드 환불이 안된다. 기념품으로 간직하거나 후에 영국 여행을 계획 중인 가족이나 친구에게 선물해 보자.

• 배송기간/금액 : 배송비를 추가 결제해야 하고 기다려야 하는 시간이 있다. 배송 3~4일 소요 9.50파운드, 5~7일 소요 3파운드

구입 홈페이지 visitorshop.tfl.gov.uk

오이스터 카드의 꿀혜택, 캐핑 Capping

캐핑이란 오이스터 카드 잔액에서 빠져나가는 하루 이용 요금 최대치를 말한다. 런던에는 캐핑 제도가 있어 하루에 아무리 많이 대중교통을 이용해도 캐핑 가격 이상으로 돈이 빠져나가지 않는다. 이미 그날의 캐핑 금액이 넘었다면 최대한 대중교통을 많이 이용하는 것이 이득. 캐핑 하루는 첫 사용 후 24시간 기준이 아니라 해당 날짜 기준으로 하루이다. 예를 들어 하루에 1존 언더그라운드 4번, 버스 2번 이용했다면(2.70X4)+(1.75X2)=14.30파운드가 차감되어야 하나, 8.10파운드만 차감되고 그 이후 이용하는 금액은 더 이상 빠져나가지 않는다.

2. 트래블 카드 Travel Card

일주일, 한 달 단위로 정한 기간과 존에 한해 대중교통(지하철, 버스, DLR)을 무제한으로 이용할 수 있는 티켓. 오이스터 카드에 일주일 트래블 기능이 탑재되는 방식이므로 오이스터 카드 보증금 7파운드가 추가된다. 오이스터 카드 보증금 및 트래블 카드 가격은 환불되지 않는다. 하루동안만 대중교통 무제한인 Day 데이 트레블 카드는 종이로 발권된다. 버스는 구매한 트래블 카드 존에 상관없이 무제한으로 이용할 수 있다.

TIP 트래블월렛이나 트레블로그와 같은 여행 카드를 사용하면 따로 오이스터 카드를 보증금으로 발급받을 필요없이 오이스터 카드를 사용한 것처럼 대중교통 요금 및 캐핑이 적용되어 지하철, 버스 등 런던 대중교통을 이용할 수 있다. 다만 일주일 트래블 카드 기능 적용은 되지 않으니 5일 이상 여행객이라면 오이스터 카드 구매 후 일주일 트래블 카드 기능을 탑재하여 대중교통을 이용하는 것이 이득이다!(트레블월렛, 트레블로그 카드 소개는 052p 참고)

언더그라운드

한국 지하철에 비하면 작고 오래된 모습에 실망할 수 있지만 런던의 언더그라운드는 전 세계에서 가장 먼저 시작된 지하철이자 150년이 넘는 역사를 가지고 있다. 총 14개의 노선이 런던 지역을 연결한다. 언더그라운드가 다니는 터널의 모양을 따서 '튜브Tube'라는 별명이 생겼다. 언더그라운드의 요금은 존Zone별로 다르다. 런던은 지역에 따라 중심인 1존부터 6존까지 나뉜다. 주요 관광지와 호텔, 한인 민박은 1~2존에 모여 있고, 히드로 공항은 서남쪽, 6존에 있다.

요금

Zone	❶ Cash	❷ Pay as you go			❸ Travel card
		❹ Single		❼ Capping	7 Days
		❺ Peak	❻ Off-peak		
Zone1	£6.70	£2.80	£2.70	£8.10	£40.70
Zone1~2	£6.70	£3.40	£2.80	£8.10	£40.70
Zone1~3	£6.70	£3.70	£3.00	£9.60	£47.90
Zone1~6(히드로 공항 : 6존)	£6.70	£5.60	£5.60	£14.90	£74.40

❶ **현금**Cash : 오이스터 카드 없이 현금으로 편도 티켓 구입 시 가격. 1회당 6.70파운드이니 약 1만 원으로 비싼 가격이다.

❷ **충전**Pay as you go : 관광지가 모여 있는 1, 2존의 경우 오이스터 카드 사용 시 1회당 2.4파운드가 차감된다.

❸ **트래블 카드 일주일**Travelcards 7Day : 일주일 동안 대중교통을 무제한으로 이용하는 금액이다.

❹ **싱글**Single : 편도 금액

❺ **피크**Peak : 평일 출퇴근 시간(06:30~09:30, 16:00~19:00)

❻ **오프 피크**Off Peak : 평일 출퇴근 시간이 아닌 때, 주말, 공휴일 내내

❼ **캐핑**Capping : 오이스터 카드 잔액에서 빠져나가는 하루 이용 요금 최대치.

나이트 튜브

금~토요일만 지하철을 24시간 운행한다. 빅토리아, 센트럴, 주빌리, 노던, 피카딜리 라인이 현재 가능하며, 추가적으로 나머지 라인도 증설할 계획이다. 안심하고 불금과 불토를 즐겨 보자. 자세한 나이트 튜브 정보는 런던교통국 홈페이지(tfl.gov.uk)에서 확인하면 된다.

버스

버스 정류장 간격이 짧고 시내는 자주 차가 막혀서 언더그라운드보다 이동 시간은 오래 걸리지만 2층 빨간 버스 맨 앞자리에 앉아 런던의 풍경을 둘러보는 것만으로도 여행의 즐거움을 충분히 느낄 수 있다.

요금

런던 버스는 현금으로 이용할 수 없고, 오이스터 카드, 트래블 카드로만 이용가능하다. 탈 때만 카드리더기에 오이스터 카드를 대고, 내릴 때는 그냥 내리면 된다. 버스는 존이나 피크타임 제도에 상관없이 이용할 수 있다.

❶ Pay as you go	❷ Daily cap	❸ One day bus pass	❹ Weekly cap
£1.75	£5.25	£5.00	£24.70

❶ 오이스터 카드 충전금액 이용 시 버스 1회당 1.75파운드 차감.
❷ 캐핑 : 하루에 버스만 이용할 경우 5.25파운드 이상 빠져나가지 않음
❸ 일주일 여행 내내 버스만 이용할 예정이라면 7 days 버스 시즌권(24.70파운드)을 오이스터 카드에 탑재해서 무제한으로 버스를 이용하자.
❹ 첫 번째 버스에 탑승하면서 오이스터 카드를 터치하는 순간부터 한 시간 내에 두 번째 버스를 타면 환승이 적용되어 두 번째 요금은 무료이다.

TIP 나이트버스
24, 88번 등 주요 노선 버스를 포함해 N으로 시작하는 버스 번호는 새벽에 운행하는 버스이다.

어린이 런던 대중교통 이용하기

- **만 11세 미만** : 성인 부모 동반 시 대중교통 무료
- **만 11~15세** : 14일 이내 런던을 여행하는 어린이는 '영 비지터 디스카운트Young Visitor Discount'로 성인요금의 반값 혜택을 받을 수 있다. 언더그라운드, 버스, DLR, 오버그라운드 모두 적용. 부모와 해당 나이의 자녀가 함께 가까운 언더그라운드 역 매표소에서 일반 오이스터 카드를 7파운드 보증금을 내고 구입하면서 영 비지터 디스카운트로 세팅해 달라고 요청한다. 이때 충전할 금액도 함께 말한다. 간혹 자녀의 나이를 증명할 수 있는 서류를 요청하기도 하니 여권을 준비해 놓자. 성인 한 명당 네 명의 자녀까지 할인 혜택을 받을 수 있다. 할인 혜택은 2주간 적용되며 2주 후에는 성인요금으로 변경 적용된다.
- **만 16~17세** : 런던 거주 학생들을 위한 Zip 오이스터 포토카드 제도가 있어서 성인요금의 반값으로 대중교통을 이용할 수 있지만, 온라인으로 최소 4주 전에 신청해야 하며, 20파운드의 등록비를 내야 하므로 단기 학생여행자들은 성인과 동일하게 오이스터 카드를 구입하는 것이 낫다.

|Theme|

런던 버스 미리보기

런던 여행자들이 가장 타보고 싶어 하는 런던 2층 버스. 선명한 빨간색 버스는 런던의 분위기를 더욱 생기 있게 한다. 이런 런던 버스의 내부는 어떻게 생겼을까? 사진으로 미리 버스 내부를 구경해 보자. 버스 앞, 중간, 뒤 총 세 곳에 승하차가 가능한 문이 있어 붐비지 않고, 승하차 시 오래 기다리지 않아도 된다. 2층으로 올라갈 수 있는 계단도 앞뒤로 있다.

런던 버스 내부 미리보기

버스의 1, 2층 중 가장 인기 있는 자리는 런던 시내를 시원하게 다 볼 수 있는 2층 맨 앞자리. 실내에는 에어컨이 가동되어 쾌적하다.

내리고 싶으면 STOP 버튼을 누르자! 그럼 띵동 소리가 나면서 버스 안 전광판에 다음 정류장 이름과 'Bus STOPPING'이라는 문구가 뜬다.

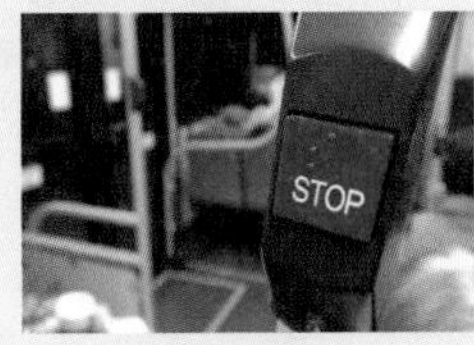

운전기사 외에 뒷문에 승무원이 있다. 티켓 검사나 뒷문으로 타고 내리는 사람들의 안전을 담당한다. 탈 때는 노란색 카드 리더기 부분에 오이스터 카드를 꼭 대자.

런던 버스 정류장 미리보기

해당 버스 정류장에서 이용 가능한 버스 노선과 목적지, 다음 버스 오는 대기시간을 알 수 있다. 한국처럼 버스 배차시간이 정확하지 않으니, 전광판의 시간표를 너무 믿지는 말고 버스가 오는지 수시로 확인하자.

버스 정류장 표지판 읽기

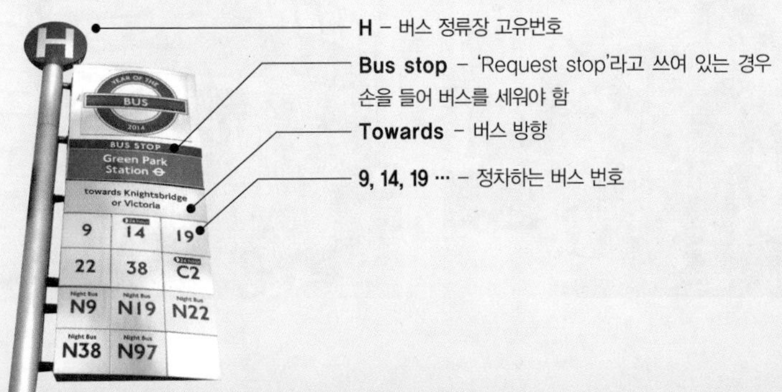

|Theme|

1.75파운드로 즐기는 2층 빨간 버스 여행

런더너들에게는 꼭 필요한 일상의 중심, 여행자들에게는 런던 주요 관광지를 다니는 투어버스. 모두에게 소중하고 인기 있는 런던 시내버스 노선 Top 4!

24번 ▶ 핌리코~햄스테드

시티투어버스나 다름없는 런던 핵심 관광지를 오가는 시내버스. 런던 교통의 중심 빅토리아역에서부터 아름다운 런던 최대 공원 햄스테드까지. 24번 버스에 앉아 창밖으로 런던의 다양한 풍경을 느껴 보자. 총 이동시간 약 1시간 30분.

주요 정류장

빅토리아역 → 웨스트민스터 사원 → 빅 벤 → 다우닝 스트리트 → 트래펄가 스퀘어 → 레스터 스퀘어 → 차이나타운 → 토트넘 코트 로드 → 캠든 → 햄스테드 히스

15번 ▶ 트래펄가 스퀘어~타워힐

런던 동쪽 관광지를 둘러볼 수 있는 최고의 버스 노선. 여행자들을 위해 가끔 무료 클래식디자인의 2층 버스를 운행하기도 한다. 총 이동시간 약 40분.

주요 정류장

트래펄가 스퀘어 → 세인트 폴 성당 → 모뉴먼트 → 타워 브리지/타워힐

9번 알드위치~해머스미스

런던의 화려한 아름다움을 느끼고 싶다면 9번 버스를 타자. 해머스미스부터 서머셋 하우스에 이르기까지 런던의 부유한 지역을 다니기 때문이다. 화려한 건축양식인 로열 알버트 홀, 런던 최고의 백화점 해러즈 백화점, 명품브랜드가 모여 있는 켄싱턴 하이 스트리트 모두 9번 버스로 갈 수 있는 곳. 총 이동시간 약 1시간.

주요 정류장

해머스미스→켄싱턴 올림피아→켄싱턴 하이 스트리트→로열 알버트홀→하이드 파크→팔 몰→트래펄가 스퀘어→알드위치

381번 런던 아이~타워 브리지

템스강을 따라 런던 남쪽 관광지를 연결하는 시내버스. 런던 아이(카운티홀)부터 워털루역을 지나 테이트 모던, 런던 브리지, 버로우 마켓, 더 샤드, 타워 브리지 동선으로 이동한 뒤 런던 남부의 패캄Peckham이 종점이다. 런던 아이(카운티홀)에서 타워 브리지까지 총 이동시간 약 20분.

주요 정류장

런던 아이(카운티홀)→워털루역→블랙프라이어스 로드(테이트 모던)→런던 브리지(버로우 마켓, 더 샤드)→타워 브리지

그 외 교통수단

1. 시티투어 버스

시원한 바람을 즐기며 편안하게 버스에 앉아 런던 관광지를 둘러보자. 원하는 장소에 자유롭게 내리고 탈 수 있는 런던 시티투어 버스. 여유롭게 구석구석을 관광할 시간이 없는 하루 여행자나 걷기 어려운 노약자가 있는 가족 단위 여행자들에게 추천한다. 런던 첫날 일정으로 런던 주요 장소를 둘러보며 도시에 대한 감을 잡거나 마지막 날 일정으로 런던의 추억을 쌓고 싶은 여행자들도 이용해 보자. 홈페이지에서 미리 예약 가능하며, 시티투어 버스 정류장에 있는 직원에게 직접 구입도 가능하다.

시티투어 버스
요금 하루 이용권 성인 45.78파운드(온라인 예매 시)
홈페이지 www.city-sightseeing.com

빅버스
요금 하루 이용권 성인 40.50파운드(온라인 예매 시) 홈페이지 www.bigbustours.com

2. 템스강 보트

템스강을 따라 지나가는 런던의 다양한 모습을 느낄 수 있다. 고풍스럽고 역사적인 분위기인 런던 서쪽에서 시작해 모던하고 깔끔한 현대식 건물들이 있는 동쪽으로 이동하면서 런던의 미래를 만나 보자.

RB1 보트

런던 교통청과 연계되어 있는 RB 노선은 런던을 찾은 여행자뿐 아니라 런더너들도 출퇴근용으로 자주 이용하는 로컬 분위기의 보트이다. 그중 RB1 보트는 런던 아이-타워 브리지-그리니치를 다니며 주요 관광지를 연결한다.

요금 런던 아이-그리니치 편도 요금, 티켓 오피스에서 구매 시 성인 12.30파운드, 온라인으로 미리 예매 시 혹은 오이스터 카드로 사용 시 9.40파운드(오이스터 카드로 이용 시 충전된 금액에서 차감되며, 보트 금액은 하루 캐핑 요금에 포함되지 않음)
운영 시간 09:00~23:00(20~30분마다 운항하며 주말에는 22시까지 운행) 홈페이지 tfl.gov.uk

시티 크루즈 City Cruises

템스강 투어 여행자를 위한 크루즈. 점심&차 크루즈, 디너크루즈, 크리스마스 파티 등 배 위에서 즐길 수 있는 다양한 프로모션을 진행한다. 웨스트민스터 피어-런던 아이-타워 브리지-그리니치를 운항한다.

요금 성인 편도 12.25파운드~(런던아이~타워 브리지) 운영 시간 10:00~19:00(40분마다 운항, 하절기 기준) 홈페이지 www.citycruises.com

3. 도클랜드 경전철

DLR(Docklands Light Railway)

기관사가 없이 운행되는 모노레일 스타일의 기차. 내부가 깨끗하고 이용하기도 편리하다. 뱅크역이나 타워 게이트웨이에서 DLR을 타면 30분 이내에 그리니치에 도착한다. 그리니치로 가는 길에 세계 은행 건물들이 모여 있는 런던 신금융의 중심지, 카나리 와프 지역도 눈여겨보자.

요금 언더그라운드와 동일, 존에 따라 다름
운영 시간 평일 05:30~24:30 주말 07:00~23:00

4. IFS클라우드 케이블카

IFS Cloud Cable Car

케이블카에서 바라보는 런던의 모습은 어떨까. IFS클라우드 케이블카는 그리니치 반도에서 로열 부두까지 런던 동쪽 템스강 위를 연결한다. 케이블카 안에서 동영상으로 동쪽 런던의 숨은 이야기들을 들어 보자. 케이블카 이동 시간은 약 10분 소요. 템스강 위에서 런던의 아름다운 야경을 편안히 즐겨 보자. 그리니치 반도, 로열 부두 어느 곳에서나 탈 수 있다.

가는 법 그리니치 반도 언더그라운드 주빌리 라인 노스 그리니치역, DLR 로열 빅토리아역 / 로열 부두 DLR 로열 빅토리아역
요금 오이스터 카드 사용 시 편도 6파운드(캐핑 적용 안 됨) / 티켓 오피스 또는 온라인 구매 시 편도 6파운드 운영 시간 평일 07:00~23:00, 주말 09:00~23:00(하절기, 동절기 운행 시간이 다름), 편도 약 10~13분 소요 홈페이지 tfl.gov.uk

5. 자전거

솔직히 말해서 런던 중심가는 자전거 타기가 좋은 곳이 아니다. 자전거 도로가 잘 되어 있는 편이 아니라, 좁은 길에 많은 사람들과 버스, 차들이 복잡하게 엉켜 있는 경우가 있어서 안전하지 않다. 하지만 하이드 파크 같은 넓은 공원 안이나 템스 강변은 자전거를 타기에 최고의 장소이다. 요금 30분당 1.65파운드

이용방법

❶ 런던 시내 곳곳에 있는 자전거 대여 장소 스크린에서 'Hire a Cycle'(자전거 대여하기) 버튼을 누른다. ❷ 체크, 신용카드를 삽입 후 자전거 해제번호 Release code 티켓을 받자. 해제번호는 10분간만 유효하니 티켓을 받으면 바로 자전거를 거치대에서 분리하자. ❸ 해당 자전거의 브레이크, 타이어, 벨의 상태를 살피고 ❹ 자전거 옆 버튼에서 해제번호를 눌러 자전거를 거치대에서 분리해 안장높이를 조절하면 자전거 즐길 준비 끝.

반납하기

❶ 비어 있는 자전거 거치대에 주차하고, 주차가 확실히 되었는지 알려 주는 초록색 불이 들어오는지 확인한다. ❷ 비어 있는 거치대가 없을 경우 'No docking point free'(주차 공간 없음) 버튼을 누르면 추가 15분을 더 받을 수 있다. ❸ 주차 공간이 가득 찬 경우 가까운 주차장 확인 'Status of nearest docking station' 을 눌러 그곳에 반납할 수도 있다.

런던에서 근교 도시로 이동할 때

1. 기차

런던에서 근교도시로 이동하는 가장 빠르고 편한 방법은 기차다. 더욱이 증기기관차로 시작해 산업혁명이 발생한 영국에서 기차를 타 보는 것은 의미가 있다. 런던에는 여러 기차역이 있으며, 각 역별로 운행하는 노선이 다르다. 온라인으로 예매하거나 그룹일 경우, 오프피크 타임에 이용할 경우 저렴한 티켓을 구할 수 있다. 이메일로 받은 예약번호와 온라인으로 결제한 신용카드 지참 후 출발 기차역 티켓 기계에서 발권하면 된다.

내셔널 레일 www.nationalrail.co.uk
서던레일 www.southernrailway.com
더 트레인 라인 www.thetrainline.com

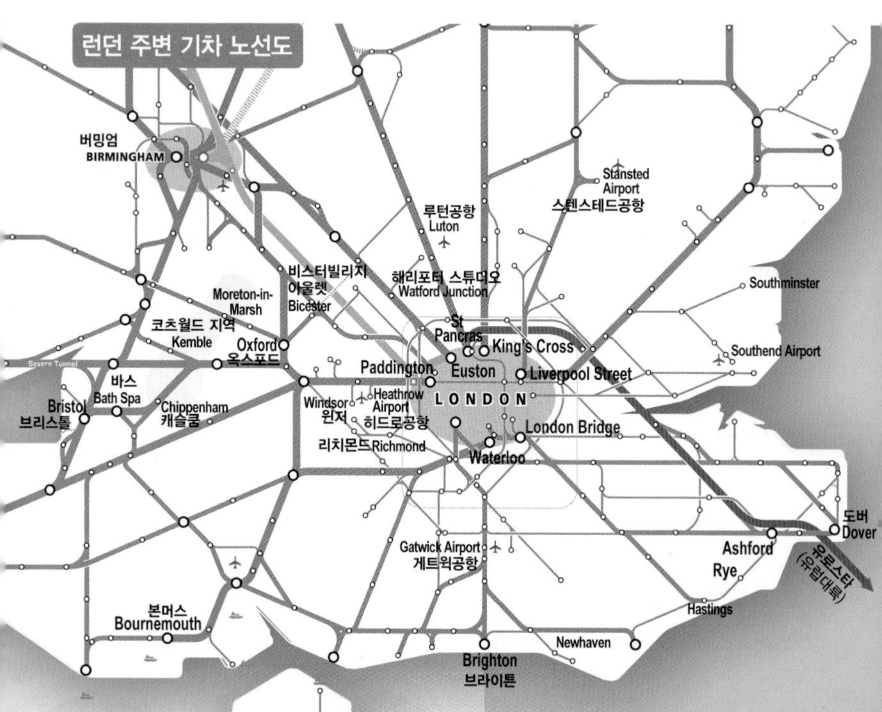

2. 코치 Coach

시외 · 좌석버스를 영국에서는 코치라고 한다. 빅토리아 기차역에서 도보로 5분 거리에 떨어져 있는 빅토리아 코치 스테이션은 런던에서 가장 큰 버스터미널. 런던과 근교 도시를 오가는 코치들과 이용객들로 항상 분주하다. 빅토리아 코치 스테이션 외에도 노선에 따라 런던 곳곳에 코치 스테이션이 있다. 영국에서 많은 사람들이 이용하는 코치회사로는 내셔널 익스프레스와 메가버스가 있다. 두 곳 모두 온라인으로 예약하거나 왕복, 그룹으로 예약 시 저렴한 가격에 티켓을 구할 수 있다. 온라인 예약 후 이메일로 발송된 바우처에서 예약번호, 시간, 코치 타는 장소를 잘 확인하자.

내셔널 익스프레스 www.nationalexpress.com
메가버스 uk.megabus.com

런던 여행에 꼭 필요한 교통 어플

1. 구글 맵스 Google Maps
GPS로 현재 위치를 알 수 있고, 출발지와 목적지를 검색하면 최적의 루트를 찾아 준다. 대중교통(지하철/버스 옵션 선택 가능)이나 도보이동 경로도 알려 준다. 타야 하는 버스 번호와 정류장 위치, 몇 정거장 후 내려야 하는지까지 알려 주는 친절한 구글맵만 있으면 런던 어느 곳이든 길 찾기는 걱정 없다.

2. 시티 매퍼 Citymapper
전 세계 주요 관광 도시의 관광 지도를 비롯해 지하철 노선도, 자전거 대여소, 보트 선착장 위치 등을 알려주는 친절한 지도 어플이다. 지하철 파업 같은 교통 뉴스를 업데이트해 주고, 현재 교통 상황을 반영해 길 위치를 찾아주는 기능도 있다.

Citymapper

3. 우버 Uber
우리의 카카오 택시와 비슷한 개념이다. 우버 앱을 사용하면 24시간 시간과 장소에 구애받지 않고 편하게 이동할 수 있다. 우버 앱에서 도착지를 입력하고 원하는 우버 형태를 선택 후 호출하면 우버 기사와 차량 정보가 확인된다. 요금도 미리 입력한 카드에서 결제된다.

4. 트리플 Triple
여행 루트를 계획 할 때 효율적인 어플이다. 관광 명소 추천, 예산 관리, 일행과 함께 일정을 짤 수 있고 여행 동선을 지도에 보여준다.

TIP 영국 주소에는 우편번호가 중요하다. 위치 검색 시 우편번호로 찾으면 쉽게 위치를 찾을 수 있다 (예: 빅 벤 우편번호 SW1A 0AA).

Step 03

Enjoying

런던을 즐기다

ENJOYING **01**

런던의 **일 년**

하루에도 몇 번씩 변해 예측하기 어렵다는 런던 날씨. 과연 어떤 옷을 챙겨가야 할까? 또 내가 여행 가는 기간에 어떤 축제나 행사가 열릴까? 계절별 날씨와 추천 옷 스타일, 축제를 정리했다.

봄 Spring

날씨 선선한 바람이 불고 따듯한 햇살을 느낄 수 있는 계절이다. 일몰시간이 7~8시경으로 낮이 점점 길어진다. 아침 저녁으로 제법 쌀쌀하다.
옷 카디건, 스카프. 추위를 탄다면 얇은 패딩도 챙기자.
추천 일정 아름다운 색의 꽃이 피어나는 런던 정원 관람하기 – 리젠트 파크 퀸 메리 가든, 리치몬드 이자벨라 파크
축제 2월 런던 패션 위크와 5월 세계 최대 정원 박람회인 첼시 플라워 쇼

여름 Summer

날씨 런던의 여름은 건조하고 비가 자주 내리지 않는다. 일몰 시간은 밤 9~10시경이며, 낮 시간이 긴 만큼 야외 활동을 즐기기에 매우 좋다.
옷 낮 시간대에는 반팔, 반바지, 선글라스. 밤에는 얇은 긴 옷
추천 일정 공원에서 피크닉 즐기기, 템스 강변 따라 자전거 타기, 하이드 파크 호수에서 보트 타기
축제 6월 웨스트엔드 라이브 쇼, 7~9월 BBC 프롬스, 8월 말 노팅 힐 카니발

가을 Autumn

날씨 가로수와 공원의 나무들이 황금색으로 변하는 계절. 해가 짧아지기 시작하고 선선해진다.
옷 영국 스타일의 트렌치코트를 입기 제일 좋은 계절
추천 일정 낙엽 지는 런던 풍경을 바라보며 따듯한 애프터눈 티 즐기기
축제 9월 거리 공연과 미술 행사가 열리는 템스 페스티벌, 9월 런던 패션 위크, 11월 초 황금마차와 악대 행렬을 볼 수 있는 로드 메이어 쇼

겨울 Winter

날씨 습도가 높고 비가 자주 내려 체감온도가 낮다. 해가 짧아져 오후 4시경이면 어두워지기 시작한다.
옷 방수되는 패딩 점퍼, 레인부츠
추천 일정 하이드 파크 윈터 원더랜드에서 관람차 타 보기, 따듯한 벽난로가 있는 펍에서 영국 맥주 마시기
축제 11월 초 리젠트 스트리트 크리스마스트리 점등식, 11월 5일 가이 포크스 데이와 불꽃놀이, 12월 31일 빅 벤 주변 새해맞이 불꽃놀이

로마 시대

ENJOYING **02**

흥미로운 런던의 **역사 이야기**

2천 년의 역사를 간직한 오래된 도시 런던에는 과거의 화려했던 영화를 보여 주는 건축물들과 흥미로운 역사 이야기들이 숨어 있다. 찬란한 역사로 빛나는 런던의 다양한 시대를 만나 보자.

로마 시대 Roman London(기원 43년~410년)

제4대 로마 황제인 클라우디우스가 기원 43년 런던 지역을 침입하며 로마 시대가 시작되었다. 당시 광대한 지중해 지역을 이미 정복했지만, 영국 지역 부족들의 극심한 저항으로 영국을 속주로 만들기 꽤 어려웠다고 한다. 런디니움Londinium이라는 이름으로 당시 로마 제국에서 가장 큰 건설 중 하나인 런던 성벽을 짓고, 처음으로 강 위로 다리를 지었다. 당시 약 5만 명의 사람들이 런던에 살았다. 화려하게 런던의 시작을 알렸던 로마 제국도 기원 410년에 앵글로색슨족에게 도시를 넘겨주고 떠나면서 막을 내렸다.

▶ 런던 박물관에서는 로마 시대 런던의 모습과 로마 성벽의 일부를 볼 수 있다.

▶ 런던 근교 도시 바스에는 로마 시대 화려한 귀족의 삶을 보여 주는 로만 바스가 있다.

튜더 시대 Tudor History in London(1485~1603)

앵글로색슨족과 노르만족의 중세 시대를 거쳐 설립된 튜더 왕조는 왕권은 확고해지고 예술과 상업이 발달한 시기였다. 아들을 낳기 위해 여러 번 이혼과 재혼을 한 헨리 8세 왕은 이혼을 반대하던 로마 교회와 결별하고 잉글랜드 국교회인 성공회를 설립한다. 왕의 개인적인 이유로 나라의 종교를 바꾸고 왕이 교회보다 위에 있음을 선포한 사건이었다. 엘리자베스 1세 여왕은 "잉글랜드란 나라와 결혼했다"라는 명언을 남겼는데, 신대륙 탐험과 예술 활동을 지지하며 대영제국의 기초를 더욱 강력히 확립했다.

▶ 셰익스피어 글로브 극장은 튜더 시대 당시 최고의 엔터테인먼트를 즐기던 곳이다.

▶ 햄튼 코트 궁전은 헨리 8세의 화려한 생활을 보여준다. 반면 런던 탑은 헨리 8세의 두 번째 부인인 앤 불린이 처형당한 슬픔의 장소이다.

조지안 시대 Georgian London(1714~1830)

시민전쟁과 흑사병, 도시의 대부분이 소실되고 많은 사람들이 목숨을 잃은 1966년의 런던 대화재 등 큰 사건들을 이겨내고 런던은 재정적, 상업적 중심지로 성장했다. 화가 윌리엄 터너나 토마스 게인스버리와 같은 예술가, 조각가들로부터 영감을 얻은 조지안 건축 양식과 고딕 양식의 부활이 런던을 더욱 화려한 도시로 만들었다. 지적, 예술적 안목이 남달랐지만 방탕했던 조지 4세 왕은 조지안 시대에서 절대 빼놓을 수 없는 인물이다. 런던 곳곳에 그의 호화스러운 생활을 엿볼 수 있는 건축물이 있다.

▶ 조지 4세 왕이 신뢰했던 건축가 존 내시는 버킹엄 궁전을 증축하고, 리젠트 스트리트, 리젠트 파크를 건설했다. 브라이튼의 로열 파빌리온 역시 그가 조지 4세를 위해 디자인한 바다 옆 호화 별장이다.

빅토리안 시대 Victorian London(1837~1901)

64년간 영국을 통치한 빅토리안 시대는 오늘날 런던의 대부분을 만들었다고 봐도 될 만큼 영국의 전성기를 이끌었다. 산업화를 기반으로 런던 도시는 확장되고, 경제적 문화적 수준이 크게 향상되었다. '군림하되 통치하지 않는다'는 원칙에 따라 오늘날 영국 군주의 패턴을 확립하고 재위 기간 안정적인 왕권을 수립했다. 런던을 여행하며 가장 많이 만나게 되는 빅토리아 여왕과 알버트 공의 동상을 통해 당시 그들의 강한 권력과 서로에 대한 애정을 느낄 수 있다.

▶ 빅 벤, 국회의사당, 타워 브리지, 트래펄가 광장이 이 시대에 건설되었다.

▶ 빅토리아 여왕은 이른 나이 세상을 떠난 남편 알버트 공을 기리기 위해 하이드 파크의 알버트 메모리얼 동상과 로열 알버트 홀, 빅토리아 앤 알버트 박물관 등을 건설했다.

ENJOYING **03**

무료로 즐기는 **박물관 & 갤러리**

한국과 비교했을 때 비싸게 느껴지는 런던의 교통비, 숙박비, 식비에 너무 슬퍼하지 말자. 런던 대부분의 박물관과 갤러리 입장료는 무료이다. 그것도 전 세계적으로 최고의 규모와 수준을 자랑하니 꼭 들러 보자. 수많은 여행자들이 런던을 사랑할 수밖에 없는 이유이다. 멋진 박물관과 갤러리에 감동받았다면 입구의 기부함에 소정의 금액을 기부할 수 있다.

TIP • 유물과 작품을 자세하게 이해하고 싶다면 오디오 가이드 투어를 이용해 보자. 해당 박물관과 갤러리의 어플을 다운받아 오디오가이드를 이용할 수 있다. 어플의 주요 언어는 영어이고, 박물관이나 갤러리에 따라 유료 또는 무료로 이용할 수 있다.

• 상설전, 특별전의 경우 따로 입장 티켓을 구입한 후 둘러볼 수 있다.

• 기념품 숍을 꼭 들러 보자. 박물관과 갤러리의 대표 유물과 작품이 담긴 다양한 종류의 기념품이 가득한 곳이다.

영국 박물관

세계 3대 박물관 중 하나로 로제타스톤, 미라, 람세스 2세 등 역사적으로 가치가 있는 유물들을 직접 볼 수 있다. ▶376p

내셔널 갤러리

르네상스 초기부터 19세기까지 서유럽 회화의 걸작들을 볼 수 있다. 모네, 르누아르, 고흐 등의 작품을 감상하자. ▶218p

자연사 박물관

거대한 공룡화석을 비롯하여 지구상에 분포하고 있는 모든 생태 동식물을 다룬 박물관이다. ▶355p

테이트 모던

화력발전소 건물을 개조하여 현대미술관으로 탈바꿈했다. 피카소를 비롯한 현대미술, 조각 등의 작품들을 관람할 수 있다. ▶292p

빅토리아 앤 알버트 박물관

세계 최대의 장식 예술 박물관으로 각종 공예품, 장신구, 도자기 등이 전시되어 있다. 예술과 문화, 패션에 관심이 있다면 강력 추천. ▶354p

과학 박물관

산업혁명의 나라답게 영국의 과학, 기술, 의학 발달사를 대표하는 중요한 기구나 기계의 실제 모형을 볼 수 있다. 우주관은 아이들이 가장 좋아하는 곳이다. ▶357p

런던 박물관

선사 시대부터 현재까지 런던의 역사를 볼 수 있는 세계 최대의 도시 박물관이다. ▶302p

국립 초상화 갤러리

영국 역사적인 인물들의 초상화를 모아 놓은 세계에서 가장 큰 개인 초상화 전시관. ▶225p

테이트 브리튼

16세기부터 현재까지 영국 작가들의 회화, 현대미술, 설치미술 작품을 만날 수 있다. ▶205p

|Theme|

입장료를 아낄 수 있는 패스

런던 대부분의 주요 박물관과 갤러리는 무료이지만, 일부 관광지는 유료로 입장권을 구매해야 한다. 이런 경우 따로따로 입장료를 내는 것보다 런던 패스나 런던 2 for 1, 어트랙션 패스를 이용하는 것이 더 저렴하다.

런던 패스 London Pass

1일/2일/3일/4일/5일/6일/7일/10일권으로 나뉘어 있으며, 패스를 사용하는 날에 한해 런던 패스에 해당하는 유료 관광지들을 자유롭게 이용할 수 있다. 런던 패스를 사용하는 날에는 *크레딧 패키지 한도 내에서 최대한 많은 유료 관광지를 이용하는 것이 좋으므로 철저한 이동경로와 계획이 필요하다. 런던 패스London Pass 어플을 다운받으면 런던 패스로 사용가능한 80개 이상의 명소에 대한 설명과 오픈 시간 등 정보를 볼 수 있을 뿐만 아니라 나만의 일정을 계획할 수 있다. 런던 탑, 웨스트민스터 사원, 윈저성, 햄튼 코트 궁전, 로열 알버트 홀 등에서 사용 가능하며, 토트넘, 첼시, 웸블리 축구경기장 오디오 투어도 가능하다.

* **크레딧 패키지** Credit Package : 런던 패스 종류에 따라 하루에 이용 가능한 최대 이용 금액이 정해져 있다. 이용하는 관광지의 원래 입장료 총합이 일정 금액까지만 사용 가능하다. 요금 1Day 165 파운드, 2Day 265파운드, 3Day 355파운드, 6Day 665파운드

홈페이지 www.londonpass.com

런던 패스 사용하는 법

① 런던 패스 London Pass 어플을 다운받는다.
② 이메일로 온 주문 번호와 인증코드를 앱에 입력한다.
③ 입장권은 방문한 첫 번째 명소에서 바코드 스캔 시 활성화되어 입장가능하며, 24시간이 아닌 입장권의 연속된 날짜 동안 유효하다.

런던 패스 종류 및 가격

패스 종류	가격
1 day 성인 패스 1 day 아동 패스	89.00파운드 54.00파운드
2 day 성인 패스 2 day 아동 패스	124.00파운드 69.00파운드
3 day 성인 패스 3 day 아동 패스	137.00파운드 79.00파운드
6 day 성인 패스 6 day 아동 패스	179.00파운드 114.00파운드

*아동 요금은 만 5~15세 어린이, 청소년이 해당

TIP 패스의 종류가 여러 가지이므로 자신의 일정에 맞게 최대한 할인을 많이 받을 수 있는 것으로 선택하자. 꼭 가보고 싶은 관광지 리스트를 적어 보고, 한두 곳만 유료 입장이라면 입장료를 내거나 런던 2 for 1을 적용하는 것이 이득이고, 여러 곳을 갈 예정이라면 런던 패스나 어트랙션 패스를 이용하는 것이 좋다.

2 FOR 1

일부 유료 관광지에 1명 가격으로 2명 입장 가능한 바우처이다. 내셔널 레일 로고가 있는 기차표나 기차역에서 발행한 종이 트래블 카드가 있는 경우에만 혜택을 받을 수 있다. 일반 오이스터 카드나 지하철역에서 발행한 트래블 카드는 해당하지 않는다. 런던 탑, 웨스트민스터 사원, 세인트 폴 대성당, 런던 아이 등에서 사용 가능하다. 매년 관광지가 변경될 수 있으니 홈페이지에서 미리 적용되는 관광지를 확인하자.

홈페이지 www.daysoutguide.co.uk

2 For 1 사용하는 법

① 2 For 1 홈페이지에서 원하는 관광지를 선택 후 인원, 방문 날짜, 출발 기차역 정보를 입력하고 바우처를 출력한다. 런던 주요 기차역에서 2 For 1 리플렛을 요청하면 받을 수도 있으나 없을 경우도 있으므로 미리 홈페이지에서 출력하는 것을 추천한다.

② 관광지 매표소에서 바우처와 해당 날짜의 기차표를 함께 제시하면 된다.

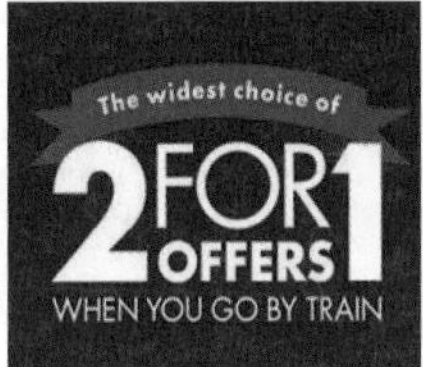

TIP 장거리 기차표나 트래블 카드 사는 것이 부담스럽다면, 런던 시내의 기차역을 이동하는 짧은 구간 기차표를 구매하자. 킹스 크로스역-유스턴역, 워털루역-빅토리아역 같은 경우 5파운드 내외의 금액이니, 기차표 가격을 제하더라도 입장료 할인 폭이 더 크다. 일부 관광지에서는 2 FOR 1 혜택이 적용되는 기간이 정해져 있을 수 있으니 미리 홈페이지에서 확인하고 여행 기간 동안 사용 가능한지 알아보자.

어트랙션 패스 Attraction Passes

런던 아이, 아쿠아리움, 마담 투소, 템스강 보트 크루즈 등을 묶어서 할인받을 수 있는 패스이다. 관광지별로 다르지만 일반적으로 첫 번째 관광지에 입장한 후 90일 이내 다음 관광지를 방문하면 된다.

홈페이지 www.londoneye.com

런던 어트랙션 패스 사용하는 법

① 각 관광지 홈페이지에서 런던 아이, 마담 투소, 런던 던전, 시 라이프 런던 아쿠아리움 중 가고자 하는 관광지를 선택해 묶음 패스를 결제한다.

② 티켓 구매 후 각 관광지 홈페이지에서 주문번호와 이메일을 넣으면 함께 구매한 다음 관광지의 이용을 예약할 수 있으니 성수기 관광객이라면 미리 예약하는 것을 추천한다.

런던 어트랙션 패스 종류 및 가격 (온라인 예매 시)

장소	입장료
런던 아이+리버 크루즈	46파운드~
런던 아이+마담 투소	50파운드~
런던 아이+ 시 라이프 런던 아쿠아리움	50파운드~
런던 아이+마담 투소+ 시 라이프 런던 아쿠아리움	70파운드~

2곳 선택 시 50파운드부터, 3곳 선택 시 70파운드부터, 4곳 선택 시 85파운드부터다(각 관광지 홈페이지에서 멀티 어트랙션 티켓을 구입하면 된다. 날짜별로 가격이 상이하다).

ENJOYING 04

웨스트엔드 **뮤지컬 즐기기**

런던을 찾는 또 하나의 이유, 세계적 명성을 가진 런던 뮤지컬을 즐기기 위해서다. 극장과 영화관이 모여 있는 웨스트엔드 지역을 중심으로 오페라의 유령, 레 미제라블 등 역사적인 뮤지컬이 초연되어 30년이 넘는 기간 동안 전 세계에서 큰 사랑을 받았다. 고풍스러운 뮤지컬 극장에 앉아 오리지널 웨스트엔드 뮤지컬의 깊은 감동과 짜릿한 전율을 느껴 보자.

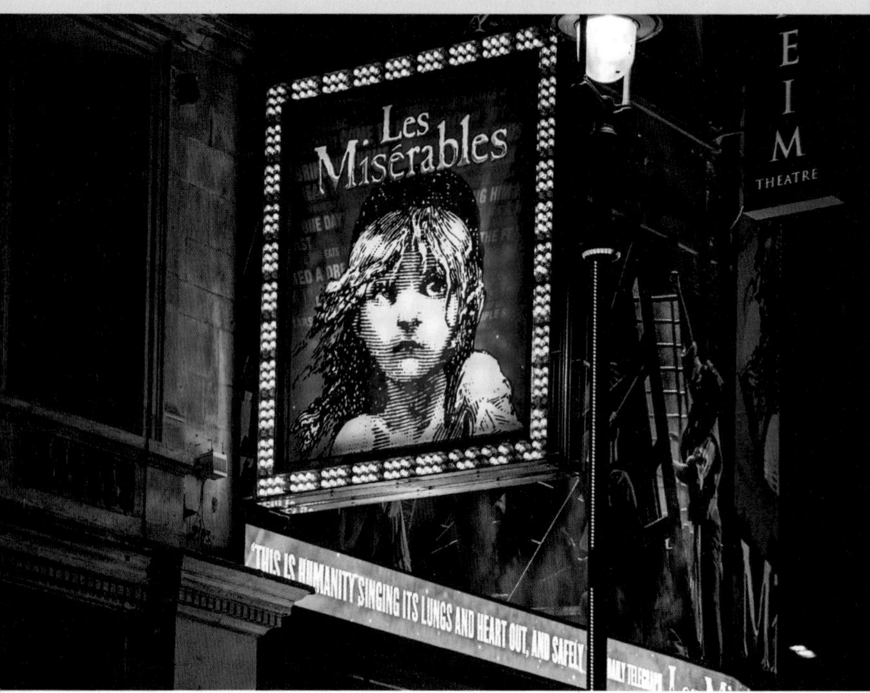

TIP 런던 뮤지컬 관람 팁

❶ 일반적으로 저녁 공연은 19:00 혹은 19:30에 시작한다. 일주일에 하루, 이틀은 낮 공연(마티니Matinee)이 있고 14:30 혹은 15:00에 시작한다. 일요일은 공연이 없는 경우가 많다.
❷ 뮤지컬 시작 시간 30분 전에는 여유 있게 극장에 도착하자.
❸ 소설이나 영화가 나온 뮤지컬의 경우에는 여행 전에 미리 보고 스토리를 알아가면 감동도 두 배! 익숙하지 않은 영국 발음의 대사를 이해하는 데도 도움이 된다.
❹ 런던 여행 2~3일째 일정으로 저녁 뮤지컬을 보면 시차 때문에 졸 수 있다. 뮤지컬 공연이 있는 날은 졸지 않도록 컨디션을 잘 조절하자.

가장 좋은 좌석은?

▶ 런던 뮤지컬 극장은 크게 3곳으로 나뉜다. 무대가 있는 1층은 스톨Stall, 2층은 드레스 서클Dress Circle 혹은 로열 서클Royal Circle, 3층은 어퍼 서클Upper Circle 혹은 그랜드 서클 Grand Circle이라 부른다. 좌석에 따라 가격이 다르다.

▶ 극장 내부가 크지 않아 전체적으로 배우들의 모습을 잘 볼 수 있다. 하지만 고개를 들고 무대를 봐야 하는 바로 앞자리나 기둥에 가리는 자리, 경사가 심한 3층은 되도록이면 피하자.

▶ 가장 좋은 시야와 음질을 들을 수 있는 로열석은 1층(스톨) 중간과 2층(드레스 서클, 로열 서클) 앞좌석이다.

뮤지컬 티켓 구매 방법

티켓을 사는 방법은 크게 3가지로, 가장 추천하는 것은 여행 전에 미리 인터넷으로 예매하는 방법이다. 그 외 극장에서 구매하는 데이 시트와 레스터 스퀘어에 있는 TKTS 부스에서 구입하는 방법도 있다.

1. 인터넷 예매

꼭 보고 싶은 공연이 있다면 여행 전에 인터넷으로 예매해서 좋은 좌석과 날짜를 확보하자. 인기 있는 공연은 매진되거나 공연 날짜가 가까울수록 비싼 좌석이나 시야가 가리는 좌석만 남아 있는 경우가 있으므로 시간적으로 여유를 가지고 구매하자.

티켓마스터, 런던 씨어터 다이렉트 뮤지컬, 연극, 스포츠 티켓 온라인 예매 업체, 내가 원하는 좌석을 선택할 수 있는 장점이 있지만, 사이트가 영어로 되어 있고 티켓당 수수료가 붙는다.

홈페이지 www.ticketmaster.co.uk

런던 씨어터 다이렉트

홈페이지 www.londontheatredirect.com

2. 데이 시트 티켓 Day Seat Ticket

공연 전날까지 팔리지 않은 티켓을 공연 당일 아침 극장에서 판매하는 티켓으로 정가보다 할인해서 판매한다. 공연에 따라 데이 시트 티켓을 판매하기도 하고, 없는 경우도 있으니 원하는 공연이 있으면 데이 시트 제도가 있는지부터 확인하자. 각 뮤지컬 공식 홈페이지에서 선착순으로 판매하거나 투데이틱스Today Tix 어플로 매일 오전 10시에 오픈하는 러쉬 티켓을 선착순으로 구매할 수 있다.

▶ **라이온킹, 겨울왕국 :** 공식 홈페이지에서 해당 주의 공연에 대해 매주 월요일 정오에 29.50파운드 티켓 선착순 판매

▶ **오페라의 유령 :** 해당 일의 데이시트 티켓(30파운드)을 오전 10시에 선착순 판매. 공식 홈페이지에서 이름과 이메일 작성하면 온라인 예약할 수 있는 링크를 보내준다.

▶ **투데이틱스** Today Tix **:** 위키드, 맘마미아 등 런던 뮤지컬 공연의 데이 시트(러쉬 시트)를 앱에서 오전 10시에 오픈한다.

3. TKTS

레스터 스퀘어에 있는 TKTS 부스에서 해당일과 일주일 안에 공연되는 뮤지컬 티켓을 50%까지 저렴하게 판매한다. TKTS 앱에서도 해당일의 데이 시트 좌석 확인 및 구매도 가능하다.

웨스트엔드 라이브 쇼 WEST END LIVE SHOW

런던 최고의 핫한 뮤지컬 공연을 한 번에, 그것도 무료로 즐길 수 있는 기회이다. 매년 6월 이틀 동안 진행되며, 30개가 넘는 화려한 뮤지컬 쇼가 광장을 가득 메우고 관객은 하나가 된다. 환상적인 런던의 뮤지컬 공연을 야외에서 라이브로 즐길 수 있는 최고의 기회를 꼭 놓치지 말자. 정확한 날짜는 매년 바뀌므로 웨스트엔드 라이브 쇼 공식 홈페이지에서 확인하자.

홈페이지 www.westendlive.co.uk

TIP 트래펄가 광장의 자리가 다 차면 입장이 제한될 수도 있으니 공연이 시작하기 전 일찍 가서 자리를 맡자.

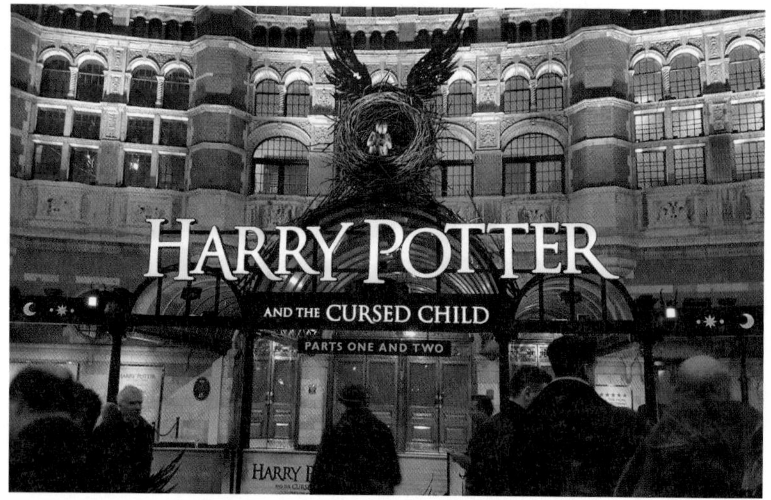

웨스트엔드 뮤지컬 베스트 7

런던 뮤지컬 공연을 대표하는 7개의 작품들을 만나 보자. 스토리와 음악, 연기력, 무대까지 어느 것 하나 빠지지 않는 감동적인 무대는 바로 이곳에 있다. 빌리 엘리어트Billy Elliot, 원스 Once, 저지 보이즈Jersey Boys, 미스 사이공Miss Saigon, 워 호스War Horse도 꾸준히 사랑받는 뮤지컬이다.

© groupline

오페라의 유령 The Phantom of the Opera

30년 동안 런던 웨스트엔드를 대표해 온 뮤지컬로 마니아층이 많은 인기 뮤지컬.

▶ **내용은?** 흉측한 얼굴 때문의 자신의 얼굴을 가면으로 가리고 살아야 했던 음악 천재 팬텀의 슬픈 사랑이야기.

공연 월~토 19:30, 수·토 14:30 러닝타임 2시간 30분 가는 법 차링 크로스역에서 도보 10분, 허 마제스티 극장 주소 Her Majestys Theatre, Haymarket, London SW1Y 4QL
가격 27.50~200파운드 홈페이지 www.thephantomoftheopera.com

겨울왕국 Frozen

엘사를 눈앞에서 실제로 볼 수 있다니! 어린 아이들이 있는 가족단위 여행객이라면 꼭 보아야 할 디즈니 뮤지컬이다. WOS (WhatsOnStage Awards) 뮤지컬 시상식에서 7개의 상을 수상한 작품성이 탄탄한 뮤지컬로, 렛잇고와 같이 우리에게 익숙한 노래를 따라 부르며 화려한 겨울 왕국 세상으로 빠져드는 작품.

▶ **내용은?** 무엇이든 얼릴 수 있는 신비한 힘이 있는 엘사 공주는 통제할 수 없는 자신의 힘이 두려워 아렌델 왕국을 떠나고, 얼어버린 왕국의 저주를 풀기 위해 엘사를 찾아 떠나는 동생 안나 공주의 모험 이야기

공연 수 · 목 14:00, 목~토 19:00, 토 14:30, 일 13:00/17:30 러닝타임 2시간 15분
가는 법 코벤트 가든역에서 도보 5분, 로얄 극장 주소 Theatre Royal, Drury Lane, Catherine Street, London WC2B 5JF 가격 29.50~134.50파운드 홈페이지 frozenthemusical.co.uk

마틸다 Matilda

사랑스러운 주인공 마틸다와 어린 친구들의 가창력과 연기력이 돋보이는 공연.

▶ **내용은?** 딸을 사랑하지 않는 부모와 멍청한 오빠, 아이들을 싫어하는 교장 사이에서 살아가는 천재 소녀 마틸다의 이야기.

공연 화~목 19:00, 수 14:00, 토14:30, 19:30, 일 15:00 러닝타임 2시간 40분
가는 법 코벤트 가든역에서 도보 5분, 케임브리지 극장 주소 CAMBRIDGE THEATRE, 32-34 Earlham Street, London WC2H 9HU
가격 26~122파운드
홈페이지 uk.matildathemusical.com

위키드 Wicked

동화 〈오즈의 마법사〉 내용에 과장된 몸짓과 시원시원한 가창력이 돋보이는 노래가 특히 인상적이다.

▶ **내용은?** 도로시가 오즈에 떨어지기 전 이미 그곳에서 만나 우정을 키웠던 두 마녀의 이야기.

공연 월~토 19:30, 수 · 토 14:30
러닝타임 2시간 45분 가는 법 빅토리아역에서 도보 1분, 아폴로 빅토리아 극장
주소 Apollo Victoria Theatre, Wilton Road London SW1V 1LG 가격 25~152파운드
홈페이지 www.wickedthemusical.co.uk

레 미제라블 Les Misérables

1800년대 프랑스를 배경으로 한 작품. 웅장한 무대 연출과 압도적인 음악이 영화와는 또 다른 감동을 선사한다. 익숙한 OST를 가슴으로 따라 부르며 처절하고 간절한 주인공의 심정으로 동화되는 기분을 느낄 수 있다.

▶ **내용은?** 조카들을 위해 빵 한 조각을 훔친 죄로 19년의 감옥살이를 한 장발장과 그를 쫓는 자베르 경감, 엄마의 죽음으로 세상에 홀로 남겨진 코제트와 사랑에 빠지는 혁명가 마리우스의 이야기.

공연 월~토 19:30, 목 · 토 14:30 러닝타임 2시간 50분
가는 법 피카딜리 서커스역에서 도보 5분, 퀸스 극장
주소 QUEEN'S THEATRE, 51 Shaftesbury Avenue, London W1D 6BA
가격 47~200파운드
홈페이지 www.lesmis.com

맘마 미아! Mamma Mia!

즐겁고 흥겨운 아바ABBA의 노래가 공연 내내 연주되는 뮤지컬. 화려한 무대장치보다는 기분 좋게 즐길 수 있는 감성을 자극한다.

▶ **내용은?** 소피가 곧 있을 자신의 결혼식에 엄마의 옛 사랑인 세 명의 남자를 초대하며 벌어지는 이야기.

공연 목 · 토 15:00, 일 14:30 월 · 수~토 19:30 러닝타임 2시간 35분 가는 법 템플역에서 도보 10분, 노벨로 극장 주소 NOVELLO THEATRE, Aldwych, London WC2B 4LD 가격 52~177파운드
홈페이지 www.mamma-mia.com

라이언 킹 The Lion King

디즈니 애니메이션 라이언 킹의 뮤지컬이다. 동물들의 생동감과 화려한 아프리카의 모습을 그대로 담은 무대 연출이 인상적.

▶ **내용은?** 동물의 왕이 되기 위한 주인공 사자 심바의 모험과 가족에 대한 사랑을 그린다.

공연 화~토 19:30, 수 · 토 · 일 14:30 러닝타임 2시간 30분 가는 법 템플역에서 도보 10분, 라이시움 극장 주소 the Lyceum Theatre, 21 Wellington Street, London WC2E 7RQ 가격 35~208파운드
홈페이지 www.thelionking.co.uk

ENJOYING 05

수준 높은 **클래식 공연 보기**

세계 최정상급의 지휘자, 연주자들의 수준 높은 클래식 공연을 즐길 수 있는 도시 런던. 한국에서 쉽게 접할 수 없는 최고 수준의 클래식 공연을 비싸지 않은 가격으로 즐길 수 있다. 런던에서는 일 년 내내 다양한 공연이 펼쳐진다. 클래식 공연을 좋아하는 사람은 물론이고 클래식 팬이 아니더라도 감동적인 음악과 함께 런던을 추억할 경험을 해 보자.

BBC 프롬스 BBC Proms | 로열 알버트 홀 Royal Albert Hall

BBC 오케스트라가 주최하는 120년 역사의 클래식 축제로 로열 알버트 홀에서 열린다. 매년 여름 7월부터 9월까지 약 8주 동안 70~100개가 넘는 공연이 진행된다. 역사나 규모 면에서 영국을 넘어 세계에서 가장 큰 클래식 축제다. 실내악, 합창, 오페라, 초보를 위한 클래식, 피아노, 재즈 등 다양한 주제와 유명 연주자들의 공연으로 친근하게 클래식을 접할 수 있는 기회이다. 서울 필하모닉 오케스트라나 한국 출신 연주자들의 공연도 종종 포함된다. 가격은 좌석에 따라 9~115파운드이며, 공연 당일 오전 10시 30분부터 홈페이지에서 선착순으로 8파운드의 저렴한 가격으로 프로밍Promming 티켓을 구입하여 아레나와 맨 꼭대기층의 스탠딩석에서 공연을 즐길 수 있다.

BBC 프롬스 www.bbc.co.uk/proms

로열 필하모닉 오케스트라 Royal Philharmonic Orchestra | 사우스뱅크 센터 Southbank Centre

1946년 창설된 70년 역사의 오케스트라로 영국 최초로 자체 라벨 레코드를 시작해 라디오 방송국, 텔레비전, 온라인 미디어 채널까지 구축한 기업형의 오케스트라이다. 로열 필하모닉 오케스트라의 베이스 홀은 첼시에 있는 카도간 홀Cadogan Hall이지만 여행객들이 쉽게 찾아갈 수 있는 사우스뱅크 센터에서도 종종 공연이 열린다. 사우스뱅크 센터는 복합 예술센터로 한국인으로는 조수미와 사라 장이 공연한 곳이며, 빅 벤과 국회의사당, 템스강의 아름다운 뷰를 볼 수 있다.

로열 필하모닉 오케스트라 www.rpo.co.uk

런던 심포니 오케스트라 London Symphony Orchestra | 바비칸 센터 Barbican Centre

줄임말로 LSO라고도 불리는 런던 심포니는 1904년 창설된 런던에서 가장 오래된 오케스트라 역사를 가지고 있다. 스타워즈를 비롯해 200곡이 넘는 영화의 배경음악을 녹음한 오케스트라로도 유명하다. 런던 심포니의 베이스 홀인 바비칸 센터는 클래식, 현대 음악, 연극, 영화 상영, 미술 전시까지 열리는 유럽에서 가장 큰 아트센터이다.

런던 심포니 lso.co.uk

ENJOYING 06

런던 공원에서 여유 즐기기

런던의 가장 아름다운 장소이자 계절의 변화를 제일 잘 느낄 수 있는 곳이 바로 공원이다. 수많은 사람들이 오가는 대도시이지만 런던 곳곳에 위치한 넓은 공원에는 여유로움만이 가득하다. 자연 속에서 사색에 잠기거나 혹은 아무런 생각 없이 지금의 여행을 즐겨 보자. 런더너들처럼 자유롭게 푸른 잔디밭에 앉아 햇살을 받거나, 피크닉을 해도 좋다. 이 모든 공원을 무료로 들어갈 수 있으니 여행 일정에 공원을 넣지 않을 이유가 없다. 런던에서 꼭 가봐야 할 베스트 왕립공원 4곳을 소개한다.

하이드 파크 Hyde Park

런던 심장부에 위치한 드넓은 공원이다. 봄에는 켄싱턴 궁전의 정원에 피어나는 화려한 꽃들을 볼 수 있고, 여름에는 서펜타인 호수에서 보트를 즐길 수 있다. 가을에는 찬란한 황금색 낙엽이 공원을 수놓고, 겨울에는 즐거운 체험 거리가 가득한 윈터 원더랜드가 열린다. 일 년 내내 즐길 거리가 가득한 공원이다.

그린 파크 Green Park

커다란 아름드리나무들을 일렬로 심어 놓은 공원으로 초록의 나뭇잎이 무성한 여름이나 황금빛 단풍이 드는 가을에는 더 없이 아름다운 공원이다. 그린 파크는 버킹엄 궁전 바로 옆에 위치해 있어서 근위병 교대식을 보고 난 후 공원을 통해 피카딜리 서커스 방향으로 걸어가기 좋다.

세인트 제임스 파크 St James's Park

가장 오래된 왕립 공원으로, 규모는 작지만 아름다운 호수가 있는 공원에서 자유롭게 살고 있는 펠리컨과 다양한 동물들을 만날 수 있다. 런더너들이 가장 사랑하는 공원 중 하나로 빅벤, 국회의사당에서도 가깝다. 여행 시 공원 벤치에 앉아 분수와 버킹엄 궁전을 배경으로 아름답게 노을이 지는 모습을 바라보자.

리젠트 파크 & 프림로즈 힐 Regent Park & Primrose Hill

런던 동물원, 퀸 메리즈 가든, 리젠트 운하, 호수, 오픈 원형 극장 등 즐길 거리와 볼거리가 가득하다. 봄에는 벚꽃, 여름에는 장미꽃이 가득한 아름다운 조경을 자랑한다. 런던의 스카이라인을 한 번에 볼 수 있는 언덕 프림로즈 힐에서 은은한 분위기의 아름다운 런던 야경을 바라보자.

ENJOYING 07

런던 **빈티지 마켓**

너무 빨리 변하는 최신 유행 스타일에 싫증난다면, 어디에도 없을 독특한 제품을 갖고 싶다면 런던 스트리트 마켓으로 가자. 세월이 느껴지는 보석부터 오래된 가구, 빈티지 옷, 작가가 직접 그린 미술 작품, 화사한 꽃에 이르기까지 없는 것이 없다. 구경하는 재미도 쏠쏠하고 맛있고 저렴한 길거리 음식들은 보너스! 오래된 것들을 소중히 아끼고 사랑하는 영국 사람들의 마음을 느낄 수 있는 스트리트 마켓으로 여행을 떠나 보자.

TIP 빈티지 마켓, 언제 갈까?

- 늦은 오전에서 이른 오후에는 활기찬 마켓의 분위기를 제일 잘 느낄 수 있지만 사람이 많아 혼잡하다.
- 포토벨로 마켓, 브릭 레인 마켓, 콜롬비아 로드 플라워 마켓은 일주일에 한 번만 열린다. 이 외에도 각각의 마켓이 열리는 요일이 다르니, 요일을 꼭 확인하고 가자.

포토벨로 마켓 Portobello Market

영화 〈노팅 힐〉의 배경이 된 앤티크 마켓으로 매주 토요일 열린다. 색색의 파스텔 톤 건물들을 따라서 앤티크 제품, 빈티지 물건, 꽃, 음식, 런던 기념품들, 책 등 아주 다양한 물건들을 파는 천여 개의 노점이 서 있다. 특히 시중에서 쉽게 볼 수 없는 앤티크 제품들을 마음껏 구경할 수 있는 즐거움이 있는 곳이다. ▶347p

브릭 레인 마켓 Brick Lane Market

자유로운 이스트엔드 문화를 느낄 수 있는 빈티지 마켓으로 매주 일요일에 열린다. 브릭 레인 곳곳의 화려한 그래피티와 소울 넘치는 길거리 공연가들의 연주는 젊고 자유분방한 스타일을 잘 보여 준다. 개인이 사용했던 중고 옷이나 오래된 물건들, 히피, 보헤미안 스타일의 제품이 주로 나온다. ▶395p

콜롬비아 로드 플라워 마켓

Columbia Road Flower Market

화려하고 예쁜 꽃을 판매하는 스트리트 플라워 마켓. 영국 사람들의 꽃과 정원에 대한 사랑을 느낄 수 있는 곳으로 꽃과 허브제품, 씨앗 등 식물원예제품과 화분이나 삽 등 가드닝 제품을 살 수 있다. 천천히 예쁜 꽃들을 둘러보고 싶다면 상대적으로 한적한 이른 아침시간에 방문해 보자. 매주 일요일 열리고 브릭 레인 마켓과 가까워 함께 일정으로 넣으면 좋다. ▶394p

캠든 마켓 Camden Market

문화 충격을 받을 만큼 독특한 개성이 가득한 펑키 마켓. 건물을 다 뒤덮을 만한 거대한 조형물 간판이 캠든 길을 따라 늘어서 있고, 문신을 한 사람들, 하늘을 찌를 듯한 스타일의 빨간색 헤어스타일을 한 사람들이 자주 보이는 곳이다. 얽매이지 않고 눈치보지 않는 자유 그 자체의 분위기가 허용되는 마켓. 문신을 하거나 빈티지 제품, 런던 기념품, 길거리 음식 등을 판다. ▶373p

ENJOYING 08

EPL 축구 투어

잉글랜드 프리미어 리그England Premier League의 약자인 EPL은 영국 프로 축구 1부 리그로 전 세계 수많은 축구팬들의 꿈같은 곳이다. 축구팬이라면 경기를 관람하며 영국 사람들의 축구 열정을 함께 느껴 보자. 심장 뛸 준비가 되었는가!

토트넘 홋스퍼 Tottenham Hotspur FC | 화이트 하트 레인 White Hart Lane

손흥민의 토트넘 홋스퍼. 더 이상 어떤 설명이 필요할까. 프리미어리그 득점왕, 푸스카스 상, 프리미어리그 올해의 선수상에 빛나는 손흥민의 자랑스러운 업적을 토트넘 구장에서 더욱 실감나게 느껴 보자. 토트넘 홋스퍼는 1882년 창단된 팀으로 아스널과의 경기는 '북런던 더비'라고 불릴 만큼 라이벌전이 치열하다. 투어에서는 선수 대기석, 탈의실 등을 둘러보며 토트넘 홋스퍼의 역사와 선수들의 이야기를 들을 수 있다. 기념품 숍에서 SON7이 적힌 유니폼도 득템할 수 있으니 놓치지 말자.

Data 가는 법 리버풀 스트리트 스테이션에서 오버그라운드 타고 화이트 하트 레인역 하차
주소 Tottenham Hotspur Stadium, 782 High Rd, London N17 0BX 경기장 투어 셀프가이드 투어 90분 매일 10:30~15:30, 경기 일정에 따라 투어가 없을 수도 있으니 홈페이지에서 미리 확인
기념품 숍 운영시간 월~토 09:30~17:30, 일 12:00~18:00(일요일은 경기 일정에 따라 달라질 수 있음)
투어 비용 셀프 가이드 투어 27파운드, 매치데이 투어 35파운드~
홈페이지 www.tottenhamhotspur-stadium.com

아스널 Arsenal FC |

에미레이트 경기장 Emirates Stadium

아스널의 상징인 붉은색의 6만 석과 푸른 잔디 구장을 바라보며 아스널의 열정적인 분위기를 느껴 보자. 셀프 가이드 오디오 투어는 아스널의 전설인 밥 윌슨의 목소리를 따라 아스널 경기장 곳곳을 둘러볼 수 있는 코스이다. 아스널 전설의 선수들을 주제로 설명해 주는 레전드 투어도 있다.

Data 가는 법 언더그라운드 아스널역 혹은 할로웨이 로드역에서 하차/언더그라운드 핀즈버리역이나 하이버리&이슬링톤역에서 하차 후 도보 10~15분 주소 Emirates Stadium, 75 Drayton Park, London N5 1BU 경기장 투어 셀프 가이드 오디오 투어 약 1시간~1시간 반 소요, 월~토 10:00~17:00, 일요일 10:00~15:00 레전드 투어 75분 소요. 투어에 따라 시간 다름 투어 비용 셀프 가이드 오디오 투어 30파운드, 레전드 투어 50파운드 홈페이지 www.arsenal.com

첼시 Chelsea FC |

스탬포드브리지 경기장 Stamford Bridge

1877년에 오픈한 역사적인 경기장으로 4만 1천여 개의 좌석 규모이다. 탈의실, 프레스 룸을 비롯해 첼시 팀의 살아 있는 역사를 만날 수 있는 박물관도 함께 둘러보자. 가이드들의 열정적인 설명을 들으며 첼시 투어의 감동을 느껴 보자.

Data 가는 법 언더그라운드 풀햄 브로드웨이역 하차 주소 Stamford Bridge, Fulham Road, London SW6 1HS 경기장 투어 약 60분 소요, 매일 10:00~15:00, 약 40명까지 한 팀으로 진행 투어 비용 28파운드 홈페이지 www.chelseafc.com

웸블리 경기장 Wembley Stadium

런던 서북쪽에 위치해 있는 9만 석의 경기장으로 런던에서는 가장 크고, 유럽에서는 두 번째로 큰 규모이다. 잉글랜드 축구 국가대표팀의 홈그라운드로 FA컵과 UEFA 챔피언스 리그 결승전이 열리기도 한 곳으로 축구 팬들에게는 절대 빼놓을 수 없는 축구 성지이다. 탈의실, 기자회견실을 둘러보고 경기장으로 나가는 터널에서는 선수들과 같이 긴장감을 느껴 보자.
잉글랜드 팀이 국제대회에서 받은 트로피와 각종 상도 전시되어 있다.

Data 가는 법 기차 런던 말리본역에서 웸블리 스타디움역까지 약 10분 소요 / 언더그라운드 웸블리파크역에서 경기장까지 도보 5~10분 / 언더그라운드 웸블리 센트럴역에서 경기장까지 도보 10~15분 주소 Wembley Stadium, Wembley, London HA9 0WS 경기장 투어 약 90분, 매일 10:00~16:00 투어 비용 24파운드 홈페이지 www.tottenhamhotspurstadium.com

ENJOYING 09

런던 야경 베스트 스폿

런던 아이 London Eye

템스강 옆에 위치한 대관람차로 화려하게 빛나는 빅 벤, 국회의사당, 템스강의 야경을 하늘에서 바라볼 수 있다. 다양한 색의 조명을 내는 런던 아이 조형물 자체도 야경 배경으로 충분히 멋지다. ▸ 200p

헝거포드 & 골든 주빌리 브리지 Hungerford Bridge and Golden Jubilee Bridges

빅 벤과 런던 아이, 템스강을 하나의 앵글에 다 담을 수 있다. 웨스트민스터 브리지에 비해 많이 알려지지 않아 비교적 여유롭게 런던의 야경을 즐길 수 있다. ▸ 290p

테이트 모던 Tate Modern

밀레니엄 브리지를 중심으로 바라보는 세인트 폴 성당의 야경은 테이트 모던에서 놓치지 말아야 할 최고의 포토 스폿. 보일러하우스의 3층 카페, 6층 레스토랑, 스위치하우스의 10층에서 템스강의 멋진 풍경을 바라볼 수 있다. ▸ 292p

워키토키 스카이 가든 Walkie-Talkie Sky Garden

무료로 런던의 야경을 감상할 수 있는 여행자들에게 아주 고마운 장소이다. 템스강과 타워 브리지, 런던 타워, 샤드의 뷰를 무료로 즐길 수 있다. ▸ 294p

런던 여행을 더욱 설레게 하는 환상적인 런던의 야경. 런던에는 높은 빌딩과 산이 없어 날씨가 맑은 날에는 아주 멀리까지 반짝이는 조명을 볼 수 있다. 런던의 야경을 제일 잘 즐길 수 있는 곳은 바로 템스강 주변으로, 분위기 있는 레스토랑이나 스카이 바가 많이 있다. 부드러운 검은색 벨벳 천에 큐빅들이 반짝이는 듯한 황홀한 런던 야경을 감상해 보자. 여행객들에게 가장 인기 있는 야경 베스트 스폿 6곳을 소개한다.

프림로즈 힐 Primrose Hill

언덕으로 된 공원인 프림로즈 힐은 런던의 스카이라인을 한 번에 볼 수 있는 최고의 자연 전망대이다. ▶370p

더 샤드 The Shard

타워 브리지와 런던 탑을 하늘에서 바라볼 수 있다. 건물의 모든 면이 유리로 되어 있어 360도 전망을 즐길 수 있다. ▶293p

TIP 일출과 일몰 시간을 알려 주는 사이트, 타임 앤 데이트 닷컴

런던은 한국보다 위도가 높아 계절에 따라 일출, 일몰 시간의 차이가 굉장히 크다. 여름에는 저녁 10시까지 환한 반면, 겨울에는 오후 3시 정도부터 어둑어둑해진다. 내가 여행하는 날짜에는 해가 언제 질까 궁금하다면 타임 앤 데이트라는 사이트를 이용해 보자. 서울, 런던 외에도 전 세계 도시의 시간, 날짜 정보를 알려 주고 있으니 다른 나라로 여행할 때에도 유용하다.

홈페이지 www.timeanddate.com

❶ 메인 홈페이지 메뉴에서 [Sun&Moon] 클릭 후 도시에 'London'을 입력한다.

❷ [Sunrise&Sunset] 탭 클릭 후 원하는 연도와 달을 선택하면 날짜별로 일출과 일몰 시간이 확인된다.

ENJOYING **10**

런더너들이 즐겨 찾는 **예쁜 거리**

가끔은 수많은 여행객들을 피해 남들은 잘 모르는 숨겨진 곳을 가고 싶을 때가 있다. 무심코 지나가면 놓치기 쉬운 런던의 숨은 예쁜 골목들을 만나 보자. 색색의 건물들을 배경으로 산책을 하거나 친구들과 커피를 마시고, 소소한 시장이 열리는 일상을 살아가는 런더너들의 모습을 볼 수 있는 곳이다. 오늘만큼은 복잡한 도시를 벗어나 여유를 즐기는 진짜 런더너가 되어 보자.

닐스야드 Neal's Yard

코벤트 가든 주변 건물과 건물 사이의 좁은 길로 들어가면 마치 그림과 같은 알록달록 형형색색의 건물을 만나게 된다. 기분이 좋아지는 밝은색의 건물과 재미있는 간판들을 구경해 보자.

말리본 하이 스트리트

Marylebone High Street

본드 스트리트역에서 베이커 스트리트를 잇는 말리본 동네의 거리를 따라 아기자기한 가게, 호텔, 레스토랑들이 모여 있다. 가게마다 각각의 개성과 자부심이 대단하다.

세인트 크리스토퍼스 플레이스

St Christopher's Place

앨리스가 토끼 굴에 떨어져 환상의 나라로 들어간 것처럼 본드 스트리트역 앞 보라색 시계를 본 사람만 좁은 골목을 따라 세인트 크리스토퍼스 플레이스로 갈 수 있다.

TIP 날이 밝을 때 가야 화사한 건물들과 활기찬 골목 분위기를 제대로 느낄 수 있다.

리틀 베니스 Little Venice

리젠트 운하 위의 예쁜 보트들을 볼 수 있는 런던의 숨은 로맨틱 장소이다. 주인의 독특한 개성대로 꾸며진 운하 위의 다양한 보트들을 구경하자. 여유가 있다면 보트 투어를 이용해 리틀 베니스에서 리젠트 파크를 지나 캠든 마켓까지 가 보자. 운하를 따라 양옆으로 지나가는 아름드리 나무들과 빅토리안 시대에 지어진 고급 주택들의 멋진 풍경을 만날 수 있다.

리젠트 파크 로드 Regent Park Road

런던 부유층들이 사는 예쁜 동네로 파스텔 색감의 건물들이 화사하다. 야외 카페에서 한가로이 차 한잔을 즐겨 보자.

햄스테드 빌리지 Hampstead Village

광활한 햄스테드 공원에 둘러싸인 마을. 오래전부터 부자들이 저택을 짓고 살기 시작해 동네 전체에서 부유하고 고급스러운 분위기가 느껴진다.

ENJOYING **11**

아이와 함께 가기 좋은 관광지

인류 문화 역사를 볼 수 있는 최고의 박물관인 영국 박물관의 지성이나 인상파 화가들의 아름다운 명화를 감상할 수 있는 내셔널 갤러리의 감동을 느끼기엔 아직은 어린 아이들과 함께 하는 가족 여행객에게 추천하는 관광지다. 아이들의 시선으로 마음껏 놀고 즐길 수 있는 최고의 장소들을 소개한다. 아이뿐 아니라 어른도 빠져드는 매력적인 장소들은 바로 여기.

레고랜드 윈저 리조트 LEGOLAND® Windsor Resort

그야말로 '레고 세상'이다. 런던에서 약 한 시간 정도면 갈 수 있는 윈저에 위치한 레고 놀이동산이다. 어린 아이들도 대부분의 놀이기구를 즐길 수 있어 가족 단위 여행객들에게 인기가 좋다.

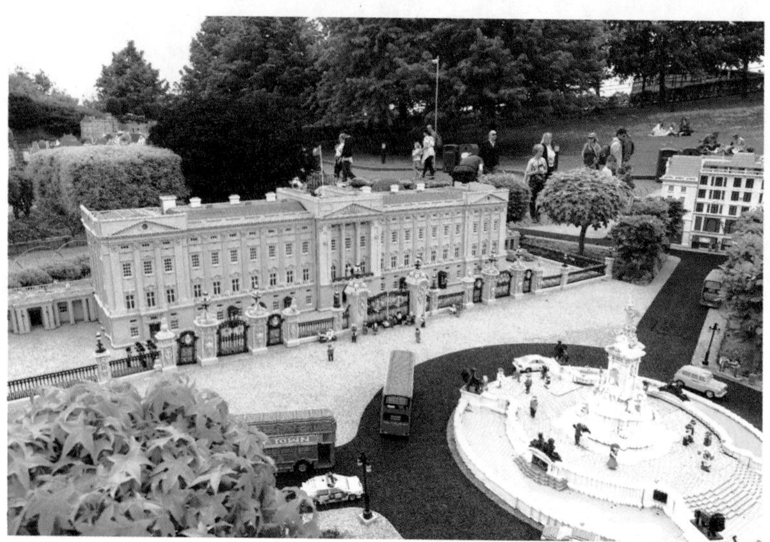

마담 투소 Madame Tussauds

전 세계 유명인들을 한곳에서 만날 수 있는 곳으로 실제 인물과 똑같이 만들어진 밀랍 인형전시관이다. 텔레비전이나 교과서에서만 보던 영화배우, 스포츠 선수, 위인들 바로 옆에서 사진을 찍어 보자.

레고 스토어 LEGO® Store

레고로 만든 런던 지하철, 빅 벤, 근위병까지, 런던 인증샷을 남길 베스트 장소이다. 아이들이 마음껏 레고로 원하는 것들을 만들 수 있으니 가족 여행객이라면 꼭 가봐야 할 곳.

런던 교통 박물관 London Transport Museum

버스, 기차, 택시와 같은 다양한 교통수단을 좋아하는 아이들에게 추천하는 박물관이다. 세계 최초 증기기관차를 비롯해 200년이 넘는 역사를 가진 런던 교통수단을 직접 볼 수 있는 곳이다.

햄리스 Hamleys

1760년 오픈한 런던에서 가장 오래된 역사적인 장난감 가게로 총 7층 건물이 장난감으로만 가득 차 있다. 빨간 지붕 아래 즐거워 보이는 아이들과 장난감 인형이 있는 재미난 쇼윈도 디스플레이가 멀리서도 눈에 띈다.

런던 동물원 London Zoo

호랑이, 고릴라와 같은 친숙한 동물들을 비롯해 전 세계 각지에 사는 희귀한 동물들도 만날 수 있다. 동물들을 가까이서 만지며 놀 수 있고, 먹이를 주며 체험할 수 있는 프로그램이 다양하다.

ENJOYING 12

영화와 드라마 속 런던

즐겨 보았던 영국 드라마나 영화 속의 배경을 직접 가 보는 것만큼 설레는 일이 또 있을까. 영화 속 남녀 주인공이 처음 만나 수줍게 사랑을 키워 가던 런던의 한적한 뒷골목, 멋진 수트를 입은 영국 신사의 매력을 제대로 보여 준 테일러숍은 더 이상 화면 속의 장소가 아니다. 드라마 영화 속에 나온 런던의 매력적인 장소들을 만나러 가자. 대표적인 영화 노팅힐 관련 자세한 내용은 348p를 참조하자.

셜록

아서 코난 도일의 추리 소설인 『셜록 홈스』를 현대적으로 재해석한 BBC 시리즈 드라마로 런던의 다양한 곳들을 배경으로 촬영했다. 셜록 역할을 맡은 베네딕트 컴버배치의 무미건조한 표정과 딱딱 끊기는 독특한 영국 영어 억양은 묘하게 매력적이며, 전 세계에 팬을 보유하고 있다.

셜록 홈스 박물관

Sherlock Holmes Museum

실제로 셜록 드라마의 촬영지는 아니지만 셜록 팬이라면 놓칠 수 없는 곳이다. 드라마보다는 아서 코난 도일의 소설 속 셜록 홈스에 초점이 맞춰져 있긴 하지만, 응접실 등의 인테리어와 다양한 셜록 기념품을 만날 수 있다. ▶ 372p

221B 베이커 스트리트와 스피디 카페

221B Baker Street and Speedy's Sandwich Bar & Café

촬영 때만 검은색 문에 달려 있는 번지수를 221B로 바꾸고 촬영이 끝나면 다시 187번지로 돌아간다. 내부는 소박하고 파는 음식도 꽤 맛있는 편이다. ▶ 380p

노팅 힐

시간이 지나도 변하지 않는 런던 배경 대표 영화이다. 평범하고 소심한 남자 휴 그랜트와 인기 영화배우 줄리아 로버츠의 사랑 이야기로 영국 특유의 감성이 가득한 멜로 영화이다. 영화의 배경이 된 노팅 힐의 포토벨로 마켓은 런던 여행자들이 꼭 가 봐야 할 스트리트 마켓으로 더욱 유명해졌다.

노팅 힐 서점

The Notting Hill Bookshop

영화에서 휴 그랜트가 일했던 서점으로 우연히 줄리아 로버츠와 만난 곳이다. 실제로 영화를 촬영했던 곳은 이제 기념품 숍이 되었고 노팅 힐 영화의 모티브가 된 여행 전문 서점은 한 블록 다음으로 이전했다. ▶ 349p

어바웃 타임

영국 로맨틱 코미디의 정석인 〈노팅 힐〉, 〈브리짓 존스의 일기〉, 〈러브 액추얼리〉 등의 영화를 각본한 리처드 커티스의 2013년 영화로 아름다운 영국 해안 마을인 콘월과 런던을 배경으로 촬영되었다. 가족의 따뜻함을 느낄 수 있는 소소하면서도 공감되는 내용으로 한국에서도 많은 사람들이 좋아한 영화이다.

뉴버그 스트리트 Newburgh Street

팀과 메리가 어둠 속 만남을 마치고 서로의 얼굴을 처음 보게 되는 거리의 배경이다. 카나비 스트리트 안쪽의 작은 거리.

주소 Newburgh St, London, W1F

메리의 집

팀과 메리의 첫 데이트 후 이런 저런 이야기를 하며 걸어서 메리네 집까지 가는 장면에서 나오는 분홍색 대문 메리의 집이다. 노팅 힐 근처.

주소 102 Golborne Rd, London W10

마이다 베일역 Maida Vale Station

팀과 메리의 알콩달콩한 연애 장면을 가장 잘 보여 주던 마이다 베일역이다. 여러 광고 포스터가 양옆에 붙어 있는 긴 에스컬레이터는 항상 그 자리에 있고, 때때로 영화에서처럼 거리 연주자들을 만나 볼 수 있다.

킹스맨 : 시크릿 에이전트

영국 신사의 매너와 수트의 멋짐을 제대로 표현한 콜린 퍼스의 연기에 더해 "매너가 사람을 만든다Manners Maketh Man"라는 명대사를 남긴 영화이다.

헌츠맨 & 선 Huntsman & Sons

영화에서 킹스맨 테일러숍으로 등장한 곳이다. 아쉽게도 영화 속 화려한 내부 인테리어는 세트이고, 가게의 외관만 배경으로 사용되었다. 피카딜리 서커스역에서 도보 10분 거리에 있다.

주소 11 Savile Row, Mayfair, London W1S 3PS

락 & 코 Lock & Co

영화 속 악당 발렌타인이 모자를 샀던 장소로 250년의 역사를 가진 오래된 모자 브랜드이다. 그린 파크역에서 도보 10분 소요.

주소 6 St James's St London SW1A 1EF

패딩턴

영국 소설 패딩턴 베어의 좌충우돌 런던 적응기를 그린 애니메이션 영화. 폭풍우에 가족을 잃고 페루에서 배를 타고 런던에 도착한 패딩턴 베어가 브라운 가족을 만나면서 일어나는 재미난 일들과 말하는 곰을 노리는 악당 사이에 일어나는 이야기이다.

찰콧 크레센트, 프림로즈 힐

Chalcot Crescent, Primrose Hill

브라운 가족이 사는 예쁜 거리는 실제로는 프림로즈 힐 주변에 있는 찰콧 크레센트이다. 파스텔 색감의 건물들이 있는 런던의 부유층이 사는 곳이다. ▶370p

패딩턴역 Paddington Station

패딩턴 베어라는 이름을 갖게 된 장소. 1854년 시작된 긴 역사를 가진 런던에서 가장 바쁜 기차역이다.

|Theme|

영국을 대표하는 판타지 소설, 해리 포터

소설 『해리 포터』는 작가 조앤 K. 롤링의 작품으로 영화로도 만들어졌다. 주인공인 해리 포터가 마법사에 의해 부모를 잃고 친척집에서 갖은 구박을 받으며 자라다 자신이 마법 능력을 가졌다는 것을 알게 되고, 입학한 호그와트 마법학교에서 벌어지는 모험 이야기이다.

킹스크로스 9와 3/4 승강장과 해리 포터 숍

Kings Cross Station, The Harry potter Shop at Platform 9 3/4

주인공 해리 포터와 친구들이 호그와트 마법학교로 가는 급행 기차를 타는 장면의 배경장소가 된 곳이다. 킹스 크로스 역사 내의 대합실 공간에 9와 3/4 승강장 표지판을 붙이고 벽을 뚫고 들어가는 짐을 실은 카트모형을 만들어 놓았다.

레든홀 마켓 Leadenhall Market

〈해리 포터와 마법사의 돌〉에서 마법사와 마녀들이 마법에 필요한 재료들을 사러가던 마법 물품 상가인 다이아곤 앨리에 영감을 준 실제 마켓이다. 실제로는 카페, 레스토랑, 브랜드숍, 꽃 가게, 치즈 등 소박한 제품을 파는 규모 작은 마켓이다.

크라이스트 처치 칼리지 Christ Church College

해리 포터에서 절대 빼놓을 수 없는 주요 촬영지. 해리 포터와 론, 헤르미온느 등의 신입생들이 맥고나걸 교수님을 따라 입학식장의 계단을 오르던 곳이다.

보들리언 도서관 Bodleian Library

양호실과 강의실로 등장한 곳은 화려한 중세 시대 수직홀인 디비니티 스쿨이다. 볼드모트를 찾아내기 위해 연구하던 영화 속 도서관은 험프리 열람실로 보들리언 도서관에서 가장 오래된 열람실이다.

해리 포터 스튜디오 Harry Potter Studio

런던과 옥스퍼드의 다양한 해리 포터 촬영지로도 아쉬움이 남는 해리 포터 팬에게 추천하는 테마파크이다. 해리 포터 영화의 제작사인 워너브라더스의 스튜디오로 해리 포터 영화에 나오는 세트장과 촬영 의상, 영화 소품, 제작 과정이 담긴 영상들을 볼 수 있다. 스튜디오 곳곳에서 신비로움을 느낄 수 있지만 약간 으스스하기도 하다. 영화에서 해리와 친구들이 학교를 몰래 빠져나와 마시던 버터 맥주도 실제로 맛볼 수 있다. 둘러보는 데 약 2~4시간 소요된다.

주소 Warner Bros. Studio Tour London, Studio Tour Drive, Leavesden, WD25 7LR
전화 084-5084-0900 요금 51.50파운드 홈페이지 www.wbstudiotour.co.uk

TIP 해리 포터 스튜디오 예약 방법

해리 포터 스튜디오 입장을 위해 온라인 예약은 필수이다. 원활한 투어 분위기를 위해 시간대별로 인원을 제한하고 있기 때문이다. 원칙상 티켓 환불은 불가능하고, 날짜나 시간 변경도 10파운드의 수수료를 내고 전화로 해야 하니, 날짜와 시간을 신중히 고려한 후에 구매하자. 특히 방학 성수기에는 티켓이 일찍 매진되니 서두르자.

해리 포터 스튜디오 가는 법

런던 유스턴역에서 왓포드 정션행 기차를 타고 이동한다. 직행 기차인 경우 약 20분이 걸린다. 기차표를 따로 구매해도 되고 오이스터 카드로도 기차를 이용할 수 있다. 왓포드 정션은 9존 넘어 있기 때문에 오이스터 카드에 10파운드 정도의 금액을 충전해 놓자(오프피크 타임 기준). 왓포드 정션역 앞에는 해리 포터 스튜디오를 오가는 셔틀 버스가 있다. 해리 포터 스튜디오 입장료에 셔틀버스 이용 가격이 포함되어 있다. 20분마다 셔틀버스가 있으며 역에서 스튜디오까지는 약 15분 정도 걸린다. 해리 포터 스튜디오 예약시간보다 여유 있게 도착하기 위해 시간을 넉넉히 계산하자. 왓포드 정션역에 최소 45분 전에 도착해야 셔틀버스 탑승하고 스튜디오 입장 준비를 할 수 있다.

© Ministry of Sound

ENJOYING 13

런던의 **화려한 클럽**

런던의 밤은 생각보다 빨리 시작된다. 박물관과 갤러리는 6시에 문을 닫고, 시내 마트나 상점, 백화점도 저녁 8~9시면 다 문을 닫는다. 긴긴밤을 더욱 화려하고 즐겁게 보낼 수 있는 클럽을 소개한다. 불금과 불토를 보내려는 자유로운 젊은 런더너들과 여행객들이 만나는 곳으로 수준급의 밴드 공연도 자주 열린다. 각 클럽의 홈페이지에서 원하는 공연을 미리 예매하면 할인 티켓을 구매할 수 있다. 단, 런던 클럽은 나이 제한이 엄격하다. 대부분의 클럽은 만 18세 이상은 입장 가능하지만, 일부 클럽의 경우 21세 이상인 경우로 제한하기도 하니 신분증을 꼭 지참하자.

미니스트리 오브 사운드 Ministry of Sound

줄여서 MOS라고 부르기도 하는 미니스트리 오브 사운드는 클럽뿐 아니라 자체 음악 채널, 라디오 방송국, 어플, 비치 파티를 여는 엔터테인먼트 브랜드이다. 큰 규모로 4곳의 스테이지에 서로 다른 음악과 디제잉이 진행되니 좋아하는 스타일의 플로어를 찾아가자.

Data 가는 법 엘리펀트 앤 캐슬역에서 도보 5분
주소 103 Gaunt Street, London SE1 6DP
홈페이지 www.ministryofsound.com/club

100클럽 100 Club

1942년부터 시작한 전통과 역사의 라이브 공연장. 시대를 거치며 블루스, 재즈, 펑크, 레게, 코미디 등 수많은 공연이 열렸으며, Queens Of The Stone Age, Alice Cooper, The Rolling Stones, The New York Dolls 등 전설의 로큰롤 가수들이 공연한 곳. 홈페이지에서 공연 정보 및 티켓을 구매할 수 있다.

Data 가는 법 옥스포드 서커스역에서 도보 5분
주소 Century House, 100 Oxford St, London W1D 1LL 홈페이지 www.the100club.co.uk

코코 KOKO

펑키문화가 가득한 캠든에 위치한 극장형 클럽. 마돈나, 레이디 가가, 크리스티나 아길레라 등 유명한 세계적 아티스트들이 공연을 한 곳으로도 유명하다. 1892년 지어진 오래된 역사와 고풍스러운 내부의 분위기가 젊은 클럽 분위기와 묘하게 잘 어우러진다. 여름에는 루프탑 바도 이용할 수 있다.

Data 가는 법 모닝턴 크레센트역 바로 옆
주소 1A Camden High St, London NW1 7JE
홈페이지 www.koko.uk.com

패브릭 Fabric

세계 10대 클럽 중 하나로 클럽계에서 명성이 자자한 곳이다. 총 지하 3층으로 이루어져 있고 플로어마다 각각의 디제잉으로 색다른 분위기를 느낄 수 있다. 세계 최초로 클럽 바닥에 특수 시공을 해서 베이스를 바닥으로부터 느낄 수 있다.

Data 가는 법 바비칸역에서 도보 5분
주소 77A Charterhouse St, London EC1M 6HJ 홈페이지 www.fabriclondon.com

|Theme|

런던에서 만나는 비틀즈

전 세계 대중문화에 빼놓을 수 없는 영국 최고의 록 밴드 비틀즈. 한국인이 좋아하는 해외 밴드 1위이기도 하다. 〈Let it be〉, 〈Yesterday〉, 〈Hey Jude〉 등 수많은 명곡은 아직도 전설로 남아 있다. 리버풀 시는 비틀즈의 고향으로 비틀즈를 느낄 수 있는 공연장과 기념품 숍으로 가득하다. 리버풀을 가지 못하더라도 런던의 세인트 존스 우드를 중심으로 비틀즈의 흔적을 느낄 수 있는 장소들이 있으니 그들의 발자취를 따라가 보자.

애비 로드 Abbey Road

세계에서 가장 유명한 횡단보도가 아닐까. 1969년 당시 비틀즈의 앨범 제목을 '에베레스트'로 짓고 그곳을 배경으로 커버 사진을 찍으려 했다. 하지만 너무 거리가 먼 탓에 원래의 계획 대신 앨범을 녹음한 EMI 스튜디오 길의 이름인 '애비 로드'를 따서 앨범 제목을 짓고, 스튜디오 앞 횡단보도에서 10분 만에 커버 사진을 찍었다. 우연히 찍은 이 사진은 전 세계 음악 팬들에게 가장 유명한 커버 사진이 되었다. 지금도 애비 로드에는 비틀즈를 따라 사진을 찍으려는 사람들로 항상 붐빈다. 사실 관광객이 몰려 있지 않으면 무심코 지나치기 쉬운 평범하고 작은 횡단보도이다. 횡단보도에서 사진을 찍을 때는 오가는 차들을 조심하자.

Data 가는 법 세인트 존스 우드역에서 도보 10분 주소 St John's Wood, London, NW8 9BS

애비 로드 스튜디오 Abbey Road Studios

비틀즈가 해체하기 전 마지막으로 앨범을 녹음한 곳이다. 비틀즈의 다양한 음악 색깔을 잘 표현한 곡들이 포함된 걸작의 음반이 탄생했다. 애비 로드 스튜디오 앞 담벼락에는 아직도 비틀즈를 사랑하는 팬들의 손 글씨가 빼곡히 적혀 있다.

Data 가는 법 세인트 존스 우드역에서 도보 10분 주소 3 Abbey Rd, London NW8 9AY
홈페이지 www.abbeyroad.com

헬터스켈터 Helterskelter

세인트 존스 우드역 안에 있는 작은 비틀즈 숍이다. 세인트 존스 우드역은 애비 로드와 가장 가까운 지하철역이다. 비틀즈 팬들을 위해 엽서, 티셔츠, 자석과 같은 비틀즈 기념품을 판매한다. 간단히 커피나 차도 마실 수 있다. 비틀즈의 팬인 가게 주인이 진행하는 비틀즈 투어 프로그램도 있다.

Data 가는 법 세인트 존스 우드역 내에 위치
주소 St. John's Wood Underground Station, Finchley Road, London, NW8 6EB
운영 시간 월~토 07:00~18:00, 일 09:00~16:00
홈페이지 twitter.com/HelterskelterNW

런던 비틀즈 스토어 London Beatles Store

베이커 스트리트역 주변에 있는 비틀즈 숍. 비틀즈를 주제로 하는 카페로는 처음 생긴 곳이며 가장 큰 가게이다. 포스터, 레코드, 사인까지 비틀즈의 모든 것을 만날 수 있다. 셜록 홈스 박물관 옆에 있다.

Data 가는 법 베이커 스트리트역에서 도보 3분
주소 231-233 Baker Street, Regent's Park, London NW1 6XE 운영 시간 매일 10:00~18:30
홈페이지 www.beatlesstore-london.co.uk

Step 04
Eating
런던을
맛보다

EATING 01

런던 레스토랑 **이용 팁**

역사와 문화에서는 최고를 자랑하는 영국도 자신 없는 것이 딱 한 가지 있다. 바로 음식! 세계에서 가장 맛없기로 유명해서 런던 여행자들 역시 런던 음식에 대한 기대감이 없다. 프랑스와 이탈리아가 비웃고, 온갖 혹평을 듣는 영국 음식이지만 그렇게까지 최악은 아니다. 상대적으로 비싼 음식 값에 비해 온몸의 감각이 감탄할 만한 감칠맛 나는 음식이 아닐 뿐이지, 재료 자체의 맛을 느낄 수 있는 담백하고 자극적이지 않은 음식들이다. '아무 기대 없이' 먹었다가 생각보다 괜찮은 맛에 오히려 깜짝 놀랄 수도 있다. 편견을 버리고 런던 레스토랑을 이용해 보자. 런던 레스토랑을 더욱 맛있게 이용할 수 있는 팁을 소개한다.

알뜰하게 레스토랑 이용하기

런치 세트 메뉴와 요일별 할인을 이용하자.

대부분의 레스토랑에서는 평일 런치 세트 메뉴를 제공한다. 메인+음료는 기본이며 디저트나 애피타이저까지 구성된 경우도 있다. 단품으로 주문할 때보다 더 저렴하다. 요일마다 다른 메뉴를 할인하는 제도가 있기도 하다. 레스토랑마다 가게 앞 표지판에 런치 세트 메뉴를 적어 놓았으니 두 눈 크게 뜨고 살펴보자.

메뉴판 미리보기

모든 레스토랑 입구에는 메뉴판이 있으므로 들어가기 전에 가격과 메뉴를 살펴보자. 가격대를 몰라 불안한 마음으로 레스토랑에 들어가 비싼 음식 가격에 당황할 필요가 없다. 비싸고 메뉴가 마음에 들지 않는다면 다른 곳으로 패스!

탭 워터 Tap Water

대부분의 런더너들은 수돗물에 대한 신뢰가 높아 식수로 잘 마신다. 레스토랑에서 "워터 플리즈Water Please"라고 하면 병에 담긴 물을 갖다 주면서 계산서에는 요금을 추가하겠지만 "탭 워터 플리즈Tap water Please"라고 하면 수돗물을 유리컵에 담아다 준다. 물론 무료이다.

레스토랑에서 주문하기

일반 레스토랑

직원 안내에 따라 자리를 선택하고, 메뉴판에서 원하는 메뉴를 고르면 된다. 고르기 어려울 때는 직원에게 베스트 메뉴를 추천받는 것도 방법! 식사가 끝난 뒤 손을 들어 "빌 플리즈Bill Please(계산서 주세요)"라고 직원에게 계산서를 요청하면, 직원이 자리로 갖다 주고 그 자리에서 현금이나 카드로 바로 결제하면 된다. 서비스나 음식에 만족했다면 팁을 줄 수 있다.

테이크 어웨이

포장음식을 판매하는 테이크 어웨이 가게에서는 이미 만들어진 음식이라면 원하는 것을 고른 뒤 계산대에 줄을 서서 현금이나 카드로 결제하면 된다. 조리하는 핫 푸드의 경우 줄을 선 뒤 주문을 먼저 하고 기다리면 음식이 나온다. 계산할 때 직원이 "잇 히어Eat Here?(매장에서 먹고 갈 건지)" 혹은 "테이크 어웨이Take Away?(포장해서 싸갈 건지)"라고 물어보면 자신의 상황에 맞게 대답하면 된다. 메뉴판에 두 종류의 다른 가격이 나와 있듯이 매장에서 먹고 가는 경우가 좀 더 비싸다.

알면 도움되는 레스토랑 깨알 팁

❶ 일반적인 레스토랑의 점심시간은 12:00~14:30, 저녁시간은 18:30~20:00이다.
❷ 고급 레스토랑인 경우 드레스 코드가 있다. 운동화나 슬리퍼, 티셔츠 차림으로는 입장이 제한될 수 있으니 격식에 맞게 재킷이나 구두를 신고 스마트 캐주얼 스타일로 분위기를 즐기자.
❸ 애프터눈 티나 고급 레스토랑에서 대기시간을 아끼려면 미리 온라인이나 전화로 예약하자. 특히 주말은 예약 필수이다.
❹ 서비스 차지와 세금이 포함되어 있는지 계산서를 확인해 보자. 고급 레스토랑의 경우 총 금액의 12.5%의 서비스 차지가 별도인 경우가 종종 있다. 서비스 차지가 이미 포함되어 있더라도 만족했다면 팁을 놓고 올 수 있다.
❺ 맛집 정보가 가득한 사이트를 이용하자. Yelp나 Timeout 사이트에서는 런던의 레스토랑 정보와 사람들의 맛집 랭킹, 후기를 볼 수 있다.

Yelp www.yelp.co.uk/london
Timeout www.timeout.com/london

EATING 02

런던에서 맛보는 **영국 전통 음식**

런던에 온 이상 영국 전통 음식은 꼭 한번 맛보고 가길 추천한다. 담백하고 고소한 피시 앤 칩스, 부드러운 그래비 소스와 잘 어울리는 선데이 로스트, 든든하게 하루를 시작할 수 있는 잉글리시 브렉퍼스트 등 맛있는 영국 음식들이 있다. 활기찬 런더너들의 일상을 만날 수 있는 현지 맛집 정보까지 만나 보자.

영국의 전통 음식들

잉글리시 브렉퍼스트 English Breakfast

베이컨, 소시지, 수란, 베이크드 콩, 버섯, 토마토, 토스트를 한 접시에 담아 커피나 차와 함께 마시는 영국식 아침 식사이다. 특히 단백질이 강조된 식단으로, 접시 한 가득 담겨 있는 잉글리시 브렉퍼스트를 먹으면 오전이 든든하다. 런던 시내 대부분의 펍이나 레스토랑, 카페 등에서 쉽게 먹을 수 있다.

코니시 패스티 Cornish Pasty

영국 서남쪽 해안지방인 콘월 지방에서 유래된 파이. 고기, 감자, 양파를 다지고 후추와 소금을 뿌려 소를 만들고, 그 소를 동그란 반죽 위에 올린 후 반을 접어 오븐에 구운 반달 모양의 파이이다. 만두처럼 반죽 끝을 손으로 모양을 냈다. 간단히 배를 채우기 좋은 든든한 간식거리이다. 런던 시내, 특히 기차역 내에도 코니시 파이를 파는 매장을 쉽게 볼 수 있다.

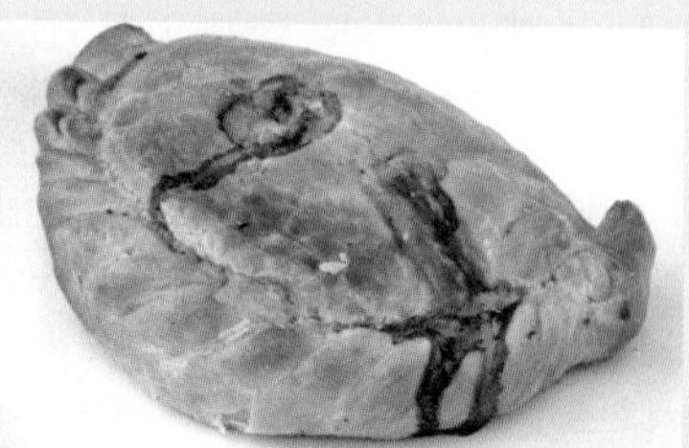

요크셔 푸딩 Yorkshire Pudding

영국 북부 요크셔 지방에서 유래된 음식으로 짭짤하고 고소한 맛의 푸딩이다. 우리가 흔히 아는 젤리 같은 푸딩이 아닌 계란, 밀가루, 우유, 물을 섞은 반죽을 오븐에 구운 쫄깃한 빵 같은 형태이다. 만드는 법도 간단하고 쉬워서 영국인들이 자주 먹는 메뉴로 마트에도 만들어 놓은 냉동 푸딩이 있으므로 사서 오븐에 구워 먹으면 된다. 푸딩 안에 감자, 소고기, 그래비 소스, 채소를 넣어 함께 먹기도 한다.

해기스 Haggis

스코틀랜드 전통 음식으로 양, 송아지의 내장과 양파를 잘게 다지고 오트밀, 향신료로 양념을 만들어 소를 양의 위에 채운 뒤 찐 음식이다. 주로 매시 포테이토와 함께 먹는다. 14세기경 사냥 이후에 금방 상해서 먹지 못하는 동물들의 내장을 빨리 먹기 위해서 만들어진 음식으로 알려져 있다. 맛에 대해서는 개인차가 있는 음식이라 '스코틀랜드 전통 음식'을 먹어 보겠다는 가벼운 마음으로 즐기자.

피시 앤 칩스 Fish and Chips

튀긴 흰살 생선과 두툼한 감자튀김인 칩스를 함께 먹는 대표적인 영국 전통 음식이다. 대구, 넙치, 농어 같은 흰살 생선에 튀김 반죽을 입혀 튀겨내어 겉은 아주 바삭하고 생선 속살은 부드럽고 고소하다. 감자튀김도 아주 두툼해서 감자의 풍미를 제대로 느낄 수 있다. 함께 나오는 레몬과 식초를 뿌리면 더욱 담백하다. 막 튀겨내 김이 폴폴 나는 피시 앤 칩스를 맛보자.

선데이 로스트 Sunday Roast

구운 고기와 감자, 요크셔 푸딩, 당근, 브로콜리와 같은 채소에 그래비 소스를 뿌려 먹는 영국 전통 음식이다. 일요일이나 특별한 날에 가족, 친구가 함께 모여 먹는 요리이다. 소고기 등심, 안심 부위에 소금, 후추로 간을 하고 오븐에 통째로 구워낸다. 지방이 거의 없어 퍽퍽할 것 같지만 고기 자체의 육즙과 그래비라고 불리는 갈색 소스를 뿌려 먹으면 부드럽고 깊은 맛을 느낄 수 있다.

영국 전통 음식을 즐길 수 있는 맛집

골든 유니언 피시 바 Golden Union Fish Bar

옥스퍼드 스트리트 안 골목길에 위치한 작은 피시 앤 칩스 레스토랑. 신선한 생선과 홈메이드 타르타르소스가 적절히 조화를 이룬다. ▶ 324p

리젠시 카페 Regency Cafe

런더너들의 소박하고 활기찬 분위기를 느낄 수 있는 곳. 잉글리시 브렉퍼스트를 기본으로 오믈렛, 파스타, 파이, 패스티 등 전통 영국 식사를 부담 없이 먹을 수 있다. ▶ 207p

십 터번 Ship Tavern

앤티크하고 따뜻한 분위기를 느낄 수 있는 500년 역사의 펍이다. 선데이 로스트, 피시 앤 칩스, 푸딩, 파이 등 다양한 전통 음식을 맛볼 수 있다. ▶ 325p

|Theme|

최악의 영국 음식 4

어차피 맛없다고 알려진 영국 음식, 이렇게 된 이상 상상을 초월하는 비주얼과 맛을 자랑하는 최악의 영국 음식을 소개해 본다. 혹시 도전해 보고 싶을지도 모르지만 아쉽게도 최악의 영국 음식을 파는 곳은 거의 없다. 다만 가끔 이 특이한 음식들을 길거리 포장마차 스톨에서 발견할 수도 있다.

장어 젤리 Jellied Eels

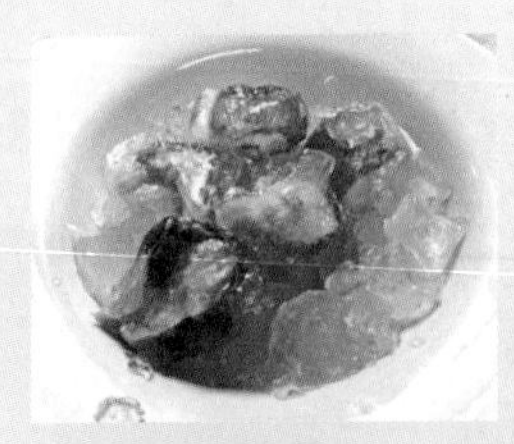

데이비드 베컴이 즐겨 먹는다는 영국 최고의 보양식이자 스태미나 음식이다. 매콤한 육수에 장어를 고아서 식히면 젤리처럼 장어가 엉기게 되고, 젤라틴이 만들어진다. 장어 젤리의 효과는 좋지만 특유의 비린 맛으로 먹기가 쉽지 않다.

마마이트 Marmite

한국에 청국장이 있다면 영국에는 마마이트가 있다. 귀여운 병 안에 든 소스는 어마어마한 반전매력을 내뿜는다. 어두운 갈색으로 끈적한 식감에 매우 느끼하고 짜다. 맥주 양조과정에서 나온 이스트 추출물을 농축하여 만들었다. 하지만 이 독특하고 강력한 맛이 은근 중독성이 있어 악마의 잼이라는 별명을 가졌다. 비스킷, 토스트, 샌드위치에 발라 먹는다. 마마이트를 대하는 두 가지 태도, 완전 사랑하거나 너무 싫어하거나 둘 중 하나이다.

스타게이지 파이 Stargazy Pie

최악의 영국 음식 끝판왕이다. 보기에도 충격을 자아내는 생선 덩어리가 통째로 든 파이인데, 맛을 상상하고 싶지도 않다. 콘월 지방에서 시작된 음식으로 파이 안에 정어리, 계란, 감자를 넣었다. 생선 머리가 하늘을 향해 튀어나와 있어야 진정한 스타게이지 파이라 할 수 있다고 한다.

칩 버티 Chip Butty

영국 북쪽 요크셔, 리버풀 지방에서 시작된 감자 칩 샌드위치다. 식빵이나 머핀에 버터를 잔뜩 바르고 두툼한 감자칩을 올린 뒤 토마토소스라고 부르는 케첩이나 브라운소스를 뿌려 먹는 음식이다. 브레드 앤 버터Bread and Butter를 줄인 말로 버티라는 이름이 생겨났다. 굳이 식당에 가지 않더라도 집에서 충분히 만들어 볼 만한 음식이다.

EATING 03

우아하게 즐기는 **애프터눈 티**

가장 영국스러운 문화를 경험할 수 있는 시간이다. 애프터눈 티Afternoon Tea는 3단 접시에 쌓여 있는 샌드위치과 스콘, 영국 홍차를 즐기는 오후 티타임이다. 단순히 차만 마시는 것이 아니라, 여유를 가지고 서로 이야기를 주고받는 시간을 중요하게 여기는 영국의 문화이다. 격식 있는 자리답게 교양과 매너는 필수! 영국 왕실 가족이 된 것처럼 우아하게 런던의 오후를 즐겨 보자.

TIP 더 많은 애프터눈 티 정보를 알고 싶다면?

영국 지역별, 가격별 애프터눈 티 정보를 제공하는 사이트를 이용해 보자. 할인 바우처를 구할 수도 있고, 예약도 가능하다. 홈페이지 www.afternoontea.co.uk

오후의 휴식

애프터눈 티의 시작

19세기 전 영국 사람들의 주요 식사는 아침과 저녁 8시에 먹는 저녁 식사가 다였다. 베드포드 가문의 아나 마리아 러셀 부인은 오후의 공복을 달래기 위해 차와 가벼운 스낵을 즐기기 시작했다. 19세기 초 차 소비가 급격히 증가하며 애프터눈 티 문화는 널리 퍼지게 되었다.

애프터눈 티 에티켓

매너와 에티켓을 아주 중요하게 생각하는 영국 사람들. 이왕이면 애프터눈 티 에티켓을 지키며 제대로 차를 즐겨 보자.

- **드레스 코드** 스마트 캐주얼 스타일을 지키자. 남자라면 긴 바지, 셔츠, 구두, 여자라면 원피스나 단정한 바지가 무난하다. 반바지, 슬리퍼, 운동화는 피하자.
- **티 종류** 애프터눈 티는 샌드위치, 스콘, 케이크와 차가 나오는 형식이고, 크림 티는 간단히 스콘과 크림, 차만 나온다.
- **차 젓는 법** 설탕이나 우유, 레몬을 넣었다면 티스푼으로 위아래 수직 방향으로 한두 번만 젓는다. 회오리 방향으로 여러 번 돌리면서 섞거나 티스푼으로 컵에 쨍그랑 소리를 낼 필요는 '전혀' 없다.
- **컵 드는 법** 엄지와 검지를 이용해 컵 손잡이를 잡고 든다. 검지를 손잡이 안으로 고리처럼 거는 건 절대 하지 말자.
- **스콘 먹는 법** 손으로 스콘을 수평으로 반 가른다. 칼로 크림과 잼을 떠서 스콘 위에 바르자. 스콘을 들어 크림이나 잼 접시에 찍어 먹는 건 노노!
- **크림 먼저? 잼 먼저?** 스콘에 어떤 것을 먼저 바르느냐는 항상 논쟁이 되어 왔다. 콘월 지방은 잼을 듬뿍 바른 뒤 클로티드 크림으로 덮는다. 데본 지방은 크림을 먼저 바르고 위에 잼으로 마무리한다. 하지만 어떤 순서든 상관없다. 내 마음대로 하면 된다.

리츠 호텔 The Ritz Hotel

우아함 그 자체인 리츠 호텔은 런던 최고의 애프터눈 티를 즐길 수 있는 곳 중 하나이다. 다른 곳에 비해 드레스코드가 꽤 엄격하니 제대로 복장을 준비하자.

커터 앤 스퀴지 Cutter & Squidge

신선한 천연 재료를 사용하고 독창적인 디자인의 디저트로 유명한 카페로 가성비있는 애프터눈 티를 즐길 수 있다.

도체스터 호텔 The Dorchester

올해의 최고의 티 상을 무려 5회나 받은 곳으로 도체스터만의 특별 레시피로 만든 스콘과 클로티드 크림, 샌드위치는 감동 그 자체!

포트넘 앤 메이슨 Fortnum & Mason

밝고 세련된 분위기에서 즐기는 애프터눈 티. 차를 마시며 듣는 아름다운 피아노 연주는 더욱 감미롭다.

우슬리 The Wolseley

1920년대 지어진 대리석 기둥과 아치가 멋스러운 곳으로 합리적인 가격으로 애프터눈 티 코스를 즐길 수 있다.

EATING **04**

황홀한 **영국 디저트의 세계**

영국 사람들은 식사에서 메인 메뉴보다 디저트를 더 중요하게 생각한다. 식사 후 간단히 과일로 후식을 먹는 우리와 달리 달콤하고 열량 가득한 디저트와 차를 꼭 먹어야 제대로 된 식사를 즐겼다고 느낀다. 영국에는 집집마다 베이킹을 할 수 있는 오븐이 있고, 어머니들은 가장 자신 있어 하는 자신들만의 대표 디저트 레시피가 있다. 예쁜 비주얼에 한 번, 달콤한 향에 두 번, 부드럽게 사르르 녹는 맛에 세 번 감동하는 영국의 디저트 세계에 빠져보자.

TIP 영국인들의 디저트 사랑을 느낄 수 있는 프로그램이 있다?

그레이트 브리티시 베이크 오프The Great British Bake Off는 매년 영국 최고의 아마추어 제빵사를 뽑는 BBC의 서바이벌 프로그램으로, 영국인들에게 큰 사랑을 받고 있다. 제한 시간 동안 참가자들은 다양한 주제에 맞게 자신의 아이디어로 베이킹을 하고 심사위원의 평가를 받는다. 프로가 아닌 아마추어의 도전이라 더욱 의미가 있다. 대학생, 교사, 군인, 의사 등 직업도 다양하다. 베이크 오프가 방영되는 시즌이면 영국인들의 관심이 집중되며 우승자는 최고의 영예를 받는다. 영국 최고의 베이킹 셰프인 폴 할리우드와 메리 베리의 깐깐하면서도 따뜻한 조언도 이 프로그램의 인기 비결 중 하나.

허밍버드 베이커리 The Hummingbird Bakery

런던을 대표하는 베스트 컵케이크 브랜드. 홈 베이킹과 동일한 재료와 레시피를 이용해 과하지 않은 부담 없는 달콤한 맛이다.

콘디터 & 쿡 Konditor & Cook

특별한 날에 즐기는 독특하고 재미있는 데커레이션 케이크를 볼 수 있는 베이커리. 달콤한 향과 맛은 기본이다. 진한 맛의 브라우니도 인기 있다.

프림로즈 베이커리 Primrose Bakery

소녀 감성 가득한 분홍색 인테리어와 그림같이 아기자기한 컵케이크들을 만날 수 있는 곳. 주택가에 있는 작은 가게이지만, 런던 베스트 컵케이크 중 하나로 손꼽힌다.

EATING **05**

미쉐린 & 스타 레스토랑

고든 램지부터 헤스톤 블루멘탈, 제이미 올리버까지 월드 클래스 셰프들이 펼쳐내는 훌륭한 코스 요리를 즐길 수 있는 최고급 레스토랑을 만나 보자. 셰프의 명예의 전당으로 불리는 미쉐린 가이드에 선정된 레스토랑이 런던에는 총 76곳이나 된다(2023년 기준). 최고의 셰프들이 만들어 주는 특별한 식사, 런던에서 즐겨 보자.

3 Stars

알랭 뒤카스 도체스터 Alain Ducasse at The Dorchester

런던의 3스타 레스토랑 두 곳 중 한 곳으로 하이드 파크의 아름다운 풍경을 바라보며 식사할 수 있다. 60파운드의 런치 메뉴는 미쉐린 3스타 레스토랑을 큰 부담 없이 즐길 수 있는 기회이다.

2 Stars

디너 바이 헤스톤 블루멘탈 Dinner by Heston Blumenthal

영국 요리의 자존심을 지킨 미쉐린 2스타 브리티시 레스토랑. 닭의 간을 이용해 만든 파테에 젤리를 입힌 귤 모양의 미트 프루트가 이곳의 시그니처 메뉴이다.

1 Star

야우야차 소호 Yauatcha Soho

동양 음식을 즐길 수 있는 감각적인 레스토랑이다. 깔끔하고 부담 없는 딤섬과 다양한 종류의 차, 색색의 최고급 디저트도 함께 만날 수 있다.

|Theme|

영국 스타 셰프, 고든 램지

영국 요리계의 자존심 고든 램지. 영국을 대표하는 요리사이면서 방송에서 대중적인 인지도를 얻은 최초의 스타 셰프. 그는 미쉐린 스타 16개를 획득한 영국 최고의 셰프이자 런던에만 14개의 레스토랑을 보유한 경영자다. 냉철한 카리스마와 완벽함을 추구하는 스타 셰프의 흥미진진한 요리 이야기와 그의 레스토랑을 런던에서 만나보자.

고든 램지의 레스토랑

고든 램지 레스토랑은 우아함과 고급스러움을 추구한다. 가격은 다소 비싼 편이지만 맛에서는 실망시키지 않는 최고의 레스토랑 브랜드.

헤든 스트리트 키친

Heddon Street Kitchen

편하게 즐길 수 있는 분위기의 캐주얼 레스토랑. 오픈 키친으로 셰프들의 조리 과정을 볼 수 있어 흥미롭다.

사보이 그릴

SAVOY GRILL

윈스턴 처칠, 마릴린 먼로가 즐겨 찾던 사보이 호텔 내의 역사적인 레스토랑. 킹크랩, 웰링턴 비프, 스테이크 타르타르를 꼭 즐겨 보자.

레스토랑 고든 램지

Restaurant Gordon Ramsay

20년 이상 미쉘린 3스타를 받은 고든 램지의 플레그쉽 레스토랑으로 우아하고 현대적인 프랑스 요리를 즐길 수 있는 곳이다.

EATING **06**

가성비 좋은 런던 레스토랑

런던에서 시작된 맛있는 레스토랑 브랜드. 맛은 물론이고 가격도 괜찮은 가성비 최고인 런던 레스토랑을 모았다! 런던 여행에서 절대 빼놓을 수 없는 메이드 인 런던 레스토랑 투어를 시작해 보자.

플랫 아이언 Flat Iron

스테이크를 올리는 돌판과 도끼 같이 생긴 나이프만으로도 충분히 인상적인 곳. 13파운드에 최상의 소고기 스테이크까지 즐길 수 있다.

바이런 버거 Byron Burger

바이런의 특제 소스와 두툼한 패티, 신선한 채소가 조화로운 런던 로컬들이 사랑하는 수제 버거집! 바이런 맥주도 놓치지 말 것.

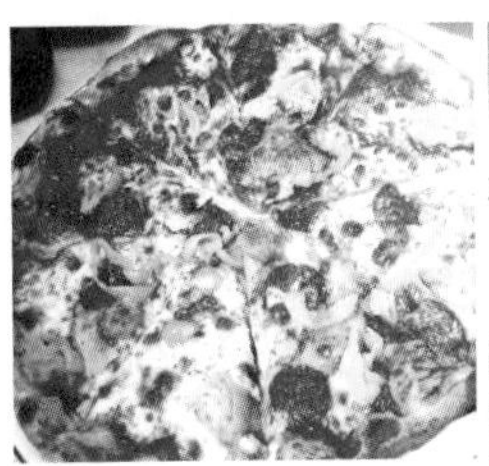

피자 익스프레스 Pizza Express

얇고 고소한 도우에 다양한 토핑을 선택해 먹는 영국 피자 체인점. 화덕에서 바로 구워 담백하고 쫄깃하다.

혹스 무어 Haks Moor

새로운 런던 맛집을 찾는다면 이곳을 주목! 질 좋은 스테이크와 선데이 로스트, 샴페인, 칵테일까지 즐길 수 있다.

버거 & 랍스터 Burger & Lobster

런던 맛집의 최강자. 30파운드대로 즐기는 통랍스터구이는 여행자들에게 가장 인기 있는 메뉴이다. 인기 있는 곳인 만큼 웨이팅은 각오할 것!

EATING 07

런던 **최고 전망의 레스토랑**

사진으로는 담을 수 없는 눈부시게 아름다운 런던의 전경. 런던 아이나 샤드 전망대의 가격이 부담스럽다면 맛있는 음식을 먹으며 여유롭게 경치를 바라볼 수 있는 베스트 뷰 레스토랑으로 가자. 높은 건물에서 바라보는 반짝이는 런던의 야경부터 공원 속 아름다운 자연풍경까지 최고의 전망을 가진 레스토랑이 여기 모였다.

코파 클럽 Coppa Club

프라이빗 이글루 돔에서 런던 탑, 샤드, 타워 브리지의 반짝이는 런던 풍경을 360도 오롯이 즐길 수 있는 감성 충만 장소.

아쿠아 샤드 Aqua Shard

런던의 가장 높은 빌딩에서 바라보는 짜릿한 런던 경치. 브렉퍼스트, 브런치, 애프터눈 티를 즐길 수 있다.

스시삼바 Sushisamba

런던 동쪽의 반짝이는 건물들 중심에서 환상적인 야경을 즐길 수 있는 퓨전 초밥 레스토랑. 통유리 엘리베이터도 하나의 즐길 거리.

서펜타인 바 앤 키친 Serpentine Bar and Kitchen

하이드 파크의 서펜타인 호수 옆에 위치한 레스토랑 바. BBQ 버거, 샌드위치 등 공원에서 가볍게 즐길 만한 메뉴들이 있다.

EATING 08

런던에서 먹는 **전 세계 요리**

이민자들이 많은 도시 런던에서는 전 세계의 맛있는 음식을 맛볼 수 있다. 특히 차이나타운, 방글라데시 타운 등 이민자들이 모여 사는 동네에는 현지의 맛을 더욱 잘 느낄 수 있다. 전 세계 음식점들이 모여 있는 소호에서도 한국에서 쉽게 접할 수 없는 신기하고 독특한 요리들을 만날 수 있다.

난도스 Nando's

숯불에서 구워 내는 포르투갈식 치킨 전문 레스토랑. 치킨 종류, 매운맛 정도, 소스, 사이드 메뉴까지 내 마음대로 골라 먹을 수 있다.

부사바 잇타이 Busaba Eathai

모던한 분위기의 태국 레스토랑이다. 태국 음식 특유의 강한 향신료는 줄이고 깔끔하고 세련된 스타일이다.

팔로마 The Palomar

남부 스페인, 북 아프리카, 레반트 지역의 음식에서 영감을 받은 예루살렘 레스토랑. 후무스, 중동식 요거트, 그릴 요리 등을 맛볼 수 있다.

루디스 피자 나폴레타나 소호 Rudy's Pizza Napoletana - Soho

나폴리에서 직접 수입한 최고급 재료와 24시간 발효과정을 거친 신선한 도우로 만든 정통 나폴리 피자.

디슘 Dishoom

줄 서서 먹는 인도 정통 커리집. 방금 구워 낸 담백하고 고소한 난을 커리에 찍어 먹으며 인도 현지의 맛을 즐겨 보자.

EATING **09**

가격도 맛도 착한 **테이크 어웨이**

매장에서 먹지 않고 포장해 가는 것을 한국에서는 '테이크 아웃'이라고 하지만, 영국에서는 '테이크 어웨이Take Away'라고 한다. 5파운드 안팎의 가격으로 한 끼를 해결할 수 있어 지갑이 얇은 여행자들에게 고마운 가게들이다. 샌드위치, 샐러드, 초밥, 덮밥, 김밥 등 메뉴도 다양하다. 매장에서 먹을 때와 테이크 어웨이의 가격이 다르니 유의하자.

프레 타 망제 PRET A MANGER

프랑스어로 '먹을 준비가 된Ready to Eat'이란 뜻의 프레 타 망제는 런던에만 180곳이 넘는 지점을 가진 대형 프랜차이즈 숍이다. 신선하고 건강한 재료로 샌드위치, 바게트, 스프, 빵, 초밥, 샐러드, 케이크를 매일 만들어 판매한다.
홈페이지 www.pret.co.uk

와사비 Wasabi

샌드위치를 사 먹는 것에 익숙한 런더너들에게 초밥을 테이크 어웨이 메뉴로 만들어 보자는 한국인 사장님의 반짝이는 아이디어로 탄생한 브랜드이다. 신선한 초밥을 비롯해 캘리포니아롤, 덮밥, 삼각김밥 등의 메뉴를 저렴하게 먹을 수 있다. 홈페이지 www.wasabi.uk.com

그렉스 Greggs

매장이 자주 눈에 띄지는 않지만 작은 골목이나 관광지가 아닌 동네에는 하나씩 있는 테이크 어웨이 매장이다. 따듯하게 데워 먹는 소시지 롤과 패스티가 이곳의 강력 추천 메뉴! 가격도 다른 브랜드에 비해 좀 더 저렴한 편으로 가성비가 좋다.

홈페이지 www.greggs.co.uk

웍투웍 Wok to Walk

원하는 재료와 소스, 토핑을 골라 주문하면 눈앞에서 화려한 불쇼가 펼쳐지고 먹음직스럽게 나만의 볶음국수, 덮밥이 완성된다. 싸고 빠르고 간편하게 한 끼 식사를 먹을 수 있다. 아가일 스트리트, 베이커 스트리트, 굿지 스트리트 등 런던에 7개 지점이 있다. 가격은 5.95파운드~ 홈페이지 www.woktowalk.com

|Theme|

런던 여행 중에도 배달 음식은 못 참지

런던에서도 편하게 음식 배달 서비스를 이용해 보자. 런던은 배달 서비스가 잘 되어 있어 빠르고 정확하게 배달 음식을 받을 수 있다. 어플 사용에 두려워 말자. 예상도착시간, 리뷰, 최소 주문금액, 할인 쿠폰 등 우리의 배달 시스템과 동일하다.

런던 배달 어플

런던의 배달 어플에는 딜리버루Deliveroo, 우버 이츠Uber Eats, 투굿투고TooGoodToGo가 있다. 딜리버루는 10년이 된 어플로 선택가능한 식당이 많고, 다양한 할인 쿠폰을 이용할 수 있다. 우버 이츠는 우버의 음식 배달 서비스로 라이더가 픽업하고 도착예정시간도 확인 가능하다. 투굿투고는 배달 어플은 아니지만 환경을 살리고 저렴한 가격에 음식을 먹을 수 있는 어플.
각 식당 마감 시간에 정가보다 싼 가격에 판매하며 식당에 방문해 포장 가능하다.

EATING 10

구경하는 재미, 먹는 재미가 쏠쏠한 **푸드 마켓**

해외 여행에서 빼놓을 수 없는 재미! 바로 길거리 음식을 구경하고 맛보는 것이다. 새롭고 신기한 음식과 그곳의 음식 문화까지 만날 수 있는 즐거운 스트리트 푸드의 세계! 전 세계 맛있는 길거리 음식들이 다 모여 있는 런던 곳곳의 푸드 마켓을 놓치지 말자. 5파운드 정도의 가격으로 배부르게 맛볼 수 있는 데다가 시식으로 맛볼 수 있는 훈훈한 상인들의 인심은 보너스! 스트리트 푸드 마켓은 각각 열리는 날짜가 다르니, 미리 확인하고 가자.

버로우 마켓 Borough Market

명실상부 런던 제1의 푸드 마켓. 다양한 스트리트 푸드는 물론이고 채소, 고기, 와인 등의 신선하고 우수한 식재료를 판매한다. 천 년의 역사를 가진 런던에서 가장 큰 재래시장으로 유명 셰프들을 비롯한 런더너들과 여행자들이 사랑하는 곳이다.

포토벨로 로드 마켓

Portobello Road Market

노팅 힐과 앤티크 마켓으로 유명한 포토벨로 마켓. 세월의 흔적을 간직한 골동품 외에도 세계 각지의 맛있는 음식을 파는 스톨을 구경하는 재미가 있다. 넓은 둥근 판에 만드는 파에야는 특히 인기 메뉴. 풀 마켓이 열리는 토요일에 가면 다양한 푸드 마켓을 만날 수 있다.

사우스뱅크 마켓

Southbank Centre Market

템스 강변에 있는 사우스 뱅크 센터에서 열리는 푸드 마켓이다. 런던 아이와 워털루역에서도 아주 가까우니 주말이라면 들러서 활기찬 푸드 마켓의 분위기를 느껴 보자. 금요일부터 일요일까지만 열리며, 월요일이 공휴일인 경우에도 열린다.

캠든락 글로벌 키친

Camden Lock Global Kitchen

개성 있는 빈티지 마켓인 캠든 락 마켓 안에 위치해 신기한 전 세계 음식들을 맛볼 수 있는 곳이다. 이름도 생소한 캥거루 버거부터 숯불에 직접 구워 주는 독일 통 소시지 구이까지, 한국에선 쉽게 먹어 볼 기회가 없는 다양한 음식들을 마음껏 먹을 수 있다.

브릭 레인 선데이 업 마켓

Brick Lane Sunday Up Market

매주 일요일 열리는 브릭 레인 마켓의 중심과도 같은 곳. 신선한 통 파인애플 주스, 달콤한 컵케이크, 팟타이, 에티오피아 음식, 딤섬, 타파스, 야키소바, 핫도그까지 없는 메뉴가 없는 실내 푸드 마켓이다.

가볍게 한잔할 수 있는 **다양한 펍**

서민적이고 소탈한 영국인의 술 문화를 가장 가까이서 느낄 수 있는 펍. 런던은 몇백 년의 역사를 간직한 펍은 물론이고 월드 베스트 바 1위의 영예를 가진 최고의 칵테일 바가 있는 도시이다. 이색적인 분위기에서 마시는 와인 바도 빼놓을 수 없다. 가볍게 한잔할 수 있는 동네 펍에서 다양한 영국의 술과 맛있는 펍 음식을 즐겨 보자. 런던에서의 아름다운 밤을 책임져 줄 최고의 펍 & 바!

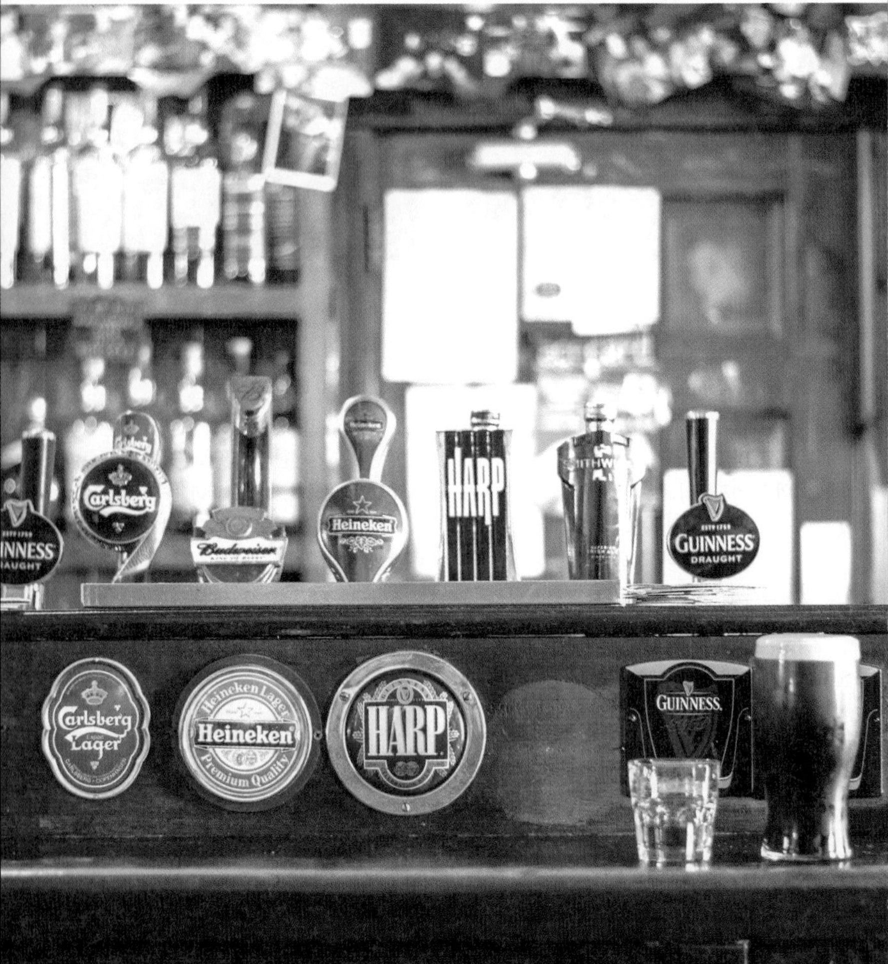

몬태규 파이크 Montagu Pyke

영국 최대의 펍 체인. 브렉퍼스트 메뉴부터 버거, 치킨, 립, 디저트 등 음식 종류가 다양하고 요일별로 할인 세트메뉴가 있다. 맛도 가격도 양도 괜찮은 펍이다.

더 투칸 The Toucan

아일랜드와 셀틱 지방의 전통 음식을 맛볼 수 있는 소호의 작은 펍. 특히 제대로 된 기네스를 마실 수 있는 곳으로 런더너들도 사랑하는 곳. 종종 아일랜드 음악도 연주한다.

고든스 와인 바 Gordon's Wine Bar

런던에서 가장 오래된 와인 바. 동굴 같이 넓고 어두운 내부에서 최상급 와인과 치즈를 맛볼 수 있다. 은은한 촛불 조명이 분위기를 더해 준다.

28°-50°

세인트 크리스토퍼 플레이스 끝자락에 위치한 모던하고 세련된 스타일의 와인 바. 30여 가지가 넘는 와인과 유러피언 음식을 함께 즐길 수 있다.

아르티잔 Artesian

랑함 호텔 안에 있으며 세계 최고의 바 1위에 당당히 이름을 올린 곳이다. 세계 최고의 바텐더들이 보여 주는 기술과 예술성은 감동 그 자체. 예쁜 디저트도 있으니 함께 즐기기 좋다.

|Theme|

영국 맥주와 문화의 중심지, 펍

우리에게 호프집의 대형 스크린을 보며 축구, 야구 경기를 함께 응원하는 '치맥 문화'가 있듯, 런던에도 펍에 모여 함께 맥주를 마시며 축구나 크리켓, 테니스 경기를 보는 문화가 있다. 런던에 왔다면 꼭 한 번 경험해 봐야 할 펍 문화!

마을의 사랑방, 펍

펍Pub은 대중 술집이란 의미의 단어 '퍼블릭 하우스Public House'에서 유래되었다. 마을 사람들이 함께 모여 술도 마시고 담소를 나누던 따듯한 정이 있는 마을의 사랑방과 같은 곳이었다. 지금도 런던 외곽이나 영국 지방의 펍에는 동네 사람들이 오가다 들러 이야기를 나누고, 다트나 당구 같은 간단한 게임을 하고 퀴즈를 맞히는 소박한 문화를 볼 수 있다. 런던 중심가의 펍은 주변 직장인들이 일과를 마치고 간단히 술 한잔하는 곳이 많다.

펍에서 주문하기

우리에게 익숙한 펍과는 달리 런던의 일반 펍에는 따로 웨이터가 없다. 바에 직접 가서 직원에게 자기가 원하는 술이나 음식을 주문하고 돈을 지불하는 방식이다. 당황하지 말고 주문한 뒤, 맥주는 직접 바에서 받아오고, 만약 음식을 주문했다면 직원이 음식을 테이블로 가져다 준다. 다 마신 맥주 컵이나 접시는 자리에 그대로 두고 나오면 된다.

서서 마시는 펍 문화

우리 같으면 실내에 자리 잡고 앉아 편하게 술을 마실 텐데, 영국 사람들은 펍 바깥의 길에 옹기종기 모여 서서 마신다. 한 손에는 맥주를 들고 심각한 이야기를 하는 것 같아 보이기도 한다. 알고 보면 그들도 직장 동료 험담이나 연예인 같은 가벼운 주제의 이야기를 하며 스트레스를 푸는 것이다. 왜 굳이 이렇게 나와서 서서 마실까? 예전에는 귀족과 부유층 사람들만 펍 2층의 살롱에서 마시고, 서민들은 1층에 서서 마신 것에서 유래되었다는 설도 있고, 펍 실내가 금연이라 자유롭게 담배를 피며 마시기 위해 나와서 마신다는 이야기도 있다. 이유가 어찌되었든 간단하게 딱 한 잔만 마시고 가족과의 시간을 위해 귀가하거나 개인 여가 생활을 즐기러 가는 그들의 여유가 부럽기도 하다.

컵 종류

생맥주를 주문할 때 기준이 되는 컵은 파인트Pint로 568ml이고, 하프 파인트는Half Pint는 280ml이다.

|Theme|

취향에 따라 골라 마시는 다양한 술

영국식 맥주로 깊은 맛의 에일, 향이 좋은 와인, 한국에서 먹기 어려운 핌스와 사이다까지 내 마음껏 골라 마시는 재미가 있다. 술을 마시지 못하더라도 펍 문화를 즐기고 싶다면 걱정하지 말자. 펍에서 탄산음료, 주스, 커피, 차도 판매한다.

생강 맥주 Ginger Beer

생강이 들어간 달달한 탄산음료로 알코올이 들어간 술 버전과 무알코올의 탄산음료 버전 두 가지가 있다. 맵고 쓸 것만 같은 생강의 새로운 매력을 맛볼 수 있으니 도전해 보자.

에일 Ale

따뜻한 실온에서 발효하는 영국식 맥주로 라거보다 색이 진하고 깊은 풀 바디감을 느낄 수 있다.

기네스 Guinness

흑맥주 스타우트로 검은색과 크리미한 거품이 조화롭다. 펍에서 직접 따라 주는 신선한 기네스는 캔으로 마시는 것과 비교할 수 없다.

와인 Wine

피시 앤 칩스에는 화이트 와인, 선데이 로스트에는 레드 와인, 달콤한 디저트에는 로제 와인을 추천한다.

페리 Perry

배를 숙성시켜서 만든 알코올. 페어 사이다Pear Cider라는 이름으로 펍이나 마트에서 볼 수 있다.

핌스 Pimm's

영국인들이 사랑하는 대중적인 칵테일 종류의 술로 핌스를 처음 만든 제임스 핌의 이름을 따서 핌스라고 부른다. 핌스에 레모네이드, 민트, 오이, 여러 과일을 함께 넣어 칵테일처럼 마신다. 여름에 즐기기 좋다.

사이다 Cider

영국의 사이다는 사과로 만든 달달한 향과 맛이 나는 가벼운 알코올로 특유의 청량함을 느낄 수 있다.

베일리스 Baileys

아일랜드 위스키와 크림을 섞은 아일랜드 술. 밀크 초콜릿처럼 부드럽고 달콤하며 깊은 맛이 난다.

EATING 12

런던 카페에서 즐기는 **플랫 화이트**

아무리 차를 좋아하는 영국 사람들이라도 나른한 오후를 깨우기 위해서나 친구들과 가볍게 이야기하러, 혹은 혼자만의 시간을 즐기는 등 다양한 이유로 매일 카페를 찾는다.

TIP 커피의 모든 것을 즐기자! 런던 커피 페스티벌 London Coffee Festival

매년 봄 브릭 레인에서 열리는 런던 커피 페스티벌에는 월드 클래스 바리스타들의 커피를 시음해 보고, 전 세계 커피빈 투어, 나만의 커피 만들기 워크숍 등이 펼쳐진다. 매년 4~5월경 열리는데, 자세한 날짜는 공식 홈페이지에서 확인하자.

홈페이지 www.londoncoffeefestival.com

몬머스 커피 Monmouth Coffee

런더너와 여행객 모두 사랑하는 베스트 런던 카페. 진하고 고소한 커피 향에 발걸음을 멈출 수밖에 없다. 코벤트 가든 지역의 닐스야드와 버로우 마켓 두 곳에 지점이 있다.

더 어텐던트 The Attendant

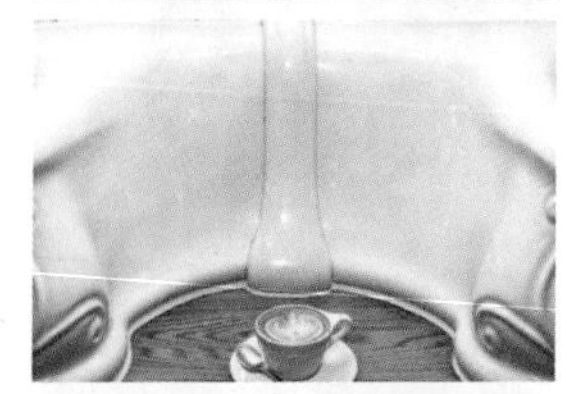

남자 공중 화장실을 개조한 빈티지한 이색 카페에서 커피와 브런치를 즐겨 보자. 소변기와 세면대로 만든 독특한 테이블을 보면 공중 화장실의 느낌이 가득하다. 하지만 이곳은 깨끗하니 걱정 말자.

카페인 Kaffeine

골목에 위치한 작은 카페지만 '죽기 전에 가 봐야 할 전 세계 카페 25'에 선정된 숨은 명품 카페. 수준급 바리스타들이 펼치는 호주 스타일의 진한 커피와 화려한 라테 아트가 예술이다.

블랙 페니 코벤트 가든 The Black Penny Covent Garden

콜롬비아 나리노 지역의 높은 언덕에서 자라는 로컬 커피빈을 직접 공수 받아 12~16시간 발효한 엄선된 커피빈을 사용한다. 자동 커피 머신이 아닌 전문 바리스타가 만드는 스페셜티 커피를 맛보자.

TIP 더욱 맛있게 커피를 즐기기 위한 런던 카페 팁!

- 런던에서는 플랫 화이트Flat White를 마셔 보자! 투 샷 에스프레소에 우유를 적게 넣은 커피 종류로 에스프레소보다는 연하고 라테보다는 진한 맛이다. 얇은 우유 거품이 있어 진하고 부드러운 향과 맛을 느낄 수 있다.
- 아메리카노를 주문하면 직원이 블랙인지 화이트인지 물어본다. 영국에는 우유를 넣어 먹는 경우가 많아서이다. 블랙은 우리나라의 아메리카노를 말하고, 화이트는 아메리카노에 우유를 넣는 것을 말한다.
- 한국의 카페는 지방분을 빼지 않은 전유Whole Milk를 기본으로 사용하지만 영국 카페에서는 저지방 우유를 기본으로 사용한다. 전유보다는 저지방 우유가 맛이 약하므로 원한다면 주문할 때 홀 밀크로 넣어달라고 요청하자.
- 스타벅스의 경우 주문할 때 이름을 물어보니 당황하지 말고 이니셜이나 이름을 말하면 된다. 음료가 나오면 바에서 이름을 부른다.

Step 05

Shopping

런던을
사다

01 성공적인 런던 쇼핑을 위한 팁
02 하나쯤은 꼭 갖고 싶은 영국 대표 브랜드
03 런던 패션을 만나는 4대 쇼핑 거리
04 오래된 전통을 자랑하는 런던 백화점

05 풍부한 향과 맛을 지닌 영국 홍차

06 여행의 감동을 영원히, 런던 인증 기념품

07 저렴하게 명품을 득템하는 아웃렛과 복합 쇼핑몰

08 구경거리 가득한 영국의 마트

SHOPPING **01**

성공적인 런던 **쇼핑을 위한 팁**

유럽 최고의 쇼핑 도시 런던의 화려하고 예쁜 옷과 구두들이 쇼윈도에서 "주인님, 저를 한국으로 데려가 주세요"라며 눈을 깜빡거리고 바라보면 한없이 마음이 약해질지도 모른다. 후회 없는 쇼핑을 위해서는 꼼꼼한 계획이 필요하다. 도움이 되는 런던 쇼핑 팁을 정리했다.

놓칠 수 없는 박싱데이 세일

일 년 내내 작은 세일들이 언제나 계속되는 쇼핑 천국 런던이지만, 여행객부터 런더너들까지 손꼽아 기다리는 빅 쇼핑데이가 있다. 바로 크리스마스 다음 날인 12월 26일 박싱데이이다. 디자이너 의류부터 가전제품까지 70~90%의 어마어마한 세일 폭을 자랑하며 브랜드숍은 물론 해러즈, 셀프리지 등 고급 백화점에서도 진행된다. 박싱데이가 되면 새벽부터 문 앞에는 줄이 길게 서 있고, 문이 열리면 커다란 가방에 옷을 가득 담으려는 사람들로 북적인다. 박싱데이 이후부터 1월 중순까지 세일은 계속된다. 6~7월에도 큰 세일 기간이 있다.

교환과 환불

구매한 물건이 마음에 들지 않거나 하자가 있는 경우 제품과 영수증을 가지고 매장에 가면 교환이나 환불이 가능하다. 단순한 변심의 경우 물건을 사용하지 않아야 한다. 브랜드마다 다르지만 14일에서 최대 28일 내에 가져가야 처리된다. 신중하게 구매하고 결제할 때 교환, 환불 제도에 대해 직원에게 확실히 확인하자.

TIP • 영국을 방문한 여행자가 영국에서 구매한 제품에 대해 물품세VAT를 환급받을 수 있던 택스 프리Tax Free 제도가 있었다. 그러나 2021년부터 세금 환급 제도가 폐지되었다.

• 체구가 큰 편이 아니라면 아동용 옷이나 신발을 사는 방법도 고려해 보자. 가격은 성인 제품보다 20~30% 저렴하고 아동복 같지 않은 디자인 제품도 많다.

SHOPPING 02

하나쯤은 꼭 갖고 싶은 **영국 대표 브랜드**

스타일 하나가 유행하면 모든 백화점에 똑같은 디자인만 가득한 한국과 다르게 영국 브랜드는 자신들만의 고유한 스타일을 갖고 있다. 오랜 역사와 기술을 바탕으로 나오는 영국 대표 브랜드만의 고급스러움은 결코 다른 브랜드가 따라 할 수 없는 깊이가 있다. 유행을 타지 않고 오히려 오래 간직할수록 빛나는 클래식 감성의 영국 브랜드는 꼭 하나쯤 갖고 싶은 아이템이다.

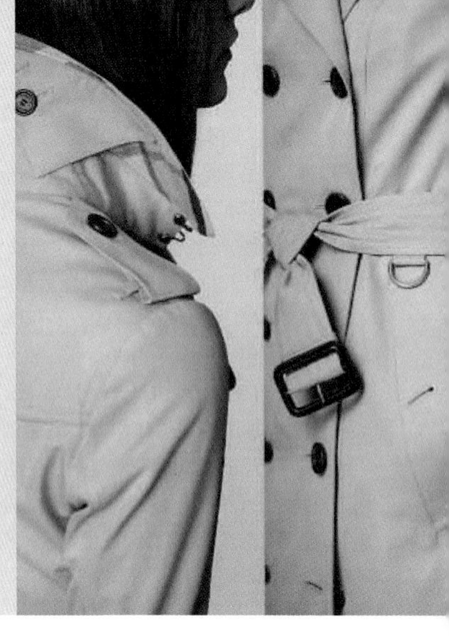

패션

바버 Barbour

바버의 박시한 재킷은 영국 특유의 클래식하고 중후한 분위기를 내면서도 빈티지한 느낌까지 있어 남녀노소 모두에게 잘 어울린다. 실용성과 스타일링 모두 충족시키며 데일리 아이템으로 좋다. 영국 왕실 인증 브랜드를 받은 영국 대표 재킷을 만나 보자.

테드 베이커 Ted Baker

클래식한 디자인을 바탕으로 재미있고 화려한 디테일이 눈길을 사로잡는다. 브리티시 감성의 유니크하고 캐주얼한 브랜드.

리버 아일랜드 River Island

트렌디하고 저렴한 가격으로 인기있는 영국 패션 브랜드. 남성, 여성, 아동 패션 제품을 판매하며 색상과 디자인이 유니크한 제품이 많다.

액세서리

캐스 키드슨 Cath Kidston

영국의 정원에서 영감을 받은 화사하고 밝은 플라워 패턴의 브랜드이다. 땡땡이, 꼬마 근위 병정 패턴 등 아기자기한 디자인과 방수되고 튼튼한 PVC 재질의 제품으로 가볍고 편하게 오래 쓸 수 있다. 가방, 신발, 부엌용품, 문구 등 다양한 종류의 제품이 있다.

신발

닥터 마틴 Dr. Martens

영국의 펑키 록과 자유로운 스트리트 문화를 보여주는 워커 브랜드이다. 숙련된 신발 장인들의 손을 거쳐 한 땀 한 땀 견고하게 만들어진 가죽 워커에 전 세계 젊은이들이 열광한다.

지미추 JimmyChoo

1996년대 런던 이스트 엔드에서 시작한 럭셔리 디자이너 브랜드로 세련되고 고급스러운 디자인의 구두. 케이트 미들턴 왕세자비, 킴 카다시안을 비롯해 세계적인 스타들의 워너비 신발 브랜드.

헌터 Hunter

다양한 색상과 천연 고무 소재의 편안함을 갖춘 영국을 대표하는 부츠 브랜드. 비가 자주 오는 영국 날씨에 꼭 필요한 아이템으로 헌터를 신고 공원을 산책하는 영국인들을 자주 볼 수 있다. 부츠, 샌들, 모자 등 다양한 아이템이 있어 데일리 패션 아이템으로도 추천이다.

향수

조 말론 런던 Jo Malone London

20~40대 여자들이 가장 써보고 싶어 하는 프리미엄 향수 브랜드. 영국 상류층과 셀럽들이 사랑하는 런던 대표 향수이다. 매력적인 향만큼이나 군더더기 없이 깔끔한 베이지 바탕에 검정 글씨로 포인트된 보틀과 상자 디자인은 여심을 사로잡는다.

펜할리곤스 Penhaligon's

영국 왕실 인증을 받은 140년이 넘는 역사를 가진 향수 브랜드. 50가지가 넘는 향수에는 각각의 이야기가 담겨 있다. 심플하면서도 고급스러운 둥근 유리병에 리본 데커레이션이 포인트. 병마다 라벨과 리본 디자인이 달라 병을 모으는 재미도 있다.

뷰티

더 바디 샵 The Body Shop

영국의 친환경 뷰티 브랜드로 스킨케어, 바스 제품, 오일, 향수 등을 판매한다. 동물 실험을 반대하며 공정무역, 지구 보호를 추구하는 착한 기업이다. 한국 매장에는 없는 다양한 제품들을 구경해 보자.

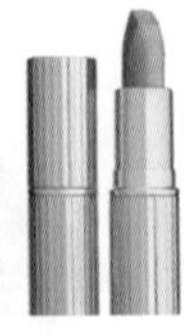

샬롯 틸버리 Charlotte Tilbury

케이트 모스, 지젤 번천 등 글로벌 스타를 담당한 세계적인 메이크업 아티스트 샬롯 틸버리가 자신의 이름을 걸고 2013년 론칭한 영국 뷰티 코스메틱 브랜드. 필로우 토크 립스틱과 매직 파운데이션이 대표 아이템이다.

부츠 Boots

의약품을 비롯해 건강보조식품, 뷰티 제품, 음료, 스낵, 안경, 보청기 서비스까지 한곳에 모인 드러그 스토어. 특히 부츠의 자체 코스메틱 브랜드 No7이 품질이 우수하고 가성비가 좋은 제품으로 인기있다. 3 for 2, Buy 1 get 2 등 다양한 가격 혜택을 받을 수 있다. 런던 시내 곳곳에 매장이 많지만 피카딜리 서커스역에 있는 매장은 월~토 밤 11시까지 오픈한다(일요일은 오후 6시까지).

러쉬 Lush

아보카도, 소금, 블루베리 등 자연주의 식재료를 미용 성분으로 잘 활용한 영국 화장품 브랜드. 자극적이지 않고 순한 비누, 바스 제품들을 세계에서 가장 큰 러쉬 매장에서 만나 보자. 한국보다 30~50% 저렴한 가격 역시 메리트이다.

그릇

로열 알버트 Royal Albert

애프터눈 티를 즐기기에 좋은 최고의 그릇 브랜드. 화사한 분홍색과 하늘색을 배경으로 그려진 플라워 패턴이 고급스러우면서도 상큼하다. 100년이 넘는 역사를 가졌으며 찻잔 세트, 접시, 머그컵 등 다양한 제품이 있다.

웨지우드 Wedgwood

도자기 장인 요시아 웨지우드가 1759년 설립한 그릇 브랜드. 하늘색 바탕에 하얀색으로 조각된 데커레이션이 가장 대표적인 웨지우드의 디자인이다. 하나의 그릇을 만들기 위해 4명의 수공예 장인들이 하나하나 조각을 하고 그림을 그리며, 시작부터 완성까지 총 3일이 걸린다. 도자기 마을로 유명한 스톡 온 트렌트에는 웨지우드 박물관도 있다.

팔콘 에나멜웨어 Falcon Enamelware

깔끔한 하얀색 바탕에 파란색과 빨간색 테두리 디자인이 특징인 그릇 브랜드. 금속의 강인성, 유리의 내구성으로 이루어진 법랑 재질로 견고해 잘 깨지지 않는다. 오븐, 전자레인지 사용이 가능하고 가벼워서 캠핑용이나 등산, 피크닉 갈 때 좋다. 그릇 밑에는 팔콘의 상징인 파란색 독수리가 그려져 있다.

엠마 브리지워터 Emma Bridgewater

어머니의 생신 선물로 드릴 마음에 드는 식기류를 찾지 못한 엠마 부인이 아름답지만 실용적인 식기류를 직접 만든 것이 엠마 브리지워터 브랜드의 시작이다. 선명하고 밝은 색감들로 보기만 해도 기분 좋아지는 다양한 패턴이 있다. 색색의 동그라미를 비롯해 풍경, 과일, 새, 동물들을 핸드 페인팅으로 그린 것이 특징이다. 머그컵, 접시, 티팟 외에도 양초, 쿠션, 침구용품 등이 있다.

TIP 런던에는 그릇 아웃렛이 거의 없다. 그릇 아웃렛을 가려면 도자기 마을인 '스톡 온 트렌트'로 기차를 타고 가는 방법이 있으나 매장이 기차역에서 외곽으로 떨어져 있어 대중교통으로 이동하기 쉽지 않다. 여행 기간과 이동 비용을 감안했을 때 차라리 런던 시내 백화점에서 구입하는 편이 좋다. 존 루이스, 하우스 오브 프레이저, 셀프리지, 해러즈 백화점 안에 그릇 편집숍이 있다. 유명한 그릇 브랜드 외에도 눈이 즐거운 영국 그릇 브랜드의 접시들이 가득하니 구경해 보자.

SHOPPING 03

런던 패션을 만나는 **4대 쇼핑 거리**

옥스퍼드 서커스역과 피카딜리 서커스역 사이에는 런던 패션을 지탱하는 기둥 같은 역할을 하는 다양한 쇼핑 거리가 있다. 워낙 많은 브랜드숍이 있고 작은 길이 이어져 있어 자칫 인파에 휩쓸려 길을 잃을 수도 있다. 어디서부터 쇼핑을 시작해야 할지 모르겠다면 나의 쇼핑 스타일에 맞는 거리와 브랜드를 먼저 정해 보자. 독특한 개성을 가진 런던의 대표 쇼핑 거리 네 곳은 바로 여기다.

옥스퍼드 스트리트 Oxford Street

런던 중심에 곧게 뻗어 있는 2km의 쇼핑 거리. 그 길을 따라 수많은 브랜드숍과 백화점이 있다. 런던 쇼핑 거리들 중에서도 가장 많은 쇼핑객이 몰리는 곳으로, 런던 쇼핑 거리의 대표격이라 할 만하다. 부담 없이 쇼핑할 수 있는 대중적인 가게가 많다. 탑 샵, 프라이마크, 러쉬 매장과 셀프리지, 존 루이스 백화점이 있다.

본드 스트리트 Bond Street

가장 고급스러운 쇼핑 거리로 명품 숍이 가득해 럭셔리한 쇼핑을 할 수 있다. 다이아몬드, 예술품, 디자이너 브랜드숍이 모여 있어서 영국 귀족, 부유층, 연예인들이 자주 찾는 곳이다. 불가리, 버버리, 샤넬, 까르띠에, 에르메스, 지미 추 등의 명품관과 세계 2대 미술 경매 회사인 소더비가 있다.

리젠트 스트리트 Regent Street

유럽에서 처음으로 생긴 쇼핑 거리로 아치형 건물이 멋스럽다. 영국 주요 행사나 특별한 날을 기념하는 행진이 진행되기도 한다. 주로 버버리, 테드 베이커, 바버 등 고급 브랜드숍들이 있다.

카나비 스트리트 Carnaby Street

색색의 화려한 건물들과 아치형 장식물이 인상적인 거리로 영국 젊은 세대들의 패션, 뮤직, 문화를 느낄 수 있다. 독특하고 개성 있는 브랜드숍을 만나 보자.

TIP • 주말에는 엄청나게 많은 사람들이 모인다. 여유롭게 쇼핑을 원한다면 평일 오전 시간을 추천.
• 크리스마스 기간에는 쇼핑 거리를 따라서 화려한 조명들이 반짝이니 겨울 여행자들은 기대할 만하다.

SHOPPING **04**

오래된 전통을 자랑하는 **런던 백화점**

런던의 긴 역사만큼이나 런던의 백화점도 기본 100년 이상의 역사를 가지고 있으며 각 백화점의 자부심 또한 대단하다. 유럽에서 가장 넓은 내부 규모와 최고급 퀄리티는 런던 백화점들의 자랑이다. 각 백화점에서 자체 브랜드로 만든 제품 역시 고급스러워 선물용으로 좋다. 명품 숍과 테마별 편집숍을 구경하는 재미가 있으며 백화점마다의 예술 감각을 알 수 있는 쇼윈도는 또 하나의 볼거리다.

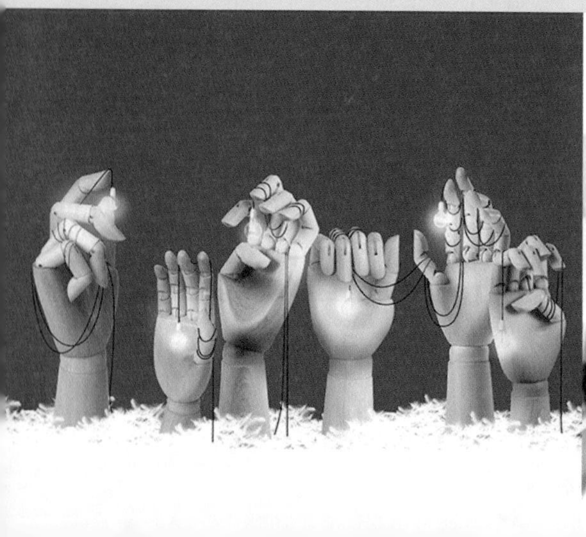

John Lewis

Shopping at John Lewis
Oxford Street

해러즈 Harrods

유럽에서 가장 큰 럭셔리 백화점으로 160년이 넘는 역사를 가지고 있다. 이집트인인 해러즈 백화점 소유자의 스타일을 따라 백화점 내부 곳곳에는 스핑크스와 이집트 벽화가 있다. 밤에는 백화점 건물이 조명으로 더욱 화려하게 반짝인다.

셀프리지 Selfridges

영국에서 두 번째로 큰 규모의 백화점. 우수한 서비스와 품질로 세계 최고 백화점에 두 번 연속 선정되었다. 6층 건물 안에 구두, 청바지, 식품, 디자이너 제품 등 테마별로 꾸며진 다양한 편집숍은 셀프리지에서 꼭 가야 할 곳들이다.

존 루이스 John Lewis

영국인들이 사랑하는 대중적인 백화점이다. 저렴한 가격으로 최상의 품질과 서비스를 제공한다. 영국 왕실에도 생활용품을 납품하고 있는 브랜드로 더욱 믿음이 간다. 특히 다양한 패브릭 제품과 조명 등을 만날 수 있는 인테리어관이 가장 인기 있다.

리버티 Liberty

마치 튜더 시대의 대저택 같은 독특한 외관의 백화점이다. 밟으면 삐거덕거리는 오래된 나무 바닥의 내부는 리버티의 세련된 패턴 제품들과 묘하게 잘 어울린다. 리버티 패턴의 패브릭, 스카프, 문구류는 꼭 사고 싶은 아이템들이다.

TIP 일반 브랜드숍처럼 백화점도 일요일에는 오후 12시부터 6시까지만 오픈한다. 일요일에 쇼핑할 예정이라면 오전 시간은 피하자.

SHOPPING 05

풍부한 향과 맛을 지닌 **영국 홍차**

영국에서 홍차는 단순히 차가 아니라 문화이자 일상이다. 일어나서 한 잔, 아침 식사를 하며 한 잔, 오전에 일하면서 한 잔, 나른한 오후에 한 잔, 디저트를 먹으며 한 잔, 손님을 대접하며 한 잔. 하루 종일 차와 함께하는 영국 사람들의 차에 대한 사랑이 정말 대단하다. 런던 여행 필수 쇼핑 리스트! 영국 홍차의 세계에 빠져 보자.

포트넘 앤 메이슨 Fortnum & Mason

영국 왕실을 대표하는 고급스러운 차 백화점. 5층 건물 전체에 영국 전통 홍차를 비롯한 전 세계의 다양한 차와 마카롱, 초콜릿 제품 등이 가득하다. 창립 200주년을 기념해 1907년 만든 퀸 앤 티는 포트넘 앤 메이슨에서만 만날 수 있는 블렌딩 티.

트와이닝 Twinings

영국 차 문화의 시작이라고 해도 될 정도로 300년 이상의 오래된 역사를 가진 대중적인 차 브랜드. 영국뿐만 아니라 전 세계 사람들에게도 친숙하다. 코벤트 가든에 위치한 트와이닝 숍에서는 다양한 차를 시음해볼 수 있다.

해러즈 Harrods

해러즈 백화점의 자체 티 브랜드로 150가지가 넘는 종수를 자랑한다. 특히 인도의 5가지 찻잎을 섞어 만든 해러즈 49번과 다르질링, 아삼, 실론, 케냐가 들어간 해러즈 14번이 가장 인기 있다.

위타드 오브 첼시 Whittard of Chelsea

홍차를 비롯해 커피, 코코아, 초콜릿, 쿠키를 파는 곳이다. 포트넘 앤 메이슨이나 해러즈보다 가격도 저렴하고 분위기도 캐주얼하다. 아기자기한 꽃무늬 패턴, 런던 관광지가 그려진 케이스가 소장용으로도 아주 좋다.

세계 홍차의 다원

홍차는 원산지에 따라 크게 네 곳으로 나뉜다. 세계 3대 홍차인 다르질링, 우바, 기문과 아삼이 대표적인 홍차의 다원이다.

인도 **다르질링** Darjeeling

인도 동부 히말라야 산맥의 고지대인 다르질링 지역에서 생산되는 홍차이다. 엷은 오렌지색을 띠며 부드럽고 단맛이 돌아 '홍차의 샴페인'이라고도 불린다. 생산량이 적고 다른 홍차보다 가격이 비싸서 고급 홍차에 속한다. 다른 찻잎과 블렌딩해서 사용하는 경우가 많다.

인도 **아삼** Assam

방글라데시와 미얀마의 중간에 위치한 인도의 아삼 지역에서 생산되는 홍차이다. 진한 적갈색을 띤다. 아삼 홍차는 그 자체로도 마실 수 있지만 맛과 향이 강해 우유를 넣어 밀크티로 마시거나 다른 종류의 홍차와 블렌딩하여 마신다.

중국 **기문** Keemun

중국 기문 지역에서 생산되는 홍차. 중국 10대 명차 중 하나로 중국에서는 귀족만 즐기는 고급 차로 여겨졌다. 밝은 오렌지색을 띠며 은은하고 부드러운 맛이 난다. 과일과 난초 향이 나며 향이 오래 간다.

스리랑카 **우바** Uva

스리랑카 중부 산악지대에 위치한 대규모의 다원에서 생산되는 홍차이다. 투명하고 밝은 홍색을 띠며 달콤한 장미꽃 향기가 나는 산뜻한 맛이다.

홍차를 더욱 다양하게 즐기는 방법

홍차 자체를 우려내 마실 수도 있지만, 다양한 향과 깊은 풍미를 느끼고 싶다면 여러 가지 홍차를 섞어 만드는 블렌디드 티나 기본 찻잎에 여러 가지 천연 향을 첨가한 플레이버리 티를 마셔 보자. 가장 대표적인 블렌딩, 플레이버리 티를 소개한다.

잉글리시 브렉퍼스트 티 English Breakfast Tea

아삼, 스리랑카의 실론, 케냐 산지의 찻잎을 블렌딩하여 즐기는 홍차로, 영국 차 문화에서 가장 대중적이고 인기 있는 블렌딩 종류다. 진한 붉은빛을 띠며 풍부한 바디감을 느낄 수 있다. 영국 아침 식사와 잘 어울린다고 해서 지어진 이름이다.

잉글리시 애프터눈 티 English Afternoon Tea

중간 바디감으로 가볍고 상쾌한 맛과 향을 느낄 수 있다. 아삼과 케냐 홍차를 베이스로 약간의 실론 홍차를 블렌딩했다. 나른한 오후 스콘과 함께 마시기에 최고의 홍차이다.

오렌지 페코 Orange Pekoe

가지의 가장 끝부분 아래에 있는 두 번째로 어린 찻잎을 오렌지 페코라고 하며, 과일 오렌지와는 관련이 없다. 인도와 스리랑카산 홍차를 블렌딩한 차에 이 이름을 붙였다. 연한 오렌지색을 띠며 신선한 향과 은은하고 부드러운 맛이 난다. 우유나 설탕을 섞지 말고 차 자체를 즐겨 보자.

얼 그레이 Earl Grey

영국의 수상이었던 찰스 그레이 백작이 차를 마실 때 베르가모트 즙을 첨가해 마신 것에서 유래되었다. 백작이라는 뜻의 '얼'과 그의 이름인 '그레이'가 차의 이름이 되었다.

SHOPPING **06**

여행의 감동을 영원히, **런던 인증 기념품**

작은 기념품을 보면서 지난 여행의 즐거웠던 기억을 떠올려보자. 한 종류의 기념품을 여러 도시에서 사서 하나하나 모아보면 어느 곳을 다녀왔는지 쉽게 기억할 수 있고, 도시마다 다른 디자인의 기념품을 비교하는 재미도 있다.

KEEP CALM AND CARRY ON

2차 세계대전이 발발하기 직전 영국인들의 사기를 돋우기 위해 제작된 표어로 '평정심을 유지하고 하던 일을 계속하라'라는 뜻이다. 재미있고 다양한 패러디 글이 적힌 기념품들이 있다.

엽서

기념품 종류 중에서 가장 저렴하고, 부피가 작아 모으기에 큰 부담이 없는 기념품이다. 런던의 환상적인 야경이나 풍경이 담긴 엽서에 마음을 담은 편지를 써서 선물해 보자.

냉장고 자석, 마그넷

쉽게 구할 수 있는 데다가 디자인이 다양하다. 가격도 저렴한 편이다. 냉장고나 자석 보드에 런던을 상징하는 예쁜 자석들을 장식해 보자.

레고 런던 에디션

빅 벤, 런던 아이, 2층 버스 등 277개의 레고 부품을 손으로 하나하나 조립하며 런던 여행의 추억을 쌓을 수 있는 레고 조립 엽서. 460개 조립이 있는 아키텍쳐 런던 명소 버전도 있다. 런던 레고 스토어에서 만나보자.

TIP 피카딜리 서커스, 옥스퍼드 스트리트 주변에 런던 기념품 가게들이 있다. 많이 살 계획이라면 캠든 마켓 주변이 조금 더 저렴하다.

근위병 피규어

런던 햄리스와 M&M스토어에서만 파는 한정판 근위병 피규어는 런던 기념품 인기 1순위! 방 안에 장식해 두고 런던 여행을 추억해 보자.

왕실 가족 기념품

엘리자베스 여왕, 윌리엄-케이트 부부, 조지 왕자, 샬롯 공주까지 왕실 가족의 얼굴이 담긴 특별한 기념품들은 런던이 아니면 구입할 수 없는 것들이다.

머그컵

런던에서 구매한 차나 커피를 머그컵에 담아 마시며 여행의 추억을 떠올려보자. 스타벅스 로고에 런던 풍경이 그려진 머그컵과 텀블러는 런던 스타벅스에서만 살 수 있다.

에코백

런던 명소가 예쁘게 그려진 가볍고 편한 에코백. 여행 중에 쇼핑 아이템을 넉넉히 넣을 수 있고, 여행 후 데일리 아이템으로도 제격이다.

유니언 잭

영국을 상징하는 국기 유니언 잭이 프린트된 다양한 제품은 런던 여행자들에게 언제나 인기 있다. 지갑, 노트, 마그넷, 연필 등 종류가 많다.

런던 팝업북

런던 시내의 서점에는 런던 기념이 될 만한 책들을 많이 볼 수 있다. 특히 런던 팝업북을 열면 런던 주요 명소들이 3D로 쫙 펼쳐진다.

SHOPPING 07

저렴하게 명품을 득템하는 **아웃렛과 복합 쇼핑몰**

쇼윈도에 화려하게 걸린 신상 명품을 가격이 부담스러워 그저 바라만 봤다면, 정가보다 할인된 가격으로 브랜드 제품을 살 수 있는 아웃렛에서 아쉬움을 달래자. 최신 트렌드 제품은 아니더라도 늘 입을 수 있는 기본 스타일부터 유니크한 디자이너 제품까지 저렴한 가격에 득템할 수 있다. 아웃렛이나 제품마다 다르긴 하지만, 최소 30%에서 최대 90%까지 할인 폭이 다양하다.

버버리 아웃렛 Burberry Outlet

버버리 제품을 30~40% 할인된 가격에 살 수 있는 아웃렛 매장. 최신 디자인 제품보다 클래식한 스타일을 찾는다면 들러볼 만하다.

폴 스미스 세일 숍
Paul Smith Sale Shop

남자들이 좋아하는 영국 브랜드로 정가에 30~50% 할인된 가격으로 폴 스미스 제품을 만날 수 있다.

티케이 맥스 TK MAXX

디자이너 브랜드, 중고가 명품의 재고를 파는 아웃렛으로 80~90%까지 세일하기도 한다. 의류, 액세서리 외에도 그릇과 인테리어 소품 등 다양한 제품을 만날 수 있다.

비스터 빌리지 Bicester Village

아기자기한 동화마을과 같은 콘셉트로 옥스퍼드 외곽에 위치한 명품 아웃렛. 하루 일정으로 옥스퍼드와 함께 찾기 좋다.

웨스트 필드 Westfield

370개가 넘는 브랜드숍이 모여 있는 런던 최대 규모의 실내 복합 쇼핑몰. 쾌적하고 여유롭게 쇼핑을 마음껏 즐길 수 있다.

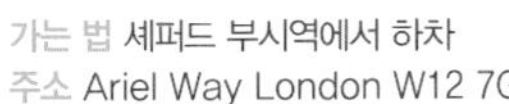
가는 법 셰퍼드 부시역에서 하차
주소 Ariel Way London W12 7G

SHOPPING 08

구경거리 가득한 **영국의 마트**

여행의 깨알 재미 중 하나인 마트 구경하기! 영국에는 가격과 품질에 따라 여러 대형 마트 브랜드가 있고, 어느 마트가 많은지에 따라 그 동네의 생활수준도 대충 가늠할 수 있다. 여행하며 간단히 먹을 수 있는 군것질거리들도 사고, 런더너들이 즐겨 먹는 음식이 무엇인지 직접 확인해 보자!

웨이트로즈 Waitrose

존 루이스 백화점과 같은 계열로 식료품, 와인을 왕실에 납품하는 영국 왕실 보증서를 가지고 있다. 다른 브랜드에 비해 가격은 약간 비싼 편이지만 품질이 우수하고 신선한 제품들을 판매한다. 포장이 고급스러운 웨이트로즈 자체 브랜드 제품은 선물용으로도 좋다. 매장에서 먹는 갓 구운 빵과 따뜻한 커피 한 잔은 저렴하게 즐길 수 있는 최고의 휴식이다.

홈페이지 www.waitrose.com

테스코 Tesco와 세인스버리 Sainsburys

영국 마트계의 1, 2위를 다투는 대형 마트 브랜드들. 웨이트로즈나 막스 앤 스펜서와는 달리 대중적이며 가격이 저렴한 편이다. 매장에는 직접 조리한 음식들을 파는 코너가 있어서 여행 중 부담 없는 가격에 배를 채울 수 있다. 치킨구이, 파스타, 샐러드 등 메뉴도 다양해서 점심시간에는 도시락을 사려는 주변 직장인들로 붐빈다.

홈페이지 **테스코** www.tesco.com **세인스버리** www.sainsburys.co.uk

TIP 각 브랜드마다 자신들의 이름을 건 다양한 PB 제품들이 있다. 제품도 다양하고 가격도 비싸지 않아 사볼 만하다.

막스 앤 스펜서 Marks and Spencer

줄여서 M & S라고도 한다. 우리에게는 의류 브랜드로 유명하지만 런던에는 식료품 매장이 더 많다. 깔끔한 디자인의 자체 브랜드 패키징에 품질도 좋다. 영국 느낌 가득한 잼, 쿠키, 젤리 종류가 괜찮다. 공정무역을 강조하는 브랜드로 웨이트로즈와 비슷하게 가격은 좀 비싼 편이다. 런던 중심가에서는 옥스퍼드 스트리트 M & S 매장 지하에 푸드 마트가 있다.

홈페이지 www.marksandspencer.com

원 파운드 숍 1 Pound Shop

런던의 물가가 비싸다는 편견을 깨는 곳이다. 한국의 천 원 단위인 1파운드에 살 수 있는 다양한 물건이 가득한 영국의 '다이소'이다. 런던에 사는 사람들을 위한 생필품 종류가 대부분이라 여행객들이 기념품으로 사올 만한 종류는 많이 없지만 스낵이나 여행 중 필요한 작은 용품들을 저렴하게 살 수 있다. 파운드숍, 파운드랜드 같은 브랜드가 있으며 매장은 런던 중심가보다는 주택가 주변 동네에 많이 있다.

홈페이지 **파운드랜드** www.poundland.co.uk
파운드숍 www.poundshop.com

생소한 영국의 가격표 읽는 법

우리에게는 익숙하지 않은 다양한 가격표들, 헷갈리지 않도록 꼼꼼히 살펴보자.

- **2 for 1, 3 for 2**
  2 for 1 : 2개를 1개 가격에. 즉 1개를 사면 1개를 서비스로!
  3 for 2 : 3개를 2개 가격에. 즉 2개를 사면 서비스로 하나 더!
- **2 for £4, 3 for £5**
  파운드 표시가 있는 경우엔 가격을 의미한다.
  2 for £4 : 2개를 4파운드에.
  3 for £5 : 3개를 5파운드에.
- **Better than 1/2 price**
  반값 이상으로 할인한다는 표시!
- **Buy 1 get 1 free**
  2 for 1과 같은 개념으로, 하나를 사면 다른 하나는 공짜!
- **Buy 1 get 2nd half price**
  2개를 사는 경우 하나는 정상가에, 나머지 하나는 반값에 살 수 있다.
- **Reduced to Clear 코너**
  유통기한이 얼마 안 남았거나 마지막 제품이라 정상가보다 할인하는 제품만 모아 놓는 곳이다.

당황하지 않고 셀프 계산대 사용하기

이제는 우리에게도 익숙한 셀프 계산대! 런던도 다를 것 없으니 편리하게 셀프 계산대에 도전해 보자.

❶ 받침대에 장바구니나 산 물건들을 올려놓고
❷ 바코드 스캐너에 바코드를 찍고
❸ 다른 쪽에 있는 봉투 안에 물건을 넣는다.
❹ 물건이 다 완료되면 'check out'이나 'finish'를 누르고 현금, 카드 결제 방법을 선택한 뒤 절차에 따르면 끝!

- 패킹되어 있지 않은 채소, 과일이나 직접 구운 빵 종류는 기계에서 직접 품목을 찾거나 기계 위에 무게를 잰다.
- 바코드를 잘못 찍었거나, 기계가 오류가 났거나, 술을 사는 경우에는 직원에게 도움을 요청하자.

|Theme|

인기 만점, 마트 아이템 미리 보기

한국에 없거나, 한국의 반값인 맛있는 과자와 초콜릿, 차, 와인, 맥주, 케이크를 맛보자! 부담 없는 가격에 선물용으로도 좋은 생필품도 런던 마트에서 골라보자.

밀 딜 Meal Deal
세인스버리에서 판매하는 메인 푸드+음료+디저트 세트.
가격 3~5파운드

다이제스티브 Digestives
커피나 홍차와 함께 먹기 좋은 최고의 비스킷.
가격 1파운드

E45 크림 E45 Cream
영국 대표 크림으로 자극과 향이 없는 순한 크림이다.
가격 4~7파운드

초콜릿 Chocolate
우유가 듬뿍 들어간 부드럽고 달콤한 맛의 캐드버리 Cadbury와 크런치가 안에 들어 있는 초콜릿 몰티저스 Maltesers도 추천한다.
가격 1~3파운드

영국 브랜드 아이스크림
Wall's, Booja-Booja
글로벌 기업으로도 유명한 Wall's 아이스크림과 천연 재료를 사용한 비건, 유기농 Booja-Booja 아이스크림.
가격 2~5파운드

워커스 감자칩 Walkers Crisps
두툼한 식감과 특유의 고소한 맛의 영국 1위 감자칩 브랜드. 치즈&어니언, 솔트&비네가, 칵테일새우맛 등 다양한 맛이 있다.
가격 1파운드 내외

케이크 Cake
웨이트로즈나 M & S에는 맛도 가격도 괜찮은 티라미수, 치즈케이크, 레몬타르트 케이크들이 많다. 가격 3~7파운드

차 Tea
실제 런더너들이 일상에서 즐겨 마시는 마트 자체 브랜드나 PG Tips가 인기 있다.
가격 1~3파운드

유시몰 치약 EUTHYMOL
100년 전통의 치약. 빈티지한 디자인에 핑크색 치약으로 인기가 좋지만 파스 향이 매우 강하다. 가격 2파운드

Step 06
Sleeping

런던에서 **자다**

01 런던 숙소의 모든 것
02 하루쯤은 이런 곳에서, 럭셔리 호텔
03 나만을 위한 독특한 디자인 호텔
04 실속 있는 중저가 체인 호텔

SLEEPING 01

런던 숙소의 모든 것

여행에서 빼놓을 수 없는 잠자리. 누군가에게 숙소는 하루를 가장 아름답게 마무리 할 수 있는 가장 중요한 선택이 되기도 하고 누군가에게는 최대한 비용을 아끼고 싶은 부분이기도 하다. 예산에 따라, 선호도에 따라, 성향에 따라 선택해 보자.

다양한 런던의 숙소들

1. 럭셔리 호텔

최고의 서비스와 편안함을 제공하는 런던의 5성급 호텔들. 아름다운 공원과 템스강을 바라볼 수 있고 주요 관광지로의 접근성도 좋다.

2. 부티크 호텔

잠만 자는 호텔은 지루하다. 중세 시대 귀족으로 돌아간 것 같은 호텔이나 세계적인 디자이너가 설계한 독특하고 재미있는 디자인 호텔에서 잊지 못할 경험을 해 보자.

3. 체인 호텔

합리적인 가격으로 부담 없이 이용할 수 있는 체인 호텔. 호스텔이나 민박처럼 다른 사람과 공용으로 사용하는 것을 좋아하지 않고 프라이버시를 지키고 싶은 여행자에게 추천한다.

4. 호스텔

저렴한 가격에 여러 나라에서 온 여행자들을 만나 여행의 또 다른 즐거움을 누릴 수 있는 곳이다. 1인 배낭여행자들이라면 눈여겨볼 숙소!

5. 셀프 케이터링

부엌과 화장실이 포함된 숙소이다. 음식을 해 먹을 수 있어 외식비를 줄일 수 있고, 독립적인 공간으로 편하게 지낼 수 있어서 가족 단위 여행객에게 좋다.

6. B & B

베드 앤 브렉퍼스트Bed and Breakfast의 약자로 소박하고 따뜻한 가정집에서 하룻밤을 지내는 것이다. 영국식 아침 식사까지 즐길 수 있다.

7. 한인 민박

런던에서 한국을 느낄 수 있는 곳. 아침, 저녁으로 한식을 먹을 수 있는 것이 최대 장점이다. 한국인 여행자들과 알짜 여행 정보들을 공유할 수 있다.

8. 캠퍼스

대학생들의 기숙사를 쓸 수 있는 숙소로 가격도 합리적이고 위치도 좋은 편이다.

9. 카라반 & 캠핑

도시를 벗어나 런던의 자연풍경을 즐기며 여유롭게 밤을 보낼 수 있는 숙소 형태. 런던에서 20~30분 정도 기차로 이동하면 된다. 여름 여행 일정이 긴 여행자라면 도전해 볼 만하다.

TIP 런던 숙소 알아 두면 좋은 것들!

❶ 런던의 건물을 리모델링하는 것은 법으로 복잡하고 엄격해서 건물의 내외부를 최신식으로 쉽게 바꾸지 못한다. 따라서 지은 지 최소 몇 십 년이 된 건물들로 다소 시설이 노후할 수 있다.

❷ 바닥에서 열을 가하는 방식이 아니라 라디에이터나 히터로 실내의 열을 내는 방식으로 한겨울에는 숙소 안에서도 추울 수 있다.

❸ 런던의 집 자체가 워낙 좁은 편이라 숙소 내부도 넓지 않다. 사진에서 아무리 화려하고 넓어 보인다 해도 너무 기대하지는 말자.

지역별 런던 숙소

1. 빅토리아역 주변 런던 교통의 중심지로 히드로 공항으로 오가는 코치가 있는 빅토리아 코치 스테이션이 있다. 중급 호텔과 한인 민박이 있다. 밤에는 기차역 주변으로 치안이 좋은 편이 아니니 참고하자.

2. 핌리코역 주변 3성급 호텔들이 모여 있는 조용한 동네이다. 템스강이 가까우며 런던 시내를 다니는 24번 버스의 종점이다.

3. 워털루, 램버스노스 주변 템스강 경치를 바라볼 수 있는 4성급 호텔들이 있고, 일반 주택가 지역으로는 한인 민박이 모여 있다. 워털루역 주변으로는 치안이 좋은 편이 아니다.

4. 트래펄가 광장 & 소호, 코벤트 가든 런던의 중심지역으로 주요 관광지는 대부분 걸어서 이동 가능하고 언제나 관광객들로 붐비는 곳이다. 런던의 나이트 라이프를 즐기고 싶다면 늦은 시간에 숙소에 가기에도 부담이 없는 위치이다. 접근성이 좋아 숙소 가격이 비싸고, 많은 사람들과 차로 다소 정신없는 분위기는 감수하자.

5. 시티 & 서더크 경제 중심 지역으로 주중에는 출장 온 직장인들로 비즈니스호텔이 붐비지만 주말에는 비는 경우가 많아 여행객들에게 세일 가격이 올라오기도 한다. 히드로 공항과 반대 방향이라 접근성이 좋은 편이 아니다.

6. 영국 박물관 & 옥스퍼드 스트리트 박물관, 대학교, 주택가, 카페가 모여 있는 한적한 지역이다. 도보 10~15분 거리의 런던 중심지로 갈 수 있다. 숙소 금액도 웨스트엔드, 코벤트 가든 지역보다는 저렴한 편이다.

7. 하이드 파크 주변 넓고 아름다운 공원의 경치를 볼 수 있는 최고급 호텔들이 있다. 고급 카페, 명품 숍, 백화점, 레스토랑이 모여 있으며 여유롭게 하이드 파크에서 아침 산책을 즐길 수도 있다.

8, 9. 패딩턴, 해머스미스 런던 중심가와는 조금 떨어져 있으나 교통편이 좋은 지역이다. 특히 히드로 익스프레스(패딩턴)나 언더그라운드(해머스미스)로 히드로 공항과 접근성이 좋다.

10. 캠든 & 킹스크로스 유로스타역인 세인트 판크라스 인터내셔널역을 비롯해 영국 주요 도시로 이동하는 킹스 크로스역과 유스턴역 및 6개의 지하철 라인이 다니는 교통의 중심지이다. 중저가 호텔이 많지만 밤에는 기차역 주변으로 치안이 좋지 않으니 되도록이면 큰길로 다니자.

SLEEPING 02

하루쯤은 이런 곳에서, **럭셔리 호텔**

역사와 전통을 자랑하는 5성급 호텔에서 받는 최고급 서비스와 룸은 어떨까? 세계적으로 유명한 정치인, 연예인들이 자주 들르는 런던 최고의 호텔들. 1박에 최소 300파운드가 넘는 비싼 금액이지만 하룻밤 정도 화려하게 보내고 싶다면 이 호텔들을 눈여겨보자!

사보이 The Savoy

약 130년의 오래된 역사와 전통을 자랑하고 런던 상류사회의 사교와 문화를 이끈 호텔이다. 객실에서는 템스강의 아름다운 전경을 바라볼 수 있다. 고든 램지의 사보이 그릴을 비롯해 시푸드 바, 애프터눈 티, 칵테일을 즐길 수 있는 아메리칸 바가 있다.

더 랑함 The Langham

유럽 최초의 그랜드 호텔로 150년의 역사를 가지고 있다. 전통적 영국 스타일의 인테리어를 바탕으로 일부 방 창문으로는 고풍스러운 런던 도심 배경이 보인다. 세계 최고의 바 1위를 차지했던 아르티잔 칵테일 바가 있다.

클라리지스 Claridge's

로열패밀리들이 많이 묵어서 '버킹엄 궁전의 별관'이라고 불린다. 대리석 화장실이 있는 스위트룸에는 신선한 꽃과 집사 서비스가 제공되고 일부 룸은 테라스와 그랜드 피아노까지 있다.

샤롯데 스트리트 호텔 Charlotte Street Hotel

모던 부티크 스타일의 호텔로 영국 예술 거장들의 작품과 조각들로 내부가 꾸며져 있다. 호텔 내 52개의 객실은 모던 영국 스타일을 반영한 각각의 다른 디자인으로 되어 있다.

세인트 판크라스 르네상스 런던 호텔 St Pancras Renaissance London

유로스타가 다니는 세인트 판크라스역에 있는 호텔. 화려한 건물 외관과 82m 높이의 시계탑은 마치 빅토리아 시대의 성을 연상시킨다.

SLEEPING 03

나만을 위한 독특한 **디자인 호텔**

평범함은 거부한다. 스타일리시하고 세련된 여행자를 위해 런던 베스트 디자인 부티크 호텔들이 기다리고 있다. 런던 최고의 디자이너와 건축가들이 설계한 모던한 스타일부터 빈티지한 스타일까지. 다양한 문화와 예술이 공존하는 런던에서만 만날 수 있는 독특한 호텔들을 소개한다. 디자인 호텔은 평균적으로 1박에 100파운드 이상이다.

메가로 호텔 The Megaro Hotel

건물 전체를 화려하게 장식한 5성급 호텔이다. 멋진 건물 외관만큼이나 호텔의 디자인 객실 역시 다양한 색채를 모티브로 한 예술 작가들의 작품으로 꾸며져 있다.

샌더슨 Sanderson

재미있고 기발한 디자인 가구들이 눈길을 끄는 판타지한 호텔. 런던 중심에 위치해 있어 도보로 여행하기 좋은 곳이다.

매너하우스 호텔 Manor House Hotel

역사 깊은 14세기 건물에서 즐기는 따뜻하고 포근한 감성 호텔. 코츠월드의 고즈넉한 풍경과 잘 어울리는 빈티지한 곳이다.

앰퍼샌드 호텔 Ampersand Hotel

기분 좋게 만드는 선명하고 다양한 색깔의 벽과 가구들로 꾸며진 모던 부티크 호텔. 프랑스 스타일의 응접실, 지중해 스타일의 레스토랑이 있다.

시티즌 엠 citizenM

따듯하고 지적인 분위기의 넓은 로비에서 여유를 즐길 수 있는 호텔이다. 객실 크기는 작은 편이지만 넓은 창과 편안한 킹사이즈 침대가 구비되어 있다.

실속 있는 **중저가 체인 호텔**

호텔의 비싼 가격이 부담스럽다면, 그렇다고 여러 명과 한 방을 같이 쓰는 것도 싫다면? 하나도 포기하지 말자. 가격과 편안함 두 마리 토끼를 모두 잡을 수 있는 런던 실속 중저가 호텔이 있으니 말이다. 합리적인 가격에 사생활까지 지킬 수 있다. 런던 곳곳에 지점이 있어 원하는 지역을 고를 수 있으니 여행자들에게는 충분히 매력적인 호텔이다.

서비스가 좋은 중급 호텔 1박 130파운드~

파크 플라자 Park Plaza

전 세계 43여 곳에 지점이 있는 호텔 브랜드. 빅 벤과 런던 아이가 보이는 환상의 뷰를 가진 파크 플라자 웨스트민스터 브리지, 카운티 홀은 여행객들에게 항상 인기 있는 곳이다.

홈페이지 www.parkplaza.co.uk

노보텔 Novotel

아코르 호텔 그룹의 중급 호텔 계열로 전 세계 400여 곳의 지점을 가진 브랜드이다. 프리미어 인이나 트래블로지와 같은 중저가 호텔에 비해 객실 내부나 서비스가 좀 더 나은 편이다. 런던에는 버킹엄 궁전, 워털루, 패딩턴, 타워 브리지 등에 지점이 있다.

홈페이지 www.novotel.com

실속 있는 저가 호텔 1박 50파운드~

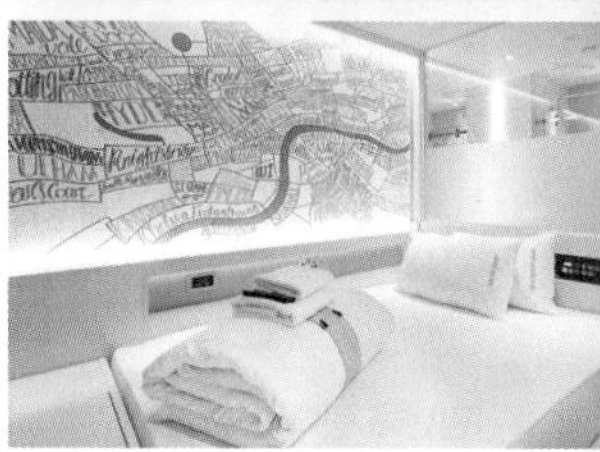

프리미어 인 Premier Inn

영국의 중저가 호텔 중 가장 큰 체인 브랜드. 깨끗하고 편안함, 친절한 서비스까지 보장하는 곳이다. 킹사이즈 침대가 있는 다른 체인 호텔에 비해 객실이 큰 편이다. 킹스 크로스, 홀본, 레스터 스퀘어, 빅토리아 등 주요 지역에 지점이 있다.

홈페이지 www.premierinn.com

트래블로지 Travelodge

30년 역사의 프리미어 인 다음으로 영국에서 두 번째로 큰 중저가 호텔 브랜드. 킹스 크로스와 홀본, 유스턴 지역에 지점이 있다.

홈페이지 www.travelodge.co.uk

홀리데이 인 익스프레스 Holiday Inn Express

인터컨티넨셜 그룹 홀리데이 인의 서브 브랜드로 가볍게 휴식을 취하고 잠을 잘 여행객들을 위한 호텔이다. 서더크, 빅토리아 등에 지점을 두고 있다.

홈페이지 www.ihg.com

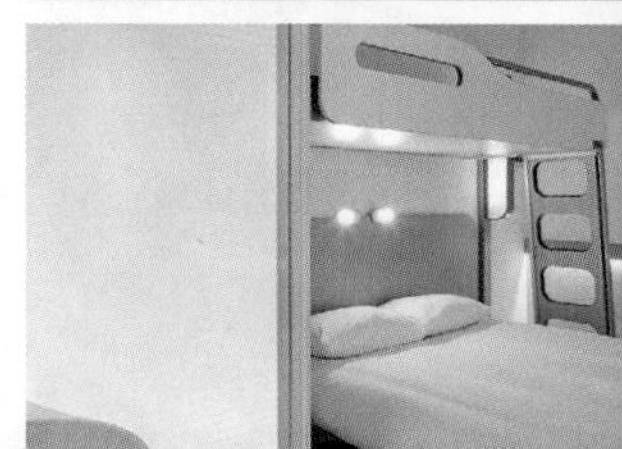

이비스 Ibis

새벽 4시부터 오후 12시까지 아침 식사가 가능하다. 객실의 형태와 가격에 따라 컴포트, 스타일, 버짓 3종류로 나뉜다. 켄싱턴, 블랙 프라이어스, 서더크에 위치해 있다.

홈페이지 www.ibis.com

SLEEPING **05**

영국 가정집에서의 하룻밤, **B&B**

런던에 왔다면 한 번쯤 경험해 볼 만한 전형적인 영국 스타일의 숙소이다. 아무래도 가정집이다 보니 런던 중심가보다 주택가들이 많이 있는 2존이나 런던 외곽 지역에 많이 있다. 대부분의 B & B는 최소 2~3박이 기준이다.

69 더 그로브 69 The Grove

조용한 주택가에 있어 편안한 빅토리안 시대 건물의 B & B. 깨끗한 화이트톤의 인테리어로 월~토요일은 잉글리시 브렉퍼스트가, 일요일은 유럽식 아침 식사가 제공된다.

다우슨 플레이스, 줄리엣 베드 앤 브랙퍼스트 Dawson Place, Juliette's Bed and Breakfast

노팅 힐 중심에 위치해 있는 B & B로 작은 정원과 고풍스러운 분위기의 객실이 있다. 여심을 들뜨게 하는 인테리어로 인기가 높다.

제스몬드 호텔 Jesmond Hotel

조지아 풍의 타운하우스 건물에 40년 넘게 베이논Beynon 가족이 운영하는 전통있는 영국 B & B로 신선한 과일과 치즈, 시리얼, 잉글리쉬 브랙퍼스트를 조식으로 먹을 수 있고 아담하고 아름다운 영국식 정원에서 휴식을 취할 수 있다.

캡틴 블라이 하우스 Captain Bligh House

여행 전문 사이트 트립어드바이저에서 가장 평이 좋은 런던 B & B #1위로 선정된 곳. 각각의 독특한 분위기로 구성된 5개의 셀프케이터링 아파트먼트로 독립된 화장실과 부엌이 있어 사생활을 지킬 수 있다.

TIP 런더너 집에서 머물기, 에어비앤비 Airbnb

배낭여행객들을 위한 숙박 공유 사이트. 집의 손님방 혹은 집 전체를 통째로 빌릴 수 있다. 원하는 날짜와 인원, 가격 등의 조건을 선택한 후 검색하면 된다. 전문 업소가 아니기 때문에 찾아가는 방법, 체크인 시간 등을 집주인과 메시지로 주고받아야 한다. 영어로 의사소통을 해야 하지만 기본적인 단어나 간단한 문장으로도 충분하니 너무 겁먹을 필요는 없다. 집주인에 따라 다르지만, 간단한 아침 식사와 여행정보를 제공하기도 한다. 홈페이지 www.airbnb.co.kr

■ 더 많은 B & B 숙소 리스트를 알고 싶다면 부킹닷컴이나 트립어드바이저 홈페이지에서 B & B로 검색해 보자. **부킹닷컴** www.booking.com / **트립어드바이저** www.tripadvisor.co.uk

SLEEPING **06**

김치 없이 못 산다면 **한인 민박**

한국어로 이야기하고 든든한 집밥을 먹으며 편하게 지낼 수 있는 곳이다. 런던 주택 자체는 원래 그다지 크지 않은데, 민박 사이트의 사진을 보고 기대했다가 실제로 도착해 매우 실망하는 경우가 종종 있다. 한식을 먹고, 한국어로 정보를 얻을 수 있고, 한국 여행자를 사귈 수 있는 정도의 현실적인 기대만 하도록 하자.

런던 팝콘 민박

빅토리아역 주변에 위치해 아름다운 템즈강을 산책할 수 있으며 내 여행 스케줄에 따라 자유롭게 출입이 가능한 민박이다.

무드 인 런던

워털루역에서 도보 10분 거리의 런던 주요 관광지를 도보로 이동할 수 있으며 소규모 여성 전용 도미토리로 마음 편하게 지낼 수 있다.

런던 팡팡 민박

킹스크로스역 바로 앞에 위치해 있어 무거운 짐이 많고 기차를 이용한다면 최적의 위치. 월~금 조식에는 맛있는 한식도 제공된다.

런던The편한 민박

청결하고 친절한 민박으로 소문난 곳이다. 킹스크로스역에서 가까워 대중교통으로 런던 주요 관광지를 둘러볼 수 있다.

TIP • 한인 민박에서는 보안상의 문제로 집주소를 알려주지 않는 경우가 많다. 예약할 때 민박 주인에게 영국 입국심사서에 어떤 주소를 사용해야 하는지 물어보자.

• 성수기, 비수기에 따라 가격이 다르다. 여행 시기에 맞춰 각 홈페이지에서 가격을 확인하자.

SLEEPING **07**

배낭여행자들이 사랑하는 **호스텔**

숙소 비용을 최대한 아끼고 싶은 여행객들을 위한 곳. 가격과 서비스, 위치, 편안함에 따라 선택할 수 있는 호스텔이 많다. 일부 호스텔에는 화장실을 갖춘 개인실도 있다. 전 세계에서 온 다양한 국가의 여행객들을 만날 수 있는 좋은 기회이지만, 저렴한 만큼 쾌적한 환경에서 조용하고 편안하게 쉬기는 어려울 수 있다.

웜뱃츠 시티 호스텔 런던
Wombats City Hostel London

템스강 옆에 있는 세련되고 깔끔한 분위기의 호스텔. 벽돌 인테리어가 인상적인 웜바 womBar에서 다양한 나라의 여행객들과 함께 술을 마시고 게임도 즐길 수 있다.

제너레이터 Generator
도시의 트렌드를 반영해 세련되고 스타일리시한 숙소이다. 영국 박물관, 킹스 크로스역, 코벤트 가든이 가깝다.

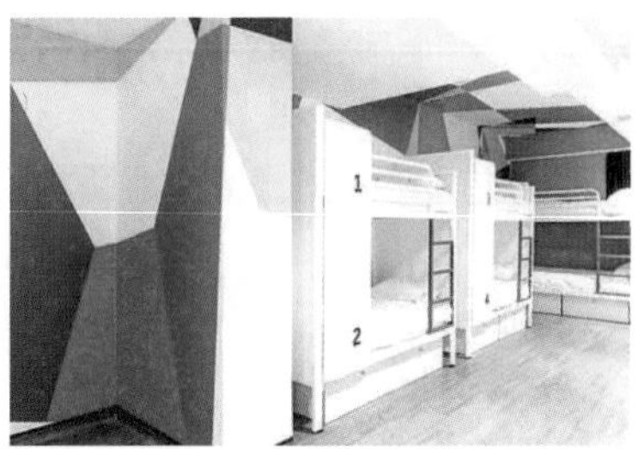

클링크 261 Clink261
학생회관 건물을 리모델링하여 호스텔로 개조했다. 킹스크로스역에서 도보로 5분 거리에 위치해 교통이 편리하다. 영국 분위기를 한껏 느낄 수 있는 인테리어가 인상적이다.

YHA 런던 센트럴 YHA London Central
배낭여행자들에게 가장 유명하고 인기 있는 유스호스텔. 런던의 중심 옥스퍼드 스트리트에서 도보 5분 거리이고 리젠트 파크, 킹스 크로스역으로 이동이 가깝다.

TIP 도미토리 예약 전 꼭!

- 여러 사람들과 공유하는 도미토리를 이용하는 여행객이라면 개인 소지품이나 귀중품을 항상 주의하자. 대부분의 호스텔은 코인용 개인 라커가 있다.
- 도미토리는 객실당 있는 침대 개수와 혼성 도미토리/남자용 도미토리/여자용 도미토리로 나뉜다.
- 더 많은 호스텔 정보를 알아보려면?

호스텔월드 www.hostelworld.com **호스텔닷컴** www.hostels.com

London By Area

런던 지역별 가이드

London By Area

01

웨스트민스터

Westminster

런던 여행의 핵심인 웨스트민스터 지역은 영국 정치와 종교의 중심지라고 할 수 있다.
현존하는 왕실 중 전 세계에 가장 큰 영향력을 미치는 찰스 3세 왕이 사는 버킹엄 궁전, 의회 민주주의의 산실 국회의사당, 영국의 역사와 함께한 웨스트민스터 사원뿐 아니라 런던의 현대적인 마스코트라 할 수 있는 런던 아이에 이르기까지 영국의 힘을 제대로 느낄 수 있는 여행자들의 필수 코스이다.

ER

웨스트민스터
미리보기

빅 벤과 국회의사당을 직접 바라보는 것만으로도 가슴이 벅차고 런던에 온 것이 실감 난다. 낮에는 햇살 아래 빅 벤의 장식들이 더욱 정교하게 보이고 밤에는 환한 조명에 황금같이 빛나는 빅 벤의 모습을 볼 수 있다. 웨스트민스터 지역에는 총리 관저를 비롯해 국회의사당, 대사관들이 모여 있다. 국가를 위해 일하는 정치인과 공무원을 볼 수 있는 영국 정치의 중심이다.

SEE

빅 벤, 국회의사당, 런던 아이, 웨스트민스터 사원, 버킹엄 궁전 등 런던 여행 핵심 관광지들은 바로 이곳에 모여 있다.

EAT

관광지가 모여 있는 곳이다 보니 맛집보다는 간단한 식사가 가능한 카페들이 많다. 레스토랑에서 식사하기를 원하면 걸어서 이동 가능한 코벤트 가든이나 소호를 추천하며 이 지역에서는 카페네로나 프레타 망제 등과 같은 카페에서 샌드위치와 커피 한 잔으로 간단하게 해결하기를 권한다.

BUY

버킹엄 궁전 주변과 런던 아이 주변에 기념품 숍들이 있지만 요금이 비싼 편이다. 저렴한 기념품을 사려면 피카딜리 서커스 주변의 기념품 숍을 이용하자.

어떻게 갈까?

언더그라운드 웨스트민스터역

버스 24번 이용, 팔러먼트 스퀘어, 웨스트민스터 정류장에서 하차.

어떻게 다닐까?

웨스트민스터역 4번 출구로 나오면 빅 벤이 바로 보인다. 빅 벤에서 시작하여 국회의사당, 웨스트민스터 사원, 세인트 제임스 파크, 버킹엄 궁전까지 도보로 이동 가능하다. 버킹엄 궁전에서 여행을 시작하고 싶다면 세인트 제임스 파크역이나 그린 파크역을 이용하면 된다.

웨스트민스터

추천 코스

빅 벤을 중심으로 웨스트민스터 사원, 버킹엄 궁전, 호스 가드, 런던 아이 등 주요 관광지는 모두 도보로 이동할 수 있을 만큼 모여 있다. 대신 런던 제1의 관광지역인 만큼 인파에 밀려 자유롭게 이동하기 어려울 때도 있다. 이 주변에 만화 캐릭터 분장을 하고 사진을 찍자고 한 뒤 돈을 요구하는 사람들이 가끔 있으므로 낯선 사람들은 조심하자. 웨스트민스터 다리를 지나 런던 아이, 사우스뱅크 센터를 따라가면서 템스강을 산책해 보자.

빅 벤 앞에서 런던 인증 사진 찍기

호수가 아름다운 세인트 제임스 파크 즐기기

도보 10분

버킹엄 궁전 근위병 교대식 관람하기

도보 10분

호스 가드에서 말을 탄 기마병들과 사진 찍기

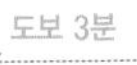

영국 총리의 관저인 다우닝가 10번지 지나가기

웨스트민스터 사원에서 영국 왕과 역사적 인물들의 묘역 둘러보기

도보 5분

웨스트민스터 다리 위에서 템스강 느껴보기

도보 10분

런던 아이 안에서 빅 벤을 배경으로 한 아름다운 노을과 야경 내려다보기

도보 5분

여유가 된다면 사우스뱅크 센터에서 클래식 공연도 즐겨 보기

웨스트민스터
Westminster
0
200m
New Bond St
Regent St
피카딜리 서커스
Piccadilly Circus
TKTS
왕립 미술원
Royal Academy of Arts
피카딜리 서커스
Piccadilly Circus
내셔널 갤러리
The National Gallery
Piccadilly
트래펄가 광장
Trafalgar Square
Park Lane
Piccadilly
St James's St
Pall Mall
그린 파크
Green Park
힐튼 호텔
Hilton
락 & 코
Lock & Co. Hatters
Horse Guards Rd
The Mall
Piccadilly
세인트 제임스 궁전
St James's Palace
하드락 카페
Hard Rock Café
그린 파크
Green Park
세인트 제임스 파크
St. James's Park
Knightsbridge
하이드 파크 코너
Hyde Park Corner
전쟁 내각실과 처칠 박물관
Cabinet War Rooms & Churchill Museum
버킹엄 궁전
Buckingham Palace
Grosvenor Place
Birdcage Walk
세인트 제임스 파크
St. James's Park
Broad Sanctuary
퀼론
Quilon
Lower Grosvenor Pl
한국대사관
Embassy of the Republic of Korea
스타벅스
Starbucks
Belgrave Place
Eaton Square
Victoria St
Great Peter St
위키드
Apollo Victoria Theatre
빅토리아
Victoria
Marsham St
리젠시 카페
Regency Café
Buckingham Palace Rd
슬론 스퀘어
Sloane Square
Regency St
Warwick
Belgrave Rd
Vauxhall Bridge Rd
사치 갤러리
Saatchi Gallery
런던 팝콘 민박
레스토랑 고든램지
Restaurant Gordon Ramsay
홀리데이 인 익스프레스
Holiday Inn Express
핌리코
Pimlico
Chelsea Bridge Rd
라넬리그 가든스
Ranelagh Gardens
Grosvenor Rd
첼시 브리지 아파트먼트
Chelsea Bridge Apartments

블랙프라이어스 브리지
Blackfriars Bridge
테이트 모던
Tate Modern
워털루 브리지
Waterloo Bridge
고든스 와인 바
Gordon's Wine Bar
차링 크로스
Charing Cross
엠뱅크먼 피어
Embankment Pier
엠뱅크먼
Embankment
헝거포드 앤 골든 주빌리 브리지
Hungerford Bridge and Golden Jubilee Bridges
국립 극장
National Theatre
Stamford St
이비스
ibis Blackfriars
셜록 홈스 펍
Sherlock Holmes
사우스뱅크 센터
Southbank Centre
사우스뱅크 마켓
Southbank Market
콘디터 & 쿡
Konditor & Cook
뱅퀴팅 하우스
Banqueting House
Whitehall
런던 아이 피어
London Eye Pier
워털루 이스트
Waterloo East
서더크
Southwark
런던 아이
London Eye
워털루
Waterloo
세인즈버리
Sainsbury's
웨스트민스터 피어
Westminster Pier
시 라이프 아쿠아리움
SEA LIFE London Aquarium
Waterloo Rd
웨스트민스터
Westminster
웨스트민스터 브리지
Westminster Bridge
파크 플라자
Park Plaza
빅 벤
Big Ben
나이팅게일 뮤지엄
Florence Nightingale Museum
세인트 토마스 병원
St Thomas' Hospital
람베스 노스
Lambeth North
Borough Rd
Westminster Bridge Rd
Southwark Bridge Rd
Abingdon St
국회의사당
Houses of Parliament
무드 인 런던
Mood In London
캡틴 블라이 하우스
Captain Bligh House
London Rd
Causeway
Newington
St George's Rd
빅토리아 타워 가든
Victoria Tower Gardens
람베스 궁전
Lambeth Palace
Lambeth Rd
전쟁 박물관
Imperial War Museum
람베스 브리지
Lambeth Bridge
앨리펀트 & 캐슬
Elephant & Castle
Brook Drive
Kennington Rd
Millbank
Albert Embankment
Black Prince Rd
파크 플라자 런던 리버뱅크
Park Plaza London Riverbank
Kennington Lane
Kennington Park Rd
복스홀 브리지
Vauxhall Bridge
Kennington Lane
복스홀
Vauxhall
Wandsworth Rd
Harleyford Rd
69 더 그로브
69 The Grove
케닝턴 공원
Kennington Park

런던을 대표하는 화려한 시계

빅 벤 Big Ben

세계에서 가장 유명한 시계이자 런던 제1의 관광지, 화려한 금장식의 시계 빅 벤이다. 흔히 96m 높이의 시계탑 건물을 빅 벤으로 알고 있지만 탑 건물 자체의 정식 명칭은 엘리자베스 타워 Elizabeth Tower이고, 시계탑 자명종을 빅 벤이라고 부른다. 이 종이 만들어진 당시에는 거대한 종이라는 뜻의 그레이트 벨이라고도 불렸다. 빅 벤이라는 이름을 갖게 된 데는 크게 두 가지 설이 있다. 첫 번째는 탑의 건설 책임자였던 벤저민 홀 경의 큰 체구에서 유래했다는 설, 두 번째는 당시 유명했던 거구의 복싱선수인 벤자민 카운트에서 유래했다는 설이다. 낮에도 아름답지만 특히 밤이 되면 우아하고 화려하게 빛나는 4면의 시계를 볼 수 있다. 빅 벤을 엘리자베스 여왕의 시계라고 부르기도 하는데, 버킹엄 궁전의 엘리자베스 여왕 집무실에는 시계가 없어 유리창 밖으로 빅 벤의 시간을 보기 때문이다. 15분마다 빅 벤 종이 울린다.

Data 지도 191p-G
가는 법 웨스트민스터역에서 도보 1분
주소 Big Ben, Westminster, London SW1A 0AA
전화 020-7219-4272
홈페이지 www.parliament.uk/bigben

TIP 빅 벤의 흥미로운 사실들!

- 빅 벤 시계를 멀리서 보면 작아 보이지만 실제 크기는 매우 크다.
- 각 시계의 지름은 7m이다.
- 시계 분침의 길이는 4.2m, 무게는 100kg에 달한다.
- 시계 안은 312개의 유리 조각으로 구성되어 있다.

|Theme|

최고의 빅 벤 사진을 찍기 위한 스폿

런던 여행 인증샷의 필수 배경, 바로 빅 벤 앞이다. 하지만 빅 벤 자체가 워낙 높은 데다가 바로 앞에는 많은 관광객들이 있어서 여유 있게 사진 찍기란 쉽지 않다. 빅 벤과 나를 한 프레임에 멋지게 담을 수 있는 최고의 장소들을 정리했다.

가장 인기 있는 사진 명소는
웨스트민스터 다리 위

템스강과 웨스트민스터 다리,
빅 벤을 배경으로 찍을 수 있는 런던 아이 앞

국회의사당과 빅 벤을 정면에서 바라보는
세인트 토마스 병원 앞

런던 아이 안에서 바라보는
환상적인 빅 벤의 야경

그레이트 조지 스트리트의
빨간 공중전화와 함께

런던 아이, 템스강, 빅 벤을 모두 담을 수 있는
헝거포드 & 골든 주빌리 브리지 위

국민을 위한 의회 민주주의가 시작된 곳

국회의사당 Houses of Parliament

빅 벤과 함께 런던의 대표적 랜드마크인 국회의사당은 민주주의의 뿌리인 영국 국회를 잘 알 수 있는 건물이다. 실제로 보면 감탄할 수밖에 없는 아름다운 건축물이다. 11세기 건설이 시작되었지만 19세기 화재로 목조 지붕, 둥근 천장의 지하실, 회랑, 벽 몇 개만 남은 거대한 노먼 홀만이 살아남았던 역사가 있다. 새로운 국회의사당 설계안 공모전의 우승자인 찰스 배리 경과 오거스터스 퓨진에 의해 지금의 국회의사당이 탄생하게 되었다.

Data 지도 191p-G
가는 법 웨스트민스터역에서 도보 3분 주소 Houses of Parliament, Westminster, London SW1A 0AA 전화 020-7219-4114
운영 시간 입장 가능한 날짜가 제한되어 있으니 홈페이지에서 확인
요금 오디오 투어 25파운드(온라인 예매 시)
홈페이지 www.parliament.uk

TIP 알고 보면 더 유익한 국회의사당 이야기

- 영국의 국회는 귀족집단인 상원과 선출직인 하원으로 나뉘는데 실제 법을 만드는 일은 하원에서 한다. 빅 벤이 위치한 동쪽이 하원이고 빅토리아 타워가 위치한 서쪽이 상원이다. 실제 내부 장식도 상원 쪽이 더 화려하고 하원 쪽은 수수하다.
- 의회 민주주의가 시작된 곳인 만큼 국회의원들의 권위도 높고 많은 혜택을 누릴 것 같지만 실제로는 자전거를 타고 출퇴근을 하는 의원도 상당수 있다. 특히 회의장 내부에서 긴 의자에 서로 좁게 붙어 앉아 회의를 진행하는 모습을 통해 나라와 국민을 먼저 생각하는 영국 국회의원들의 사고방식을 볼 수 있다.

|Theme|

국회의사당의 유명한 동상들

역사적으로 의미가 있는 사건들을 보여주는 동상들이 국회의사당에 전시되어 있다. 동상에 숨어 있는 이야기를 읽으며 영국 국회의 중요한 역할과 상징적인 의미를 알아보자.

올리버 크롬웰의 동상 Statue of Oliver Cromwell

영국의 시민전쟁 당시 찰스 왕 1세는 정치가이자 군인이던 크롬웰에게 처형당했다. 그 후 한동안 영국은 왕이 없는 상태로 의회가 나라를 통치했다. 왕권 국가인 영국에서는 반역자일 수도 있는 크롬웰의 동상이 국회의사당에 있다는 것은 국회의 힘이 아직도 건재하다는 것을 보여주는 상징이다.

칼레의 시민 The Burghers of Calais

프랑스 칼레Calais 지역은 도버 해협을 사이에 두고 영국과 마주하고 있는 곳으로 역사적으로 두 나라의 전쟁 때마다 분쟁이 되었다. 1346년 백년전쟁 당시 영국은 칼레 도시를 포위하였고 1년간 저항하던 칼레 시민들은 결국 영국에게 항복했다. 영국 왕 에드워드 3세는 시민들을 살려주는 대신 칼레에서 높은 지위에 있는 사람 6명의 목숨을 가져올 것을 명하였고, 가장 존경받고 부유했던 외스타슈 생 피에르가 가장 먼저 스스로 나섰다. 나머지 유지들도 그를 따라 나섰고, 다음 날 함께 영국으로 가기로 결정을 내렸다. 하지만 당일 피에르가 나타나지 않자 의아한 사람들이 그의 집으로 찾아갔지만 그는 이미 자살한 후였다. 죽음을 앞두고 혼란스러울 유지들을 대표해 솔선수범하여 목숨을 끊은 것이다. 에드워드 3세는 피에르의 이야기를 듣고 나머지 유지들을 살려주기로 했고, 이에 시민들까지 구할 수 있었다. '칼레의 시민'은 '생각하는 사람'으로 유명한 로댕의 작품이며, 공포에 질려 나아가는 영웅의 모습을 담고 있다. 권력이 전부가 아니라는 노블레스 오블리주의 의미를 담아 국회의사당에 전시되어 있다.

역대 영국 군주들의 대관식과 장례식이 열리는

웨스트민스터 사원 Westminster Abbey

영국에서 가장 유명한 종교적인 건물이자 영국 왕들의 대관식과 장례식이 열리는 역사적인 사원이다. 우리에게는 엘리자베스 2세 여왕의 장례식, 다이애나 황태자비의 장례식과 그녀의 아들인 윌리엄 왕자의 결혼식이 열린 장소로도 유명하다. 1066년 정복왕 윌리엄이 처음으로 대관식을 연 이후부터 영국 군주들이 공식적으로 대관식을 올리는 곳으로 세월이 지나며 더욱 웅장하고 거대한 고딕 사원의 모습을 갖추게 되었다. 웨스트민스터 사원에서 주의 깊게 볼 만한 것은 영국 역사의 한 획을 그은 역대 왕, 여왕, 과학자, 문학가들의 무덤과 묘비이다. 중세 영국 최대의 시인으로 '영시의 아버지'라고 불리는 제프리 초서와 빅토리아 시대의 소설가 찰스 디킨스가 시인들의 묘역에 안장되어 있으니 영문학을 공부했다면 꼭 가볼 만한 곳이다. 이 외에도 정치가 처칠, 과학자 뉴턴과 찰스 다윈, 음악가 헨델 등의 묘비와 기념비가 있다.

Data 지도 190p-F
가는 법 웨스트민스터역에서 도보 5분
주소 Westminster Abbey, 20 Dean's Yard, London SW1P 3PA
전화 020-7222-5152
운영 시간 월~금 09:30~15:30, 토 09:00~15:00
일요일 · 부활절 · 크리스마스는 미사만 가능
요금 27파운드(온라인 예매 시)
홈페이지 www.westminster-abbey.org

|Theme|

웨스트민스터 사원에서 찾아보는 엘리자베스 1세와 메리 1세의 이야기

사원 내에 안장되어 있는 여러 역사 인물 중에서도 숙원이었던 엘리자베스 1세와 메리 여왕의 이야기가 흥미롭다. 튜더 왕가의 잉글랜드 여왕 엘리자베스 1세와 스튜어트 왕가 출신의 스코틀랜드 여왕 메리 1세는 개신교와 가톨릭을 향한 분쟁과 왕위 계승의 복잡한 관계로 경계하는 사이였다. 세 번의 불행한 결혼 생활을 하고 반란군과의 전투에서까지 패배한 메리는 잉글랜드의 엘리자베스 1세 여왕에게 도움을 요청한다. 하지만 메리를 경계한 엘리자베스는 그녀를 성에 감금하고 다른 유력자와 결혼해 왕위를 노리지 못하도록 반역죄로 몰았다. 결국 메리는 침통한 분위기 속에 참수된 후 영국 중부에 있는 피터버러Peterborough의 성당에 묻혔다. 메리의 아들 제임스 1세는 자식이 없던 여왕 엘리자베스 1세의 뒤를 이어 잉글랜드와 스코틀랜드의 공동 왕이 되었고, 엘리자베스 1세의 무덤이 있던 웨스트민스터 사원으로 어머니 메리의 무덤을 옮겨 왔다. 어머니의 한을 풀어주듯 엘리자베스 1세의 무덤보다 더욱 웅장하고 장엄한 대리석 무덤으로 만들어 놓았다.

퀸 메리

엘리자베스 1세

영국 군주의 공식 거주지

버킹엄 궁전 Buckingham Palace

원래 왕의 궁전은 버킹엄 궁전이 아닌 현재 외무성, 내무성이 있는 지역 화이트홀Whitehall에 위치한 화이트홀 궁전이었다. 목조 건물이었던 화이트홀 궁전이 내부 화재로 소실되어 없어진 후 화이트홀 궁전의 역할은 버킹엄 궁전과 세인트제임스 궁전으로 이전했다. 버킹엄 궁전은 원래 버킹엄 백작의 집으로 지어진 것이지만 조지 3세가 왕비 샤를 로테를 위해 구입했다. 그 후 조지 4세가 당대 최고 건축가이자 친구였던 존 내시에게 버킹엄 궁전의 증축을 요청했다. 존 내시는 버킹엄 궁전 증축의 일환으로 조지 4세의 이름인 리젠트Regent를 따서 리젠트 스트리트와 리젠트 파크까지 화려하게 건설했지만, 그 당시 국고를 낭비했다는 비난을 받았다. 결국 이 화려한 증축 공사의 수혜자는 빅토리아 여왕으로, 1837년 완성된 버킹엄 궁전에 실제로 거주한 최초의 군주였다. 버킹엄 궁전 앞에는 거대한 빅토리아 여왕의 동상이 있으며, 궁전 내의 350개가 넘는 시계만 전담으로 돌보는 사람을 비롯해 하우스키퍼, 원예사, 요리사, 메이드, 배관공 등 800명이 넘는 사람들이 775개가 넘는 방의 화려한 궁전을 돌보고 있다. 현재는 찰스 3세 국왕과 카밀라 왕비가 버킹엄 궁전에 살고 있다.

Data 지도 190p-F 가는 법 빅토리아역, 그린 파크역, 세인트 제임스 파크역, 하이드 파크 코너역에서 도보 10분 주소 Buckingham Palace, London, SW1A 1AA 운영 시간 섬머 오픈 기간 7월 말~9월 말 요금 58.50파운드(로열 데이 아웃 티켓), 33파운드(스테이트룸만 관람 시)
전화 020-7766-7300 홈페이지 www.royalcollection.org.uk

TIP 버킹엄 궁전 깃대에 로열 스탠더드Royal Standard라고 불리는 왕실 깃발이 펄럭이면 왕이 현재 궁전에 있다는 뜻이고, 영국 국기가 휘날리면 왕이 부재중이라는 뜻이다. 로열 스탠더드 깃발은 군주제와 영국의 강력한 상징으로 사람들에게 군주가 존재한다는 것을 보여주고 군주의 권위를 상기시킨다.

|Theme|

버킹엄 궁전의 또 다른 볼거리

근위병 교대식 Changing the Guard

런던 여행에서 빼놓을 수 없는 퍼레이드, 근위병 교대식이다. 빨간 제복을 입고 검은 털모자를 푹 눌러쓴 근위병들이 위엄 있게 행진한다. 군악대의 웅장하고 힘 있는 악기 연주도 볼거리이다. 겨울에는 근위병들이 회색 코트를 입는다. 수많은 관광객들로 북적이기 때문에 늦게 가면 멀리서 지켜볼 수밖에 없다. 제대로 근위병 교대식을 즐기기 위해서는 일찍 가서 좋은 자리를 맡는 것이 필수이다. 행진은 오전 10시 30분쯤 시작하여 약 11시경 근위병 행렬이 버킹엄 궁전에 도착한다. 버킹엄 궁전 안에서 근위병의 교대식을 하고 끝나는 시간은 대략 11시 30분~12시경이다. 관광객을 위한 행사가 아니라 실제로 근위병들의 교대행사이니 행진 시간은 약간 변동이 있을 수 있다.

교대식 날짜 하절기에는 매일, 그 외 달은 월 · 수 · 금 · 일요일 진행
(매년 하절기 날짜가 다르므로 홈페이지에서 교대식이 열리는 날짜를 미리 확인하자.)
홈페이지 www.householddivision.org.uk

© Royalcollection

버킹엄 궁전 여름 오픈

매년 여름 왕실에서는 버킹엄 궁전을 관광객에게 오픈한다. 궁전의 화려하고 아름다운 내부와 왕실이 소장한 보물, 그림, 조각품, 가구, 도자기 등을 실제로 볼 수 있는 기회이다. 왕족들이 손님을 맞고 연회를 즐기는 장소인 응접실State Room과 렘브란트, 루벤스와 같은 거장들의 그림으로 채워진 갤러리를 둘러볼 수 있다. 오픈은 7월 말에서 9월 말 사이로, 매년 시기가 다르니 공식 홈페이지에서 정확한 날짜를 확인하자.

예약 홈페이지 www.royalcollection.org.uk

런던을 한눈에 담을 수 있는 대관람차

런던 아이 London Eye

밀레니엄 프로젝트의 하나로 런던 템스강에 세워진 세계 최대 규모의 대관람차이다. 파리의 에펠탑처럼 처음엔 런던의 풍경과 어울리지 않는다며 많은 런더너들이 싫어했기 때문에 5년 후에 철거하기로 했었다. 하지만 지금은 런던의 상징물이 되었다. 많은 관광객들이 탑승을 하기 때문에 경제적인 이유로도 당분간 철거 얘기는 나올 것 같지 않다. 인터넷을 통해 미리 예약을 하면 10% 할인을 받을 수 있지만 날씨와 일정을 고려한다면 현장 구매도 나쁘진 않다. 한 칸에 약 25명 정도가 함께 타며 한 바퀴 도는 데 25~30분 정도 소요된다. 가장 높은 위치에 올라갔을 때는 가장 멋진 국회의사당의 사진을 찍을 수 있으니 국회의사당 방향에 자리를 잡아 보자.

Data 지도 191p-C
가는 법 웨스트민스터역, 워털루역에서 도보 10분
주소 The London Eye, Westminster Bridge Road, London SE1 7PB
전화 087-1781-3000
운영 시간 7~8월 10:00~20:30 (계절별로 운행 시간이 다름)
요금 30.50파운드(온라인 예매 시)
홈페이지 www.londoneye.com

TIP 런던 아이는 날씨가 맑은 날 해 질 무렵에 타는 것이 가장 아름답다. 대략 여름에는 밤 9~10시경, 겨울에는 오후 3~4시경에 해가 진다. 계절별로 운행 시간이 다르니 미리 런던 아이 공식 홈페이지에서 운행 시간을 한 번 더 확인해 보자.

말을 탄 근위병들을 만날 수 있는

호스 가드 Horse Guards Parade

빅 벤과 트래펄가 광장을 잇는 화이트홀 스트리트를 따라 가다 보면 말을 탄 근위병이 눈에 띄고 그 곁에 관광객들이 북적이며 사진을 찍고 있다. 기마 근위병 총사령부로 이곳에서도 매일 교대식이 열리기 때문에 근위병 교대식을 놓쳤다면 호스 가드에서 아쉬움을 달래자. 근위 기병대의 사령부 정문 입구 양쪽에는 매일 오전 10시부터 오후 4시까지 항상 근위병이 말을 타고 보초를 서 있다. 그 외 시간에는 보초병이 서서 경비를 본다. 호스가드 안으로 건물을 통과하여 들어가면 넓은 마당을 지나 세인트 제임스 파크로 갈 수 있다. 이 마당에서 매년 왕의 생일 퍼레이드 및 각종 기념행사가 열리기도 한다.

Data 지도 190p-B
가는 법 차링 크로스역에서 도보 5분. 또는 웨스트민스터역에서 도보 10분
주소 Whitehall, London, SW1A 2AX
전화 020-7766-7300
운영 시간 08:00~18:00
요금 무료

영국 총리의 공식 관저

다우닝가 10번지 10 Downing Street

런던에서 가장 유명한 주소이기도 한 다우닝가 10번지는 영국 총리의 관저로 1732년에 지어졌다. 문 앞에는 항상 관광객과 사진기자들이 서 있으며 영화 〈러브 액추얼리〉에서 총리 역을 맡은 휴 그랜트가 영화 속에서 첫 출근을 할 때 배경으로 등장하기도 했다.

Data 지도 190p-B
가는 법 웨스트민스터역에서 도보 5분. 또는 차링 크로스역에서 10분 주소 10 Downing Street, Westminster, London, SW1A 2AA

동물들을 만날 수 있는 예쁜 공원

세인트 제임스 파크 St James's Park

8개의 왕립 공원 중 가장 오래되었다. 리젠트 파크, 하이드 파크와 같은 다른 왕립 공원들에 비해 규모는 작은 편이지만 아름다운 호수와 아기자기한 가드닝이 되어 있는 공원이다. 런던 시내 한가운데 있는 공원이라고 믿기지 않을 만큼 공원 곳곳에서 펠리컨을 비롯해 오리, 백조 등 다양한 새와 청솔모를 쉽게 만날 수 있다. 동물을 좋아하는 사람이라면 공원에서 자유롭게 살고 있는 동물들과 즐거운 시간을 가져 보자. 호수를 지나는 다리 위에서 사진을 찍으면 예쁘다. 호수의 분수와 버킹엄 궁전을 배경으로 노을이 질 때 가장 아름답다.

Data 지도 190p-B 가는 법 웨스트민스터역, 세인트 제임스 파크역에서 도보 10분 주소 St James's Park, London, SW1A 2BJ
전화 030-0061-2350 운영 시간 05:00~24:00 요금 무료
홈페이지 www.royalparks.org.uk

초록의 싱그러움이 가득한 공원

그린 파크 Green Park

하이드 파크와 세인트 제임스 파크에 비하면 상대적으로 유명하지 않지만, 초록의 나뭇잎이 무성한 여름이나 황금의 단풍이 드는 가을에는 더 없이 아름다운 공원이다. 커다란 아름드리나무들을 일렬로 심어놓아 시원한 풍경을 자랑하며, 탁 트인 개방감을 느낄 수 있다. 공원을 걸으며 감상에 잠기기엔 더할 나위 없는 곳이다. 날씨가 좋으면 런더너들처럼 그린 파크에 앉아 따뜻한 햇살을 즐겨 보자.

Data 지도 190p-A
가는 법 그린 파크역에서 바로
주소 Green Park, London, SW1A 2BJ
전화 030-0061-2350
운영 시간 05:00~24:00
요금 무료
홈페이지 www.royalparks.org.uk

템스강 옆에 위치한 문화 예술 공간

사우스뱅크 센터 Southbank Centre

런던 아이와 워털루 브리지 옆에 위치한 문화 예술 센터로 각종 클래식 음악회와 사진 전시회가 진행된다. 건물 주변으로 중고 책 마켓과 스트리트 음식을 맛볼 수 있는 푸드 마켓이 자주 열린다. 템스강과 빅 벤을 바라볼 수 있는 사우스뱅크 센터 건물 내의 발코니는 여행객이 잘 모르는 숨겨진 스폿이다.

Data 지도 191p-C
가는 법 워털루역에서 도보 5분
주소 Southbank Centre, Belvedere Road, London, SE1 8XX
전화 020-7960-4200
운영 시간 월·화 10:00~18:00, 수~일 10:00~23:00
요금 건물 입장은 무료, 공연 요금은 홈페이지 참조
홈페이지 www.southbankcentre.co.uk

전쟁을 승리로 이끈 처칠의 지하 방공호

전쟁 내각실과 처칠 박물관 Cabinet War Rooms & Churchill Museum

2차 세계대전 당시 독일이 영국을 폭격할 때 처칠이 숨어 있던 지하 방공호이다. 처칠이 임시로 내각실을 만들어 결국 독일과의 전쟁에서 승리를 거두었던 영국 역사에 있어 중요한 곳이다. 그 당시 방공호는 이제 박물관으로 사용 중이며, 처칠의 사진들과 전쟁 중에 생활했던 모습들을 재현해 놓았다. 처칠이 사용했던 통신 장비, 사무용품, 군사 전략이 담긴 지도 등을 통해서 그의 삶과 업적을 느낄 수 있다.

Data 지도 190p-B
가는 법 웨스트민스터역에서 도보 10분
주소 Churchill War Rooms, Clive Steps, King Charles Street, London SW1A 2AQ
전화 020-7930-6961
운영 시간 09:30~18:00, 12월 24~26 휴관
요금 27.25파운드
홈페이지 www.iwm.org.uk

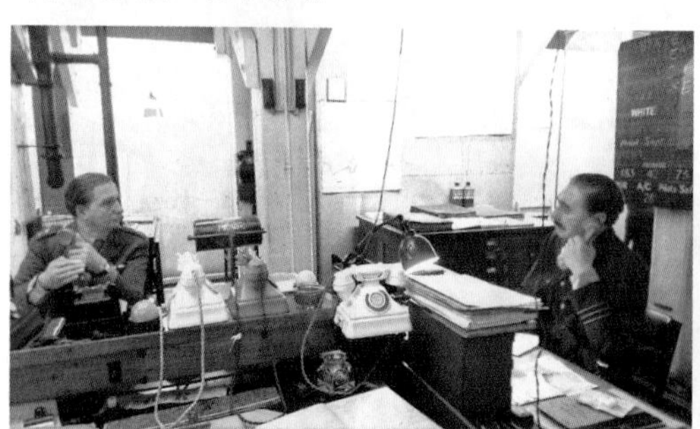

루벤스의 천장화를 볼 수 있는

뱅퀴팅 하우스 Banqueting House

버킹엄 궁전이 왕실로 사용되기 전 공식 왕실 궁전이던 화이트홀에 있던 왕실 연회장이다. 화이트홀이 불에 타서 없어진 후 유일하게 뱅퀴팅 하우스만 남았다. 바로크 시대 가장 높은 명성을 자랑하는 화가 루벤스Rubens가 그린 유일한 천장화를 볼 수 있다. '화가들의 왕자, 왕자들의 화가'라고도 불릴 만큼 루벤스는 부유하고 화려한 삶을 살던 귀족들의 화가였다.

Data 지도 191p-C
가는 법 차링 크로스역에서 도보 5분/웨스트민스터역에서 도보 10분
주소 The Banqueting House, Whitehall, Westminster, London, SW1A 2ER 전화 020-3166-6000
운영 시간 특정 날짜에만 가이드 투어(홈페이지에서 날짜 확인 후 예매) 10:00, 12:00, 14:00
요금 12.50파운드
홈페이지 www.hrp.org.uk

영국 예술 작품들을 전시하는

테이트 브리튼 Tate Britain

1500년부터 현재까지의 영국 미술 작품만을 모아 놓은 갤러리이다. 17세기 이후의 영국 회화, 인상파(인상주의미술) 이후의 유럽 회화와 현대 조각 등에 중점을 두어 전시하고 있다. 영국을 대표하는 화가들인 토마스 게인즈버러, 윌리엄 터너, 윌리엄 블레이크 등의 작품을 만날 수 있다. 특히 풍경화가인 윌리엄 터너는 자신이 그린 많은 그림들을 판매하지 않고 소장하고 있다가 인생을 마감하며 그림들을 한 곳에 전시해 달라는 조건으로 나라에 기증한다. 바로 그 그림들이 전시되어 있는 곳이 테이트 브리튼이다. 날씨가 좋으면 빅 벤에서 남쪽으로 템스강을 따라 산책하며 걸어가 보자. 약 10~15분 정도 걸린다.

Data 지도 190p-J
가는 법 핌리코역에서 도보 5분
주소 Tate Britain, Millbank, London, SW1P 4RG
전화 020-7887-8888
운영 시간 10:00~18:00, 12월 24~26일 휴관
요금 무료
홈페이지 www.tate.org.uk

고급스러운 인도의 맛을 느끼자

퀼론 Quilon

수준급의 인도 정통 요리를 맛볼 수 있는 런던, 그중에서도 미쉐린 별을 받은 이곳은 버킹엄 궁전 옆에 위치한 5성급 호텔 내 레스토랑이다. 인도 남서 해안 지방의 요리법과 신선한 해산물을 그대로 공수받아 전통과 현대의 조화로운 맛을 느낄 수 있다. 1999년 오픈해 2008년 미쉐린 별 하나를 받은 뒤에 지금까지 계속 유지하고 있다. 레스토랑의 위치와 명성 덕분에 영국 국회의원과 귀족계 인사들이 자주 찾는 곳으로도 유명하다. 전체적으로 어두운 실내조명을 사용해 고급스러우면서도 음식 자체에 집중할 수 있는 분위기이다.

Data 지도 190p-F 가는 법 빅토리아역에서 도보 10분 세인트 제임스 코트 호텔 내
주소 41 Buckingham Gate, Victoria SW1E 6AF
전화 020-7821-1899 운영 시간 런치 오픈 월·화 휴무, 수~금 12:00~14:30, 토~일 12:30~15:30
디너 오픈 월 휴무, 화~목·일 17:30~22:00, 금·토 17:30~22:30 가격 단품 메뉴 40파운드~, 테이스팅 코스 메뉴 125파운드~ 홈페이지 www.quilon.co.uk

런더너들의 일상을 느낄 수 있는 소박한 맛집

리젠시 카페 Regency Cafe

전통적인 영국 아침 식사를 하려면 이곳으로 가자. 주택가 한가운데 있어서 찾아가기 쉽지 않은 곳이지만 각종 맛집 사이트 부동의 1위이며 영국 TV에도 자주 등장하는 소문난 식당이다. 잉글리시 브렉퍼스트를 기본으로 오믈렛, 파스타, 파이, 패스티 등도 판매한다. 관광지 주변보다 훨씬 저렴한 요금에 든든히 먹을 수 있다. 아침에는 사람이 워낙 많이 기다리고 있으니 음식만 딱 먹고 눈치껏 자리를 양보하는 센스를 발휘해 보자. 빅토리아, 핌리코 주변이 숙소라면 도보로 가볼 만한 곳이다.

Data 지도 190p-F
가는 법 빅토리아역, 핌리코역에서 도보 10분
주소 17-19 Regency Street, London SW1P 4BY
전화 020-7821-6596
운영 시간 월~금 07:00~14:30, 토 07:00~12:00, 일 휴무
가격 2.90~8파운드

달콤한 향이 발길을 사로잡는 베이커리

콘디터 & 쿡 Konditor & Cook

독일 출신 셰프의 재미있는 데커레이션을 볼 수 있는 베이커리이다. 보라색 간판이 눈에 띄는 이곳은 규모는 작지만 빈티지 느낌이 가득하다. 쇼윈도 한가득 시선을 사로잡는 케이크와 쿠키의 고소하고 달콤한 향에 가던 길을 멈추게 된다. 크리스마스나 핼러윈 등 특별한 날에는 그 날에 맞는 독특하고 재미있는 데커레이션이 구경할 만하다. 깊은 맛의 브라우니도 인기. 베이킹을 배울 수 있는 프로그램도 있다.

Data 지도 191p-D
가는 법 워털루역에서 도보 5분
주소 22 Cornwall Road, London SE1 8TW
전화 020-7633-333
운영 시간 월~금 08:00~19:00, 토 08:00~18:00, 일 10:00~17:00
가격 컵케이크 2.5파운드~
홈페이지 www.konditorandcook.com

SOUTHBANK CENTRE MARKET

맛있는 음식 축제

사우스뱅크 마켓 Southbank Centre Market

템스 강변에 있는 사우스뱅크 센터에서 열리는 푸드 마켓이다. 런던 아이와 워털루역에서도 아주 가까우니 주말이라면 들러 활기찬 푸드 마켓의 분위기를 느껴 보자. 금~일요일에만 열리며, 월요일이 공휴일인 경우에도 오픈한다.

Data 지도 191p-C
가는 법 워털루역에서 도보 5분
주소 Southbank Centre, Belvedere Road, London SE1 8XX
전화 020-7960-4200
운영 시간 금 12:00~21:00, 토 11:00~21:00, 일 12:00~18:00, 월(공휴일인 경우) 12:00~18:00
홈페이지 www.southbankcentre.co.uk

작은 셜록 박물관 같은 펍

셜록 홈스 Sherlock Holmes

셜록 팬들의 시선을 사로잡는 곳으로 셜록 홈스 테마 펍이다. 셜록 홈스의 얼굴이 그려진 펍 간판이 있다. 셜록 팬인 주인장이 펍을 작은 셜록 박물관처럼 꾸며 놓았다. 1층은 바, 2층은 레스토랑으로 2층에는 셜록 응접실과 소품들이 가득하다.

Data 지도 191p-C 가는 법 차링 크로스, 엠뱅크만역에서 도보 3분 주소 10 Northumberland Street, London WC2N 5DB 전화 020-7930-2644 운영 시간 월~수, 일 11:00~23:00, 목~토 11:00~24:00 가격 스테이크 18.95파운드, 피쉬 앤 칩스 16.95파운드 홈페이지 www.sherlockholmes-stjames.co.uk

동굴에서 즐기는 최고의 와인

고든스 와인 바 Gordon's Wine Bar

1890년에 오픈한 런던에서 가장 오래된 와인 바이다. 허름한 입구로 들어서면 동굴 같은 넓고 어두운 내부가 나온다. 야외 테라스 자리도 있다. 최상급 와인과 잘 어울리는 치즈를 맛볼 수 있다. 전체적으로 어둡지만 은은한 촛불 빛이 분위기 있다. 저녁 시간에는 사람이 워낙 많으니 여유 있게 오자.

Data 지도 191p-C 가는 법 엠뱅크만역에서 도보 2분 주소 47 Villiers Street, London WC2N 6NE 전화 020-7930-1408 운영 시간 월~토 11:00~23:00, 일 12:00~22:00 요금 와인 한 잔(175ml) 8.20파운드~, 치즈 슬라이스 9.7파운드~ 홈페이지 gordonswinebar.com

깔끔한 화이트 객실과 정통 영국식 아침 식사

69 더 그로브 69 The Grove

런던 중심가와 가까우면서도 조용한 주택가에 있어 편안하게 쉴 수 있는 빅토리안 시대 건물의 B & B이다. 깨끗한 화이트 톤의 인테리어로 각 객실에는 와이파이가 제공되고 TV를 비롯해 커피, 차를 마실 수 있는 미니 바가 있다. 홈페이지에 엔 스위트 룸 En-suite Room으로 명시된 방은 개별 화장실이 있는 방이다. 치약, 칫솔, 샴푸, 바디샤워, 수건, 헤어드라이어와 같은 세면용품을 제공한다. 월요일부터 토요일까지는 잉글리시 브렉퍼스트, 일요일은 유럽식 아침 식사가 제공된다. B & B는 최소 2박 이상 예약 가능하며, 3박 이상일 때 금액이 할인된다. 템스강에서 10분 거리로 숙소에서 강변을 따라 산책하기 좋다.

Data 지도 191p-K
가는 법 복스홀역에서 도보 5분
주소 69 Vauxhall Grove, London SW8 1TA
전화 077-9687-4677
운영 시간 체크인 12:00~22:00, 체크아웃 10:00
요금 스탠더드 더블룸 160파운드(2인 기준), 엔 스위트 룸 200파운드(2인 기준)
홈페이지 www.69thegrove.com

독립된 화장실과 부엌이 있는 런던 베스트 B&B

캡틴 블라이 하우스 Captain Bligh House

여행 전문 사이트 '트립 어드바이저'에서 런던 B & B 1위로 선정된 곳이다. '바운틴 호의 반란'의 불운한 주인공인 윌리엄 블라이 함장이 살았던 곳으로 그의 이름을 따서 만든 B & B이다. 1780년대 지어진 조지안 스타일의 건물로 작은 규모이지만 객실은 알차게 구성되어 있다. 각각의 독특한 분위기로 구성된 5개의 셀프 케이터링 아파트먼트로 독립된 화장실과 부엌을 구비해서 사생활을 지킬 수 있고, 음식도 직접 해 먹을 수 있다. 간단히 아침 식사를 먹을 수 있도록 티, 커피, 우유, 빵, 잼, 과일 주스가 담긴 스타터 팩을 제공한다. 런던을 더욱 즐겁게 즐기고 싶다면 뮤지컬 업계에서 일했던 가이나와 사이먼이 알려주는 다양한 런던 뮤지컬 이야기도 들어 보자. 템스강 남쪽으로 임페리얼 전쟁박물관 앞에 위치해 있고, 템스강, 워털루역, 런던 아이도 도보 10분 정도 걸린다. 3박 이상만 예약 가능하다.

Data 지도 191p-H
가는 법 램버스 노스역에서 도보 5분
주소 Captain Bligh House, 100 Lambeth Road, London SE1 7PT
전화 020-7928-2735
운영 시간 체크인 20:30까지
요금 싱글 95파운드, 더블 135파운드
홈페이지 www.captainbligh-house.co.uk

위치 좋고 편안한 분위기의 민박집

런던 팝콘 민박

도보 10분 거리에 런던 메인 기차역 중 하나인 빅토리아역이 있고 아름다운 템스강 산책도 도보 10분이면 가능하다. 런던 주요 관광지 모두 지하철, 버스 또는 도보로도 편하게 이동할 수 있는 위치이다. 조식은 시리얼, 우유, 빵이 제공되며, 셀프 라면은 석식, 조식 모두 가능하다. 출입이 자유로우며 무료 세탁서비스와 간단한 취사도 가능하다. 기본 최소 3박 이상 예약해야 하며 빈 날짜에 한해 1,2박 예약이 가능하다.

Data 지도 190p-J 가는 법 핌리코역에서 도보 5분 주소 Forsyth House, Tachbrook Street, SW1V 2QB 운영 시간 체크인 15:00 체크아웃 11:00 요금 여성 4인실 47파운드, 3인실 50파운드, 2인실 55파운드, 2인실(개별욕실) 65파운드, 개인실 80파운드(남자도 가능) 홈페이지 www.londonminbak.com

소규모 여성 전용 감성 도미토리

무드 인 런던

워털루역에서 도보 10분 거리에 있어 빅 벤, 런던 아이 등 주요 관광지를 걸어서 갈 수 있다. 조식은 시리얼, 빵, 잼, 우유, 커피 기본 제공에 요일마다 파니니, 잉글리시 브랙퍼스트 같은 추가 메뉴가, 석식으로 셀프 라면이 제공된다. 4인실은 간단한 취사가 가능하며, 2인실과 1인실은 전자레인지를 이용한 간단 조리도 가능하다. 고데기, 드라이기, 수건, 샤워용품이 제공되며 월수금 무료 세탁 서비스도 있다. 최소 숙박 일은 3일 이상이며 3박 미만 숙박 시 전체 금액에서 침구 세탁비로 5파운드를 추가 지불해야 한다. 투숙객은 주인장이 운영하는 '이얼오브런던' 스냅사진을 10% 할인받을 수 있다.

Data **지도** 191p-G **가는 법** 워털루역에서 도보 10분 **주소** London waterloo , SE1 7EQ 운영 시간 체크인 17:00 체크아웃 11:00 요금 4인 도미토리 기본요금 60파운드(성수기 65~70파운드), 개인실 125파운드(성수기 130~140파운드) 홈페이지 moodinlondon.modoo.at

취사가 가능한 독채 게스트하우스

첼시 브리지 아파트먼트

북적이는 관광지에서 살짝 벗어나 런더너들의 일상을 더 가까이 느낄 수 있다. 템스 강변과 배터시 공원이 가까워 한적하게 런던을 즐기고 싶다면 추천한다. 배터시 파크 지하철역이 바로 앞에 있어 지하철로 런던 주요 관광지를 다닐 수 있다. 무엇보다 이 숙소의 가장 큰 장점은 쾌적한 주방과 거실 공간이 갖춰져 있어 내집처럼 편하게 취사가 가능하고 넓게 쉴 수 있다는 점이다. 건물 단지내에 주차도 가능하다. 원룸형부터 침실 2개 객실 등 구조가 다양해 연인, 친구, 가족 단위 여행자 모두에게 적합하다.

Data 지도 190p-I 가는 법 베터시 파크역에서 도보 1분 주소 Parking, Parking lot, lot 124 Prince of Wales Dr, Nine Elms, London SW8 4BJ 운영 시간 체크인 17:00, 체크아웃 11:00
요금 원룸형 179파운드~, 2베드룸 객실 300파운드~
홈페이지 www.chelseabridgeapartments.com

London By Area

02

트래펄가 광장 & 소호

Trafalgar Square & Soho

런던의 중심 트래펄가 광장, 세계 명화를 감상할 수 있는 내셔널 갤러리, 맛있는 음식이 가득한 소호, 구매 본능을 마구 일으키는 쇼핑 거리들, 메마른 감성을 촉촉하게 적셔줄 뮤지컬 극장.
트래펄가 광장 & 소호는 버라이어티한 하루를 보낼 수 있는 최고의 장소이다.

트래펄가 광장 & 소호

미리보기

트래펄가 광장에 잠시 앉아 주변을 한번 둘러보자. 수많은 사람들이 트래펄가 광장에 모여 평화롭게 여유를 즐기고 그 주위로는 2층 빨간 버스가 분주히 움직인다. 200년 전에도 지금도 트래펄가 광장은 찬란한 영국 역사를 느낄 수 있는 런던의 중심이다. 소호는 가벼운 마음으로 쇼핑, 음식, 뮤지컬을 즐길 수 있는 런던 최고의 엔터테인먼트 지역이다.

SEE

내셔널 갤러리의 명화를 즐기는 것만으로도 눈이 행복해진다. 트래펄가 광장과 피카딜리 서커스에서 런던의 분주한 분위기를 느껴보자. 조지안 스타일의 리젠트 스트리트 아치형 건물들은 멋스러움 그 자체이다.

EAT

런던 음식이 맛없다는 편견은 잠시 접어 두자. 소호는 런던 맛집이 가장 많이 모여 있는 곳이다. 전 세계 다양한 음식을 부담 없는 가격에 맛볼 수 있다.

BUY

내셔널 갤러리 기념품 숍에서 명화의 감동을 담아 오자. 포트넘 앤 메이슨이나 위타드에서 판매하는 영국 전통 차는 선물용으로 최고.

어떻게 갈까?

언더그라운드 차링 크로스 역, 레스터 스퀘어 역, 피카딜리 서커스 역

버스 24, 29, 176(차링 크로스 로드를 다니는 버스) / 3, 6, 12, 13, 23, 88, 94, 139, 159, 453번 이용, 트래펄가 스퀘어, 레스터 스퀘어, 피카딜리 서커스 정류장에서 하차

어떻게 다닐까?

트래펄가 스퀘어, 소호, 차이나타운, 피카딜리 서커스, 리젠트 스트리트 지역은 다 모여 있어 도보로 충분히 이동 가능하다. 일행 중에 많이 걷기 어려운 노약자가 있거나 갤러리와 쇼핑으로 다리가 아프다면 지하철이나 버스로 이동할 수 있다.

트래펄가 광장 & 소호

추천 코스

일정의 처음과 끝을 트래펄가 광장 기준으로 계획해 보자. 내셔널 갤러리에서 2시간 정도 오전 일정으로 베스트 명화를 감상하고, 소호나 차이나타운에서 든든하게 배를 채운 다음 리젠트 스트리트를 중심으로 즐거운 쇼핑 타임! 웨스트엔드 뮤지컬을 감상하고 다시 트래펄가 광장으로 돌아와 야경을 보며 하루를 마무리하자.

내셔널 갤러리 입구에서 트래펄가 광장과 넬슨 제독 기념비, 빅 벤 바라보기

내셔널 갤러리에서 세계적인 명화 감상하기

내셔널 갤러리 기념품 숍에서 명화 기념품 구경하기

도보 10분

레스터 스퀘어 엠 앤 엠스 매장에서 달콤한 초콜릿 맛보기

도보 5분

먹방은 지금부터! 소호에서 맛있는 음식을 부담 없는 요금에 즐겨 보자

도보 10분

리젠트 스트리트를 중심으로 카나비 스트리트, 본드 스트리트까지 본격 쇼핑 투어

도보 10분

포트넘 앤 메이슨에서 차 한잔 마시며 오후의 여유를 즐기자

도보 10분

피카딜리 서커스 주변의 극장에서 뮤지컬 감상하기

도보 10분

트래펄가 광장의 야경을 보며 하루를 화려하게 마무리하자

트래펄가 광장 & 소호
Trafalgar Square & Soho
더 랑함 The Langham
월레스 컬렉션 The Wallace Collection
28°-50°
하우스 오브 프레이저 House of Fraser
나이키 타운 Nike Town
러쉬 Lush
앤 아더 스토리즈 & Other Stories
존루이스 John Lewis
옥스퍼드 서커스 Oxford Circus
디즈니 스토어 Disney Store
세인트 크리스토퍼스 플레이스 St Christophers Place
쓰리 모바일 Three Mobile
포토그래퍼스 갤러리 The Photographers' Gallery
유니클로 UNIQLO
테드 베이커 Ted Baker
셀프리지 Selfridges
부츠 Boots
자라 ZARA
넥스트 Next
애플 스토어 Apple Store
에이치 앤 엠 H&M
본드 스트리트 Bond Street
몰튼 브라운 Molton Brown
리버티 Liberty
홉스 Hobbs
조 말론 Jo Malone
빅토리아 시크릿 Victoria's Secret
클락스 Clarks
햄리스 Hamleys
카나비 스트리트 Carnaby St
클라리지스 Claridge's
소더비 Sotheby's
비비안 웨스트우드 Vivienne Westwood
폴 스미스 세일 숍 Paul Smith Sale Shop
지미추 Jimmy Choo
헌츠맨 & 선 Huntsman & Sons
토리 버치 Tory Burch
발렌시아가 Balenciaga
그로스베너 스퀘어 Grosvenor Square
미우미우 MIUMIU
헤든 스트리트 키친 Heddon Street Kitchen
버버리 Burberry
에르메스 Hermès
샤넬 Chanel
루이 비통 Louis Vuitton
스타벅스 Starbucks
디오르 Dior
불가리 Bulgari
폴로 랄프로렌 Polo Ralph Lauren
프라다 Prada
버클리 스퀘어 Berkeley Square
까르띠에 Cartier
벌링턴 아케이드 Burlington Arcade
구찌 Gucci
빅토리아 베컴 Victoria Beckham
캐스 키드슨 Cath Kidston
그린하우스 Greenhouse
도체스터 호텔(티 룸) The Dorchester
우슬리 The Wolseley
홀리데이 인 Holiday Inn
알랭 뒤카스 도체스터 Alain Ducasse at The Dorchester
리츠 호텔 (티 룸) The Ritz Hotel
그린 파크 Green Park
Marylebone High St
Oxford St
Duke Street
Davies Street
Brook St
Grosvenor Street
Adam's Row
본드 스트리트 New Bond St
리젠트 스트리트 Regent St
South Street
Hill Street
Hay's Mews
Charles Street
Berkeley Street
Bolton Street
St James's St
Curzon Street
Piccadilly
0 200m
N

Bloomsbury St
와사비
Wasabi
프라이마크
Primark
맥도날드
McDonald's
New Oxford Street
지하철 토트넘 코트 로드
Tottenham Court Road
100클럽 100 Club
트레블로지
Travelodge
Oxford St
치폴레 멕시칸 그릴
Chipotle Mexican Grill
더 투칸
The Toucan
덴마크 스트리트
Denmark Street
부츠
Boots
Poland Street
버거 앤 랍스터
Burger & Lobster
티케이 맥스
TK Maxx
닐스 야드
Neal's Yard
Charing Cross Rd
하우스 오브 미나리마
House of MinaLima
포일스
Foyles
몬머스 커피
Monmouth Coffee
부사바 잇타이
Busaba Eathai
몬태규 파이크
Montagu Pyke
Shaftesbury Avenue
야우야차 소호
Wahaca Soho
어니스트 버거
Honest Burgers
세븐 다이얼스
Seven Dials
알라딘
Prince Edward Theatre
타파스 브린디사 소호
Tapas Brindisa Soho
루디스 피자 나폴레타나 소호
Rudy's Pizza Napoletana – Soho
코벤트 가든
Covent Garden
덕 앤 라이스
The Duck and Rice
Beak Street
알제리안 커피 스토어
Algerian Coffee Stores
바나나 트리 소호
Banana Tree Soho
디슘
Dishoom
커터 앤 스퀴지
Cutter & Squidge
레미제라블
Queen's Theatre
카페 드 나타 Cafe de Nata
티케이 맥스
TK Maxx
플랫 아이언
Flat Iron
골든 스퀘어
Golden Square
블랙 락 소호
Blacklock Soho
차이나 타운
China Town
파이브 가이즈
Five Guys
Brewer Street
Shaftesbury Avenue
버블랩 와플
Bubblewrap Waffle
조 말론
Jo Malone
팔로마
The Palomar
레스터 스퀘어
Leicester Square
프리미어 인
Premier Inn
난도스
Nando's
엠 앤 엠스 월드
M & M's World
바이런 버거
Byron Burger
오데온 극장
Odeon Cinema
피카딜리 서커스
Piccadilly Circus
레고 스토어
Lego Store
TKTS
위스키 익스체인지
The Whisky Exchange
피카딜리 서커스
Piccadilly Circus
국립 초상화 갤러리
National Portrait Gallery
바버
Barbour
바버 인터내셔널점
Barbour International
요리 YORI
내셔널 갤러리
The National Gallery
맥도날드
McDonald's
Royal Academy of Arts
Haymarket
Arcade
Piccadilly
세인트 마틴 인 더 필즈
St Martin-in-the-Fields
알렉산더 맥퀸
Alexander McQueen
Regent Street
차링 크로스
Charing Cross
트래펄가 광장
Trafalgar Square
프린스 아케이드
Princes Arcade
오페라의 유령
Her Majesty's Theatre
Pall Mall East
포트넘 앤 메이슨
Fortnum & Mason
차링 크로스 언더그라운드
Charing Cross Underground Station
한국문화원
Korean Cultural Centre
피카딜리 아케이드
Piccadilly Arcade
Waterloo PL
Pall Mall
맥도날드
McDonald's
King Street
셜록 홈스 펍
Sherlock Holmes Pub
Whitehall
Horse Guards Rd
The Mall
호스 가드
HorseGuards

세계 최고 수준의 유럽 회화 갤러리

내셔널 갤러리 National Gallery

미술 교과서에서 봤던 명화들을 눈앞에서 실제로 볼 수 있는 곳이다. 미술을 사랑하는 사람이라면 매일 매일 가도 새롭게 느껴지는 곳이고, 그림에 관심이 없는 사람이라도 전 세계에서 인정받는 명화를 본다는 사실만으로도 가볼 가치가 있는 곳이다. 파리 루브르 박물관, 영국 박물관, 뉴욕 메트로폴리탄 박물관에 이어 전 세계에서 가장 많은 관람객이 찾는 아트뮤지엄이다. 왕실이나 호화단체가 소유한 유럽의 다른 갤러리와는 다르게 내셔널 갤러리는 영국 정부가 1824년 구입한 보험중개인이자 예술 후원가인 존 앵거스타인의 소장품 36점을 대중에 공개하면서 시작되었다. 그 이후로도 여러 후원자들의 기부를 통해 현재 내셔널 갤러리는 2,300여 점의 서유럽 회화를 전시할 수 있게 되었다.

현재 내셔널 갤러리의 중앙건물은 1832년부터 1838년에 걸쳐 건설되었으며 윌리엄 윌킨스가 디자인하였다. 19세기 전반 유행하던 '그리크 리바이벌Greek Revival'이라는 고대 그리스 건축 양식을 모티브로 했다. 내셔널 갤러리의 확장이 필요하자 1991년 포스트모더니즘 양식으로 서쪽 끝에 '세인즈버리 윙' 건물을 새로

TIP 내셔널 갤러리 내부에서 개인적인 용도의 사진 촬영은 허용된다. 하지만 저작권이 관련된 일부 작품이나 특별전의 작품은 사진촬영 금지이다. 플래시, 삼각대, 셀카봉은 사용할 수 없다.

지었다. 웅장한 건물 외관뿐 아니라 화려하게 장식된 천장 돔, 바닥 타일, 내부 기둥 등 갤러리 내부 곳곳도 둘러보자. 내셔널 갤러리에 전시되지 않은 다른 영국 회화 작품은 테이트 브리튼 갤러리에, 20세기 이후의 모던 아트는 테이트 모던 갤러리에 전시되어 있다. 명화의 감동은 책이나 스크린으로 볼 때보다 실제로 보았을 때 훨씬 와닿는다. 갤러리 한쪽 벽면을 가득 채운 거대한 크기의 종교화는 관람자를 압도하고, 거친 듯 섬세한 고흐의 붓 터치를 통해 당시 고흐의 슬픔과 좌절을 느낄 수 있다. 그림과 화가의 배경을 알고 그림을 보면 더 많은 것을 느낄 수 있다. 그림에 대해 많은 것을 알지 않더라도 단지 천천히 감상하는 것만으로 명화에 한 발자국 더 다가갈 수 있을 것이다.

 지도 217p-H
가는 법 차링 크로스역에서 도보 1분. 또는 레스터 스퀘어역에서 도보 5분 주소 The National Gallery Trafalgar Square, London WC2N 5DN 전화 020-7747-2885
운영 시간 10:00~18:00, 금요일 10:00~21:00, 1월 1일 및 12월 24~26일 휴관
요금 무료
홈페이지 www.nationalgallery.org.uk

내셔널 갤러리 기념품 숍

명화를 눈으로만 보고 오기 아쉽다면 기념품 숍으로 가자. 내셔널 갤러리 명화의 감동을 평생 간직할 수 있다. 기념품 숍은 총 3곳으로 본관 0층, 1층, 세인즈버리 윙관 0층에 있다. 본관 기념품 숍은 기본적인 제품들, 세인즈버리 윙관은 고급기념품들이 많은 편이다.

내셔널 갤러리의 주요 명화가 프린트된 엽서, 문구류, 액자, 포스터, 우산, 티셔츠, 퍼즐, 스카프 등 다양한 기념품을 판매한다. 특히 12개의 다른 명화가 담긴 달력과 고흐의 해바라기 제품은 내셔널 갤러리의 인기 기념품이다.

|Theme|

내셔널 갤러리 명화 BEST

내셔널 갤러리는 크게 특별전과 종교화가 주를 이루는 13~15세기 작품을 전시한 세인즈버리 윙관, 르네상스 시대의 16세기 작품을 전시한 서관, 네덜란드 풍경화를 비롯한 17세기 작품을 전시한 북관, 고흐, 터너의 작품을 비롯한 18~20세기 초 작품을 전시한 동관으로 나뉜다. 시간이 여유롭다면 시대를 따라 여유 있게 둘러보자.

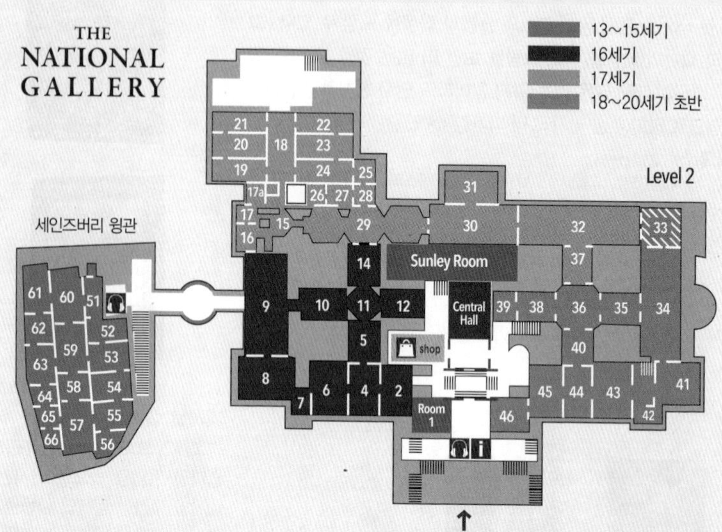

| 13~15세기 |

15세기에는 고대 역사와 신화를 배경으로 한 인물과 장면의 묘사가 많아졌다. 유화물감과 같이 기술의 발전을 통해 그림 속 인물의 표정이나 표면의 질감을 더 예리하게 표현할 수 있게 되었던 시대였다.

Room 60

카네이션의 성모(1506~1507년경) 라파엘로

신앙적인 이 그림은 기독교인의 묵상을 위해 그려진 것으로 보인다. 성모와 아이는 침실에 앉아 있고, 오른쪽 뒤 창문을 통해 환하게 빛나는 풍경을 볼 수 있다. 기존 예술작품에서는 성모와 아기가 부자연스러울 정도로 뻣뻣하고 공식적인 느낌이 강했지만, 라파엘은 젊은 어머니와 아이 사이에 부드러운 감정을 느낄 수 있도록 완전히 새로운 그림으로 표현했다.

Room 56

지오반니 아르놀피니와 그의 부인의 초상
(아르놀피니의 약혼)(1434년) **얀 반 에이크**

미술 교과서에서 자주 보았던 우리에게도 익숙한 명화. 부인의 포즈와 외형이 꼭 임신한 것 같지만, 실제로는 그 당시 유행한 풍성한 드레스를 잡고 있는 것이다. 잘 갖추어진 실내 인테리어와 고급스러운 장식물은 아르놀피니가 부르즈Bruges에 살고 있는 부유한 상인 가정의 아들임을 보여준다. 아르놀피니와 부인 사이에 있는 거울을 자세히 들여다보면 현관에 두 명이 보인다. 빛의 효과에 매우 관심이 있었던 얀 반 에이크는 특히 유채 물감을 사용해 빛나는 황동 샹들리에의 미묘한 색 변화를 잘 표현했다.

| 16세기 |

16세기를 선도하고 명성을 얻었던 화가로는 미켈란젤로나 티치아노 등이 있다. 유명인들의 초상화나 고대 역사, 신화를 주제로 한 작품이 종교화만큼 중요해진 시기이기도 했다.

Room 4

대사들(1533년) **한스 홀바인**

실제 인물의 크기로 그려진 이 부유하고 잘 교육받은 두 젊은이는 프랑스 국왕 프랑수아 1세가 영국 국왕 헨리 8세에게 파견한 외교 대사였다. 두 인물 가운데의 탁자 위에는 천구의, 휴대용 해시계 등이 놓여 있어 당시의 세계관을 보여 준다. 선반 아래 류트 악기의 줄이 끊어진 것은 당시 유럽 가톨릭이 신교와 갈등이 있었다는 것을 반영하고, 그 옆의 찬송가 책을 통해 종교의 조화를 기원했다. 이 작품에서 특히 주목해야 할 부분은 바닥 부분의 해골 이미지다. 지식이 풍부하고 부유하더라도 모든 것은 유한하고 죽음은 항상 곁에 있다는 메시지를 숨겨놓았다.

Room 14

동방박사의 경배(1510~1515년) **얀 호사르트**

이 큰 규모의 그림은 브리셀 근처 성안드레아 성당의 성모 예배소 안의 제단화로 그려졌다. 성령의 상징인 비둘기와 천사들이 먼 하늘로부터 아기 예수를 향해 내려오는 모습에서 장엄한 공간감과 깊이를 느낄 수 있다. 네덜란드 화가인 얀 호사르트는 유채물감을 사용해 밝은 색채와 정교한 세부 표현으로 세련된 스타일을 보여준다. 왕이 무릎을 꿇고 바치는 금속공예 선물은 그 당시 디자인을 반영하고 있다.

| 17세기 |

17세기는 자유로운 상업적 교류를 통해 부를 축적하고 진보적인 사상의 분위기를 갖춘 네덜란드 화가들의 전성기라고 볼 수 있다. 렘브란트나 페르메이르가 대표적인 네덜란드 작가이며, 아름다운 자연 풍경이나 일상 모습을 주제로 그린 그림이 많았다.

Room 29

삼손과 데릴라(1609~1610년) **페테르 루벤스**

구약성경 사사기에 나오는 유명한 삼손과 데릴라 이야기 장면이다. 엄청난 힘을 가진 유대인 삼손은 데릴라라는 여자를 사랑하게 되었다. 삼손의 적인 블레셋 사람들은 삼손을 없애기 위해 데릴라에게 거액의 돈을 제시한다. 데릴라는 자신을 사랑하는 삼손을 배신하고 끈질기게 졸라대어 그의 힘이 머리카락에서 나온다는 사실을 알게 된다. 데릴라의 계략이 성공하여 결국 블레셋 사람들이 삼손의 머리카락을 잘랐고, 그는 결국 힘을 잃게 되었다. 문을 살짝 열고 상황을 지켜보는 블레셋 사람들이 있다.

Room 30

거울 속의 비너스(1647~1651년)

디에고 벨라스케스

스페인의 궁정화가 디에고 벨라스케스가 그린 작품 중 유일하게 현존하는 여성 누드화이다. 당시 스페인 교회에서 누드화를 승인하지 않았기 때문에 스페인 예술사에서 독특하게 여겨진다. 사랑의 여신인 비너스가 가장 아름다운 뒷모습으로 누워 있다. 신화 속에서 그녀의 아들인 큐피트가 거울을 들고 있다. 거울이 놓인 위치로 보았을 때 비너스의 얼굴이 보일 수가 없다. 이는 오히려 거울을 통해 자신의 육체를 바라보는 사람들을 지켜보고 있는 듯하다.

Room 32

엠마오의 저녁 식사(1601년)

미켈란젤로 다 카라바조

부활한 예수와 함께 엠마오로 걸어온 제자들은 처음엔 예수를 알아보지 못했다. 이 그림은 함께 저녁 식사를 할 때 예수가 빵을 들고 축복의 말을 하자 눈이 온전히 열리면서 예수를 알아보고 깜짝 놀라는 장면을 그린 것이다. 당시 기존 종교화는 성스럽고 화려한 것이 특징이었지만, 카라바조는 현실적이고 평범하게 성자들을 묘사했다. 어둡고 텅 빈 배경과 빛을 받은 인물들의 명암이 극적으로 대비된다.

| 18~20세기 초반 |

화가들이 교회나 궁전을 장식하는 용도의 화려하고 거대한 그림을 그리긴 했지만, 18~20세기 초반에는 개인적으로 그림을 팔거나 전시회 출품용으로 그리는 것이 흔했다. 19세기 말 산업혁명으로 인한 기계 대량 생산에 반대하고 수공예의 아름다움을 회복하자는 미술 운동의 영향으로 독창적인 스타일의 작품이 발달했다.

Room 43

수련 연못(1899년) **클로드 모네**

인상파 화가인 모네의 작품이다. 그는 그림을 그리는 데 빛이 가장 중요하다고 생각했으며, 자연광을 바탕으로 색채가 풍부한 풍경화를 주로 그렸다. 1883년 모네는 지베르니로 이사해 죽을 때까지 그곳에서 살았다. 마당에 수상식물을 재배할 목적으로 연못정원과 일본 스타일의 아치형 다리도 함께 만들었다. 1899년 정원이 풍성해지자 다양한 빛의 배경으로 동일한 구도의 〈수련 연못〉 연작 시리즈를 그렸다. 다리와 연못을 울창하게 메우고 있는 나뭇잎과 버드나무, 갈대의 풍경이 아름답다.

Room 45

해바라기(1888년) **빈센트 반 고흐**

고흐는 프랑스 남부 아를에 예술가들의 천국을 만들고자 했다. 그곳에서 노란색 집을 빌려 그가 특히 존경하던 고갱을 초대했다. 함께 지내게 될 고갱의 방을 장식하기 위해 그린 〈해바라기〉 연작 중 내셔널 갤러리에 소장되어 있는 작품이다. 1888년 10월부터 12월까지 고흐와 고갱은 함께 지내며 작업했지만 결국 파국으로 끝이 났다. 고흐의 강렬한 노란색 색채와 두껍고 과감한 붓 터치는 눈으로 직접 봐야 생생히 느낄 수 있는 것들이다.

Room 34

전함 테메레르의 마지막 항해(1839년) **조지프 말로드 윌리엄 터너**

빛, 일몰, 일출 풍경을 희미하고 흐릿하게 표현하는 감각적인 수채화의 거장 영국 화가 윌리엄 터너의 작품이다. 전함 '테메레르'는 1805년 트래펄가 전투에서 넬슨 장군이 승리를 거두는 데 중대한 역할을 했다. 눈부시게 화려한 색채의 일몰 풍경은 이 오래된 전함의 화려했던 지난날의 영광과 쇠퇴한 지금의 모습을 보여주는 듯하다. 작고 평범한 모습의 새 증기 예인선과 대조된다. 바다와 하늘, 구름, 해를 통해 터너의 예술적인 감각을 느껴보자.

넬슨 제독을 기념하는 런던의 중심 광장

트래펄가 광장 Trafalgar Square

런던 여행을 할 때 꼭 한 번은 지나가게 되는 트래펄가 광장은 지리적으로나 문화적으로 런던의 중심이다. 내셔널 갤러리 앞 넓은 광장에 두 개의 큰 분수와 50m가 넘는 높이의 넬슨 제독 기념비가 있다. 넬슨 장군은 1805년 트래펄가 해협에서 프랑스-스페인 연합 함대를 상대로 한 해전에서 승리하고 전사한 영국 역사의 영웅이다. 이 트래펄가 해전의 승리와 넬슨 장군의 업적을 기념하기 위해 만든 것이 바로 이곳 트래펄가 광장과 그의 기념비다. 넬슨 제독 기념비 밑으로는 적의 함대 대포를 녹여 만든 네 마리의 거대한 사자상이 자리를 지키고 있다. 일 년 내내 내셔널 갤러리 입구 주변에 거리 예술가와 비보이, 마술사, 바닥에 그림을 그리는 사람들로 언제나 활기찬 곳이다. 일요일이나 크리스마스 기간, 새해 이브 날에는 트래펄가 광장에서 다양한 행사가 열린다. 광장 좌우엔 캐나다와 남아프리카 공화국의 대사관이 있는데 이 두 나라는 영연방 국가의 최북단과 최남단 국가이기도 하다.

Data 지도 217p-L 가는 법 차링 크로스역 입구
주소 Trafalgar Square, Westminster, London WC2N 5DN 전화 020-7983-4750

TIP 트래펄가 광장의 네 번째 좌대를 찾아보자.

트래펄가 광장에서 눈여겨볼 만한 것은 바로 네 번째 좌대Fourth plinth라 불리는 조각상이다. 트래펄가 광장에는 네 개의 거대한 동상 좌대가 세워져 있다. 핸리 해블록 장군, 찰스 제임스 네피어 장군, 조지 4세 왕 세 개의 동상은 변하지 않지만 나머지 하나의 동상은 1~2년에 한 번씩 새로운 동상으로 바뀐다. 원래 주인은 윌리엄 4세였으나 재정 부족으로 세워지지 못하고 150년간의 논쟁 끝에 1998년 네 번째 좌대 프로젝트로 현대 작가의 작품을 전시하게 되었다. 다음에 전시될 동상은 무엇일지가 런더너들의 초미의 관심사이다.

영국 역사 속 중요 인물들의 초상화를 전시하는

국립 초상화 갤러리 National Portrait Gallery

영국 역사적인 인물들의 초상화를 모아놓은 갤러리다. 내셔널 갤러리의 인기에 밀려 잘 알려지지 않은 곳이지만 세계에서 가장 큰 개인 초상화 전시관이다. 내셔널 갤러리 바로 뒤에 있어 사람들이 내셔널 갤러리로 혼동하고 들어가는 경우도 많다. 14세기 후반부터 현재에 이르는 동안 영국 역사에 중요한 역할을 한 사람들의 얼굴을 한 번에 볼 수 있다. 튜더 왕조, 시민전쟁, 조지안 시대, 빅토리안 시대, 20세기 등 시대별로 전시관이 나뉘어 있다. 윌리엄 셰익스피어의 초상화는 갤러리의 가장 인기 있는 작품. 초상화 외에도 흉상 조각이 전시되어 있어 자유롭게 바닥에 앉아 인물화 연습을 하는 학생과 화가들도 쉽게 볼 수 있다.

Data 지도 217p-H 가는 법 차링 크로스역에서 도보 2분. 또는 레스터 스퀘어역에서 도보 4분
주소 National Portrait Gallery, St Martin's Place, London, WC2H 0HE
전화 020-7306-0055 운영 시간 매일 10:30~18:00, 금 · 토 ~21:00, 12월 24~26일 휴관
요금 무료 홈페이지 www.npg.org.uk

TIP 빅 벤, 트래펄가 광장의 전망을 즐길 수 있는 국립 초상화 갤러리 레스토랑

갤러리 건물 가장 위인 3층에는 통유리로 된 레스토랑이 있다. 트래펄가 광장의 넬슨 장군 기념비, 빅 벤, 국회의사당까지 다 보이는 전망으로 유명한 곳이다. 인기가 많은 곳이니 미리 사이트에서 예매하고 가자.

무료 클래식 공연을 들을 수 있는 교회

세인트 마틴 인 더 필즈 St Martin-in-the-Fields

트래펄가 광장 북동쪽에 위치한 영국 성공회 교회다. 국립 초상화 갤러리 입구와 마주보고 있다. 13세기부터 이 자리에 교회가 있었고, 첨탑형의 현재 건물은 1726년 제임스 깁스가 디자인한 것이다. 교회 내에는 영국 화가인 윌리엄 호가스, 조슈아 레이놀즈를 비롯한 유명 인사들의 무덤이 있다. 1, 2차 세계대전 당시 교회 지하실은 빈민과 군인을 위해 공습을 피하는 대피소 역할을 했다. 현재도 점심시간에는 노숙자에게 점심을 제공하는 봉사활동을 진행하고 있다.

Data 지도 217p-H
가는 법 차링 크로스역에서 도보 2분. 또는 레스터 스퀘어역에서 도보 4분
주소 St Martin-in-the-Fields, Trafalgar Square, London WC2N 4JJ
전화 020-7766-1100
운영 시간 매일 09:00~17:00
요금 무료 홈페이지 www.smitf.org

TIP 월 · 화 · 목 · 금 오후 1시 교회 내부에서 프리 런치타임 콘서트가 열린다. 매주 공연 요일이 변경되니 미리 홈페이지에서 일정을 확인한 후 점심시간을 이용해 공연을 즐겨 보자. 저녁 클래식 콘서트와 지하실에서 열리는 재즈 나이트는 티켓 구입 후 입장 가능하다.

런던 최고의 엔터테인먼트 중심지

레스터 스퀘어 Leicester Square

영화관, 레스토랑, 뮤지컬 극장, 카지노가 모여 있는 런던 엔터테인먼트의 중심이다. 레스터 스퀘어 공원을 중심으로 5개의 대형 영화관이 위치해 영화 시사회가 자주 열린다. 레스터 스퀘어의 명칭은 레스터 백작 2세가 살던 레스터 하우스의 이름에서 따온 것이다. 이 주변은 원래 귀족 부유층의 거주 지역이었지만 18세기 후반 레스터 하우스가 철거되고 주변으로 영화관이 지어지면서 현재 런던에서 가장 북적이는 랜드마크 중 하나가 되었다.

Data 지도 217p-H
가는 법 레스터 스퀘어역에서 바로. 또는 피카딜리 서커스역에서 도보 2분 주소 Leicester Square, London WC2H 7DE

화려한 전광판 광고가 있는 만남의 장소

피카딜리 서커스 Piccadilly Circus

뉴욕에 타임스퀘어가 있다면 런던에는 피카딜리 서커스가 있다. 날개 달린 사랑의 신 에로스 동상을 중심으로 무려 6개의 길이 만나는 원형 교차로이다. 1819년 피카딜리 서커스가 생기면서 이곳은 런더너뿐만 아니라 전 세계 여행객의 만남의 광장이 되었다. 한쪽 건물 외관을 뒤덮는 대형 전광판 스크린에는 각종 글로벌 브랜드 광고가 상영된다. 동상 밑 계단에 앉아 잠시 쉬는 여행객들을 위한 길거리 공연이 자주 펼쳐진다. 피카딜리 서커스 주변으로 영화관, 뮤지컬 극장, 나이트클럽, 레스토랑, 펍, 브랜드숍이 모여 있다.

Data 지도 217p-G
가는 법 피카딜리 서커스역 입구에서 바로
주소 Piccadilly Circus, London W1D 7ET
전화 020-7434-9396

TIP 피카딜리는 17세기 고대 귀족들의 옷에 달려 있던 화려한 프릴 장식의 칼라인 '피카딜Piccadil'이라는 단어에서 유래했다. 로저 베이커라는 재단사가 현재의 피카딜리 서커스 주변에서 양복점을 하며 많은 돈을 벌면서 이 지역 일대를 '피카딜리'라고 부르게 되었다.

런던에서 만나는 중국

차이나타운 Chinatown

차이나타운 거리 양끝으로 세워진 거대한 중국식 대문과 거리 한가운데 자리 잡고 있는 사자상, 한자로 쓰인 간판을 보면 영국이 아니라 중국에 와 있는 듯한 착각마저 든다. 20세기 초 중국 선원들의 인구가 많아지면서 런던 동쪽 라임하우스 주변으로 형성된 차이나타운은 현재 런던 중심가인 레스터 스퀘어 주변으로 이동했다. 지금은 차이나타운을 주변으로 수많은 중국 음식점, 중국 잡화점, 슈퍼마켓, 중국 기념품점, 중국 비즈니스 센터가 모여 있다. 중국 외에도 태국, 홍콩, 일본, 한국 등 다양한 동양 음식을 맛볼 수 있는 거대한 아시안 센터이기도 하다. 매년 음력 새해가 되면 차이나타운을 중심으로 성대한 중국 새해맞이 퍼레이드가 진행된다.

Data 지도 217p-H
가는 법 레스터 스퀘어역 입구에서 도보 5분. 또는 피카딜리 서커스역에서 도보 5분
주소 Chinatown, Newport Pl, London WC2
전화 020-3697-4200
홈페이지 www.chinatownlondon.org

영국 최초의 사진 전문 갤러리

포토그래퍼스 갤러리 The Photographers' Gallery

1971년 영국에서 처음 생긴 오로지 사진만을 위한 갤러리다. 6층에 걸쳐 사진을 전시하고, 사진에 관련된 책과 카메라를 판매한다. 0층은 인포메이션 데스크와 카페, 2층부터 5층까지는 테마별 사진 갤러리로 규모가 큰 편은 아니다. 건물 지하의 서점에서는 쉽게 보지 못하는 다양한 사진과 카메라 관련 책을 볼 수 있다. 메인 거리 뒤편에 있어서 눈에 바로 띄지 않는다.

Data 지도 216p-B
가는 법 옥스퍼드 서커스역 7번 출구로 나와 오른쪽 방향으로 2분 정도 직진 후 부츠Boots 옆 사이 계단을 따라 1분 직진
주소 16-18 Ramillies Street, London W1F 7LW
전화 020-7087-9300
운영 시간 월~수, 토 10:00~18:00, 목·금 10:00~20:00, 일 11:00~18:00, 12월 24일~28일, 31일, 1월 1일 휴관
요금 8파운드, 온라인 예약 시 6.5파운드, 금요일 17시 이후로는 무료입장
홈페이지 thephotographersgallery.org.uk

영국 대중음악의 향수를 느낄 수 있는 작은 악기 거리

덴마크 스트리트 Denmark Street

토트넘 코트 로드역 뒤편에 있는 이 작은 거리는 음반 스튜디오와 악기상점으로 유명한 곳이다. 원래 거주 지역이었지만 19세기 이후 유명한 뮤지션들이 덴마크 스트리트 주변으로 모여 음반을 녹음하고 모이는 장소가 되었다. 이 거리에서 엘튼 존이 〈유어 송Your Song〉을 썼으며, 롤링 스톤즈가 녹음한 리젠트 사운드 스튜디오도 덴마크 스트리트 4번지에 있다. 지금도 기타를 비롯한 다양한 악기를 판매하는 상점들이 1960년대 화려한 전성기의 추억을 간직하고 있다. 영국 대중음악과 악기에 관심이 있다면 들러 보자.

Data 지도 217p-D
가는 법 토트넘 코트 로드역에서 도보 3분
주소 Denmark St London WC2H 8LP

EAT

명실상부 런던 대표 맛집

버거 & 랍스터 Burger & Lobster

런던 맛집으로 검색하면 가장 많이 나오는 곳으로 부담 없는 요금에 랍스터를 먹을 수 있다. 가게 안은 여행객들로 늘 가득하고 웨이팅이 있다. 기다리지 않으려면 오픈 시간에 맞춰가는 것도 방법이다. 통랍스터 구이, 통랍스터 찜, 랍스터 롤, 랍스터 버거가 메인 요리다. 랍스터 본연의 맛을 느낄 수 있는 통랍스터 구이는 이곳의 인기 메뉴. 감자튀김과 샐러드, 소스도 함께 세트로 나온다. 랍스터의 속살만 파내서 살짝 시즈닝한 후 바삭바삭 구워낸 빵 사이에 끼워 내는 랍스터 롤도 빼놓을 수 없다. 별도 서비스 차지 12.5%를 더하더라도 30파운드대에 통랍스터를 맛볼 수 있으니 그렇게 비싸다고만은 볼 수 없다. 유명한 만큼 실망하지 않을 맛집으로 추천하는 곳. 소호 외에 메이페어, 나이츠브리지, 옥스퍼드 서커스 등 런던에만 10개 지점이 있다.

Data 지도 217p-G
가는 법 레스터 스퀘어역에서 도보 15분
주소 36-38 Dean St, London W1D 4PS
전화 020-7432-4800
운영 시간 월~목 12:00~22:00, 금·토 12:00~23:00, 일 12:00~22:00
가격 랍스터 구이 38파운드~, 랍스터 롤 30파운드
홈페이지 www.burgerandlobster.com

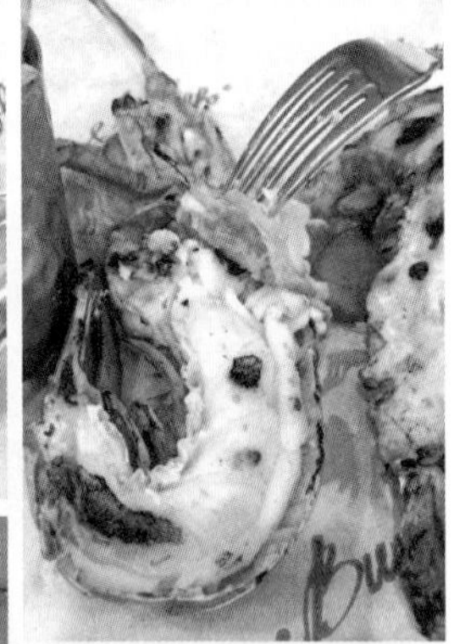

요금도 맛도 좋은 포르투갈 치킨 맛집

난도스 Nando's

영국과 아일랜드에 많은 체인점을 가지고 있는 영국 제일의 치킨 레스토랑이다. 런던에만 해도 무려 149곳의 지점이 있어서 쉽게 찾을 수 있다. 포르투갈 방식으로 숯불에서 구워 낸 치킨은 한국인의 입맛에도 딱 맞고, 요금도 합리적인 편이다. 치킨 커팅 종류, 사이드 메뉴, 매운 강도까지 고를 수 있는 옵션이 많으니 주문하기 전에 메뉴판을 꼼꼼히 살펴보자. 여러 명이 간다면 셰어링 플래터Sharing Platter를 주문해서 다양하게 골라 나눠 먹을 수 있다. 사이드 메뉴로는 매시드 포테이토, 라이스, 감자튀김, 샐러드 등이 있다. 난도스는 기본적으로 셀프 서비스다. 자리를 안내받아 메뉴를 살펴본 후, 앉은 테이블 번호를 기억해 직접 틸에 가서 주문하고 선불로 계산한다. 음료를 주문했다면 틸에서 잔을 받아 오는 것을 잊지 말자. 요리가 완성되면 직원이 자리로 요리를 갖다 준다. 가게 한쪽의 바에는 다양한 소스와 포크, 칼, 접시 등이 있으니 치킨을 기다리는 동안 원하는 만큼 테이블로 가져오면 된다. 가게 곳곳에 보이는 아프리카 예술작품들은 '난도스 아트 컬렉션'으로 아프리카 예술인들을 후원하고 홍보하는 착한 프로젝트도 진행하고 있다.

Data 지도 217p-G
가는 법 피카딜리 서커스역에서 도보 5분
주소 46 Glasshouse St, London W1B 5DR
전화 020-7287-8442
운영 시간 매일 11:30~22:00
가격 치킨 한 마리 15.25파운드
홈페이지 www.nandos.co.uk

런던에서 맛보는 정통 나폴리 피자

루디스 피자 나폴레타나 소호 Rudy's Pizza Napoletana - Soho

나폴리에서 직접 수입한 최고급 재료와 정통 나폴리 기법에 충실한 피자집이다. 매일 매장에서 도우를 직접 만들며 24시간 동안 발효과정을 거친다. 이 긴 발효 시간을 거친 뒤 부드러움과 쫄깃함을 유지하기 위해 화덕에서 굽는 시간은 오직 60초다. 나폴리에서 직접 수입한 최고급 품질의 토마토와 모차렐라 치즈가 그 신선함을 더한다. 영국 맨체스터에서 시작하여 인기를 얻어 현재 영국 전역 17곳에 체인점이 있다. 런던에는 오직 이곳 소호 지점만 있고 정통 나폴리 피자를 맛보려는 사람들로 북적인다. 오픈 키친바 구조로 피자 굽는 모습을 바로 옆에서 볼 수 있어 맛에 대한 기대감도 커진다. 화덕에서 구워 도우 부분이 약간 거무스름할 수 있지만, 오히려 고소하고 쫄깃하다.

Data 지도 217p-G 가는 법 레스터 스퀘어역에서 도보 7분 주소 80 Wardour St, London W1F 0TF
전화 020-3930-0868 운영 시간 일~화 12:00~21:30, 수·목 12:00~22:00, 금·토 12:00~22:30
가격 피자 7.5파운드~ 홈페이지 www.rudyspizza.co.uk

귀족 느낌 가득한 최고의 애프터눈 티

리츠 호텔 The Ritz Hotel

리츠의 티 룸은 마치 프랑스의 화려하고 고풍스러운 궁전 같다. 16가지의 다양한 차 중 선택할 수 있고, 신선한 샌드위치와 갓 구운 따뜻한 스콘과 잼, 클로티드 크림을 맛볼 수 있다. 서비스, 맛, 분위기 모든 면에서 런던 최고의 애프터눈 티를 즐길 수 있는 곳이다. 다만, 리츠 호텔은 드레스코드가 꽤 엄격하다. 남자라면 재킷과 타이는 필수이며, 성별을 불문하고 청바지와 슬리퍼, 운동화는 입장할 수 없다. 매일 오전 11시 30분부터 오후 9시까지 수준급의 피아니스트, 하프 연주자, 현악기 연주자들이 아름다운 클래식 음악을 연주한다.

Data 지도 216p-J
가는 법 그린 파크역에서 도보 1분 주소 150 Piccadilly, London W1J 9BR
전화 020-7300-2345
운영 시간 애프터눈 티 서빙 매일 11:30, 13:30, 15:30, 17:30, 19:30 가격 트래디셔널 애프터눈 티 1인 72파운드~
홈페이지 www.theritzlondon.com

오랜 역사와 전통을 간직한 고급 호텔의 애프터눈 티

도체스터 호텔 The Dorchester

올해의 최고의 티 상을 무려 5회나 받은 곳으로 80년 동안 런던 최고의 애프터눈 티를 서빙해 왔다는 긍지와 자부심이 대단하다. 티 룸을 멋지게 둘러싼 기둥과 대리석 바닥, 야자수 인테리어는 도체스터 티 룸을 더욱 웅장하게 만들어준다. 훈제 연어와 새우, 치킨, 계란, 오이가 들어간 샌드위치, 반백 년 역사 동안 그대로 전해져 온 도체스터의 레시피로 만든 따뜻한 스콘과 데본셔 지방의 클로티드 크림은 꼭 맛보자.

Data 지도 216p-I
가는 법 하이드 파크 코너역에서 도보 10분
주소 The Dorchester, Park Lane, London W1K 1QA UK
전화 020-7629-8888
운영 시간 매일 13:00, 13:30, 15:15, 15:45, 17:30, 18:00
가격 트래디셔널 잉글리시 애프터눈 티 1인 70파운드~
홈페이지 www.dorchestercollection.com

동남아시아의 활기찬 바이브

바나나 트리 소호 Banana Tree Soho

런던에서 최근 핫하게 떠오르는 동남 아시안 레스토랑이다. 소호 지점을 비롯해 런던에 12개 매장이 있다. 태국, 싱가포르, 인도네시아, 베트남, 말레이시아 등 동남아시아의 다양한 요리를 한 곳에서 즐길 수 있도록 메뉴를 엄선했다. 싱가포르 락사, 태국 팟타이, 말레이시아 꼬치 등 각국을 대표하는 메뉴가 있으며 이 외에도 국수, 라이스, 샐러드, 카레 등 다양한 음식을 맛볼 수 있다. 동남아시아의 힙하고 펑키한 분위기를 즐기며 바나나 트리만의 칵테일도 마셔보자.

Data 지도 217p-G
가는 법 레스터 스퀘어역에서 도보 7분 주소 103 Wardour St, London W1F 0UG 전화 020-7437-1351 운영시간 일·월 12:00~22:30, 화~목 12:00~23:00, 금·토 12:00~24:30
가격 팟타이 13.45파운드, 싱가포르 락사 13.95파운드
홈페이지 bananatree.co.uk

도끼 나이프가 인상적인 스테이크 집

플랫 아이언 Flat Iron

13파운드란 요금에 최상의 소고기 스테이크를 즐길 수 있는 곳이다. 영국 요크셔 지방에서 자란 질 좋은 소고기를 사용해 부드럽고 고소한 육즙을 맛볼 수 있다. 도끼같이 생긴 네모난 스테이크용 나이프와 먹는 동안 식지 않게 해주는 따뜻한 돌 판이 이곳의 특징이다. 평일 주말 할 것 없이 늘 사람들로 붐비는 맛집이다. 메인 메뉴는 딱 스테이크 하나고, 작은 샐러드가 같이 나온다. 스테이크와 함께 먹기 좋은 크림 시금치, 구운 가지, 감자튀김이 사이드 메뉴로 있다. 찍어 먹는 네 가지 소스는 하나당 1파운드씩이다. 스테이크 하나만으로는 푸짐히 먹을 만큼의 양은 아니니 참고하자. 리젠트 스트리트, 덴마크 스트리트, 코벤트 가든에 지점이 있다.

Data 리젠트 스트리트점
지도 217p-G
가는 법 옥스퍼드 서커스역, 피카딜리 서커스역에서 도보 15분
주소 17 Beak St, Soho W1F 9RW
운영 시간 일~화 12:00~22:00, 수·목 12:00~23:00, 금·토 12:00~23:30
가격 스테이크 13파운드
홈페이지 flatironsteak.co.uk

고든 램지의 빈티지 캐주얼 레스토랑

헤든 스트리트 키친 Heddon Street Kitchen

리젠트 스트리트 바로 뒤에 위치한 헤든 스트리트 키친은 브렉퍼스트, 브런치, 런치, 디너까지 아무 때나 편하게 요리를 즐길 수 있는 고든 램지의 캐주얼 레스토랑이다. 2층으로 되어 있는 레스토랑은 빈티지한 감성의 인테리어에 더해 오픈 키친으로 셰프들의 흥미로운 조리 과정을 바라보며 먹을 수 있다. 간단한 스낵부터 스타터, 메인 메뉴까지 선택의 폭이 다양하다.

Data 지도 216p-F
가는 법 피카딜리 서커스역에서 도보 5분
주소 Regent Street Food Quarter, 3-9 Heddon Street, London W1B 4BE
전화 020-7592-1212
운영 시간 월~금 07:30~23:00, 토 10:00~23:00, 일 10:00~22:00
가격 피시 앤 칩스 22파운드
홈페이지 www.gordonramsayrestaurants.com/heddon-street-kitchen

런던 대표 수제 버거를 맛보자

바이런 버거 Byron Burger

런던 로컬들에게 가장 맛있는 수제 버거집 중 하나로 손꼽히는 브랜드. 창업자인 톰 빙이 뉴욕에 있을 때 맛본 실버 탑의 버거를 잊지 못해 런던에 비슷한 콘셉트의 버거집을 오픈한 것이 바이런 버거이다. 치즈 버거, 칠리 버거, 스모키 버거 등 다양한 종류가 있지만 바이런의 시그니처 메뉴는 단연 바이런 버거. 베이컨, 햄버그 패티, 체다 치즈, 토마토, 붉은 양파, 양상추 그리고 바이런 특제 소스가 들어가서 든든하다. 패티의 굽기 정도도 선택할 수 있다. 바삭바삭한 감자튀김과 고구마튀김도 추천 사이드 메뉴! 바이런에서 만든 바이런 맥주와 함께 즐기면 더욱 맛있다. 런던 전역에 걸쳐 38개의 지점이 있다.

Data 지도 217p-H
가는 법 레스터 스퀘어역에서 도보 3분
주소 24-28 Charing Cross Road, London WC2H 0HX
전화 020-7240-3550
운영 시간 월~목 11:30~23:00, 금·토 11:30~24:00, 일·공휴일 12:00~23:00
가격 버거 9~15파운드, 사이드 메뉴 4~7파운드
홈페이지 www.byronhamburgers.com

세련된 중국식 펍

덕 앤 라이스 The Duck and Rice

소호 지역엔 차이나 타운이 있어서 정통 중국 음식을 즐기기 좋다. 덕 앤 라이스는 영국 특유의 펍 감성과 중국의 고전적인 분위기를 믹스 매치한 인테리어가 멋지다. 로스트 덕, 딤섬 등 광둥 지역의 메뉴를 기본으로 다양한 아시아 음식을 함께 제공한다. 식당은 2개 층으로 운영 중인데, 1층은 펍으로 맥주와 칵테일을 가볍게 즐기며 식사를 즐길 수 있고, 2층은 좀 더 아늑하고 우아한 분위기의 공간으로 꾸몄다.

Data 지도 217p-G
가는 법 피카딜리 서커스역에서 도보 7분 주소 90 Berwick St, London W1F 0QB 전화 020-3327-7888
운영 시간 월~토 12:00~23:00, 일 12:00~21:00
가격 광둥식 로스트 덕 하프 33파운드, 딤섬 7.50파운드~
홈페이지 theduckandrice.com

줄 서서 먹는 차이나타운 신생 맛집

버블랩 와플 Bubblewrap Waffle

차이나타운 입구에서 한 손에 꽉 차는 와플을 들고 다니는 사람들을 많이 볼 수 있다. 바로 버블랩 홍콩에서 만들어진 계란 와플에서 모티브를 얻어 런던에서 가장 인기 있는 길거리 음식 중 하나로 만들었다. 첫 입은 아삭하고 먹을수록 와플이 녹으면서 부드럽게 스며든다. 동그란 버블모양의 와플 안에 다양한 재료와 시럽을 골라먹는 재미가 있다. 바닐라 젤라토와 딸기, 누텔라 시럽의 디럭스 러버 와플부터 다크 초콜릿 젤라토와 바나나, 우유가 들어간 바나나 콤보가 대표 메뉴.

Data 지도 217p-G
가는 법 레스터 스퀘어역에서 도보 5분. 또는 피카딜리 서커스역에서 도보 5분 주소 24 Wardour Street, Chinatown London, W1D 6QJ
전화 020-7734-4535
운영 시간 일~금 12:00~22:00, 토 12:00~22:30 가격 딜럭스 러버 7.49파운드, 바나나콤보 7.49파운드
홈페이지 www.bubblewrap-waffle.com

예술 감각 가득한 미쉐린 2스타 레스토랑

그린하우스 Greenhouse

메이페어의 조용한 주택가에 위치한 미쉐린 2스타 레스토랑으로 프렌치 요리에 동양적인 감각과 풍미를 가미한 것이 특징. 전체적으로 상큼하고 가벼운 식감에 호기심을 자극하는 톡톡 튀는 예술 감각이 가득한 플레이팅이 인상적이다. 유럽 최고의 식자재를 공급받고 있어 재료 자체의 맛과 신선함이 그대로 전달된다.

Data 지도 216p-I
가는 법 그린 파크역에서 도보 10분
주소 27a Hay's Mews, Mayfair W1J 5NY
전화 020-7499-3331
운영 시간 월~금 런치 12:00~14:30, 디너 18:30~22:30, 토 디너 18:30~22:30
가격 3코스 런치 메뉴 45파운드~(서비스 차지 12.5% 별도)
홈페이지 www.greenhouserestaurant.co.uk

셜록과 왓슨 박사가 저녁을 먹던

타파스 브린디사 소호 Tapas Brindisa Soho

셜록 시즌 1 "A Study in Pink" 에피소드에서 셜록이 왓슨 박사를 데리고 가서 함께 저녁을 먹은 작은 레스토랑이 바로 이곳이다. 지금은 리모델링하여 촬영 당시의 분위기와는 사뭇 달라졌지만 아직도 특유의 격자 창문은 그대로 남아있다. 스페인에서 직접 가져온 신선한 재료로 만든 타파스, 감바스, 토르티아를 비롯한 다양한 스페인 음식과 와인, 칵테일을 제공한다.

Data 지도 217p-G
가는 법 피카딜리 서커스역에서 도보 7분 주소 46 Broadwick St, London W1F 7AE
전화 020-7534-1690
운영 시간 월~토 12:00~24:00, 일 12:00~23:30
가격 바 스낵 5파운드, 감바스 12파운드 홈페이지 www.brindisakitchens.com

런더너가 사랑하는 깔끔하고 세련된 태국 음식

부사바 잇타이 Busaba Eathai

태국 음식은 영국인들이 좋아하는 아시안 음식으로 손꼽힌다. 그중 부사바 잇타이는 동양적이면서도 모던한 분위기에 요금대비 맛도 좋아 런더너들이 자주 찾는 음식점으로, 런던에만 14곳의 지점이 있다. 태국에서 흔히 볼 수 있는 꽃인 '부사바'와 영어로 '먹다'라는 뜻의 '잇Eat', 그리고 태국의 '타이'라는 단어를 합쳐 레스토랑의 이름을 만들었다. 향신료의 강한 맛은 줄이고 깔끔하고 세련된 스타일의 태국 음식으로 전 세계 사람들의 입맛에도 크게 거부감이 없다. 가장 보편적인 음식인 팟타이부터 태국식 커리, 볶음밥이 이곳의 대표 메뉴. 서양식 빵과 버터로 속이 느끼해졌다면 매콤하고 푸짐한 태국 음식으로 달래보자.

Data 지도 217p-C
가는 법 레스터 스퀘어역에서 도보 15분
주소 106-110 Wardour Street, Soho, London W1F 0TS
전화 020-7255-8686
운영 시간 매일 11:30~23:00
가격 팟타이 14파운드~, 커리 15파운드~
홈페이지 www.busaba.com

멋스러운 100년의 역사 속에서 식사를

우슬리 The Wolseley

1920년대 대리석 기둥과 아치가 웅장하고 멋스러운 이곳은 원래 자동차 쇼룸이었다고 한다. 세월의 흐름에 따라 은행으로 바뀌었다가 지금은 아름다운 레스토랑으로 자리잡았다. 화려하고 우아한 인테리어를 즐기며 하루 종일 다양한 메뉴를 즐길 수 있는 곳이며, 미쉐린 가이드에도 소개되었다. 브랙퍼스트 메뉴는 무려 평일은 아침 7시부터 먹을 수 있다. 부지런히 런던 여행을 즐기고 싶은 여행자라면 우슬리에서 우아하게 일정을 시작해 보자. 이른 아침부터 오전 11:30까지는 브랙퍼스트, 오후 15:00~18:30은 애프터눈 티, 그 외 시간에는 런치와 디너를 즐길 수 있다. 분위기와 위치를 고려하면 메뉴 가격이 합리적인 편이다.

Data 지도 216p-J
가는 법 피카딜리 서커스역에서 도보 7분 주소 160 Piccadilly, St. James's, London W1J 9EB
전화 020-7499-6996
운영 시간 월~금 07:00~23:00, 토 08:00~23:00, 일 08:00~20:00
가격 바 잉글리쉬 브랙퍼스트, 크림티 18.50파운드, 애프터눈 티 39.50파운드
홈페이지 www.thewolseley.com

두 자매의 달달한 꿈이 현실로

커터 앤 스퀴지 Cutter & Squidge

두 자매가 운영하는 밝고 따뜻한 분위기의 디저트 카페다. 함께 자라면서 직접 홈메이드 베이킹을 터득하여, 다양한 맛과 유니크한 아이디어로 사업을 확장했다. 신선한 천연 재료를 사용해 독창적인 디자인의 케이크, 브라우니, 애프터눈 티를 맛볼 수 있다. 샌드위치, 잼, 클로티드 크림, 비스킷, 케이크, 마카롱, 티가 함께 나오는 애프터눈 티는 특히 가성비가 좋다.

Data 지도 217p-G
가는 법 피카딜리 서커스역에서 도보 5분 주소 20 Brewer St, London W1F 0SJ
전화 020-7734-2540
운영 시간 매일 11:00~19:00
가격 바 애프터눈 티 32.50파운드
홈페이지 cutterandsquidge.com

숨겨진 스테이크 맛집을 찾아서

블랙락 소호 Blacklock Soho

자칫하면 지나치기 쉬운 평범하고 작은 검은 문을 열어보자. 입구 계단을 따라 내려가면 분위기 있는 레스토랑이 펼쳐진다. 1950년대 유흥의 상징이었던 소호 댄스 클럽을 개조한 레스토랑으로 지금은 최상급 드라이 에이징 스테이크를 즐길 수 있는 런던의 핫한 스테이크 맛집이다. 최상급 고기를 찾기 위해 영국 전 지역을 다닌 결과 영국 남부 해안 지역인 콘월의 넓은 평야에서 자유롭게 자란 소들을 찾을 수 있었다. 55일 숙성시킨 드라이 에이징 스테이크가 대표 메뉴이며, 소, 돼지, 양 고기와 육즙에 적셔진 빵까지 한번에 먹을 수 있는 All-in 메뉴도 있다. 일요일에는 영국 전통요리인 선데이 로스트도 즐겨 보자. 코벤트가든, 쇼디치에도 지점이 있다.

Data 지도 217p-G
가는 법 레스터 스퀘어역에서 도보 7분
주소 24 Great Windmill St, London W1D 7LG
전화 020-3441-6996
운영 시간 월~금 12:00~15:00, 17:00~23:00, 토 12:00~23:00, 일 11:45~20:00
가격 서로인 스테이크 20파운드, All-in 메뉴(2인 이상 주문가능) 1인당 25파운드
홈페이지 theblacklock.com

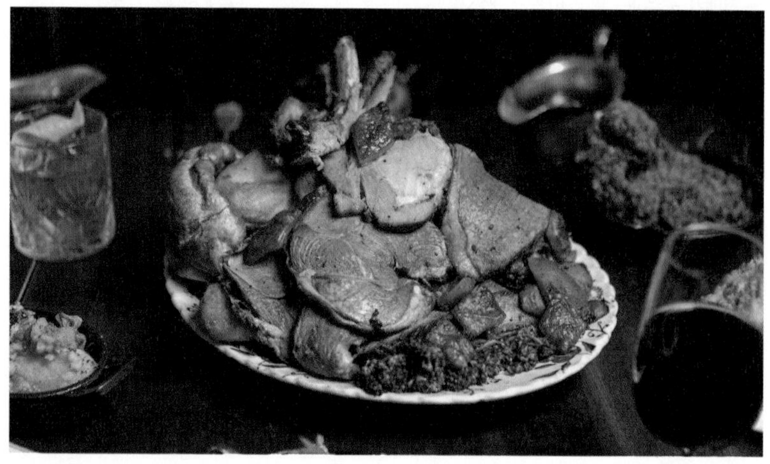

미쉐린 3스타에 빛나는 최고급 레스토랑

알랭 뒤카스 도체스터 Alain Ducasse at The Dorchester

런던의 3스타 레스토랑 두 곳 중 하나이다. 세계적인 프렌치 셰프인 알랭 뒤카스의 최상급 레스토랑으로 도체스터 호텔 내에 있다. 우아하고 클래식한 분위기에서 하이드 파크의 아름다운 풍경을 바라보며 식사할 수 있다.

Data 지도 216p-I
가는 법 하이드 파크 코너역에서 도보 10분, 도체스터 호텔 내 주소 The Dorchester, Park Lane, London W1K 1QA 전화 020-7629-8866 운영 시간 예약제 월~금 10:00~18:00, 토 12:00~18:00, 일반 화~토 18:00~21:30 가격 에피타이저, 메인 디쉬, 디저트 3코스 250파운드
홈페이지 www.alainducasse-dorchester.com

기네스 흑맥주가 맛있는 아이리시 펍

더 투칸 The Toucan

아일랜드와 셀틱 지방의 전통 음식을 맛볼 수 있는 소호의 작은 펍이다. 특히 제대로 된 기네스를 마실 수 있는 곳으로 런더너들도 사랑하는 곳. 종종 아일랜드 음악도 연주한다.

Data 지도 217p-C
가는 법 토트넘 코트 로드역에서 도보 10분 주소 19 Carlisle St, London W1D 3BY
전화 020-7437-4123
운영 시간 월~화 16:00~23:00, 수~토 13:00~23:00, 일 휴무
가격 스낵 4.5파운드~, 맥주 5~7파운드
홈페이지 www.thetoucansoho.co.uk

영국의 대중적인 펍 체인 브랜드

몬태규 파이크 Montagu Pyke

약 천 개의 지점을 보유한 영국 최대의 펍 체인인 제이 디 웨더스푼J D Wetherspoon의 지점이다. 간판은 펍 고유한 상호인 몬태규 파이크Montagu Pyke로 되어 있다. 런던에 있는 다른 제이 디 웨더스푼의 지점을 알고 싶다면 홈페이지에서 확인해 보자. 브렉퍼스트 메뉴부터 버거, 치킨, 립, 디저트 등 음식 종류가 다양하고 요일별로 스테이크, 커리, 치킨 등 할인 세트메뉴가 있으니 체크해 보자. 맛도 요금도 양도 괜찮다.

Data 지도 217p-D
가는 법 레스터 스퀘어역에서 도보 5분 주소 105107Charing Cross Road, London WC2H 0BP THE MONTAGUE PYKE
전화 020-7287-6039 운영 시간 월~목 08:00~23:00, 금·토 08:00~23:30, 일 10:00~22:30 가격 요일 할인세트 8.7파운드~, 맥주 파인트 3.99파운드~ 홈페이지 www.jdwetherspoon.com

든든한 수제 버거를 맛보자

어니스트 버거 Honest Burgers

런던 정통 수제 버거집. 두툼한 패티와 허브 솔트가 뿌려진 고소한 감자칩이 일품이다.

Data 지도 217p-G
가는 법 레스터 스퀘어역에서 도보 15분 주소 4A Meard St, London W1F 0EF 전화 020-3609-9524
운영 시간 월~수·토·일 11:30~22:00, 목·금 11:30~22:30
가격 버거 10파운드~
홈페이지 www.honestburgers.co.uk

영국을 사로잡은 한식의 힘

요리 YORI

무려 영국 전역에 13곳이나 지점을 갖고 있는 한국 체인 음식점이다. 런던 중심에서 겨우 찾아 가던 한국음식점의 시대를 생각하면 참으로 감격스럽다. 잡채, 전, 치킨, 찌개, 비빔밥, 삼겹살 없는 메뉴 없이 웬만한 한국음식은 다 먹을 수 있다. 여행 중 얼큰하고 뜨끈한 한식 생각날 때 주저없이 가보자.

Data 지도 217p-G 가는 법 코벤트 가든역에서 도보 5분 주소 6 Panton St, London SW1Y 4DL 전화 020-7930-8881 운영 시간 일~목 12:00~23:00, 금·토 12:00~23:30
가격 김치찌개 10.50파운드, 비빔밥 10.50파운드~
홈페이지 yoriuk.com

줄서서 먹는 포르투갈 에그타르트

카페 드 나타 Cafe de Nata

나타는 크림이란 뜻의 포르투갈 단어. 바삭한 패스트리 안에 달콤하고 부드러운 커스터드가 맛있는 포르투갈 에그타르트를 맛볼 수 있다. 매일 신선한 도우와 크림 만드는 과정을 직접 볼 수 있고, 클래식 에그타르트와 초코, 라즈베리, 블루베리, 딸기 등 다양한 맛의 에그타르트가 있다. 따뜻한 커피와 달콤한 에그타르트 한 입으로 고된 여행의 피로를 날려보자.

Data 지도 217p-G 가는 법 레스터 스퀘어역에서 도보 5분 주소 25 Old Compton St, London W1D 5JN 전화 020-7610-0001
운영 시간 월~목 09:00~23:00, 금 09:00~24:00, 토 10:00~24:00, 일 10:00~23:00
가격 클래식 에그타르트 2.25파운드, 아메리카노 2.45파운드 홈페이지 www.cafedenata.com

최고 품질 커피를 부담 없는 요금에

알제리안 커피 스토어 Algerian Coffee Stores

1887년 문을 연 커피 전문가의 가게. 최고 품질의 아라비카 원두와 60개 이상의 다양한 블렌딩 방법을 보유하고 있다. 커피와 관련된 모든 것들을 판매한다.

Data 지도 217p-G
가는 법 레스터 스퀘어역에서 도보 15분
주소 52 Old Compton St, Soho, London W1D 4PB 전화 020-7437-2480
운영 시간 월~수 10:00~18:00, 목~토 10:00~19:00, 일 휴무 가격 테이크 어웨이 커피 1.50파운드~ 홈페이지 www.algcoffee.co.uk

모던한 분위기에서 즐기는 딤섬과 디저트

야우야차 소호 Yauatcha Soho

튀기고 볶는 기름기 많은 중국 음식이 아닌 부담 없이 가볍게 먹을 수 있는 딤섬 중심의 레스토랑이다. 딤섬 외에 식전 위를 따뜻하게 달래는 인도, 중국의 다양한 차와 화려한 디저트도 유명하다. 식당에 들어서면 미쉐린 레스토랑답게 색색의 최고급 디저트 코너가 보인다.

Data 지도 217p-G
가는 법 피카딜리 서커스역, 옥스퍼드 서커스역에서 도보 15분 주소 15 Broadwick St, Soho W1F 0DL
전화 020-7494-8888 운영 시간 일~수 11:00~21:45, 목~토 11:00~22:45
가격 딤섬 메뉴당 9~15파운드 홈페이지 www.yauatcha.com

맛의 경계를 넓히자

팔로마 The Palomar

이름도 메뉴도 생소한 예루살렘 레스토랑이다. 남부 스페인, 북아프리카, 레반트 지역의 음식에서 영감을 받아 현대적으로 재해석했다. 오픈 레스토랑으로 후무스, 중동식 요거트, 그릴 요리 등을 맛볼 수 있다.

Data 지도 217p-G 가는 법 피카딜리 서커스역에서 도보 약 4분
주소 34 Rupert St, London W1D 6DN 전화 020-7439-8777
운영 시간 월~수 17:30~22:15, 목~토 12:00~14:30, 17:30~22:45, 일 12:00~14:30, 17:00~21:00 가격 포렌타 예루살렘 스타일 12파운드, 후무스 7파운드 홈페이지 thepalomar.co.uk

취향 따라 만들어 먹는 멕시칸 음식

치폴레 멕시칸 그릴 Chipotle Mexican Grill

원하는 대로 고기와 채소, 치즈 등을 선택해서 만들어 먹을 수 있는 멕시칸 음식점. 부리토, 타코 등 멕시코 음식을 푸짐하게 취향대로 즐겨 보자.

Data 지도 217p-C 가는 법 레스터스퀘어역에서 도보 5분
주소 114-116 Charing Cross Rd, London WC2H 0JR
전화 020-7836-8491 운영 시간 매일 11:00~23:00
가격 부리토 랩 7.95파운드~ 홈페이지 www.chipotle.co.uk

영국왕실을 대표하는 고급스러운 차 백화점

포트넘 앤 메이슨 Fortnum & Mason

영국왕실보증서를 받은 대표적인 고급 차 백화점. 1707년 앤 여왕의 하인이었던 윌리엄 포트넘이 휴 메이슨의 빈 방에서 앤 여왕이 쓰다 남긴 양초 왁스를 팔면서 포트넘 앤 메이슨의 역사가 시작되었다. 5층으로 된 차 백화점 건물 외관에는 빅 벤의 종과 같은 곳에서 주조된 시계가 있어 더욱 고급스러운 분위기를 낸다. 영국 홍차 및 전 세계의 다양한 차를 시음해 볼 수 있고 마카롱, 초콜릿, 쿠키 등도 구입할 수 있다. 나선형의 아름다운 계단을 따라 지하로 내려가면 최상급 식품과 와인이 판매되고 있다. 위층으로는 부엌용품, 액세서리, 주얼리, 향수, 남성용 가죽 액세서리관이 펼쳐진다. 포트넘 앤 메이슨의 풍부한 향과 맛의 차뿐만 아니라 화려하고 고급스러운 차 케이스는 선물용으로도 좋고 소장용으로도 좋다. 4층에 위치한 다이아몬드 주빌리 티 살롱The Diamond Jubilee Tea Salon에서는 아름다운 피아노 연주를 들으며 차를 마실 수 있다. 워낙 인기가 많은 곳이므로 미리 온라인으로 예약하고 가길 추천한다.

Data 지도 217p-K
가는 법 피카딜리 서커스역에서 도보 5분. 또는 그린 파크역에서 도보 5분
주소 181 Piccadilly London W1A 1ER
전화 020-7734-8040
운영 시간 월~토 10:00~20:00, 일 11:30~18:00
다이아몬드 주빌리 티 살롱
월~목 11:30~20:00,
금·토 11:00~20:00,
일 11:30~18:00
가격 티백 세트 5.5파운드~, 애프터눈 티 78파운드~
홈페이지 www.fortnumand-mason.com

포트넘 앤 메이슨의 대표적인 티

로열 블렌드 Royal Blend : 1902년 에드워드 7세 왕을 위해 블렌딩되었다. 꿀 향이 나는 부드러운 맛으로 인기 있다.

퀸 앤 Queen Anne : 아삼과 실론의 조합으로 가벼우면서도 시원한 맛이다.

튜더 시대 대저택 분위기를 느낄 수 있는 백화점

리버티 Liberty

아서 리버티가 동양풍의 실크 제품을 판매하기 위해 1875년 오픈한 고급 백화점이다. 리버티 백화점은 1920년대 튜더 왕조 스타일의 웅장한 건물로, HMS 목조 전함에서 가져온 목재와 창문을 사용해 지었다. '새로운 것을 발견하는 항해'를 모토로 다른 사람의 집을 구경하는 듯한 느낌이 든다. 건물 내부 곳곳의 나무 바닥과 계단, 기둥, 벽난로에서 오래된 나무 저택의 편안함이 느껴진다. 건물 5층 곳곳의 작은 쇼핑 갤러리에서는 최상의 품질을 자랑하는 독특하고 럭셔리한 패션, 뷰티, 앤티크 가구, 접시, 카펫 등을 판매한다. 유명 디자이너들과의 컬래버레이션을 통한 리버티만의 세련된 패턴 제품은 시선을 사로잡는다. 리버티 패턴의 패브릭, 스카프, 문구류는 리버티에서 꼭 사고 싶은 아이템으로 꼽힌다.

Data 지도 216p-F
가는 법 옥스퍼드 서커스역에서 도보 5분
주소 Liberty, Regent Street, London W1B 5AH
전화 020-7734-1234
운영 시간 월~토 10:00~20:00, 일 12:00~18:00
홈페이지 www.libertylondon.com

런던에서 가장 오래된 역사적인 장난감 가게

햄리스 Hamleys

장난감의, 장난감에 의한, 장난감을 위한 그야말로 장난감 나라다. 리젠트 스트리트를 따라 위치해 있어 쉽게 찾을 수 있다. 빨간 지붕 아래 즐거워 보이는 아이들과 장난감 인형이 있는 재미난 쇼윈도 디스플레이가 멀리서도 눈에 띈다. 1760년에 오픈한 런던에서 가장 오래된 장난감 가게이고 그 역사만큼이나 전 세계 아이들이 사랑하는 곳이다. 총 7층에 걸쳐 인형, 장난감, 동화책, 컴퓨터게임 등 아이들을 위한 모든 것이 있다. 규모에 있어서도 세계 최대급이다. 특히 억 소리 나는 요금의 한정판 테디 베어도 전시되어 있다. 아이들은 물론이고 성인들도 빠져드는 장난감 세상으로 들어가 보자.

Data 지도 216p-F
가는 법 옥스퍼드 서커스역에서 도보 5분
주소 188-196 Regent Street W1B 5BT
전화 037-1704-1977
운영 시간 월 11:00~21:00, 화~토 10:00~21:00, 일 12:00~18:00
홈페이지 www.hamleys.com

|Theme|

3색의 소호 쇼핑 스트리트

각자 다른 매력의 베스트 쇼핑 거리! 유럽 최초의 쇼핑 거리 리젠트 스트리트, 럭셔리 숍이 가득한 고급스러운 본드 스트리트, 젊음의 에너지가 넘치는 카나비 스트리트까지 런던 쇼핑은 우리가 접수한다.

아치형 건물이 멋스러운 유럽에서 첫 번째로 생긴 쇼핑 거리

리젠트 스트리트 Regent Street

옥스퍼드 서커스와 피카딜리 서커스를 잇는 런던의 유명 쇼핑거리 중 한 곳. 리젠트 왕의 이름을 따서 만든 리젠트 스트리트는 1825년 완성되었으며 유럽에서 처음으로 쇼핑 목적으로 만들어진 거리다. 곡선형의 길을 따라 지어진 조지안 스타일의 아치형 건물들이 인상적이다. 이 건물들 사이로 영국의 주요 행사 때나 특별한 날에 유니언잭이 걸리기도 하고 영국 여왕의 생일 기념기가 펄럭이기도 했다. 크리스마스 시즌이 되면 화려한 일루미네이션으로 크리스마스 분위기를 제대로 느낄 수 있다. 리젠트 스트리트를 따라 버버리, 테드 베이커, 홉스와 같은 영국 브랜드부터 햄리스 장난감 가게까지 75개의 다양한 숍이 있다.

Data 지도 216p-F
가는 법 옥스퍼드 서커스역과 피카딜리 서커스역을 잇는 거리
주소 Regent Street London W1B 4PH 전화 020-7152-5852
운영 시간 대부분의 숍은 월~토 10:00~20:00, 일 12:00~18:00
홈페이지 www.regentstreetonline.com

버버리 Burberry

설명이 필요 없는 영국 대표 명품 브랜드인 버버리 본점이 리젠트 스트리트에 있다. 익숙한 체크무늬 디자인 외에도 고급스럽고 모던한 스타일의 다양한 제품이 있다.

Data 주소 121 Regent Street W1B 4TB
전화 020-7806-8904
홈페이지 burberry.com

테드 베이커 Ted Baker

화려한 색과 곡선의 디자인, 화사한 플라워 프린트가 특징인 영국 디자이너 브랜드. 옷 외에도 지갑, 구두, 가방의 질이 좋다. 한국에서 보기 어려운 독특한 디자인 제품이 많다.

Data 주소 245 Regent Street W1B 2EN
전화 020-7493-6251
홈페이지 www.tedbaker.com

앤 아더 스토리즈 & Other Stories

H&M의 럭셔리 자매 브랜드이다. H&M보다 깔끔하고 심플한 디자인이다. 1, 2층 매장에 액세서리, 신발, 의류, 가방을 판매한다. 화장품 섹션도 있다.

Data 주소 256258 Regent Street W1B 3AF
전화 020-3402-9190
홈페이지 www.stories.com

몰튼 브라운 Molton Brown

40년이 넘는 역사를 자랑하는 영국 대표 프리미엄 퍼퓸, 바디 브랜드. 영국 왕실에서도 사용하고 인증한 독특한 향이 특징이다. 국내에서도 고급 호텔에서 어메니티로 제공해 더욱 인기를 얻었다.

Data 주소 227 Regent St, Mayfair, London W1B 2EF
전화 020-7493-7319
홈페이지 moltonbrown.co.uk

애플 스토어 Apple Store

애플의 모든 제품을 사용해 볼 수 있는 곳. 애플 기계로 마음껏 인터넷을 사용할 수 있어 여행자들에게도 최고의 장소다. 애플 신제품이 나올 때면 애플 스토어 앞에 텐트 치고 줄 서서 기다리는 사람들을 종종 볼 수 있다.

Data 주소 235 Regent Street W1B 2EL
전화 020-7153-9000
홈페이지 apple.com

칼 라거펠트 KARL LAGERFELD

전설의 디자이너 칼 라거펠트 브랜드 매장. 펜디와 끌로에 수석디자이너, 샤넬의 크리에이티브 책임 디렉터로 세계 패션 트렌드를 선도했다. 클래식하면서도 칼 라거펠트 특유의 시크 감성이 돋보이는 멋스러운 패션 아이템들을 만나보자.

Data 주소 145-147 Regent St., London W1B 4JB
전화 020-3500-7941
홈페이지 www.karl.com

명품 숍이 가득한 럭셔리한 쇼핑 거리

본드 스트리트 Bond Street

명품 브랜드를 비롯해 다이아몬드, 예술품, 디자이너 브랜드숍이 모여 있는 런던에서 가장 고급스러운 거리. 리젠트 스트리트와 옥스퍼드 스트리트에서 한두 블록만 안으로 들어가면 만날 수 있다. 1700년 만들어진 이후 영국의 귀족, 저명한 사회 인사, 부유층, 연예인이 찾는 사교의 장소가 되었다. 불가리, 버버리, 샤넬, 까르띠에, 에르메스, 지미 추와 같은 명품 브랜드와 최고급 호텔 클라리지스 호텔, 리츠 호텔이 본드 스트리트 주변으로 위치해 있다. 세계 2대 미술 경매회사인 소더비도 찾아보자. 전통적인 엘레강스한 분위기와 현대의 럭셔리함이 조화를 이룬 곳이다.

Data 지도 216p-F
가는 법 본드 스트리트역에서 도보 5분. 본드 스트리트와 뉴 본드 스트리트를 잇는 거리
주소 Bond Street, London W1S 1SR
홈페이지 www.bondstreet.co.uk

지미 추 Jimmy Choo

1996년대 런던 이스트 엔드에서 시작한 럭셔리 디자이너 브랜드로 세련되고 고급스러운 디자인의 구두로 유명하다. 케이트 미들턴 왕세자비, 킴 카다시안을 비롯한 세계적인 스타들의 워너비 신발 브랜드.

Data 주소 27 New Bond St, London W1S 2RH
전화 020-7493-5858
홈페이지 www.jimmychoo.com

프라다 Prada

올드 본드 스트리트 중심에 위치해 2층으로 화려하게 쇼윈도가 빛나고 있는 곳이 바로 이탈리아 밀라노 명품 브랜드 프라다. 의류, 가방, 신발 등 다양한 프라다 제품군을 전시하고 있다.

Data 주소 16-18 Old Bond St, London W1S 4PS
전화 020-7647-5000
홈페이지 prada.com

빅토리아 시크릿 Victoria's Secret

우아한 블랙과 강렬한 핫핑크가 떠오르는 속옷 매장이다. 남심을 자극하는 향수와 화장품 라인도 판매한다.

Data 주소 111 New Bond St, London W1S 1DP
전화 020-7318-1740
홈페이지 www.victorias-secret.co.uk

알렉산더 맥퀸 Alexander McQueen

독특하고 실험적인 디자인으로 전 세계에서 인기를 누린 천재 디자이너 알렉산더 맥퀸. 우울증으로 인한 자살로 40세에 짧은 생을 마감했지만 그의 창조적인 디자인은 아직까지 사랑받는다.

Data 주소 27 Old Bond St, London W1S 4QE
전화 020-7355-0088
홈페이지 www.alexander-mcqueen.com

소더비 Sotheby's

미술작품, 예술품, 보석, 부동산, 역사 수집품 등 다양한 분야의 경매를 주최하는 경매 회사. 런던 매장에서 최근 가장 비싸게 팔린 작품은 스위스 조각가 알베르토 자코메티의 조각상 〈걷는 남자〉로 한화 약 1,224억 원에 낙찰되었다.

Data 주소 34-35 New Bond Street London W1A 2AA
전화 020-7293-5000
홈페이지 www.sothebys.com

루이 비통 메종 Louis Vuitton Maison

루이비통 VVIP 매장이다. 1, 2층은 매장, 3층은 특별 초대를 받은 고객만을 위한 아파트먼트 형태로 한정판 제품을 판매한다.

Data 주소 17-20 New Bond Street London W1S 2UE
전화 020-3214-9200
홈페이지 uk.louisvuitton.com

유니크한 가게가 가득한 젊음의 거리

카나비 스트리트 Carnaby Street

런던에서 가장 젊고 핫한 쇼핑 거리. 리버티 백화점 옆 골목으로 들어가면 색색의 화려하고 개성 있는 독특한 브랜드 숍을 만날 수 있다. 거리 양쪽 입구에 있는 아치형 장식물이 바로 카나비 스트리트의 상징이다. 1960년대 이후 기존의 보수적인 문화에 저항하던 영국 젊은 세대들의 정신이 반영된 패션, 뮤직, 문화가 발달했다. 영화 〈어바웃 타임〉에서는 톰과 메리가 처음 블라인드 데이트로 만난 거리의 배경이 되기도 했다. 카나비 스트리트와 브로드윅 스트리트Broadwick Street가 만나는 건물 벽면을 가득 채운 타일 아트도 놓치지 말자.

Data 지도 217p-G
가는 법 옥스퍼드 서커스역에서 도보 3분
주소 Carnaby Street, London W1F 9PS
전화 020-7287-9601
홈페이지 www.carnaby.co.uk

셰익스피어 헤드 Shakespeares Head

영국의 극작가 윌리엄 셰익스피어의 먼 친척 토마스 & 존 셰익스피어가 1735년 지은 역사적인 펍이다. 건물 2층에는 셰익스피어의 실제 크기의 흉상이 창밖을 내다보고 있다.

Data 주소 29 Gt.Marlborough Street, London, W1F 7HZ
전화 020-7734-2911

프레드 페리 Fred Perry

윔블던 테니스 챔피언십의 스포츠웨어 브랜드로 시작한 프레드 페리. 우리에게도 월계수 로고로 꽤 친숙한 브랜드이다. 깔끔하면서도 고급스러운 메이드 인 런던 제품을 만나 보자. 유명 디자이너가 참여하는 스페셜 컬래버레이션 디자인도 만날 수 있다.

Data 주소 12 Newburgh Street, London, W1F 7RP
전화 020-7734-4494 홈페이지 www.fredperry.com

스카치 앤 소다 Scotch & Soda

1985년 암스테르담에서 시작한 패션 브랜드로 데님, 셔츠, 액세서리, 가방 등 남녀노소 모두 즐길 수 있는 매장이다. 자유분방하면서도 편안한 스타일을 추구한다.

Data 주소 14 Carnaby St, Carnaby, London W1F 9PW
전화 020-8036-3300
홈페이지 www.scotch-soda.com

킹리 코트 Kingly Court

카나비 스트리트 안쪽에 위치한 미니 쇼핑 단지이다. 우리나라 인사동의 쌈지길처럼 가운데 마당을 둘러싸고 건물 안에 레스토랑, 카페, 바, 빈티지숍 등이 모여 있다. 여름에는 오픈에어 스타일로, 겨울에는 지붕을 씌워 일 년 내내 쇼핑을 즐길 수 있는 곳.

Data 주소 Kingly Court, Kingly St, London W1B 5PW

펀 Ffern

회원으로 가입하면 나만의 향수를 계절마다 받을 수 있다. 플라스틱이 아닌 재사용 가능한 종이 튜브를 사용한 최초의 향수 제조업체로 환경 친화적 향수 브랜드.

Data 주소 23 Beak St, Carnaby, London W1F 9RS
홈페이지 ffern.co

달콤한 초콜릿 천국

엠 앤 엠스 월드 m & m's World

초콜릿을 좋아하는 사람이라면 꼭 가보고 싶어 하는 엠 앤 엠스 월드는 전 세계에 몇 군데 없는 초콜릿 천국이다. 미국에는 라스베이거스, 뉴욕, 플로리다에 있고 미국 외에는 런던과 상하이에 지점이 있다. 런던에는 2011년 레스터 스퀘어와 피카딜리 서커스 사이에 지상 2층, 지하 3층으로 구성된 큰 규모로 오픈했다. 색깔별로 쌓여 있는 초콜릿을 원하는 만큼 담아서 먹을 수 있고, 게임을 해서 얻은 점수만큼 초콜릿을 받을 수도 있다. 런던 근위병과 엘리자베스 여왕, 애비 로드를 걷는 비틀즈로 변신한 귀여운 초콜릿 캐릭터들도 만나 보자. 런던 여행 기념품으로도 손색없는 영국만의 다양한 초콜릿 상품이 많다. 입구에 있는 거대한 크기의 빨간 2층 버스 앞에서 사진 찍는 것도 잊지 말자.

Data 지도 217p-G
가는 법 레스터 스퀘어역에서 도보 2분. 또는 피카딜리 서커스역에서 도보 2분
주소 1 Swiss Court, London W1D 6AP
전화 020-7025-7171
운영 시간 월~토 10:00~22:00, 일 12:00~18:00
홈페이지 www.mmsworld.com

영국에서 가장 큰 대형 서점

포일스 Foyles

1903년 설립된 포일스 서점 본점이다. 영국 서점 중 가장 큰 규모를 자랑하며 4층에 걸쳐 50개의 세부 섹션으로 나뉘어 있다. 책, 잡지, CD, DVD 등을 판매하고 서점 제일 위층 갤러리에서는 사진전이, 카페와 강당에서는 재즈 공연이나 도서 토론회 등이 열린다. 건물 중앙이 뚫려 있어 계단을 오르내리며 전 층을 볼 수 있다. 전자책과 스마트폰이 지식을 제공하는 시대이지만 아직도 종이책을 사랑하는 영국 사람들을 위해 런던 곳곳에는 서점이 많다. 그중에서도 이곳 포일스에서는 20만 권의 다양한 책을 만날 수 있다. 특히 한국에서 쉽게 접할 수 없는 가드닝, 쿠킹, 베이킹, 셀프웨딩 도서나 여행서, 지도 등이 많아 책에 관심이 많다면 둘러보기를 추천한다. 런던 곳곳의 감각적인 사진을 담은 책은 여행의 감동을 간직할 수 있는 기념품으로도 좋다.

Data 지도 217p-D
가는 법 토트넘 코트 로드역에서 도보 5분
주소 Foyles, 107 Charing Cross Road, London, WC2H 0DT
전화 020-7437-5660
운영 시간 월~토 09:00~21:00, 일 12:00~18:00
홈페이지 www.foyles.co.uk

아이들과 갔다가 오히려 어른들이 더 좋아하는

레고 스토어 LEGO® Store

윈저 레고랜드에 갈 시간이 안 된다면 런던에서 레고 세상을 만나보자. 줄 서서 들어갈 만큼 인기가 대단하다. 레고 스토어에서는 모든 것이 다 레고로 만들어졌다. 런던 지하철, 빅벤 등 런던 대표 관광지를 비롯해서 셰익스피어, 런던 근위병, 런던 신사도 레고 블럭으로 만들어졌으니 런던 인증샷을 남길 베스트 장소. 레고 스토어 곳곳에서 나만의 미니 피규어나 건물을 만들어 볼 수 있어서 시간 가는 줄 모른다. 한국에서 구하기 힘든 레고 시리즈를 한 번에 만날 수 있는 곳이니 레고 팬이라면 꼭 가봐야 할 곳.

Data 지도 217p-H
가는 법 레스터 스퀘어역에서 도보 2분. 또는 피카딜리 서커스역에서 도보 2분
주소 3 SWISS COURT, W1D 6AP LONDON
전화 020-7839-3480
운영 시간 월~토 10:00~22:00, 일 12:00~18:00
홈페이지 www.lego.com

러블리 소녀 감성 브랜드

캐스 키드슨 Cath Kidston

보기만 해도 기분이 좋아지는 화사한 플라워 패턴의 캐스 키드슨. 한국에도 매장이 있지만 캐스 키드슨의 탄생지 런던에서 구매하면 20~30% 저렴하다. 피카딜리 플래그십 스토어는 3층 규모로 가방, 신발, 옷, 컵을 비롯한 부엌용품, 열쇠고리, 문구류, 우산, 아기용품, 앞치마 등 다양한 제품을 판매한다. 파스텔의 땡땡이 패턴, 알록달록 플라워 패턴, 꼬마 근위 병정 패턴 등 선택의 범위가 넓다. 방수되고 튼튼한 pvc 재질로 가볍고 편하게 오래 쓸 수 있다.

Data 지도 216p-J 가는 법 피카딜리 서커스역에서 도보 5분/그린 파크역에서 도보 5분 주소 French Railways House 178-180 Piccadilly London W1J 9ER 전화 020-7499-9895 운영 시간 월~토 10:00~20:00, 일 12:00~18:00 홈페이지 www.cathkidston.com

남성들의 워너비 영국 브랜드

폴 스미스 세일 숍 Paul Smith Sale Shop

화사한 색깔과 독특한 패턴으로 젊은 남성들이 갖고 싶어 하는 브랜드 폴 스미스의 세일 숍에서는 정가에서 30~50% 할인된 가격으로 제품을 판매한다. 폴 스미스의 대표 패턴인 스프라이트 지갑과 넥타이, 양말은 남자친구나 아버지, 오빠를 위한 센스 있는 선물로 좋다.

Data 본드 스트리트점
지도 216p-F
가는 법 본드 스트리트역에서 도보 5분
주소 23 Avery Row, London W1K 4AX
운영 시간 월~토 11:00~18:00, 일 12:00~18:00
전화 020-7493-1287
홈페이지 paulsmith.co.uk

디자이너 제품이 언제나 세일 중

티케이 맥스 TK MAXX

디자이너 브랜드, 중고가 명품의 재고를 판매한다. 절반 요금은 기본이고 80~90%까지 할인하는 경우도 있다. 옷, 가방, 신발, 속옷, 지갑 등 의류와 액세서리 외에도 그릇과 인테리어 소품 등 다양한 제품이 있다. 저렴한 보세 상품 같아 보이지만 한때 비싸게 팔렸던 상품이다. 제품 진열에 신경을 쓰는 편이 아니니 사기 전에 제품 상태가 좋은지 한 번 더 확인하자.

Data 차링 크로스점
지도 217p-D 가는 법 토트넘 코트 로드역에서 도보 5분 주소 120 Charing Cross Road WC2H 0JR 운영 시간 월~토 09:00~21:00, 일 12:00~18:00 전화 020-7240-2042 홈페이지 www.tkmaxx.com

Data 코벤트 가든점
지도 264p-C 가는 법 레스터 스퀘어역 · 코벤트 가든역에서 도보 5분 주소 15-17 Long Acre WC2E 9LH 운영 시간 월~토 09:00~20:00, 일 12:00~18:00 전화 020-7240-8042 홈페이지 www.tkmaxx.com

오래오래 입을 좋은 품질의 재킷

바버 Barbour

광활한 자연 속에서 헌팅이나 트레킹을 즐길 때 입는 재킷으로 유명해졌다. 바버의 박시한 재킷은 영국 특유의 클래식하고 중후한 분위기를 내면서도 빈티지한 느낌까지 있어 남녀노소 모두에게 잘 어울린다. 재킷 표면에 왁스칠을 해주면 방수력을 계속 유지해 옷의 수명이 늘어난다. 안감은 고급스러운 체크무늬나 화려한 영국 유니언잭 패턴으로 되어 있어 안감이 보일 때 더욱 멋스럽다.

Data 바버 인터내셔널점
지도 217p-G 가는 법 피카딜리 서커스역에서 도보 2분 주소 211-214 Piccadilly, London W1J 9HL 전화 020-7434-3709 운영 시간 월~토 10:00~19:00, 일 12:00~18:00

Data 바버 리젠트 스트리트점
지도 217p-G 가는 법 피카딜리 서커스역에서 도보 2분 주소 73-77 Regent St, London W1B 4EF 전화 020-7434-0880 운영 시간 월~토 10:00~19:30, 일 12:00~18:00
홈페이지 www.barbour.com

|Theme|

런던 베스트 쇼핑 아케이드 3

골목 양쪽으로 상점들이 늘어서 있고, 위로는 아치 천장이 덮고 있는 쇼핑거리를 아케이드라고 한다. 피카딜리 서커스와 그린 파크를 잇는 피카딜리 로드를 따라 100년이 넘는 역사를 가진 3개의 아케이드를 만날 수 있다. 유명 브랜드 매장과 사람들로 가득한 피카딜리 서커스의 분위기를 잠시 뒤로하고 숨은 뒷골목의 아케이드를 둘러보며 잠시 여유를 가져 보자.

Data 지도 216p-J, 216p-K 가는 법 피카딜리 서커스, 그린파크 스테이션역에서 도보 5분

벌링턴 아케이드 Burlington Arcade

1819년 문을 연 세계 최초의 쇼핑 아케이드이다. 영국에서 가장 긴 길이의 천장이 있는 쇼핑 스트리트로도 꼽힌다. 오래된 전통을 자랑하는 캐시미어 전문점, 시계, 보석, 가죽, 신발, 만년필 상점 등 세 곳의 아케이드 중 가장 많은 상점이 있다. 색색의 화려한 마카롱을 파는 라뒤레 LADUREE도 놓치지 말자.

Data 주소 Burlington Arcade 51 Piccadilly, London W1J 0QJ
운영 시간 월~토 09:00~19:30, 일 11:00~18:00
홈페이지 www.burlingtonarcade.com

프린스 아케이드 Princes Arcade

하얀색 건물의 시원한 파란색 간판이 인상적인 프린스 아케이드는 1883년 지어졌고, 1931년 문을 열었다. 1880년부터 시작한 구두 브랜드 바커BARKER, 240년 동안 8대에 거쳐 왕, 여왕, 군인을 비롯한 영국 관리들의 모자를 만들어 온 모자 장인 크리스티스 해츠Christys' Hats 가게도 들러 보자.

Data 주소 Princes Arcade, 192/196 Piccadilly & 36/40 Jermyn Street, W1
운영 시간 월~토 08:00~19:00, 일 10:00~17:00 홈페이지 www.princesarcade.co.uk

피카딜리 아케이드 Piccadilly Arcade

왕립 미술원 건너편에 있다. 1910년 문을 열었다. 벌링턴 아케이드에 비해 규모는 작지만 앤티크한 조명과 곡선의 통유리의 상점 디자인이 아름다운 곳이다. 벤슨 앤 클렉Benson & Clegg은 조지 6세 왕과 찰스 영국 왕세자로부터 영국 왕실보증서를 받은 테일러숍이다.

Data 주소 Piccadilly Arcade London SW1Y 6NH
운영 시간 가게마다 다름, 일요일은 닫는 곳이 많음
홈페이지 www.piccadilly-arcade.com

London By Area

03

코벤트 가든

Covent Garden

즐거운 길거리 공연으로 언제나 활기찬 코벤트 가든 마켓을 중심으로 색색의 화려한 닐스 야드 거리를 둘러보고 인상파 화가들의 명화를 볼 수 있는 코톨드 갤러리를 즐겨 보자.
지역 규모 자체는 크지 않지만 놓치기엔 아까운 코벤트 가든 지역.

TELEPHONE
TELEPHONE
TELEPHONE
NAUTICALIA
GALLERY

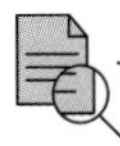

코벤트 가든
미리보기

코벤트 가든 마켓 안에서 펼쳐지는 신나고 즐거운 길거리 공연으로 여행의 추억을 쌓아 보자. 왕립 오페라 하우스와 서머셋 하우스에서 고풍스러운 분위기도 느껴 보자. 햇볕이 화사한 날에는 닐스야드에 앉아 눈부신 색색의 건물을 바라보는 것도 잊지 말자. 지도를 보며 열심히 찾은 사람만 만날 수 있는 런던의 숨어 있는 작은 보석 같은 골목이다.

SEE

음식, 공연, 쇼핑 이 모든 것을 다 즐길 수 있는 코벤트 가든 마켓. 크리스마스 시즌이 되면 화려하게 장식된 내부가 더욱 멋스럽다.

EAT

코벤트 가든 마켓 곳곳에 파는 길거리 음식을 먹어 보는 재미가 있다. 정통 인도음식 마살라 존, 고풍스러운 분위기의 아이비 마켓 그릴, 런던 대표 커피 브랜드 몬머스 커피 등 행복한 고민이 가득한 곳이다.

BUY

트와이닝 차 가게에서는 내가 원하는 티백을 골라 사는 재미가 있다. 코벤트 가든 마켓 내 애플마켓의 앤티크 제품에도 눈길이 간다.

어떻게 갈까?

언더그라운드 코벤트 가든역, 템플역, 레스터 스퀘어역

버스 9, 13, 15, 23, 139, 153(스트랜드를 다니는 버스, 코벤트 가든 마켓까지 도보 5분)번 이용, 사우스햄튼 스트리트 코벤트 가든, 사보이 스트리트에서 하차

어떻게 다닐까?

코벤트 가든 내에서는 도보로 다닐 수 있다. 길이 좁아 차가 들어갈 수 없는 곳들이 많으니 골목골목은 걸어서 이동하자.

코벤트 가든

추천 코스

코벤트 가든 지역은 규모가 크지 않아 반나절이면 충분히 둘러볼 만하다. 트래펄가 광장 & 소호 지역과 영국 박물관 지역을 함께 하루 일정으로 계획해서 다닐 수도 있다. 코벤트 가든 언더그라운드역을 기준으로 위로는 닐스야드와 세븐 다이얼스가 있고 아래로는 코벤트 가든 마켓과 런던 교통 박물관, 서머셋 하우스가 있다. 닐스야드의 색색의 화려한 건물과 코벤트 가든 마켓의 활기찬 길거리 공연을 즐기려면 점심시간이나 오후 시간에 가는 것이 가장 좋다.

코벤트 가든역에서 나와 닐 스트리트를 따라 상점 구경하기

도보 10분

닐스야드 안으로 들어가 예쁜 건물 바탕으로 인증샷 남기기

도보 1분

몬머스 커피에서 진한 커피 한잔 마시기

도보 3분

포비든 플래닛에서 SF시리즈와 피규어 구경하기

도보 10분

코벤트 가든역으로 다시 내려와 코벤트 가든 마켓 둘러보기

도보 1분

코벤트 가든 마켓 곳곳에서 펼쳐지는 즐거운 길거리 공연 관람하기

도보 2분

런던 교통 박물관 기념품 가게에서 2층 빨간 버스 기념품 사기

도보 10분

서머셋 하우스 코톨드 갤러리에서 인상파 화가 작품 감상하기

도보 10분

왕립 오페라 하우스의 오페라, 발레 공연을 관람하며 예술 감각 재충전하기

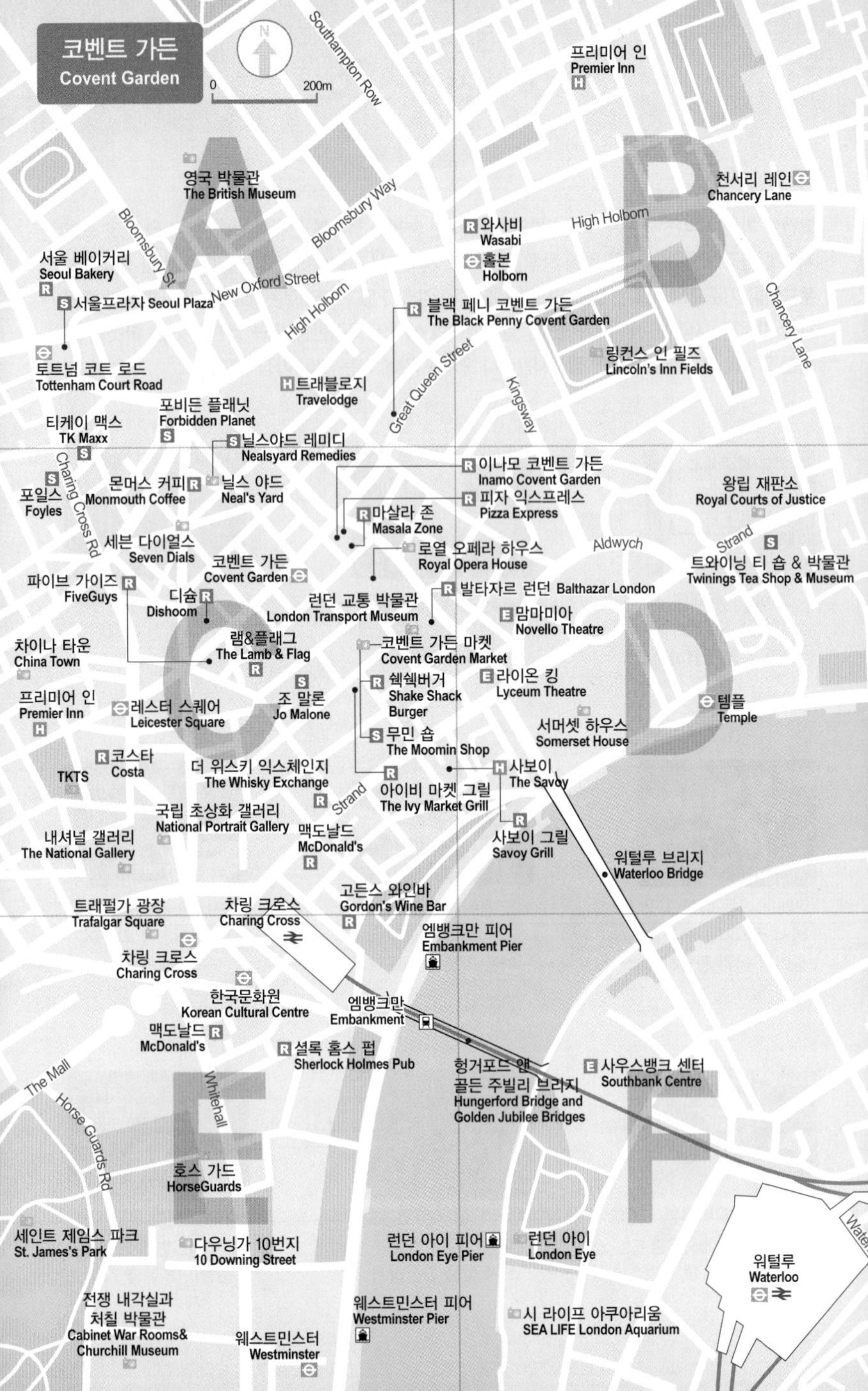

코벤트 가든
Covent Garden
0
200m
Southampton Row
프리미어 인
Premier Inn
영국 박물관
The British Museum
Bloomsbury Way
High Holborn
천서리 레인
Chancery Lane
와사비
Wasabi
홀본
Holborn
Bloomsbury St
서울 베이커리
Seoul Bakery
서울프라자 Seoul Plaza
New Oxford Street
High Holborn
블랙 페니 코벤트 가든
The Black Penny Covent Garden
Chancery Lane
링컨스 인 필즈
Lincoln's Inn Fields
토트넘 코트 로드
Tottenham Court Road
트래블로지
Travelodge
Great Queen Street
Kingsway
포비든 플래닛
Forbidden Planet
티케이 맥스
TK Maxx
닐스야드 레미디
Nealsyard Remedies
이나모 코벤트 가든
Inamo Covent Garden
몬머스 커피
Monmouth Coffee
닐스 야드
Neal's Yard
피자 익스프레스
Pizza Express
왕립 재판소
Royal Courts of Justice
포일스
Foyles
Charing Cross Rd
마살라 존
Masala Zone
세븐 다이얼스
Seven Dials
로열 오페라 하우스
Royal Opera House
Aldwych
Strand
코벤트 가든
Covent Garden
트와이닝 티 숍 & 박물관
Twinings Tea Shop & Museum
파이브 가이즈
FiveGuys
디슘
Dishoom
발타자르 런던 Balthazar London
런던 교통 박물관
London Transport Museum
맘마미아
Novello Theatre
차이나 타운
China Town
램&플래그
The Lamb & Flag
코벤트 가든 마켓
Covent Garden Market
쉐쉑버거
Shake Shack Burger
라이온 킹
Lyceum Theatre
프리미어 인
Premier Inn
레스터 스퀘어
Leicester Square
조 말론
Jo Malone
템플
Temple
무민 숍
The Moomin Shop
서머셋 하우스
Somerset House
코스타
Costa
TKTS
더 위스키 익스체인지
The Whisky Exchange
아이비 마켓 그릴
The Ivy Market Grill
사보이
The Savoy
Strand
국립 초상화 갤러리
National Portrait Gallery
맥도날드
McDonald's
사보이 그릴
Savoy Grill
내셔널 갤러리
The National Gallery
워털루 브리지
Waterloo Bridge
고든스 와인바
Gordon's Wine Bar
트래펄가 광장
Trafalgar Square
차링 크로스
Charing Cross
엠뱅크만 피어
Embankment Pier
차링 크로스
Charing Cross
한국문화원
Korean Cultural Centre
엠뱅크만
Embankment
맥도날드
McDonald's
셜록 홈스 펍
Sherlock Holmes Pub
헝거포드 앤 골든 주빌리 브리지
Hungerford Bridge and Golden Jubilee Bridges
사우스뱅크 센터
Southbank Centre
The Mall
Horse Guards Rd
Whitehall
호스 가드
HorseGuards
세인트 제임스 파크
St. James's Park
다우닝가 10번지
10 Downing Street
런던 아이 피어
London Eye Pier
런던 아이
London Eye
워털루
Waterloo
전쟁 내각실과 처칠 박물관
Cabinet War Rooms& Churchill Museum
웨스트민스터 피어
Westminster Pier
시 라이프 아쿠아리움
SEA LIFE London Aquarium
웨스트민스터
Westminster

200년이 넘는 역사를 가진 런던 교통수단을 직접 볼 수 있는 곳

런던 교통 박물관 London Transport Museum

지금 우리가 편하게 이용하는 대중교통의 대부분은 영국에서 생겨났다고 해도 과언이 아니다. 산업혁명과 함께 시작된 세계 최초 증기기관차는 물론이고 아직까지 전 세계 사람들의 사랑을 받고 있는 150년의 역사를 가진 지하철, 빨간 2층 버스는 영국을 대표하는 역사와 문화의 중심이다. 런던 교통 박물관은 1800년부터 현재까지 사용되는 교통수단을 비롯해 45만 점 이상의 교통 관련 수집품을 볼 수 있는 곳이다. 버스와 지하철 노선도를 이용한 예술 작품을 볼 수 있는 갤러리도 있다. 만 17세 이하는 입장료가 무료이니 기차나 버스에 관심이 많은 아이들이 있는 가족이라면 들러볼 만하다. 박물관 내부 입장을 하지 않더라도 빨간 버스와 지하철을 모티브로 한 톡톡 튀는 제품을 볼 수 있는 교통 박물관 기념품 가게는 꼭 들어가 보길 추천한다.

Data 지도 264p-C
가는 법 코벤트 가든역에서 도보 5분
주소 Covent Garden Piazza, London WC2E 7BB
전화 020-7379-6344
운영 시간 10:00~18:00
요금 24파운드(만 17세 이하 무료입장)
홈페이지 www.ltmuseum.co.uk

길거리 예술가들의 천국

코벤트 가든 마켓 Covent Garden Market

런던 여행객들의 핫 플레이스, 코벤트 가든. 레스토랑, 기념품 가게, 예술품 및 명품 숍 등 여러 상점이 모여 있는 곳이다. 코벤트 가든 곳곳에서는 수준급의 예술가들이 다양한 길거리 공연을 펼친다. 클래식 공연, 뮤지컬, 마술 쇼, 팝 뮤직, 통기타 연주 등 보고 즐길 거리가 가득하다. 무료 공연에 만족했다면 보답으로 팁을 주거나 음악 CD를 살 수도 있다. 코벤트 광장은 17세기 고급 주택을 짓기 위해 만들어졌다. 광장 남쪽의 작은 시장이 커지고 주변에 극장과 상점 등이 생겨나면서 현재의 코벤트 가든 마켓이 만들어졌다. 지금은 단순한 마켓을 넘어 공연, 전시, 일반인이 참여할 수 있는 행사가 항상 열리는 예술의 장으로 자리 잡았다. 크리스마스 기간이 되면 대형 크리스마스와 화려한 조형물이 장식된다. 좋아하는 음료나 맥주를 한잔 마시며 코벤트 가든을 가득 메우는 아름다운 음악 연주를 즐겨 보자.

Data 지도 264p-C
가는 법 코벤트 가든역에서 도보 3분
주소 The Market London WC2E 8RF
전화 020-7240-5856
운영 시간 월~토 10:00~19:00, 일 11:00~16:00
홈페이지 www.covent-garden.london

TIP 코벤트 가든 마켓을 방문하려면 오후 5시 이전에 가자. 오후 5시 이후로 코벤트 가든 마켓 내 상점들은 문을 닫기 시작하고 길거리 공연도 거의 끝나는 분위기다. 활기찬 코벤트 가든 마켓 분위기를 느끼려면 낮에 방문하는 것이 가장 좋다.

코벤트 가든 내의 작은 마켓

코벤트 가든 내에 있는 상점 외에도 코벤트 가든 곳곳에서는 작은 스트리트 마켓이 열린다. 코벤트 가든 메인 홀에 펼쳐지는 애플 마켓과 남쪽 방향에 따로 떨어진 건물에서 작은 규모로 열리는 주빌리 마켓 두 곳이다. 고급스러운 앤티크 제품과 장인의 숨결이 느껴지는 공예품을 구경해 보자.

주빌리 마켓 Jubilee Market

코벤트 가든 메인 홀과 교통 박물관 사이에 위치한 건물에서 열린다. 요일마다 판매하는 물건이 다르다. 월요일에는 앤티크 제품을, 화~금요일에는 옷과 일상용품, 주말에는 예술품, 공예품을 주로 판매한다.

애플 마켓 Apple Market

코벤트 가든 내부에 들어서면 바로 보이는 메인 스트리트 마켓. 애플 마켓이라는 아치형 간판이 눈에 띈다. 영국에서 만든 공예품, 보석, 가죽제품들을 주로 판매한다.

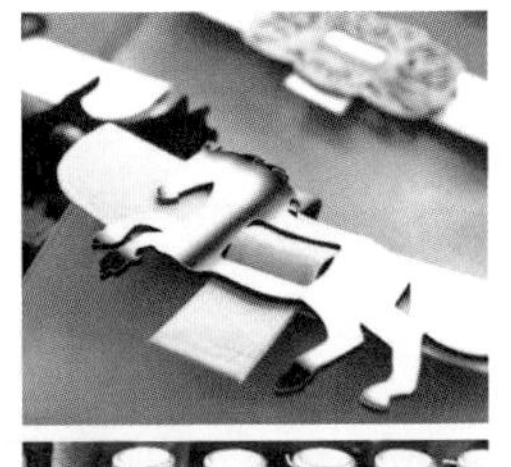

형형색색의 건물들이 모여 있는 예쁜 골목길

닐스야드 Neal's Yard

코벤트 가든과 소호 사이에 있는 작은 골목길 닐스야드. 건물과 건물 사이의 좁은 길로 들어가야 하기 때문에 모르는 사람들은 우연히 들어가기도 쉽지 않은 곳이다. 이 찾기도 힘든 작은 골목길이 유명해진 이유는 바로 아름다운 색으로 칠해진 건물들과 마치 그림 속에 들어와 있는 것처럼 예쁜 간판들이 옹기종기 모여 있기 때문이다. 빨간 벽돌과 하얀색 창문으로 획일화된 런던 주택 스타일이 아닌, 보기만 해도 기분 좋아지는 노란색, 보라색, 주황색, 연두색 같은 화사한 색의 건물들이 가득하다. 이곳에는 건강 샐러드 바, 엄청난 크기를 자랑하는 피자집, 미용실, 카페, 펍 등이 모여 있고, 닐스야드라는 브랜드명을 가진 유기농 화장품 가게도 있다. 닐스야드는 해가 뜬 낮에 가야 그 매력을 제대로 느낄 수 있다.

Data 지도 264p-C 가는 법 코벤트 가든역에서 도보 10분
주소 Neal's Yard, London WC2H 9DP

세계 정상급의 오페라와 발레 공연을 볼 수 있는

로열 오페라 하우스 Royal Opera House

세계 최고 수준급의 로열 오페라단과 로열 발레단의 공연이 열리는 곳이다. 1732년 건설된 이래 약 300년 가까운 기간 동안 헨델의 오페라 초연을 비롯한 유명한 작품이 공연되었다. 오페라 하우스 내부는 둥근 원형 형태로 5층에 걸쳐 좌석이 있으며 화려함과 웅장함 그 자체다. 거대한 유리와 철로 된 아름다운 건물은 원래 코벤트 마켓의 꽃 시장이었지만 현재는 오페라 하우스 건물로 샴페인 바와 레스토랑이 있다. 화려한 무대 위 공연자들의 완벽한 퍼포먼스를 볼 수 있는 기회이니 시간이 된다면 공연을 즐겨 보자.

Data 지도 264p-C
가는 법 코벤트 가든역에서 도보 5분 주소 Royal Opera House Bow Street Covent Garden London WC2E 9DD
전화 020-7304-4000
운영 시간 공연마다 다름
요금 공연 및 좌석마다 다름 (5~100파운드 이상)
홈페이지 www.roh.org.uk

각자 매력이 가득한 7개 길의 중심

세븐 다이얼스 Seven Dials

7개의 도로가 지나는 교차로. 교차로 중심에는 세븐 다이얼스를 상징하는 기둥이 서 있다. 세븐 다이얼스 지역은 코벤트 가든의 성공을 따라 부유하고 화려한 쇼핑 스트리트로 만들기 위해 개발되었다. 하지만 주변은 빈민가가 되고 저렴한 숙소로 노동자와 범죄자들의 지역이 되면서 19세기 기둥이 제거되기도 했다. 세븐 다이얼스의 7개 골목에는 맛집과 옷 가게, 펍, 레스토랑, 호텔들이 모여 있어 관광객이 즐겨 찾는 명소가 되었다.

Data 지도 264p-C
가는 법 코벤트 가든역에서 도보 10분
주소 Seven Dials London WC2H 9HA
홈페이지 www.sevendials.co.uk

종합 예술을 즐길 수 있는 아름다운 대저택

서머셋 하우스 Somerset House

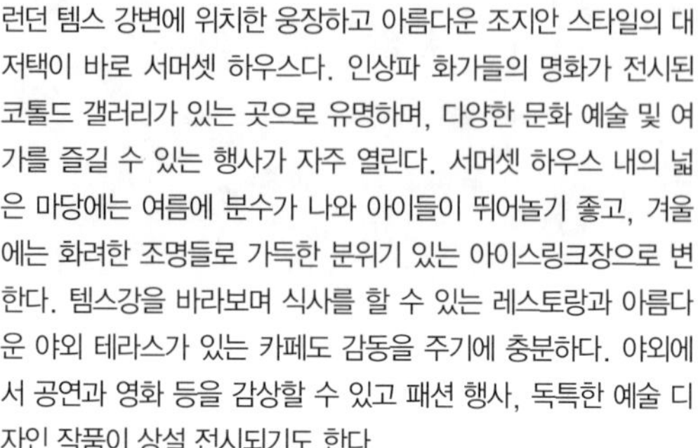

런던 템스 강변에 위치한 웅장하고 아름다운 조지안 스타일의 대저택이 바로 서머셋 하우스다. 인상파 화가들의 명화가 전시된 코톨드 갤러리가 있는 곳으로 유명하며, 다양한 문화 예술 및 여가를 즐길 수 있는 행사가 자주 열린다. 서머셋 하우스 내의 넓은 마당에는 여름에 분수가 나와 아이들이 뛰어놀기 좋고, 겨울에는 화려한 조명들로 가득한 분위기 있는 아이스링크장으로 변한다. 템스강을 바라보며 식사를 할 수 있는 레스토랑과 아름다운 야외 테라스가 있는 카페도 감동을 주기에 충분하다. 야외에서 공연과 영화 등을 감상할 수 있고 패션 행사, 독특한 예술 디자인 작품이 상설 전시되기도 한다.

Data 지도 264p-D
가는 법 템플역에서 도보 2분
주소 Strand, London WC2R 1LA
전화 020-7845-4600
운영 시간 갤러리 10:00~18:00, 12월 25일 휴관
요금 코톨드 갤러리 9파운드(평일), 11파운드(주말)
홈페이지 www.somerset-house.org.uk

코톨드 갤러리 Courtauld Gallery

르네상스 시대부터 20세기까지 인상파와 후기 인상파 화가들의 명화가 전시되어 있는 곳이다. 우리에게도 익숙한 미켈란젤로, 레오나르도 다빈치, 고흐, 고갱, 마네, 고야, 세잔의 작품을 한 곳에서 볼 수 있다. 베네치아 유리예술품과 고딕 양식의 상아 조각을 비롯한 유럽 조각 작품과 장식예술품도 만날 수 있다.
홈페이지 courtauld.ac.uk

세상 어디에도 없는 진하고 깊은 커피

몬머스 커피 Monmouth Coffee

런던 베스트 커피에 빛나는 몬머스 커피. 진하고 고소한 커피 향을 따라 닐스야드의 작은 골목길을 걷다 보면 만나게 된다. 작은 가게 안팎으로 커피를 즐기려는 사람들이 북적인다. 몬머스 커피는 원래 1978년 몬머스 거리에서 로스팅을 주로 하며 커피 원두를 파는 가게였다. 고객들에게 시음용으로 커피를 제공하다 아예 카페로 바꾼 것이다. 커피 농장을 직접 찾아 생산자와 협동하고, 공정무역을 통해 건강하고 신선한 원두를 제공한다. 주문하면 즉시 눈앞에서 핸드드립으로 커피를 내려준다. 심플한 흰색 컵에 담긴 깊고 진한 커피 맛은 감동 그 자체. 런던 시내에는 닐스야드, 버로우 마켓 두 곳에 매장이 있다. 닐스야드점은 본점이지만 규모가 작고, 버로우 마켓 지점이 규모가 더 크고 빵과 원두도 판매한다.

Data 지도 264p-C
가는 법 코벤트 가든역에서 도보 10분
주소 27 Monmouth Street Covent Garden London WC2H 9EU
전화 020-7232-3010
운영 시간 월~토 08:00~18:00, 일 휴무
가격 플랫화이트 3.50파운드
홈페이지 www.monmouth-coffee.co.uk

코벤트 가든의 멋스러운 레스토랑

아이비 마켓 그릴 The Ivy Market Grill

코벤트 가든 중심에 위치해 있다. 세련된 인테리어와 맛있는 스테이크 메뉴로 인기 높은 레스토랑. 예술 작품으로 장식된 벽과 세계 유명한 술들로 가득한 바 테이블까지 특별한 분위기를 내기에 딱 좋은 곳이다. 스테이크, 피쉬 앤 칩스, 훈제 연어 등 다양한 모던 유러피언 요리와 스시를 비롯한 다양한 아시안 요리도 있다. 음식과 잘 어울리는 칵테일, 와인 선택지도 많다. 오픈 시간이 길어서 브렉퍼스트 메뉴, 런치, 디너 등 원하는 시간에 어울리는 메뉴가 많다. 날씨가 좋으면 야외 테이블에서 음식을 즐기며 코벤트 가든을 제대로 느껴보는 것도 좋겠다.

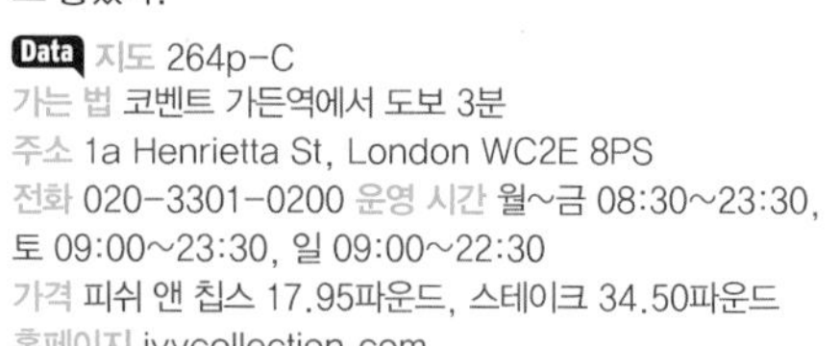

Data 지도 264p-C
가는 법 코벤트 가든역에서 도보 3분
주소 1a Henrietta St, London WC2E 8PS
전화 020-3301-0200 운영 시간 월~금 08:30~23:30, 토 09:00~23:30, 일 09:00~22:30
가격 피쉬 앤 칩스 17.95파운드, 스테이크 34.50파운드
홈페이지 ivycollection.com

영국의 대중적인 피자 레스토랑

피자 익스프레스 Pizza Express

영국에만 400곳이 넘고 유럽 전역에도 40개가 넘는 지점이 있을 만큼 영국 및 유럽 사람들에게 인기 있는 피자 레스토랑이다. 이탈리아 피자에 영감을 받은 창업자 피터 보이조트가 1965년 런던에 처음 지점을 낸 것이 피자 익스프레스의 시작이다. 영국에 이탈리아 피자의 대중화를 가져 온 획기적인 일이었다. 얇고 고소한 피자 도우와 화덕에 막 구운 신선한 맛이 피자 익스프레스의 특징. 그 위에 자체 개발한 수많은 종류의 토핑이 새로운 맛을 선사한다. 정통 이탈리아 피자 외에 멸치를 넣은 앤초비 토핑 피자 등 한국에서는 쉽게 맛볼 수 없는 다양한 피자를 만날 수 있다.

Data 지도 264p-C 가는 법 코벤트 가든역에서 도보 5분
주소 9-12 Bow Street, London WC2E 7AH
전화 020-7240-3443 운영 시간 월~수 11:30~22:30, 목~토 11:30~23:00, 일 11:30~22:00 가격 피자 15.95파운드~ 홈페이지 www.pizzaexpress.com

진정한 인도의 맛

마살라 존 Masala Zone

마살라는 인도 음식의 핵심인 '향신료'를 뜻하는 말이다. 마살라 존은 런던에만 7개의 지점을 갖고 있는 베스트 인도 음식점. 영국 일간지 〈가디언〉이 음식, 서비스, 가격대비 가치로 10점 만점을 준 곳이다. 특히 코벤트 가든 지점은 왕족 결혼식의 행진을 보여 주는 라자스탄 지역의 인형 수백 개가 천장에 매달려 있는 독특한 인테리어로 유명하다. 마살라의 사장인 나티마와 그녀의 여동생 카멜리아가 인도 전 지역을 여행하며 배운 기술로 독특하고 맛있는 인도 현지 음식을 선보인다. 밀가루 반죽을 철판에 둥그렇게 구운 인도 빵 차파티나 밥과 함께 인도 정통 커리를 먹어 보자.

Data 지도 264p-C 가는 법 코벤트 가든역에서 도보 5분
주소 48 Floral Street, London WC2E 9DA
전화 020-7379-0101 운영 시간 월~수 12:30~14:30, 17:00~22:00, 목 12:30~14:30, 17:00~22:30, 금 12:30~14:30, 17:00~23:00, 토 12:30~23:00 일 12:30~22:00 가격 런치볼 12.50파운드~
홈페이지 www.masalazone.com

눈으로 한 번 입으로 두 번 즐기는

이나모 코벤트 가든 Inamo Covent Garden

마치 미래 시대에 온 듯 테크놀로지를 이용한 신박한 레스토랑. 손님은 테이블 위 화면에서 메뉴도 보고 주문도 하며 음식을 기다리는 동안 일행과 테이블 화면에서 20개가 넘는 다양한 게임도 할 수 있으니 전혀 지루하지 않다. 주 메뉴는 스시, 롤, 타다끼 등 아시아 퓨전 요리다. 코벤트 가든역과 로얄 오페라 하우스 건물 바로 옆에 위치해 있다. 북적이는 분위기에서 친구 또는 일행들과 함께 독특하고 즐거운 여행 추억 쌓기에 좋아 추천한다. 소호에도 지점이 있다.

Data 지도 264p-C
가는 법 코벤트 가든역에서 도보 1분
주소 11-14 Hanover Pl, London WC2E 9JP
전화 020-7484-0500
운영 시간 월 16:00~23:00, 화~목 12:00~23:00, 금 12:00~ 23:30, 토 11:00~23:30, 일 12:00~21:00
가격 교자 5.95파운드, 우동 15.95파운드
홈페이지 www.inamo-restaurant.com

|Theme|

런던에서 맛보는 미국의 양대 산맥 버거

고메 버거, 어니스트 버거, 바이런, 버거 앤 랍스터와 같이 영국 브랜드 버거도 맛있지만 기회가 된다면 파이브 가이즈와 쉑쉑버거 같은 미국 버거도 즐겨 보자. 질 좋은 재료로 고급스러움을 추구하는 영국 버거와 달리 미국 버거는 더 대중적이고 부담 없이 맛볼 수 있다. 미국에서도 양대 산맥이라고 불리는 버거 베스트 2! 런던 코벤트 가든에서 전격 비교해 보자!

고소한 패티와 내 맘대로 골라 먹는 토핑의 조화

파이브 가이즈 Five Guys

빨간색과 하얀색의 모자이크 인테리어가 인상적인 곳, 파이브 가이즈. 미국의 오바마 대통령이 어렸을 때부터 즐겨 먹었다고 해서 '오바마 버거'라는 별명이 생겼다. 일반 수제 버거집과 맥도날드 같은 패스트푸드 체인점의 중간 가격으로 질 대비 가격이 부담스럽지 않은 곳이다. 땅콩기름으로 튀겨 바삭하고 고소한 감자튀김은 파이브 가이즈의 대표 메뉴. 감자튀김 사이즈와 양이 섭섭지 않다. 기름에 튀긴 땅콩은 자루째 한편에 쌓아놓아 기다리는 동안 무제한 먹어도 된다. 그릴에 직접 구운 고기의 질감과 육즙은 말할 것도 없이 풍부하다. 채소와 소스는 내가 원하는 대로 골라 버거, 핫도그, 샌드위치에 토핑할 수 있다.

Data 지도 264p-C
가는 법 레스터 스퀘어역에서 도보 3분. 또는 코벤트 가든역에서 도보 5분
주소 1-3 Long Acre London WC2E 9LH
전화 020-7240-2057
운영 시간 월~목 11:00~23:30, 금·토 11:00~24:00, 일 11:00~22:30
가격 햄버거 6.75파운드~, 밀크셰이크 4.75파운드
홈페이지 www.fiveguys.co.uk

뉴욕 대표 버거와 부드러운 밀크셰이크는 환상의 짝꿍

쉑쉑버거 Shake Shack Burger

뉴욕이 원조인 쉑쉑버거. 주먹만 한 작은 사이즈지만 그 속에 두툼한 패티와 치즈가 한가득 들었다. 감자튀김 위에도 치즈를 얹어 먹을 수 있다. 그래서인지 양은 적지만 하나를 먹고 나면 속이 든든하다. 먹다 보면 고소함을 넘어 약간 느끼할 수도 있는데, 그럴 때 셰이크를 함께 먹어 짭짤한 치즈 맛을 부드럽게 달래주자. 냉동하지 않은 신선한 패티를 사용한다. 이제는 한국에서도 쉽게 접할 수 있게 되었지만 코벤트 가든의 활기찬 분위기와 라이브 공연을 들으며 먹는 버거는 영국에서만 누릴 수 있는 특별한 경험이다.

Data 지도 264p-C
가는 법 코벤트 가든역에서 도보 5분, 코벤트 가든 마켓 내
주소 24 Market Building, The Piazza, WC2E 8RD
전화 019-2355-5129
운영 시간 월~토 11:00~23:00, 일 11:00~22:30 가격 싱글버거 5.5파운드, 셰이크 5.25파운드
홈페이지 www.shakeshack.com

SHAKE SHACK

고풍스러운 분위기에서 즐기는 올 데이 프렌치 레스토랑

발타자르 런던 Balthazar London

뉴욕에 본점이 있는 올 데이 레스토랑으로 브렉퍼스트, 런치, 애프터눈 티, 디너 그리고 주말 브런치까지 다양한 메뉴와 와인을 즐길 수 있는 곳이다. 프렌치 메뉴가 주를 이루며 최상의 재료로 전통적인 레시피에 따른다는 음식 철학을 가지고 있다. 레스토랑 바로 옆에는 명장이 만든 신선한 빵과 홈메이드 디저트, 샐러드, 샌드위치를 파는 블랑제리도 있다.

Data 지도 264p-C
가는 법 코벤트 가든역에서 도보 7분 주소 4-6 Russell Street, Covent Garden, London, WC2B 5HZ
전화 020-3301-1155
운영 시간 월~금 11:30~22:45, 토 10:00~22:45, 일 10:00~21:45
가격 런치 메뉴 24.50파운드~, 애프터눈 티 80파운드~
홈페이지 balthazarlondon.com

골목 속 숨은 18세기 펍을 찾아서

램 & 플래그 The Lamb & Flag

코벤트 가든 지역의 아주 좁은 골목 끝에 있는 펍. 이곳을 그냥 지나친다면 런던에서 손꼽히는 역사적인 펍을 놓치게 된다. 여기에 무려 1772년부터 펍이 있었다고 알려져 있는데, 1833년에 현재의 펍 이름인 램 & 플래그가 생겼다고 한다. 일요일에는 버거와 함께 요크셔 푸딩과 로스트 비프가 맛있는 '선데이 로스트Sunday roast(영국인들이 주로 일요일에 즐기는 전통적인 식사 풍습)'로 제공된다. 긴 역사 덕분에 펍 곳곳에 세월의 흔적이 엿보인다. 음식의 맛과 영국 펍 특유의 분위기를 제대로 즐길 수 있는 곳이다.

Data 지도 264p-C
가는 법 코벤트 가든역에서 도보 3분
주소 33 Rose St, London WC2E 9EB 전화 020-7497-9504
운영 시간 월~토 12:00~23:00, 일 12:00~22:30
가격 비프버거 17.50파운드, 드라이 에이징 선데이 로스트 20.95파운드
홈페이지 www.lambandflag-coventgarden.co.uk

고든 램지와 사보이의 환상적인 만남

사보이 그릴 SAVOY GRILL

엘레강스한 1920년대 아트 데코 테마의 고급 레스토랑으로 사보이 호텔 안에 있다. 영국 수상 윈스턴 처칠, 마릴린 먼로, 제임스 딘, 소설가 오스카 와일드 등의 유명인들이 즐겨 찾던 역사적인 레스토랑이다. 영국, 프랑스 요리를 기본으로 킹크랩, 웰링턴 비프, 서양식 육회인 스테이크 타르타르 메뉴를 즐겨 보자.

Data 지도 264p-C
가는 법 템플역에서 도보 5분
주소 SAVOY HOTEL, Strand, London WC2R 0EU
전화 020-7592-1600
운영 시간 월~토 런치 12:00~15:15, 디너 17:00~24:00, 일 12:00~23:30
가격 런치 3코스 35파운드~ (서비스 차지 12.5% 별도)
홈페이지 www.gordonramsay-restaurants.com

위스키 좋아하는 사람을 위한 숨은 명소

더 위스키 익스체인지 The Whisky Exchange

위스키 러버라면 눈이 번쩍 뜨이는 숨겨진 명소! 최고의 위스키 리테일 숍으로 연속 선정된 위스키 익스체인지는 4천 종의 위스키, 400종의 럼주, 350종의 보드카 등을 보유한 위스키 시장의 대표 브랜드이다. 지상층에는 진, 보드카, 럼주, 테킬라, 리큐어, 샴페인 종류가 있고 지하에서는 위스키를 전문적으로 판매하고 있다. 위스키에 대해 잘 모르더라도 걱정하지 말자. 전문가 직원들이 받는 사람과 특별한 날에 맞춰 딱 맞는 위스키를 추천해 줄 테니.

Data 지도 264p-C
가는 법 차링 크로스역에서 도보 5분
주소 2 Bedford Street, Covent Garden, London WC2E 9HH
전화 020-7100-0088
운영 시간 월~수 11:00~18:00, 목~토 11:00~19:00, 일 12:00~18:00
홈페이지 www.thewhisky-exchange.com

런던에서 가장 핫한 인도 음식점

디슘 Dishoom

런던은 인도의 정통 커리를 맛볼 수 있는 최고의 도시다. 그중에서도 가장 인기 있는 레스토랑이 디슘. 대표 메뉴는 치킨 타카로 식감이 매우 부드럽고 약간 매콤하다. 애피타이저인 오징어 튀김 칼라마리는 소스에 담근 거라 바삭하진 않지만 부드럽고 소스가 맛있다. 방금 구워 고소하고 담백한 갈릭 난을 다양한 커리에 찍어 먹어 보자. 빈티지하면서 깔끔한 인도 카페 분위기의 인테리어가 인상적이다.

Data 지도 264p-C
가는 법 레스터 스퀘어역에서 도보 5분 주소 12 Upper St. Martin's Lane, London WC2H 9FB
전화 020-7420-9320
운영 시간 월~금 08:00~23:00 (금 ~24:00), 토·일 09:00~24:00(일 ~23:00)
가격 치킨 티카 11.90파운드, 마살라 프론 15.50파운드
홈페이지 www.dishoom.com

콜롬비아 로컬 커피빈으로 내리는 스페셜티 커피

블랙 페니 코벤트 가든 The Black Penny Covent Garden

영국에 커피가 처음으로 들어왔을 때 단지 1페니의 돈으로 커피를 사 먹을 수 있었다는 의미를 담아 블랙 페니라고 카페 이름을 지었다. 콜롬비아의 나리노 지역 높은 언덕에서 자라는 로컬 커피빈을 직접 공수받아 12~16시간 발효한 엄선된 커피빈을 사용한다. 자동 커피 머신이 아닌 전문 바리스타가 만드는 스페셜티 커피를 맛보자. 커피와 함께 즐기는 다양한 브랙퍼스트 메뉴도 이 곳의 대표메뉴. 프렌치 토스트, 잉글리시 브랙퍼스트, 오트밀 등이 있다.

Data 지도 264p-A
가는 법 코벤트 가든역에서 도보 4분
주소 34 Great Queen St, London WC2B 5AA
전화 020-7242-2580
운영 시간 월~금 08:00~18:00, 토 09:00~18:00, 일 09:00~17:00
가격 롱블랙 3.20파운드, 에스프레소 2.80파운드
홈페이지 www.theblackpenny.com

300년이 넘는 역사를 자랑하는 차 상점

트와이닝 티 숍 & 박물관 Twinings Tea Shop & Museum

오래된 역사와 대중적인 차로 영국인들뿐만 아니라 전 세계 사람들이 찾는 트와이닝의 티 숍&박물관이다. 300년의 역사를 간직한 이곳에서 영국의 차 문화와 역사를 고스란히 느낄 수 있다. 한쪽에 따로 마련된 루즈 티 바Loose Tea Bar에서는 직접 향을 맡고 시음해 본 후 차를 고를 수 있다. 트와이닝 가문의 오래된 가족사진과 그 당시 사용했던 티 포트, 차 보관통, 인도에서 차를 수입해 올 때의 사진 등이 박물관에 전시되어 있다.

Data 지도 264p-D
가는 법 템플역에서 도보 5분
주소 216 Strand, London WC2R 1AP
전화 020-7353-3511
운영 시간 월~수, 금~일 11:00~18:00, 목 11:30~18:30
가격 50개 티백세트 3.49파운드~
홈페이지 www.twinings.co.uk

지구를 사랑하는 천연 오가닉 뷰티 브랜드

닐스야드 레미디 Nealsyard Remedies

닐스야드의 이름을 따서 만든 자연주의 화장품 브랜드. 1981년 이곳 닐스야드에 본점을 오픈한 뒤 현재는 영국 전역과 전 세계에 지점을 둔 글로벌 뷰티 브랜드로 성장했다. 지구와 환경을 사랑하고 합성이나 인공 화장품이 아닌 자연적인 것이 아름다움의 기초가 되어야 한다는 철학을 가지고 있다. 내용물과 향이 손상되지 않도록 특수 제작한 푸른빛 병을 사용한다. 친환경 오일과 허브, 꽃을 재료로 만든 오가닉 스킨케어, 바디제품, 비누용품은 저자극제품으로 민감성 피부에도 사용할 수 있다.

Data 지도 264p-C
가는 법 코벤트 가든역에서 도보 10분 주소 15 Neal's Yard, Covent Garden London WC2H 9DP
전화 020-7379-7222
운영 시간 월~금 10:00~19:00, 토 10:00~18:00, 일 11:00~19:00 가격 립밤 7파운드~, 페이셜 오일 28파운드~ 홈페이지 www.nealsyardremedies.com

덕후 인증은 바로 이곳에서! 피규어 세상

포비든 플래닛 Forbidden Planet

스타워즈, 반지의 제왕, 인터스텔라, 해리 포터…. 덕후라면 나도 모르게 열리는 지갑을 조심해야 하는 곳! 덕후 인증은 바로 지금부터다. 포비든 플래닛은 미국, 일본, 유럽의 공상과학 영화, 소설, 만화책에 관련된 피규어와 DVD, 책, 영화, 다양한 수집품들을 판매하는 메가스토어다. 런던에서 가장 큰 피규어 매장으로 전 세계 덕후를 만날 수 있는 덕후들의 성지라고 불리기도 한다. 특히 닥터 후 관련 제품이 많다.

Data 지도 264p-A
가는 법 토트넘 코트 로드역에서 도보 5분
주소 179 Shaftesbury Avenue London WC2H 8JR
전화 020-7420-3666
운영 시간 월~수 10:00~18:00, 목~토 10:00~19:00, 일 12:00~18:00
가격 피규어, DVD 10파운드~
홈페이지 forbiddenplanet.com

사랑스러운 무민을 만나는 곳

무민 숍 The Moomin Shop

귀여운 무민을 사랑하는 팬이라면 꼭 들러야 할 코벤트 가든의 무민 숍. 동글동글 푸근한 몸매와 귀여운 눈망울을 가진 무민이 가득한 곳이다. 1945년 〈무민 가족과 대홍수〉라는 작품으로 핀란드에서 태어난 이 캐릭터는 그 이후 각종 애니메이션, 영화, 뮤지컬 등 다양한 장르에서 활약하며 전 세계 어린이 팬들을 열광시켰다. 무민 숍에는 무민 그림책, 장난감, 기념품 등을 비롯해 한정판 아이템도 있다. 무민으로 꾸며진 실내와 벽은 작은 무민 세상에 들어온 느낌을 준다.

Data 지도 264p-C
가는 법 코벤트 가든역에서 도보 5분, 코벤트 가든 마켓 내
주소 43 Covent Garden Market, London WC2E 8RF
전화 020-7240-7057
운영 시간 월~토 10:00~20:00, 일 10:00~19:00 가격 달력 7파운드, 무민 가족 인형 10파운드~
홈페이지 www.themoomin-shop.com

모네가 사랑한 호텔

사보이 The Savoy

템스 강변에 1889년 문을 연 역사적인 호텔. 2010년에 100만 파운드를 들여 리모델링 후 재오픈했다. 오래된 역사와 전통을 자랑하고 런던 상류사회의 사교와 문화를 이끈 곳으로 그동안 사보이를 다녀간 인물들의 클래스가 대단하다. 윈스턴 처칠, 비틀즈, 마릴린 먼로, 엘리자베스 테일러가 사보이의 주요 고객이었다. 특히 화가 클로드 모네가 사보이 호텔 객실에서 바라본 템스강의 전경을 그림으로 그렸으며, 아직도 사보이 호텔에는 모네의 그림으로 장식한 모네의 방이 있다. 우아하고 편안한 분위기로 장식된 195개의 게스트 룸과 73개의 스위트룸이 있고 대부분의 객실에서는 템스강의 아름다운 전경을 바라볼 수 있다. 런던의 중심 지역에 있어 도보 5분 내에 코벤트 가든, 내셔널 갤러리를 갈 수 있고 다른 지역도 언더그라운드나 버스로 쉽게 이동할 수 있다. 고든 램지의 사보이 그릴을 비롯해 시푸드 바, 애프터눈 티, 칵테일을 즐길 수 있는 아메리칸 바가 있다.

Data 지도 264p-C
가는 법 템플역에서 도보 5분
주소 Savoy Hotel, Strand, London WC2R 0EU
전화 020-7836-4343
요금 1박 400파운드~
홈페이지 www.fairmont.com/savoy-london

London By Area

04

시티 & 서더크

City & Southwark

템스강 위로 주요 은행과 증권회사가 밀집해 있는 영국 경제의 중심지 시티와 아래로 문화, 예술을 즐길 수 있는 서더크 지역의 대조적인 매력을 느낄 수 있다.

타워 브리지, 런던 탑, 세인트 폴 대성당과 같이 런던을 대표하는 건축물을 만나러 런던 동쪽 최대 관광지로 떠나보자.

시티 & 서더크
미리보기

런던 시티 지역은 잉글랜드를 점령한 로마인들에 의해 그 역사가 시작되었다. 런던 대화재, 2차 세계대전 등으로 시티 대부분의 건물과 사람들의 삶의 터전이 사라졌었지만, 안타까운 역사를 이겨 내고 지금은 높은 은행 빌딩들이 솟아 있는 런던의 경제 중심지가 되었다. 서더크 지역은 예전부터 다양한 즐길 거리가 가득한 문화 예술 중심지였다. 테이트 모던, 샤드, 디자인 뮤지엄 등에서 즐거운 경험을 해 보자.

SEE

타워 브리지의 반짝이는 야경. 특히 타워 브리지, 런던 탑의 고풍스러움, 샤드와 런던 시청의 현대적 아름다움이 대조되어 런던의 과거와 미래를 볼 수 있다.

EAT

버로우 마켓에서 파는 전 세계 트렌디한 음식들을 먹어 보자. 또 하나의 즐거움, 시식용 햄이나 치즈를 먹는 재미도 놓치지 말자.

ENJOY

높은 빌딩이 많은 지역인 만큼 아름다운 런던 시내를 내려다볼 수 있는 스카이 가든이나 전망대가 많다. 건물마다 시야가 다르므로 다양한 뷰를 볼 수 있다.

어떻게 갈까?

언더그라운드

시티 : 세인트 폴역, 뱅크역, 모뉴먼트역, 타워 힐역 /
서더크 : 런던 브리지역

버스 런던 아이(카운티홀)–워털루역–블랙프라이어스 로드(테이트 모던)–런던 브리지(버로우 마켓, 더 샤드)–타워 브리지를 운행하는 381번 버스 이용, 더 타워 오브 런던 정류장에서 하차 / 15(트라팔가 광장–세인트 폴 대성당–모뉴먼트–런던탑을 운행하는 버스) 이용, 세인트 폴스 캐티드럴, 더 타워 오브 런던 정류장에서 하차

어떻게 다닐까?

시티와 서더크 지역은 템스강을 기준으로 남북으로 나뉘어 있기 때문에 두 지역을 이동하려면 도보나 버스로 다리 위를 건너야 한다. 날씨가 좋다면 템스강을 따라 서더크의 산책로를 걸어 보자.

시티 & 서더크

추천 코스

시티와 서더크 지역은 워낙 넓고 볼 것이 많으므로 미리 루트를 짜두면 좋다. 런던 탑은 내부를 구경할 예정이라면 넉넉히 두세 시간 정도는 예상해야 한다. 버로우 마켓은 풀 마켓이 열리는 수~토요일에 방문하는 것이 가장 좋다. 높은 건물의 레스토랑이나 전망대에서 환상적인 런던 야경을 바라보며 시티 & 서더크 일정을 마무리하자.

런던 시티의 역사를 간직한 세인트 폴 대성당 둘러보기

도보 5분 →

영화 〈러브 액추얼리〉에 등장한 밀레니엄 브리지 걸어보기

도보 5분 →

테이트 모던에서 현대 미술작품 감상하고 템스강 전망 바라보기

도보 5분 ↓

셰익스피어 글로브 극장 주변에서 템스강의 시원한 강바람 느껴 보기

도보 10분 ←

런던 최대 식료품 시장인 버로우 마켓에서 즐기는 진정한 런던 시장 투어

도보 10분 ←

HMS 벨파스트와 런던 시청건물 둘러보기

도보 10분 ↓

타워 브리지와 런던 탑 앞에서 노을과 야경 바라보기

도보 10분 →

310m 높이의 샤드에서 반짝이는 런던의 야경 감상하기

시티 & 서더크
City & Southwark
0
200m
러셀 스퀘어
Russell Square Station
더 프린스펄
The Principal
Rosebery Avenue
Clerkenwell Rd
패링던
Farringdon
패브릭
Fabric
스미스필드 마켓
Smithfield Market
영국 박물관
The British Museum
티 앤 태틀
Tea and Tattle
Bloomsbury St
와사비
Wasabi
천서리 레인
Chancery Lane
홀본
Holborn
십 터번
Ship Tavern
Farringdon St
토트넘 코트 로드
Tottenham Court Road
Charing Cross Rd
닐스 야드
Neal's Yard
왕립 재판소
Royal Courts of Justice
시티 템즈링크
City Thameslink
로열 오페라 하우스
Royal Opera House
Strand
코벤트 가든
Covent Garden
런던 교통 박물관
London Transport Museum
레스터 스퀘어
Leicester Square
코벤트 가든 마켓
Covent Garden Market
블랙프라이어스 밀레니엄 피어
Blackfriars Millennium Pier
Eaton Square
템플
Temple
서머셋 하우스
Somerset House
TKTS
블랙프라이어스 브리지
Blackfriars Bridge
국립 초상화 갤러리
National Portrait Gallery
워털루 브리지
Waterloo Bridge
내셔널 갤러리
The National Gallery
트래펄가 광장
Trafalgar Square
차링 크로스
Charing Cross
엠뱅크만 피어
Embankment Pier
국립 극장
National Theatre
차링 크로스 언더그라운드
Charing Cross Underground Station
엠뱅크만
Embankment
헝거포드 앤 골든 주빌리 브리지
Hungerford Bridge and Golden Jubilee Bridges
Stamford St
Horse Guards Rd
Whitehall
사우스뱅크 센터
Southbank Centre
이비스
ibis Blackfriars
콘디터 & 쿡
Konditor & Cook
사우스뱅크 마켓
Southbank Market
호스 가드
HorseGuards
런던 아이 피어
London Eye Pier
워털루 이스트
Waterloo East
서더크
Southwark
워털루
Waterloo
런던 아이
London Eye
다우닝가 10번지
10 Downing Street
세인즈버리
Sainsbury's
웨스트민스터 피어
Westminster Pier
Waterloo Rd
웨스트민스터
Westminster
시 라이프 아쿠아리움
SEA LIFE London Aquarium
웨스트민스터 브리지
Westminster Bridge
빅 벤
Big Ben
나이팅게일 뮤지엄
Florence Nightingale Museum
파크 플라자
Park Plaza
세인트 토마스 병원
St Thomas' Hospital
웨스트 민스터 사원
Westminster Abbey
Abingdon St
국회의사당
Houses of Parliament
람베스 노스
Lambeth North
Westminster Bridge Rd
Borough

Old St
City Road
Great Eastern St
웨슬리 하우스와 사원
Wesley's House and Chaple
Commercial St
Appold St
혹스 무어
The Hawks Moor
브릭 레인 마켓
Brick Lane Market
선데이 업 마켓
Sunday up market
올드 스피탈필즈 마켓
Old Spitalfields Market
바비칸
Barbican
Aldersgate St
바비칸 센터
Barbican Centre
무어게이트
Moorgate
리버풀 스트리트
Liverpool Street
London Wall
런던 박물관
Museum of London
London Wall
Moorgate
스시삼바
Sushisamba
알게이트 이스트
Aldgate East
세인트 폴
St. Paul's
원 뉴 체인지
One New Change
로열 익스체인지
Royal Exchange
리든홀 빌딩
The Leadenhall Building
거킨 빌딩
The Gherkin
알게이트
Aldgate
잉글랜드 은행
Bank of England
Cheapside
Threadneedle St
Leadenhall St
세인트 폴 대성당
St. Paul's Cathedral
St. Paul's Churchyard
뱅크
Bank
로이드 빌딩
Lloyd's Building
윌리스 빌딩
The Willis Building
웜뱃츠 시티 호스텔 런던
Wombats City Hostel London
King William St
레든홀 마켓
Leadenhall Market
펜처치 스트리트
Fenchurch Street
모뉴먼트
Monument
Queen Victoria St
Cannon St
맨션 하우스
Mansion House
타워 게이트웨이
Tower Gateway
워키-토키 빌딩(스카이가든)
Walkie-Talkie Building
캐논 스트리트
Cannon Street
모뉴먼트
Monument
타워 힐
Tower Hill
Lower Thames St
코스타
Costa
뱅크 사이드 피어
Bankside Pier
서더크 브리지
Southwark Bridge
런던 브리지
London Bridge
코파 클럽
Coppa Club
런던 탑
Tower of London
셰익스피어 글로브 극장
Shakespeare's Globe Theatre
런던 브리지 시티 피어
London Bridge City Pier
타워 피어
Tower Pier
서더크 대성당
Southwark Cathedral
HMS 벨파스트
HMS Belfast
Southwark Bridge Rd
런던 시청
City Hall
타워 브리지
Tower Bridge
버로우 마켓
Borough Market
더 샤드
The Shard
런던 브리지
London Bridge
가우초 타워 브리지
Gaucho Tower Bridge
테스코
Tesco
시티즌 엠
citizenM
아쿠아 샤드
Aqua Shard
부틀러스 와프 찹 하우스
Butlers Wharf Chop House
더 조지 인
The George Inn
Tooley St
가이스 병원
Guy's Hospital
버로우
Borough
Bermondsey St
Tower Bridge Rd
Long Lane
Great Dover St
Abbey St

오랜 기간 런더너와 함께한 국민의 성당

세인트 폴 대성당 St Paul's Cathedral

오랜 기간 런던의 중심을 지켜 온 역사적인 성당. 윈스턴 처칠의 장례식, 찰스 왕세자와 다이애나 왕세자비의 결혼식이 거행되기도 했다. 1666년 런던 대화재 당시 불타 버렸지만 건축가 크리스토퍼 렌이 세 차례에 걸쳐 설계 변경을 하며 35년간 공사한 끝에 비로소 지금의 웅장한 바로크 스타일의 돔 건물이 완성되었다. 2차 세계대전 당시 독일의 블리츠 공습에도 살아남은 세인트 폴 대성당은 런던 사람들의 자부심이며 '국민의 성당'과도 같다. 성당 내부에 들어서면 높은 천장과 화려한 모자이크, 벽화, 금장식 등에 압도된다. 성당 안에는 넬슨 장군, 화가 터너, 나이팅게일 등 유명한 영국인들의 묘가 있다.

Data 지도 287p-G
가는 법 세인트 폴역에서 도보 3분
주소 St Paul's Churchyard, London EC4M 8AD
전화 020-7246-8350
운영 시간 월·화·목·토 08:30~16:00, 수 10:00~16:00 일요일은 미사만 가능 (행사에 따라 오픈 시간 변경 될 수 있으니 홈페이지에서 미리 확인 필요)
요금 20.50파운드
홈페이지 www.stpauls.co.uk

TIP 아름다운 런던 풍경을 360도 돌면서 감상할 수 있는 110m 높이의 성당 돔에 올라가 보자. 로마의 성 베드로 성당에 이어 세계에서 두 번째로 큰 돔 성당이다.

세계에서 가장 아름다운 다리

타워 브리지 Tower Bridge

1894년 완공된 이 화려한 고딕 첨탑의 다리는 빅 벤과 함께 런던을 대표하는 건축물이다. 큰 배가 지나가거나 특별한 행사가 있을 때면 260m 길이의 다리가 양쪽으로 들어 올려진다. 타워 브리지 준공 당시에는 템스강을 지나는 선박들을 위해 하루 다섯 번씩 다리가 개폐되었지만 현재는 일주일에 여덟 번 정도이다. 타워 브리지 전시관 입장료를 내면 탑 위로 올라가 두 개의 탑을 잇는 인도교에 입장할 수 있다. 아찔한 유리 바닥 밑으로 타워 브리지를 지나는 차와 사람들의 모습을 볼 수 있다. 1,000톤의 무게의 다리를 들어 올리는 역할을 했던 증기 엔진실도 전시관 코스에 포함되어 있다. 타워 브리지를 바라보는 추천 시간은 해지기 바로 전부터 해가 지고 난 뒤 어두워질 때까지다. 해가 있을 때의 웅장한 모습, 황금색 노을빛을 반사한 우아한 모습, 어두워진 저녁 반짝이는 야경 등 시간에 따라 다른 매력을 보여 주는 타워 브리지를 감상해 보자.

Data 지도 287p-L
가는 법 타워 힐역에서 도보 5분. 또는 런던 브리지역에서 도보 15분
주소 Tower Bridge, Tower Bridge Rd, London SE1 2UP
전화 020-7403-3761
운영 시간 타워 브리지 전시관 매일 09:30~18:00
요금 12.30파운드
홈페이지 www.towerbridge.org.uk

TIP • 타워 브리지가 열리는 날짜와 시간 정보는 홈페이지(www.towerbridge.org.uk → Bridge Lift Times)에서 확인 가능하다.

• 모뉴먼트까지 함께 입장할 수 있는 조인트 티켓은 성인 14.60파운드, 학생 11파운드이다. 모뉴먼트도 올라갈 예정이라면 타워 브리지 조인트 티켓으로 구매하는 것이 이득이다.

|Theme|

템스강 다리 산책

런던을 가로질러 흐르는 아름다운 템스강은 코츠월드에서 시작해 옥스퍼드, 윈저, 런던을 지나는 잉글랜드에서 가장 긴 강이다. 오랜 세월 이 템스강을 따라 영국의 정치, 경제, 문화가 발달했다. 템스강을 더욱 아름답게 장식하는 다리를 따라 산책을 해 보자.

웨스트민스터 브리지 Westminster Bridge

빅 벤, 국회의사당, 런던 아이를 잇는 런던에서 가장 관광객이 많이 지나다니는 다리. 화려한 빅 벤 야경을 배경으로 웨스트민스터 브리지에서 찍는 사진은 런던여행 필수 인증샷!

헝거포드 & 골든 주빌리 브리지 Hungerford Bridge and Golden Jubilee Bridges

런던 아이와 빅 벤, 템스강을 하나의 앵글에 다 담을 수 있는 아름다운 도보 다리이다. 웨스트민스터 브리지에 비해 관광객에게 많이 알려지지 않아 다리 위에서 여유 있게 빅 벤과 템스강 모습을 즐길 수 있다.

●블랙프라이어스 브리지
●밀레니엄 풋브리지
●워털루 브리지
●헝거포드 & 골든 주빌리 브리지
●웨스트민스터 브리지

워털루 브리지 Waterloo Bridge

워털루역과 서머셋 하우스를 연결하는 다리. 워털루 브리지를 기준으로 서쪽으로는 런던의 고풍스러운 역사를, 동쪽으로는 런던의 최첨단 미래의 모습을 볼 수 있는 매력적인 곳이다.

블랙프라이어스 브리지 Blackfriars Bridge

빨간색 아치와 곳곳의 새 조각이 아름다운 다리이다. 다리 북쪽으로는 빅토리아 여왕을 위해 바쳐진 것을 기념하기 위한 거대한 빅토리아 여왕 동상이 서 있다.

밀레니엄 풋브리지 Millennium Footbridge

2000년 밀레니엄을 기념하기 위해 만들어진 아름다운 철제 도보 다리. 세인트 폴 성당과 테이트 모던 갤러리를 연결한다. 다리 남쪽에서 세인트 폴을 바라보는 모습이 특히 아름답다.

서더크 브리지 Southwark Bridge

에메랄드색 아치와 웅장한 석조 기둥의 다리이다. 런던 동쪽의 중심으로 한쪽으로는 세인트 폴 성당과 밀레니엄 브리지, 다른 쪽으로는 타워 브리지와 거킨 빌딩, 더 샤드의 아름다운 야경을 볼 수 있다.

●서더크 브리지
●런던 브리지
●타워 브리지

런던 브리지 London Bridge

1750년 웨스트민스터 다리가 생기기 전까지 템스강을 건너는 유일한 다리였다. 유명세에 비해 다리 자체는 심플하고 평범하다.

타워 브리지 Tower Bridge

런던의 대표 상징물이자 가장 아름다운 다리다. 양옆으로 거대한 철골탑이 솟아 있고, 큰 배가 지나가면 다리가 분리되어 올라가는 도개교이다. 해가 질 때부터 야경까지 타워 브리지의 아름다운 모습을 바라보자.

화력발전소에서 현대미술 갤러리로 탈바꿈한

테이트 모던 Tate Modern

밀레니엄을 맞아 밀레니엄 브리지와 함께 개관한 현대미술관이다. 산업화의 상징이던 화력발전소를 개조해 유명한 현대 미술 작품을 모아 놓은 갤러리로 만들었다. 하늘 높이 솟아 있는 굴뚝과 투박한 벽돌 건물만이 이전에 발전소였음을 짐작하게 해준다. 피카소, 앤디 워홀, 마티스를 비롯한 현대 미술 거장들의 작품을 전시해 놓았다. 간혹 난해하지만 개성 있는 작품을 감상하는 재미도 있다. 테이트 모던 1층과 지하에 있는 기념품 숍에는 흔히 볼 수 없는 다양한 디자인 제품들과 포스터, 미술 관련 서적이 있으니 미술에 관심 있다면 꼭 들러 보자.

Data 지도 287p-G
가는 법 블랙프라이어스역, 서더크역에서 도보 15분. 또는 세인트 폴역에서 도보 20분
주소 Tate Modern, Bankside, London SE1 9TG
전화 020-7887-8888
운영 시간 매일 10:00~18:00
요금 무료
홈페이지 www.tate.org.uk

TIP 보일러 하우스(앞 건물) 3층 카페와 6층 레스토랑, 스위치 하우스(뒤 건물) 10층 발코니에서는 템스강의 아름다운 풍경을 바라볼 수 있다.

영국 최고 극작가의 작품을 만날 수 있는

셰익스피어 글로브 극장 Shakespeare's Globe Theatre

셰익스피어의 작품을 초연하던 원래의 공연장이 화재로 전소된 후 새롭게 지은 원형 야외극장이다. 가능한 원래 극장의 건축에 사용한 기법과 나무 자재로 복원하려 노력했다. 영국이 낳은 세계 최고의 극작가 윌리엄 셰익스피어의 작품인 햄릿, 리어왕, 맥베스 등을 볼 수 있는 기회다. 동절기에는 실내 극장에서 진행된다. 셰익스피어의 삶을 볼 수 있는 전시회, 글로브 극장 투어 프로그램도 운영한다.

Data 지도 287p-G 가는 법 블랙프라이어스역, 서더크역에서 도보 15분. 또는 세인트 폴역에서 도보 20분 주소 21 New Globe Walk, Bankside, London SE1 9DT 전화 020-7902-1400
운영 시간 공연마다 다름. 티켓 오피스 월~금 11:00~18:00, 토 10:00~18:00, 일 10:00~17:00
요금 공연 스탠딩석 5, 10파운드, 일반 좌석 25~65파운드
홈페이지 www.shakespearesglobe.com

하늘에서 바라보는 아름다운 런던의 모습

더 샤드 The Shard

전체적으로 높은 빌딩이 많이 없는 런던에서 스카이라인을 화려하게 수놓는 건물이 바로 더 샤드이다. 2012년 완공된 높이 310m, 95층의 빌딩으로 서유럽에서 가장 높다. 샤드 건물 위에서는 무려 64km 전방의 런던 모습을 볼 수 있다. 통유리로 된 첨탑 모양의 빌딩이 런던의 최첨단 미래 모습을 보여 주는 듯하다. 건물 내부에는 사무실, 레스토랑, 오성급 샹그릴라 호텔, 최고급 아파트, 전망대 등이 있다. 전망대는 68, 69, 72층에 위치해 있다. 날씨가 좋지 않아 런던의 랜드마크 건물(런던 아이, 워키토키 빌딩, 타워 브리지, 월 캐나다 스퀘어, 세인트 폴 대성당) 중 3개 이상의 뷰를 제대로 보지 못한다면 다음에 다시 와서 볼 수 있는 뷰개런티 티켓을 제공한다. 검은 벨벳 위에 다이아몬드가 빛나듯 반짝이는 런던의 조명과 타워 브리지의 모습이 템스강과 어우러져 숨 막히는 광경을 연출한다.

Data 지도 287p-L
가는 법 런던 브리지역에서 도보 1분 주소 32 London Bridge Street, London SE1 9SG 전화 084-4499-7111
운영 시간 하절기(3~10월) 10:00~22:00, 동절기(11~2월) 10:00~20:00 요금 성인 32파운드 홈페이지 www.the-shard.com

TIP 전망대 입장료가 부담스럽다면 31층부터 35층에 위치한 레스토랑과 바에서도 간단한 음식이나 음료를 즐기면서 아름다운 런던 뷰를 바라볼 수 있다.

|Theme|

시티를 밝히는 매력적인 건축물 6

런던의 중심이자 역사였던 시티 지역은 런던 대화재와 2차 세계대전 이후로 많은 것을 잃었지만, 오히려 런더너들은 이곳에 미래를 세웠다. 최첨단 건축 기법과 친환경적인 방법으로 디자인된 건물들은 시티 지역을 더욱 반짝이게 한다. 독특하고 재미있는 건물의 외관 때문에 생긴 별명들도 기발하다.

워키-토키 빌딩 Walkie-Talkie Building

우루과이인 라파엘 비뇰리가 설계한 160m의 38층 건물이다. 위로 갈수록 건물 모양이 두꺼워지는 독특한 모양이 무전기를 닮았다 해서 워키-토키라는 별명을 가지고 있다. 템스강과 타워 브리지, 샤드의 뷰를 무료로 즐길 수 있는 건물 맨 위층 스카이 가든도 꼭 들러 보자.

Data 지도 287p-H 가는 법 모뉴먼트역에서 도보 5분
주소 20 Fenchurch St, London EC3M 3BY

무료로 즐기는 스카이 가든 Sky Garden

워키토키 빌딩의 스카이 가든에서는 무료로 런던의 전망을 감상할 수 있다. 2015년 오픈 당시에만 이벤트로 전망대를 무료 개방하고 유료로 전환할 계획이었지만 많은 관광객들의 사랑으로 아직까지는 무료입장이 유지되고 있다. 특히 일몰 시간에 맞춰 가면 BT타워 뒤로 넘어가는 아름다운 일몰을 바라볼 수 있다. 스카이 가든 내에 있는 레스토랑과 바는 전망대보다 더 늦게까지 오픈하니, 런던의 멋진 야경을 더욱 오래 즐길 수 있다. 전망대의 경우 최소 2~3주 전에는 예약하자.

운영 시간 월 10:00~24:00, 화~목 08:00~24:00, 금 08:00~01:00, 토 08:30~01:00, 일 08:30~24:00
홈페이지 skygarden.london

거킨 빌딩 The Gherkin

건축계의 노벨상이라고 불리는 프리츠커 상을 받은 영국 건축가 노먼 포스터가 설계한 180m의 41층 건물이다. 원래 이 건물의 이름은 도로명 주소를 딴 '30 St Mary Axe'이지만, 위로 갈수록 좁아지는 오이 피클 모양을 닮았다고 해서 '거킨Gherkin'이라 불린다. 자연적으로 공기를 순환시키고 열효율, 조명을 조정하는 친환경 건물이다.

Data 지도 287p-H 가는 법 모뉴먼트역에서 도보 15분
주소 30 St Mary Axe, London EC3A 8EP

로이드 빌딩 Lloyd's Building

거대한 석유 굴착 장치처럼 생긴 이 건물은 로이드 보험의 본사 건물이다. 건축가 리차드 로저스가 설계하고 콘크리트, 스테인리스 스틸, 유리 등의 재료를 사용한 25층의 건물. 건물 내부에 있어야 할 환풍기, 계단, 배관파이프, 엘리베이터를 모두 밖으로 드러낸 독특한 디자인이 인상적이며, '인사이드 아웃 건물inside-out building'이라고도 불린다.

Data 지도 287p-H
가는 법 모뉴먼트역에서 도보 10분
주소 1 Lime Street, London EC3M 7HA

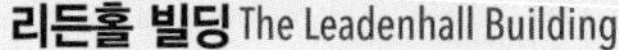

리든홀 빌딩 The Leadenhall Building

비교적 최근인 2014년 완공되어 런던 시티 지역의 아름다운 스카이라인을 장식하는 또 하나의 건물이 되었다. 225m 높이의 48층 건물이고, 건물 위에서부터 아찔하게 비스듬히 내려오는 경사 모양이 치즈 분쇄기를 닮았다 해서 '치즈게이터'라는 별명을 얻었다. 로저스 스터크 하버 플러스 파트너스RSHP가 설계했다.

Data 지도 287p-H
가는 법 모뉴먼트역에서 도보 13분
주소 122 Leadenhall Street, London EC3V 4AB

런던 시청 London City Hall

노먼 포스터가 디자인한 런던 시장실과 런던 시의회가 있는 건물로 2002년에 완공되었다. 둥글납작한 유리 건물의 독특한 외형으로 스타워즈에 나오는 다스 베이더의 헬멧, 못생긴 계란 등의 별명을 갖고 있다. 여름에는 시청 건물 주변에서 '스쿱Scoop'이라는 무료 문화 예술 공연이 자주 열린다.

Data 지도 287p-L
가는 법 런던 브리지역에서 도보 15분
주소 City hall, The Queen's Walk, London SE1 2AA

윌리스 빌딩 The Willis Building

노먼 포스터의 또 다른 설계 작품이다. 보험 중개 회사인 윌리스의 건물로 높이는 125m, 26층 건물이다. 3단 계단 모양의 외관이 인상적인데, 층층이 쌓여 있는 가재와 같은 갑각류의 껍데기 모습을 모티브로 디자인했다는 것이 재미있다.

Data 지도 287p-H
가는 법 모뉴먼트역에서 도보 10분
주소 51 Lime Street, London EC3M 7DQ

약 천 년의 역사를 가진 런던에서 가장 큰 식료품 시장

버로우 마켓 Borough Market

런던에서 가장 오래된 대형 재래시장이다. 11세기 런던 브리지 주위로 상인들이 곡물, 생선, 채소 등을 판매하면서 푸드 마켓이 형성되었다. 1755년 국회에 의해 마켓이 닫힌 적도 있었지만, 서더크 주민들이 기금을 모아 1년 뒤 다시 오픈할 만큼 런더너들에게 사랑받는 친밀한 시장이다. 런던에서 가장 큰 식료품 마켓인 만큼 제이미 올리버나 고든 램지처럼 유명한 셰프들이 식료품을 사는 곳으로도 유명하다. 버로우 마켓 상인들은 신선하고 품질이 우수한 제품을 판매하는 것은 기본이고, 이 오래된 역사를 가진 시장에서 일하는 것에 대한 자부심이 대단하다. 달콤한 향의 홈메이드 케이크와 빵, 초콜릿, 최상 품질의 치즈, 버터와 같은 유제품, 수많은 종류의 와인과 맥주, 신선한 고기와 해산물, 세계 전역에서 온 다양한 향신료 등 나열하는 것만도 벅찬 수많은 제품을 구경하는 재미가 쏠쏠하다. 월, 화요일은 런치 마켓으로 길거리 음식을 파는 일부 스톨만 오픈한다. 북적이는 인파를 감수하더라도 버로우 마켓의 활기찬 시장 분위기를 느끼려면 풀 마켓이 열리는 수~토요일 11시~15시 사이에 가보자.

Data 지도 287p-K
가는 법 런던 브리지역에서 도보 3분 주소 8 Southwark St, London SE1 1TL
전화 020-7407-1002
운영 시간 월 휴무, 화~토 10:00~17:00, 일 10:00~16:00 (풀 마켓은 수~토)
홈페이지 boroughmarket.org.uk

버로우 마켓 미리보기

식료품을 살 일이 없다면 일회용 컵에 담아주는 핌즈, 상그리아 등을 한 잔 사서 들고 다니며 시식용 치즈와 햄을 맛보는 색다른 즐거움을 경험해 보자. 전 세계 각국의 트렌디한 길거리 음식을 맛볼 수 있다. 버로우 마켓의 맛있고 달콤하고 신선한 제품들을 미리 만나 보자.

런던 최고의 커피 중 하나, 몬머스 커피 플랫 화이트

화이트 와인과 함께 맛보는 굴 요리(겨울)

상큼하고 향긋한 과일 향이 가득한 상그리아

어마어마한 팬에 담긴 맛있는 노란색, 파에야

푸짐하고 든든한 태국 음식 팟타이

고소한 치즈감자

달콤한 코코넛 미니 팬케이크

독특한 디자인의 예쁜 접시들

웅장한 성벽 안에 깃든 잔혹한 피의 역사

런던 탑 Tower of London

템스강과 타워 브리지 옆의 런던 탑은 거대한 성벽으로 둘러싸인 동화 속 성처럼 보인다. 런던 탑은 정복왕 윌리엄이 1066년 왕이 된 후 런던으로 들어오는 입구를 지키고 감시하기 위한 성채 목적으로 지은 것이다. 그 후 여러 왕을 거치며 다른 건물이 지어지고 확장되면서 현재의 모습을 갖추게 되었다. 전형적인 노르만 건축 양식이며, 다른 중세 요새 도시의 본보기가 되어 1988년 유네스코 세계유산으로 등재되었다. 이 웅장한 건물은 한때 왕궁으로 사용되기도 했고, 런던 최초의 동물원이 있기도 했다. 한없이 아름답고 평화롭게만 느껴지지만 900년이란 긴 시간 동안 수많은 사람들이 피를 흘린 잔혹한 역사가 있는 곳이다. 왕좌를 위협한 사람은 누구든 반역죄라는 명목 아래 어둡고 두꺼운 이 벽 안에 가둬졌으며 살아서 성을 나간 사람은 거의 없었다고 한다. 영국 역사에서 빼놓을 수 없는 중요한 인물인 앤 불린, 캐서린 하워드, 제인 그레이가 타워 그린에서 처형당했다. 죄인들이 배를 타고 들어오던 반역자의 문을 비롯해 감옥, 고문 기구, 단두대, 처형장과 같이 끔찍하고 음산한 장소들을 볼 수 있다. 또한 왕과 여왕들이 사용했던 화려한 보석과 왕관, 중세 시대 전투용 갑옷과 무기들도 볼 수 있다. 지금의 영국이 있기까지 희생된 사람들을 생각하며 런던 탑을 둘러보자.

Data 지도 287p-H
가는 법 타워 힐역에서 도보 5분
주소 The Tower of London, London EC3N 4AB
전화 020-3166-6000
운영 시간 3월~10월 화~토 09:00~17:30, 일~월 10:00~17:30
11월~2월 화~토 09:00~16:30, 일~월 10:00~16:30
요금 33.60파운드
홈페이지 www.hrp.org.uk

런던 탑 미리보기

화이트 타워 White Tower

정복왕 윌리엄이 세운 최초의 탑이자 런던 탑 안의 핵심 건물로 흰색으로 칠해서 화이트 타워라고 불린다. 중앙에 4개의 첨탑이 있고 높이는 30m로, 완공된 1097년 당시에는 런던에서 가장 높은 건물이었다. 왕과 군인들이 사용했던 각종 갑옷과 무기들이 전시되어 있다.

요먼 워더 가드 Yeoman Warders Guard

런던 탑을 지키는 경비병. 당시 왕의 식탁에서 원하는 만큼 마음껏 소고기를 먹을 수 있도록 허락되었다는 이야기에서 비롯되어 '비프이터스 Beefeaters'라고도 불린다. 지금은 16세기 스타일의 군복을 입고 관광객들을 맞이한다. 경비병이 진행하는 투어 프로그램도 있다.

크라운 주얼스 The Crown Jewels

대관식이나 다른 중요한 왕실 행사 때 왕이 사용하는 왕관, 홀, 십자가가 있는 둥근 구 모양의 보주, 칼 등을 포함한다. 특히 제국의 왕관 Imperial State Crown은 2,800개가 넘는 다이아몬드와 273개의 진주, 그 외 수많은 보석으로 장식되어 가치를 매길 수조차 없다. 왕권의 절대적 위치와 왕실 권위를 상징하는 만큼 호화로움 그 자체를 볼 수 있다.

©The Royal Collection

까마귀 The Ravens

영국에는 '런던 탑 안에 여섯 마리의 까마귀가 떠나면 런던 탑과 왕국이 무너진다'는 전설이 있다. 까마귀가 온전히 날아가지 못하도록 오른쪽 날개 일부분이 잘린 까마귀 여섯 마리와 한 마리의 예비 까마귀까지 총 일곱 마리가 탑 안에 살고 있다. 탑 경비병 중 한 명이 이 까마귀들을 돌본다. 까마귀에게 먹이를 주거나 내쫓는 행위는 하지 말자!

|Theme|

런던 탑에 담긴 슬픈 이야기

앤 불린과 헨리 8세

헨리 8세는 형인 헨리 7세가 일찍 죽자 형수였던 캐서린과 결혼을 하지만 아들을 낳지 못하자 왕비의 시녀였던 앤 불린에게 관심을 보인다. 헨리 8세는 왕의 이혼을 반대하는 가톨릭을 버리고 자신을 수장으로 하는 성공회로 국교를 바꿔버렸다. 로마 교황청과 대립하면서까지 캐서린과 세기의 이혼을 하고 앤 불린과의 결혼을 관철시켰지만 앤 불린이 딸을 낳자 헨리는 절망하고 또 다른 여자에게 접근한다. 3년 동안 영국의 왕비로 있었지만 결국 그녀에게서 마음이 떠난 헨리 8세는 남동생과 불륜을 저질렀다는 죄목으로 앤 불린을 런던 탑에 가두고 타워 그린에 있는 요새에서 참수시킨다. 앤 불린이 헨리를 만나고 처형되기까지의 시간이 1,000일이라고 해서 '천일의 앤'이라 불린다.

에드워드 4세의 아들들과 리처드 3세

왕실 재정을 굳건히 확립하고 훗날 튜더 왕조의 성공과 보존에 사실상 기여했던 왕으로 평가받는 에드워드 4세는 비교적 이른 나이인 40세쯤 갑자기 세상을 떠나게 된다. 당시 그의 아들이자 새로운 왕위 계승자인 에드워드 5세는 아직 어린 나이였다. 왕권이 확립되지 않은 상태에 여러 세력 간의 권력 다툼으로 혼란이 있자 왕권은 약화되고 위기에 빠졌다. 야심으로 가득 찬 에드워드 4세의 동생인 리처드 3세는 그 기회를 놓치지 않았다. 조카인 에드워드 5세를 폐위시킨 뒤 두 형제를 런던 탑 안에 가둔다. 당시 에드워드 5세는 13세, 그의 동생 리처드는 9세에 불과했다. 끔찍한 고문과 처형으로 유명한 런던 탑 안에서 어린 왕과 그의 아우는 살해되어 비극적인 삶을 마쳤다. 폴 들라로슈의 '에드워드 4세의 아이들'이라는 그림을 통해 두려움에 사로잡힌 어린 두 형제의 공포심을 느낄 수 있다.

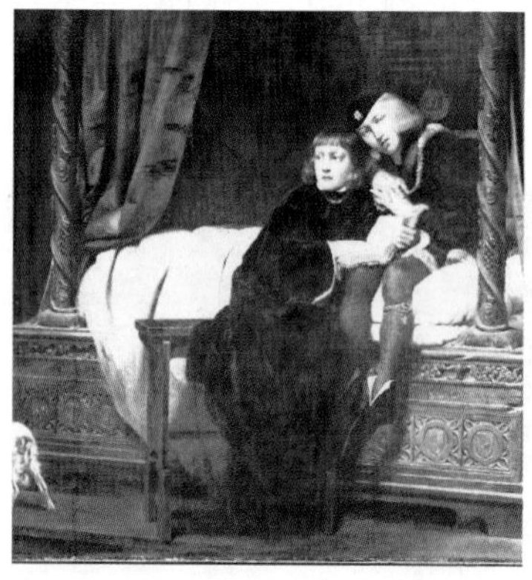

셰익스피어의 작품을 스테인드글라스로 볼 수 있는

서더크 대성당 Southwark Cathedral

템스강과 런던 브리지, 버로우 마켓 옆에 위치한 고딕 양식의 성당이다. 천 년이 넘는 기간 동안 많은 사람들이 예배를 드리던 교회였지만 대성당의 명칭을 갖게 된 건 1905년부터다. 15세기 영국의 시인이던 존 가워와 윌리엄 셰익스피어의 형제인 에드먼드 셰익스피어의 무덤이 있다. 시간이 맞으면 1897년 만들어진 거대한 오르간의 연주를 들을 수 있다. 셰익스피어의 작품인 『한여름 밤의 꿈』, 『햄릿』, 『템페스트』의 이야기를 담은 색색의 스테인드글라스는 서더크 대성당에서 꼭 봐야 하는 것이다. 교회 뜰 안에 있는 소박하지만 잘 정돈되어 있는 허브 가든도 함께 만나 보자. 점심시간이 되면 버로우 마켓에서 산 음식을 들고 교회 뜰을 찾는 사람들도 많다.

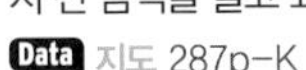

Data 지도 287p-K
가는 법 런던 브리지역에서 도보 5분 주소 Southwark Cathedral, London Bridge, London SE1 9DA 전화 020-7367-6700
운영 시간 월~금 08:00~18:00, 토·일 08:30~18:00 요금 입장료 무료 홈페이지 cathedral.southwark.anglican.org

영국 해상 전쟁의 역사를 볼 수 있는

HMS 벨파스트 HMS Belfast

1938년 2차 세계대전에 사용하기 위해 만들어 독일과의 전쟁에서 중요한 역할을 하고, 그 후 노르망디 전투, 한국전에도 지원했던 군함이다. 1965년까지 영국 해군의 전투함이었다가 퇴역한 벨파스트호 군인들의 후원으로 템스강으로 옮겨져 1971년부터 박물관으로 대중에게 공개되었다. 전쟁 당시 배 안에서 생활했던 해군과 선원들의 삶을 보여 주는 밀랍 인형들이 전시되어 있다. 배의 가장 중요한 곳인 엔진실, 무기고, 지휘관들의 작전실을 비롯해서 수백 명의 선원들을 위한 부엌과 세탁실, 수술실까지 다양한 장소를 만나 보자.

Data 지도 287p-H
가는 법 런던 브리지역에서 도보 10분 주소 HMS Belfast, The Queen's Walk, London SE1 2JH 전화 020-7940-6300
운영 시간 매일 하절기 10:00~18:00, 동절기 10:00~17:00
요금 24.50파운드 홈페이지 www.iwm.org.uk

TIP HMS 벨파스트 바

The Bar - HMS Belfast

HMS 벨파스트호와 타워 브리지, 런던 탑의 풍경을 바라보며 음료와 음식을 즐길 수 있는 야외 테라스 카페. 화창한 날 테라스에 앉아 아름다운 템스강의 풍경을 즐겨 보자.

런던에 대한 모든 것이 전시된 곳

런던 박물관 Museum of London

영국 박물관이나 내셔널 갤러리만큼 여행객들에게 널리 알려진 박물관은 아니지만, 런던이라는 도시의 역사와 생활상을 알기 쉽게 전시해 놓은 곳이다. 선사 시대부터 로마 제국 당시의 사람들이 사용하던 화폐, 농업, 공업 도구들, 시장, 집안 모습들이 재현되어 있다. 화려한 번영을 누리던 중세 시대의 고급스러운 장식품도 볼 수 있다. 런던 대화재 당시 소방관들이 사용하던 옷, 모자, 화재 진압 도구들을 통해 도시를 지키려 했던 런더너들의 안타까움이 느껴진다. 런던 역사에서 가장 큰 변화와 혁신이 있었던 빅토리안 시대의 거리를 만들어놓은 빅토리안 워크Victorian Walk는 실제로 타임머신을 타고 그 시대로 돌아간 듯한 느낌을 준다. 이 외에도 런던의 상징 언더그라운드, 빨간 우체통과 전화박스, 블랙 캡 택시도 만나 보자. 런던 박물관을 보다 보면 매력적인 도시 런던에 더욱 빠질 수밖에 없다.

Data 지도 287p-C
가는 법 바비칸역, 세인트 폴역에서 도보 10분
주소 150 London Wall, London EC2Y 5HN
전화 020-7001-9844
홈페이지 www.museum-oflondon.org.uk

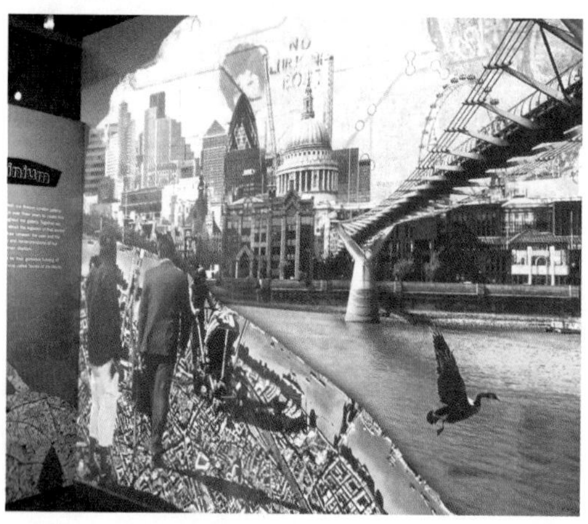

NOTE

2023년 현재 런던 박물관은 기존 부지 바로 옆인 West Smithfield 지역으로 이전 개관 진행 중이며, 2026년 완공 예정이다.

런던 대화재를 잊지 말자는 기념비

모뉴먼트 Monument

1666년 9월 발생한 런던 대화재의 뼈아픈 사건을 잊지 않고 기념하기 위해 만든 높은 석조 기둥으로, 대화재 기념비로도 불린다. 런던 대화재는 빵 공장에서 시작된 불이 5일 동안 계속된 화재로, 당시 런던 도시 전체의 5분의 4가 소실되었다. 막대한 인명과 재산 피해는 물론이고 세인트 폴 대성당마저 소실되었다. 이후로 런던에서는 불에 약한 목조 건물 건축이 금지되었다. 모뉴먼트는 세인트 폴을 디자인한 크리스토퍼 렌의 작품이다. 독립된 석조 기둥으로는 전 세계에서 가장 높다. 총 62m의 높이인데, 처음 대화재가 발생했던 곳에서 서쪽으로 62m 떨어진 지점에 위치해 있다. 입장료를 내고 기둥 안으로 들어선 후 311개의 계단을 돌아 올라가면 모뉴먼트 정상에서 타워 브리지와 샤드 등 아름다운 풍경을 볼 수 있다. 1842년 자살 사건이 있은 뒤로 안전을 위해 철장을 설치했다.

Data 지도 287p-H
가는 법 모뉴먼트역에서 도보 3분 주소 Fish St Hill, London EC3R 8AH
전화 020-7626-2717
운영 시간 매일 09:30~13:00, 14:00~18:00
요금 6파운드
홈페이지 www.hemonument.info

프라이빗 돔에서 오롯이 즐기는 타워 브리지

코파 클럽 Coppa Club

런던 탑, 샤드 그리고 타워 브리지의 풍경을 360도 오롯이 즐길 수 있는 감성 충만 장소다. 프라이빗 이글루 돔 안에서 반짝이는 런던의 풍경을 눈과 입으로 즐길 수 있다. 음식 맛과 가격이 살짝 아쉽지만 런던의 아름다운 분위기만으로도 가치 있는 곳이다. 팬 케이크, 토스트 등 브렉퍼스트 메뉴, 버거, 스테이크, 치킨 등 올 데이 메뉴가 있다. 이글루 돔은 항상 예약이 차 있으니 홈페이지에서 미리 서둘러 예약하자.

Data 지도 287p-H
가는 법 타워힐역에서 도보 5분
주소 3 Three Quays Walk, Lower Thames St, London EC3R 6AH
전화 020-8016-9227
운영 시간 월~목 09:00~23:00, 금·토 09:00~23:30, 일 09:00~22:00
가격 클럽브렉퍼스트 9.50파운드, 플랫아이언스테이크 18.50파운드, 버거 16.50파운드
홈페이지 www.coppaclub.co.uk

반짝이는 타워 브리지 전망과 프리미엄 스테이크의 황홀한 추억

가우초 타워 브리지 Gaucho Tower Bridge

템스강과 타워 브리지 전망을 즐기며 고품격 아르헨티나 스테이크를 즐길 수 있는 식당이다. 황홀한 풍경에 더해 최상급 프리미엄 스테이크가 이곳의 진정한 자랑이다. 아르헨티나 라 팜파스 지역 목초지에서 천연 풀을 먹고 건강하게 방목으로 자란 프리미엄 블랙 앵거스 소를 공수하여 제공한다. 반짝이는 타워 브리지의 야경과 사르르 녹는 스테이크 그리고 스페셜티 와인 등 모든 것이 완벽하다. 영국 전 지역에 19개의 체인점이 있다.

Data 지도 287p-L
가는 법 런던 브리지역에서 도보 8분
주소 2 More London Pl, London SE1 2AP 전화 020-7407-5222
운영 시간 일~금 12:00~23:00, 토 · 일 11:00~23:30
가격 서로인 스테이크 24.50파운드~, 립아이 스테이크 36.50파운드~
홈페이지 gauchorestaurants.com

샤드에서 바라보는 짜릿한 런던의 전경

아쿠아 샤드 Aqua Shard

런던에서 가장 높은 빌딩인 샤드 31층에 위치한 레스토랑. 동서남북이 다 통유리로 되어 있어서 어느 자리에 앉든 눈부시게 아름다운 런던 경치를 바라볼 수 있다. 템스강, 타워 브리지, 세인트 폴, 런던 아이는 물론이고 드넓은 런던 도시의 전경이 눈에 다 들어온다. 브렉퍼스트 메뉴부터 브런치, 애프터눈 티, 칵테일, 와인까지 즐길 수 있다.

Data 지도 287p-L
가는 법 런던 브리지역에서 도보 1분
주소 Level 31 The Shard, 31 St. Thomas Street, London UK SE1 9RY 전화 020-3011-1256
운영 시간 런치&브런치 매일12:00~14:30, 디너 매일 18:00~22:30, 바 월~수 12:00~24:00, 목~일 12:00~01:00 가격 애프터눈 티 61파운드, 디너 메인 29파운드~
홈페이지 aquashard.co.uk

내부도 외부도 멋진 퓨전 일본식 레스토랑

스시삼바 Sushisamba

뉴욕, 시카고에도 지점이 있는 초밥 레스토랑으로 헤론 타워 38, 39층에 위치해 있다. 이름에서 느낌이 오듯이 일본, 페루, 브라질 퓨전 요리를 선보인다. 타워 브리지, 런던의 새로운 경제 중심지인 카나리 워프, 올림픽 파크까지 환상적인 야외 경치를 즐길 수 있다. 내부 인테리어뿐만 아니라 레스토랑으로 올라가는 통유리 엘리베이터도 멋지다. 드레스 코드는 스마트 캐주얼.

Data 지도 287p-D
가는 법 리버풀 스트리트역에서 도보 5분 주소 110 Bishopsgate, London EC2N 4AY
전화 020-3640-7330
운영 시간 매일 12:00~23:30
가격 삼바 롤 17파운드~, 초밥(2pcs) 9파운드~
홈페이지 sushisamba.com

셰익스피어의 흔적을 찾아

더 조지 인 The George Inn

회랑으로 된 마차들이 머물던 여관이자 펍으로 런던에 유일하게 남아 있는 곳이다. 셰익스피어가 이 근처에 살면서 종종 들렀고, 그의 연극도 상영했던 펍이다. 역사적, 상징적 가치를 고려해 현재 영국 내셔널 트러스트 단체에 소속되어 있다.

Data 지도 287p-K
가는 법 런던 브리지역에서 도보 7분
주소 75-77 Borough High Street, Southwark, London SE1 1NH 전화 020-7407-2056
운영 시간 월~수 11:00~23:00, 목~토 11:00~24:00, 일 12:00~23:00
가격 피쉬 앤 칩스 16.95파운드, 스테이크 18.95파운드
홈페이지 www.george-southwark.co.uk

해리 포터에 영감을 준 아름다운 마켓

레든홀 마켓 Leadenhall Market

14세기 시작된 런던의 오래된 마켓. 아름다운 빅토리안 아치형 지붕으로 덮여 있고, 건물 곳곳에 앤티크한 느낌이 가득하다. 특히 영화 〈해리 포터와 마법사의 돌〉에 나온 다이아곤 앨리Diagon Alley의 영감을 준 실제 마켓으로 관광객들에게 더욱 유명해졌다. 영화 속에서는 마법사와 마녀들이 마법에 필요한 재료들을 사러 가던 마법 물품 상가지만 실제로는 카페, 레스토랑, 브랜드 숍, 꽃집, 치즈 가게 등 소박한 제품을 파는 작은 마켓이다. 마켓 주변의 금융회사에서 일하는 직장인들이 멋진 수트를 차려입고 점심을 즐기거나 일과 후 펍 바깥에 서서 간단히 맥주를 즐기는 모습을 쉽게 볼 수 있다. 레든홀 마켓은 평일에만 오픈하는데, 주말에는 상점이 문을 닫고 주변 직장인들도 쉬기 때문에 한산한 분위기이다.

Data 지도 287p-H
가는 법 모뉴먼트역에서 도보 15분 주소 Gracechurch St, London EC3V 1LR
전화 020-7332-1523
운영 시간 월~금 10:00~18:00 (가게마다 다름)

유리에 반사되는 세인트 폴의 모습을 볼 수 있는 쇼핑몰

원 뉴 체인지 One New Change

세인트 폴 대성당 바로 옆에 있는 쇼핑몰이다. 유리로 된 건물 중간에 세인트 폴 대성당이 반사되어 아름답고 색다른 광경을 만들어 낸다. 건축계에서 가장 큰 상인 프리츠커 상을 수상한 프랑스 건축가 장 누벨이 디자인했다. 탑샵, H & M, 바나나 리퍼블릭, 휴고 보스와 같은 패션 브랜드 숍과 다양한 음식점, 카페 60여 곳이 모여 있다. 건물 가운데를 통하는 유리로 된 엘리베이터를 타 보자.

Data 지도 287p-G 가는 법 세인트 폴역에서 도보 5분 주소 One New Change, London, EC4M 9AF 전화 020-7002-8900 운영 시간 월~토 10:00~18:00, 일 12:00~18:00 홈페이지 www.onenewchange.com

TIP 건물 6층에 있는 루프 테라스Roof Terrace에 오르면 무료로 세인트 폴 대성당과 템스강의 스카이라인 뷰를 볼 수 있다. 루프 테라스에 있는 메디종 레스토랑과 바에서 풍경을 보며 칵테일이나 맥주, 음식을 즐길 수도 있다.

메디종 레스토랑 & 바 Madison's Restaurant and Bar

Data 운영 시간 월~토 12:00~01:00, 일 12:00~22:00
홈페이지 www.madisonlondon.net

넓은 로비에서 마음껏 시간을 보낼 수 있는

시티즌 엠 citizenM

네덜란드 호텔 체인으로 다양한 색깔이 조화로운 펑키 스타일의 호텔이다. 지적이면서도 따듯한 분위기의 로비에서는 일을 하거나 쉴 수 있고, 전시된 다양한 디자인 관련 책을 볼 수 있다. 192개의 객실을 보유하고 있으며 객실 크기는 작은 편이지만 넓은 창과 편안한 킹사이즈 침대가 구비되어 있다. 런던 브리지역, 테이트 모던, 버로우 마켓 등이 가깝다.

Data 지도 287p-K
가는 법 런던 브리지역에서 도보 15분 주소 20 Lavington Street, London SE1 0NZ
전화 020-3519-1680
운영 시간 체크인 14:00, 체크아웃 11:00
요금 1박 180파운드~
홈페이지 www.citizenm.com

©Richard Powers

항해사들을 위한 역사 깊은 호스텔

웜밧츠 시티 호스텔 런던 Wombats City Hostel London

템스강 옆에 있어 뱃사람들이 배를 항구에 정박하고 휴식을 취하거나 잠을 잤던 곳으로 150여 년의 역사를 가지고 있다. 화장실이 따로 있는 개인실과 트윈룸을 비롯해 4인실, 6인실(혼성, 여성), 8인실 도미토리가 있다. 무료 와이파이, 라커를 제공하고 침대에는 USB 허브 단자가 있다. 전체적으로 세련되고 깔끔한 분위기로, 다른 호스텔과 비교했을 때 상대적으로 넓은 객실과 라운지가 장점으로 꼽힌다. 타워 브리지와 런던 타워, 런던 시청사와 가깝다.

Data 지도 287p-H
가는 법 타워 힐역에서 도보 10분 주소 7 Dock St, London E1 8LL
전화 020-7680-7600
운영 시간 체크인 14:00, 체크아웃 10:00
요금 8인실 40파운드
홈페이지 www.wombats-hostels.com/london

London By Area

05

영국 박물관 & 옥스퍼드 스트리트

The British Museum & Oxford Street

세계 3대 박물관인 영국 박물관에서 수천 년에 걸친 인류 역사와 문화 유물을 만날 수 있다. 옥스퍼드 스트리트에서는 가장 핫한 최신 패션 트렌드를 즐겨 보자.

LONDON FASHION WEEK
OX ST.
159
ARRIVA
23
T429 LGY

영국 박물관 & 옥스퍼드 스트리트
미 리 보 기

박물관이 지루하다는 생각은 잠깐 접어 두자. 영국 박물관은 영화에서나 보았을 법한 이집트의 미라와 아테네 파르테논 신전의 화려한 조각상을 직접 볼 수 있는 살아 있는 박물관이다. 옥스퍼드 스트리트를 따라 걸으며 개성 있는 쇼윈도와 런던 패션 피플을 구경하는 재미도 쏠쏠하다.

SEE

영국 박물관의 규모가 워낙 넓고 유물의 종류가 다양해 개인적으로 보고 싶은 리스트를 작성해서 다니거나 이 책에서 소개하는 '꼭 봐야 할 유물' 리스트 위주로 둘러보자. 영국 박물관을 나와 토트넘 코트 로드역부터 길게 이어지는 쇼핑거리가 옥스퍼드 스트리트이다.

EAT

옥스퍼드 스트리트 주변에는 고급 레스토랑보다는 테이크 어웨이 음식점들이 대부분이다. 셀프리지나 존 루이스 백화점 지하나 꼭대기 층에도 푸드 홀, 카페테리아 등이 있다.

BUY

영국 박물관 기념품 숍에는 전시 유물을 따라 만든 다양한 기념품이 가득하다. 러시, 닥터마틴과 같은 영국 브랜드는 영국 현지에서 더 저렴하게 구매할 수 있다.

어떻게 갈까?

언더그라운드

영국 박물관 : 토트넘 코트 로드역, 홀본역 하차

옥스퍼드 스트리트 : 토트넘 코트 로드역, 옥스퍼드 서커스역, 본드 스트리트역, 마블 아치역 하차

버스 영국 박물관 : 10, 14번 이용, 그레이트 러셀 스트리트에서 하차

옥스퍼드 스트리트 : 3, 6번 이용, 토트넘 코트 로드, 옥스퍼드 서커스, 본드 스트리트, 마블 아치에서 하차

어떻게 다닐까?

영국 박물관은 내부가 워낙 넓어 길을 잃기 쉬우므로 내부지도와 각 전시관의 이름, 번호를 잘 보고 다녀야 한다. 옥스퍼드 스트리트에는 숍이 꽤 많이 있으므로 길을 따라 도보로 이동하면서 마음에 드는 가게에 들어가 구경하자. 주말에는 쇼핑객이 많이 모이므로 소지품을 잘 챙기자.

영국 박물관 & 옥스퍼드 스트리트

추천 코스

전 세계에서 온 수많은 관람객으로 영국 박물관은 일 년 내내 분주한 곳이다. 조용히 유물을 관람하고 싶다면 영국 박물관이 오픈하는 시간에 맞춰 들르자. 일요일을 제외하곤 평일과 토요일의 옥스퍼드 스트리트 숍은 저녁 8~9시까지 문을 연다. 옥스퍼드 스트리트의 번잡함이 싫다면 여유 있게 즐길 수 있는 월레스 컬렉션과 말리본 하이 스트리트, 세인트 크리스토퍼 플레이스를 추천한다.

영국 박물관 오전 10시 오픈 시간에 맞춰 입장하기

박물관 곳곳 유물 관람하기

박물관 내 카페에서 잠시 쉬어가기

도보 10분

토트넘 코트 로드역으로 이동해 옥스퍼드 스트리트 쇼핑하기

도보 15분

세인트 크리스토퍼 플레이스에서 숨은 골목 구경하기

도보 10분

월레스 컬렉션에서 화려한 예술품 관람하고 애프터눈 티 마시기

도보 5분

말리본 하이 스트리트에서 예쁜 상점 구경하기

도보 10분

셀프리지 백화점 쇼핑하기

런던 센트럴 모스크
London Central Mosque
리젠트 파크
Regent's Park
퀸 메리즈 가든
Queen Mary's Garden
Inner Circle
Park Rd
Albany St
Prince Albert Rd
셜록 홈스 민박
셜록 홈스 박물관
The Sherlock Holmes Museum
말리본 역
Marylebone Station
Baker St
베이커 스트리트
Baker Street Station
Marylebone Rd
마담 투소
Madame Tussauds
콘란 숍
The Conran Shop
리젠트 파크
Regent's Park
그레이트 포틀
Great Portland S
유니버시티
University Co
베이커 스트리트 엠포리움
The Baker Street Emporium
르 라보
Le Labo
Great Portland St
에지웨어 로드
Edgware Road
다운트 북스
Daunt Books
BBC 브로드캐스팅 하우스
BBC Broadcasting House
YHA
라 프로마주리
La Fromagerie
로코코 초콜릿
Rococo Chocolates
폴 로스 앤 선
Paul Rothe & Son
New Cavendish St
말리본 파머스 마켓
Marylebone Farmers' Market
Old Marylebone Rd
Marylebone High St
말리본 하이 스트리트
Marylebone High St
브이브이 룰록스
V V Rouleaux
더 랑함
The Langham
Edgware Rd
월레스 컬렉션
The Wallace Collection
아르티잔
Artesian
28°-50°
디즈니 스토어
Disney Store
Eaton Square
세인트 크리스토퍼스 플레이스
St Christophers Place
존루이스
John Lewis
Oxford St
홀란드&바레트
Holland and Barrett
셀프리지
Selfridges
본드 스트리트
Bond Street
마블 아치
Marble Arch
옥스퍼드 스트리트Oxford Street
Brook St
트위스트 뮤지엄
Twist Museum
프라이마크 Primark
클라리지스
Claridge's
New Bond St
Park Lane
하이드 파크
Hyde Park
힐튼 호텔
Hilton
그린 파크
Green Park
Piccadilly
그린 파크
Green Park
0
200m
Knightsbridge
하이드 파크 코너
Hyde Park Corner
영국 박물관 & 옥스퍼드 스트리트
The British Museum & Oxford Street

유스턴
Euston
스타벅스
Starbucks
프리미어 인
PremierInn
Hampstead Rd
스피디 샌드위치 카페
y's Sandwich Bar & Cafe
칼리지 런던 병원
llege London Hospital
유스턴 스퀘어
Euston Square
제너레이터
Generator
성 조지스 가든
St George's Gardens
성 안드류스 가든
St Andrew's Gardens
코람스 필즈
Corams' fields
ston Rd
워렌 스트리트
Warren Street
Gower St
유니버시티 칼리지 런던
University College London
러셀 스퀘어
Russell Square Station
Rosebery Avenue
랜드 스트리트
Street
더 프린스펄
The Principal
모노폴리 라이프사이즈드
Monopoly Lifesized
Tottenham Court Road
veland St
제스몬드 호텔
Jesmond Hotel
BT타워
BT Tower
홀란드&바레트 Holland and Barrett
A 런던 센트럴
A London Central
구지 스트리트
Goodge Street
타이거 스토어 Tiger Store
더 어텐던트
The Attendant
영국 박물관
The British Museum
Bloomsbury St
미트리커MeatLiquor
샤롯데 스트리트 호텔
Charlotte Street Hotel
와사비
Wasabi
천서리 레인
Chancery Lane
카페인kaffeine
티 앤 태틀
Tea and Tattle
와사비
Wasabi
서울 베이커리
Seoul Bakery
홀본
Holborn
십 터번
Ship Tavern
샌더슨 Sanderson
만화 박물관
The Cartoon Museum
넥스트 Next
제임스 스미스 & 선
James Smith & Sons
H&M
100클럽
100 Club
나이키타운
Nike Town
토트넘 코트 로드
Tottenham Court Road
Oxford St
스포츠 다이렉트
Sports Direct
서울프라자
Seoul Plaza
프라이마크 Primark
막스앤스펜서
M&S
하우스 오브 미나리마
House of MinaLima
닐스 야드
Neal's Yard
러쉬 Lush
d Circus
Charing Cross Rd
로열 오페라 하우스
Royal Opera House
포토그래퍼스 갤러리
The Photographers' Gallery
코벤트 가든
Covent Garden
런던 교통 박물관
London Transport Museum
Strand
Carnaby St
골든 유니언 피시 바
Golden Union Fish Bar
리버 아일랜드 River Island
레스터 스퀘어
Leicester Square
코벤트 가든 마켓
Covent Garden Market
자라 Zara
차이나 타운
China Town
망고 Mango
템플
Temple
서머셋 하우스
Somerset House
Regent St
TKTS
피카딜리 서커스
Piccadilly Circus
국립 초상화 갤러리
National Portrait Gallery
워털루 브리지
Waterloo Bridge
왕립 미술원
al Academy of Arts
피카딜리 서커스
Piccadilly Circus
내셔널 갤러리
The National Gallery
Piccadilly
트래펄가 광장
Trafalgar Square
차링 크로스
Charing Cross
차링 크로스
언더그라운드
Charing Cross
Underground Station
엠뱅크만 피어
Embankment Pier
엠뱅크만
Embankment
헝거포드 앤 골든 주빌리 브리지
Hungerford Bridge and Golden Jubilee Bridges
Piccadilly
St James's St
Pall Mall
Whitehall
사우스뱅크 센터
Southbank Centre
Horse Guards Rd
사우스뱅크 마켓
Southbank Market
The Mall
호스 가드
Horse Guards
세인트 제임스 궁전
St James's Palace
런던 아이 피어
London Eye Pier
세인트 제임스 파크
St. James's Park
런던 아이
London Eye
워털루
Waterloo
다우닝가 10번지
10 Downing Street

인류 역사와 문화가 살아 있는 최고의 박물관

영국 박물관 The British Museum

인류 역사, 문화, 예술을 총망라하는 세계적인 박물관이다. 루브르 박물관, 바티칸 박물관과 함께 세계 3대 박물관에 속한다. 영국 박물관은 1753년에 설립되어 세계에서 가장 오래된 국립 박물관이기도 하다. 약 2백만 년의 역사를 망라한 8백만 점이 넘는 유물은 전 세계적으로 가치가 있는 것들이다. 의학자였던 한스 슬론 경이 선물로 받거나 전 세계에서 수집한 유물, 예술품을 나라를 위해 유산으로 기증했다. 당시 기증한 유물은 책, 그림, 필사본, 자연사표본 등을 합쳐 71,000점이나 되었다. 한스 슬론 경의 요청에 따라 조지 2세 왕의 주도 아래 영국의회가 영국 박물관 설립을 승인한 것이 영국 박물관의 시작이다. 1757년 로버트 코튼 경과 로버트 할리 백작의 수집품이 합해져 왕이나 교회 소속이 아닌 무료로 대중에게 개방된 최초의 국립 박물관이 되었다.

Data 지도 315p-H
가는 법 토트넘 코트 로드역, 홀본역에서 도보 10분
주소 The British Museum, Great Russell St, London WC1B 3DG
전화 020-7323-8181
운영 시간 매일 10:00~17:00, 금 10:00~20:30, 1월 1일 및 12월 24~26일 휴관 요금 무료
홈페이지 www.british-museum.org

TIP • 세계 최고의 박물관답게 일 년 내내 많은 관람객으로 분주한 곳이다. 평일에는 학교 체험학습이나 수학여행 일정으로 찾은 단체학생들이 많고, 주말에는 일반 가족과 단체관광객으로 붐빈다. 오전 10시 박물관이 문을 열 때 찾으면 비교적 조용하게 관람할 수 있다.

• 박물관이 문 닫는 시간은 공식적으로 매일 오후 5시이지만, 30분 전부터 관람을 제한한다. 금요일은 저녁 8시 30분까지 연장 오픈하지만 일부 전시관은 저녁시간에는 입장이 제한된다. 충분히 여유를 두고 도착해 천천히 둘러보자.

그레이트 러셀 스트리트에 위치한 몬태규 가문의 저택을 2만 파운드에 구입하여 유물들을 전시하였다. 시간이 지나며 여러 탐험가들을 통해, 전쟁의 승리를 통해 수집품이 증가하자 박물관의 증축이 필요했다. 기존의 몬태규 저택은 허물고 주변의 주택 69채를 구입하여 철거 후 현재 규모의 박물관 모습을 갖추게 되었다. 영국 박물관이 보유하고 있던 미술 회화 작품은 내셔널 갤러리로, 자연사 유물은 자연사 박물관으로, 도서관 기능은 영국 도서관으로 이전되었다. 그럼에도 인류역사와 문화를 대표하는 최고의 박물관임에는 변함이 없다.

로버트 스머크 경의 설계로 만들어진 현재 영국 박물관의 건물 정면은 그리스 신전의 모습을 연상케 한다. 14m 높이의 44개의 기둥들은 그리스 이오니아 양식으로 길게 홈이 파여 있다. 기둥 양쪽에 소용돌이형 장식이 인상적이다. 건물 내부로 들어서면 1,600개가 넘는 창유리가 이어진 아름다운 지붕이 펼쳐진다. 영국 박물관의 심장이기도 한 이곳은 2000년 엘리자베스 2세 여왕에 의해 만들어져 엘리자베스 2세 여왕의 대정원(그레이트 코트Great Court)이라고도 부른다. 영국 박물관에서는 기존 유물 전시 외에 흥미로운 주제의 특별전도 자주 열린다. 특별전의 경우 만 16세 미만은 무료이나 일반인은 티켓을 구입한 뒤 입장 가능하다.

TIP 박물관이 지루하다는 편견은 이제 그만! 오디오 가이드로 박물관 즐기기

영국 박물관 어플을 이용해 오디오 설명을 들으며 영국 박물관을 관람할 수 있다. 역사적으로 중요한 250여 개의 유물에 대한 큐레이터 해설과 영상, 글, 이미지를 통한 추가 정보도 얻을 수 있다. 원하는 유물을 찾아가거나 테마별로 셀프 가이드투어를 즐겨 보자.

방법 앱스토어, 플레이스토어에서 'British Museum Audio' 어플 다운 후 언어 선택(영어, 중국어 등 5개 언어 지원 가능)

이용 요금 풀 번들 패키지 4.99파운드, 각 테마별 투어 1.99~2.99파운드

참고 기존에는 한국어 오디오 가이드가 지원되었으나 코로나 이후 2023년 6월 현재 한국어 오디오 가이드 서비스는 지원되지 않고 있다.

|Theme|

영국 박물관 유물 둘러보기

2백만 년의 역사와 문화를 아우르는 8백만 점 이상의 유물을 다 보려면 몇 달은 걸릴 것이다. 고대 이집트에서 현대 아시아 문화까지 각 테마별로 꼭 봐야 할 유물을 중심으로 둘러보자.

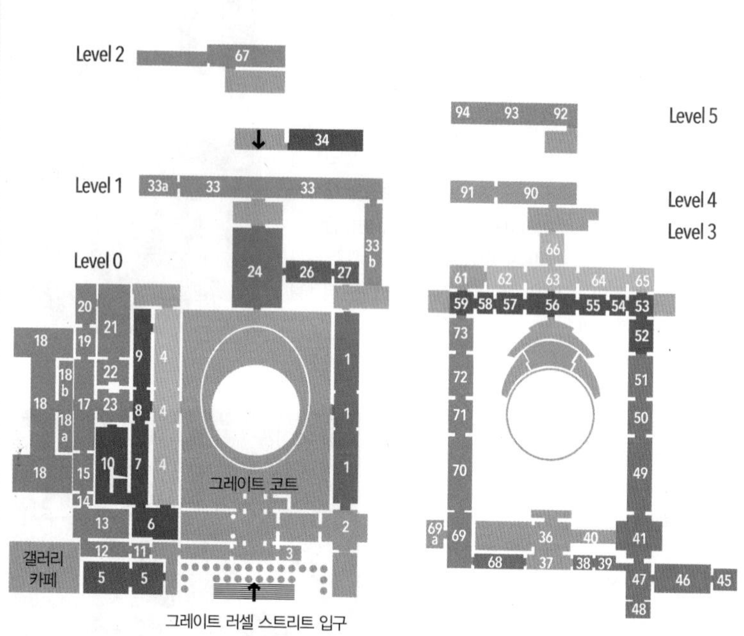

TIP 영국 박물관은 그레이트 코트를 중심으로 크게 지하Lower Level, 1층Ground Floor, 위 층Upper Level의 3층으로 나눌 수 있고 사이사이 작은 전시관들이 계단으로 연결되어 있다. 보고 싶은 유물이 있는 전시관 이름과 번호를 기억하면 도움이 된다.

영국 박물관에서 꼭 봐야 할 유물 BEST 3

Room 4

로제타 석 Rosetta Stone

영국 박물관에서 꼭 봐야 할 베스트 유물이자 이집트 사람들이 가장 돌려받고 싶어 하는 유물로 매우 가치가 높다. 기원전 196년 프톨레마이오스 왕이 사제들에게 큰 은혜를 베푼 것을 찬양한다는 내용이 새겨져 있다. 그동안 해석이 어려웠던 이집트 상형문자를 그리스어를 바탕으로 해독할 수 있게 되었다. 그간 감춰져 있던 인류 초기의 이집트 문명에 대한 이해와 연구를 가능하게 만든 기념비적인 유물로 여겨진다.

Room 18

파르테논 신전 전시관 Parthenon

18번 전시관은 아테네 파르테논 신전에서 가져온 조각으로만 이루어져 있다. 오랜 시간이 흘러 조각상의 일부는 훼손되었지만 매우 세밀하게 조각된 작품에서 화려한 그리스 시대를 느낄 수 있다. 파르테논 신전 천장 부분에 서 있는 것 같은 느낌을 받을 수 있도록 전시관은 신전의 지붕 높이 시선으로 만들어졌고, 실제 파르테논 신전에 있었던 동상과 벽화를 위치까지 그대로 배열해 놓았다. 정면에 있는 신들의 동상에는 머리가 하나도 없고, 전시관 옆으로는 벽화가 있다. 유일하게 머리가 있는 신은 술의 신이다. 하지만 술의 신은 머리보다 팔이 중요했기 때문에 팔목이 없다.

Room 10

사자 사냥 Lion Hunts

아시리아 성전과 통로에 있는 벽화를 그대로 다 가져와 재현해 놓았다. 특히 그중에서도 기원전 645~635년경에 사자 사냥을 스포츠로 즐겼던 고대 아시리아 왕의 모습을 묘사한 벽화가 유명하다. 백성을 보호하고 백성을 위해 싸우는 군주의 임무를 상징한다. 화살이 척추에 꽂혀 죽는 사자의 모습을 양각으로 생생하게 묘사했다. 왕이 마차를 타고 사자를 쫓아 잡았다가 풀어주고, 결국은 그 사자를 죽이는 장면을 동영상처럼 연달아 그려 놓았다.

화려한 프랑스 예술품 박물관

월레스 컬렉션 The Wallace Collection

숨어 있는 위치만큼이나 여행자들에게 많이 알려지지 않은 보물 같은 박물관 & 갤러리이다. 월레스 가문이 개인적으로 소장하던 예술작품들을 1900년 대중에게 개방하며 시작되었다. 내부에 들어서면 말로 표현할 수 없을 정도로 화려한 분위기에 압도된다. 각각 다른 느낌의 벽장식과 금으로 28개의 갤러리를 아름답게 꾸며놓았다. 5천 점이 넘는 화려한 프랑스 예술품 중에는 퐁파두르 부인과 마리 앙투아네트 왕비가 소유했던 그림, 도자기, 가구들이 있다. 작품을 감상하고 월레스 컬렉션 건물 안뜰에 있는 아름다운 월레스 레스토랑에서 애프터눈 티 세트를 즐기며 우아한 귀족의 삶을 느껴보자.

Data 지도 314p-F
가는 법 본드 스트리트역에서 도보 15분
주소 Hertford House, Manchester Square, London W1U 3BN
전화 020-7563-9500
운영 시간 매일 10:00~17:00, 12월 24~26일 휴관
요금 무료
홈페이지 www.wallace-collection.org

세계 최고 규모의 공영 방송국

BBC 브로드캐스팅 하우스 BBC Broadcasting House

옥스퍼드 서커스에 위치한 BBC 브로드캐스팅 하우스는 BBC 본사 건물이다. 영국공영방송British Broadcasting Corporation으로 세계 최초 국영방송국이며 규모, 직원 수, 영향력 면에서 전 세계 가장 큰 방송국으로 꼽힌다. 전 세계에 팬을 보유한 〈셜록〉, 〈닥터 후〉와 같은 영국드라마를 비롯해 수준 높은 시사, 자연 다큐멘터리까지 창조적이고 다양한 콘텐츠를 제작하고 있다. BBC 브로드캐스팅 하우스 건물은 프랑스 아르데코 건축기법으로 U자 모양의 아름다운 곡선 처리가 인상적이다. 건물 앞 보도블록에는 각 세계 주요 도시들의 이름이 새겨져 있다.

Data 지도 314p-F
가는 법 옥스퍼드 서커스역에서 도보 5분 주소 BBC Broadcasting House, Portland Place, London W1A 1AA
전화 037-0901-1227 운영 시간 일반인 입장 불가

옥스퍼드 스트리트에 숨어 있는 아기자기한 골목

세인트 크리스토퍼스 플레이스 St Christopher's Place

자칫하면 지나치기 쉬울 정도로 눈에 띄지 않는 곳에 있다. 본드 스트리트역 앞에 있는 H & M을 지나 보라색의 커다란 시계가 보이면 한두 명이 겨우 지나갈 만한 작은 골목이 나온다. 이상한 나라의 앨리스가 된 기분으로 골목을 따라 들어가 보자. 휘슬Whistles, 지그소Jigsaw, 커트 가이거Kurt Geiger와 같은 하이패션 브랜드부터 멀버리 같은 럭셔리 브랜드숍뿐만 아니라 레스토랑, 바 등 많은 숍들이 모여 있다. 카페의 야외 테이블에 앉아 런더너처럼 여유를 즐겨 보자.

Data 지도 314p-F
가는 법 본드 스트리트역에서 도보 2분
주소 St Christopher's Place London W1U 1BF
전화 020-7493-3294
홈페이지 www.stchristophersplace.com

런던에서 가장 바쁜 교차로

옥스퍼드 서커스 Oxford Circus

옥스퍼드 스트리트와 리젠트 스트리트가 만나는 교차로. 옥스퍼드 서커스 주변으로 브랜드숍, 회사, 관광지가 모여 있어 단순한 교차로가 아닌 런던 패션의 중심지이자 런던의 심장 같은 곳이다. 1년에 무려 약 1억 명의 사람들이 옥스퍼드 서커스 튜브역을 이용할 만큼 평일, 주말, 계절에 상관없이 수많은 여행자와 런더너들을 만날 수 있다. 많은 사람이 바삐 움직이는 거리라 대각선 신호 체계로 한 번에 쉽게 길을 건널 수 있게 했다. 화려한 외부 장식이 특징인 보자르 양식 석조건물이 옥스퍼드 서커스의 4면을 굳건히 지키고 있다. 다양한 거리행진과 페스티벌이 옥스퍼드 서커스를 중심으로 종종 열린다. 크리스마스 기간에는 옥스퍼드 스트리트와 리젠트 스트리트를 따라 화려한 조명이 반짝이니 겨울 여행자들은 기대해 보자.

Data 지도 314p-F
가는 법 옥스퍼드 서커스역 입구에서 바로 주소 Oxford Circus Station, Oxford St, Soho, London W1B 3AG

|Theme|

옥스퍼드 스트리트 완전 정복

런던에서뿐 아니라 유럽에서 가장 핫한 쇼핑거리! 4개의 지하철역을 따라 길게 연결된 약 2km의 거리이다. 유럽의 패션은 옥스퍼드 스트리트에서 시작된다고 해도 될 만큼 6개의 대형 백화점과 300개가 넘는 브랜드숍에서 매일매일 새로운 스타일의 패션을 만날 수 있다. 런던의 여러 패션 스트리트 중에서 특히 옥스퍼드 스트리트는 톡톡 튀는 젊은 스타일의 브랜드가 주를 이룬다. 옥스퍼드 스트리트의 베스트 브랜드를 알아보자.

Data 지도 314p-F, 315p-G
가는 법 토트넘 코트 로드역, 옥스퍼드 서커스역, 본드 스트리트역, 마블 아치역
운영 시간 월~토 09:00~21:00, 일 12:00~18:00(가게마다 다름) 홈페이지 oxfordstreet.co.uk

프라이마크 Primark

1~2파운드 액세서리, 3파운드 티셔츠, 10파운드 코트까지 여행 중 급하게 옷을 사야 할 때 부담 없이 구매할 수 있는 최저가 초대형 SPA 브랜드.

막스 앤 스펜서 Marks & Spencer

심플하고 베이직한 스타일을 추구하는 막스 앤 스펜서, 줄여서 M & S라고 부른다. 130년이 넘는 역사를 가지고 있는 영국 사람들이 사랑하는 브랜드. 지하에 홈제품, 부엌용품, 식품마켓도 있다.

넥스트 NEXT

여성의류 외에도 남성, 아동, 아기들까지 성별과 다양한 연령층을 위해 제품 범위가 넓다. 저렴한 가격에 보기만 해도 귀엽고 예쁜 넥스트의 아동복은 이미 한국 엄마들에게도 소문이 자자하다.

리버 아일랜드 River Island

트렌디하고 저렴한 가격으로 인기 있는 영국 패션 브랜드. 남성, 여성, 아동 패션 제품을 판매하며 유니크한 색상과 디자인 제품이 많다.

에이치 앤 엠 H & M

옥스퍼드 서커스 네 개의 코너 중 한쪽을 지키고 있는 스웨덴 브랜드. 무려 6층에 걸쳐 최신 트렌드의 여성복, 남성복, 아동복, 구두, 신발, 액세서리를 판매하고 있다.

망고 Mango

스페인 바르셀로나 브랜드로 클래식하고 모던한 스타일이 주를 이룬다. 블랙과 화이트를 기본으로 무채색 계열의 색상을 사용해 깔끔함을 강조한다.

자라 ZARA

스페인 브랜드. 옥스퍼드 스트리트에만 무려 5개의 매장이 있다. 케이트 미들턴 왕세손비, 셀레나 고메즈, 웨인 루니의 아내 콜린 루니 등이 자라의 유명 팬이다.

나이키 타운 Nike Town

옥스퍼드 서커스에 위치한 대형 나이키 매장. 총 4층 규모에 축구, 농구, 테니스 등 스포츠별로 섹션을 나눠 놓았다. 나만의 맞춤 나이키 운동화도 제작 가능하다.

스포츠 다이렉트 Sports Direct

영국의 가장 대중적인 스포츠용품 숍. 축구는 물론이고 모든 스포츠 관련 용품, 의류, 신발, 액세서리를 판매한다. 전문 스포츠 숍보다 가격도 저렴한 편이다.

러쉬 Lush

핸드메이드, 자연친화적 영국 뷰티 브랜드. 세계에서 가장 큰 러쉬 매장이 바로 옥스퍼드 스트리트에 있다. 총 3층에 걸쳐 보기만 해도 기분이 좋아지는 화려한 색들의 비누와 스킨케어, 목욕용품이 가득하다. 한국에서 살 때보다 저렴하니 선물용으로 구입하기에도 좋다.

홀란드 & 바레트 Holland & Barrett

간단하게 H & B로 표시한다. 건강보조식품, 비타민영양제, 천연화장품 등을 판매한다. 종류도 다양하고 가격도 일반 매장보다 저렴하다.

가족이 운영하는 피시 앤 칩스 레스토랑

골든 유니언 피시 바 Golden Union Fish Bar

복잡한 옥스퍼드 스트리트에서 골목을 따라 조금만 안쪽으로 들어서면 빌리 드류 가족이 운영하는 피시 앤 칩스 매장을 만나게 된다. 내부는 작지만 신선한 생선과 푸짐한 양의 피시 앤 칩스를 맛보려는 사람들로 언제나 붐비는 곳이다. 오픈 키친으로 깨끗하게 만들어지는 과정을 볼 수 있다. 이 곳만의 스페셜 레시피로 만든 홈메이드 타르타르소스도 꼭 함께 먹어 보자.

Data 지도 315p-G
가는 법 옥스퍼드 서커스 역에서 도보 10분
주소 38 Poland Street, Soho, London W1F 7LY
전화 020-7434-1933
운영 시간 매일 11:30~21:00 가격 피시 앤 칩스 15.50파운드
홈페이지 www.goldenunion.co.uk

공중 화장실을 개조한 아담한 카페

더 어텐던트 The Attendant

1890년대 빅토리아 시대에 지어진 남자 공중 화장실을 개조한 이색 카페다. 50년간 방치되어 있던 이곳은 2년간의 계획과 공사 후에 지금의 빈티지한 카페로 탈바꿈했다. 지하철 입구처럼 생긴 계단을 따라 내려가면 작고 아담한 카페 내부를 만날 수 있다. 카페의 벽면을 채운 빛바랜 타일들, 핸드 드라이어, 독특한 소변기와 세면대로 만든 테이블을 보면 아직도 공중 화장실의 느낌이 가득하다. 하지만 이제 이곳은 깨끗하니 걱정 말자. 커피, 샌드위치, 샐러드, 브런치 메뉴 등을 판매한다.

Data 지도 315p-G
가는 법 구지 스트리트역, 옥스퍼드 서커스역에서 도보 10분
주소 Downstairs, 27a Foley Street, London W1W 6DY
전화 020-7637-3794
운영 시간 월~금 08:00~16:00, 토·일 09:00~16:00
가격 커피 3~4파운드 홈페이지 www.the-attendant.com

긴 역사를 자랑하는 영국 전통 펍

십 터번 Ship Tavern

따뜻하고 고풍스러운 분위기의 펍. 1549년부터 시작된 약 500년의 긴 역사를 가지고 있다. 나무로 된 내부 곳곳에는 앤티크한 그림과 오래된 책, 양초, 겨울에는 벽난로까지 마음을 차분히 가라앉히는 소품들이 가득하다. 일요일에는 펍 1층에 위치한 오크룸Oak Room에 앉아 진정한 선데이 로스트를 즐겨 보자. 피시 앤 칩스, 푸딩, 파이 등 다양한 영국 전통 음식을 맛볼 수 있다.

Data 지도 315p-H
가는 법 홀본역에서 도보 2분 주소 12 Gate Street, Holborn, London WC2A 3HP 전화 020-7405-1992
운영 시간 월~토 11:00~23:00, 일 12:00~ 23:00
가격 스테이크 버거 17파운드, 선데이 로스트 25파운드
홈페이지 www.theshiptavern.co.uk

부담 없이 즐길 수 있는 영국 박물관 앞 티 룸

티 앤 태틀 Tea and Tattle

영국 박물관 앞 서점 지하에 위치한 작은 티 룸으로 아는 사람만 아는 아늑하고 작은 티 룸이다. 영국 감성을 느끼기엔 애매한 중국풍의 벽지와 벽에 걸린 빈티지한 액자들이 묘한 분위기를 낸다. 티 룸 곳곳에 놓인 예쁜 티 포트와 컵들을 구경하는 재미가 있다. 트레이에 올려진 홈메이드 샌드위치, 스콘, 케이크와 티를 함께 마시는 애프터눈 티 세트가 1인 24파운드다. 크림티, 샐러드, 스무디 등 다른 메뉴도 있다. 영국 박물관을 둘러본 뒤 부담 없이 따듯한 차를 마시며 잠시 여유를 가질 수 있는 장소.

Data 지도 315p-H 가는 법 홀본역에서 도보 10분
주소 41 Great Russell Street, London WC1B 3PE
전화 077-2219-2703 운영 시간 월~금 09:00~18:00, 토 12:00~16:00 가격 애프터눈 티 세트 24파운드, 크림티 세트 (티&스콘) 9파운드 홈페이지 www.teaandtattle.com

화려한 네온사인이 버거를 감싸네

미트리쿼어 MeatLiquor

들어서면 화려한 네온사인과 벽 가득 포스터가 분위기를 압도하는 세상 힙하고 활기찬 분위기의 버거집이다. 버거 패티는 에이징 숄더와 립 부분을 섞어 육즙이 풍부하고, 베이컨 치즈, 칠리 치즈, 더블 패티 버거 등 다양한 버거를 선택할 수 있다. 치킨 메뉴, 감자 튀김과 소스, 양파 튀김 등 다양한 사이드 메뉴도 함께 먹어보자.

Data 지도 314p-F
가는 법 옥스포드 서커스역에서 도보 2분
주소 37-38 Margaret St, London W1G 0JF
전화 020-7224-4239
운영 시간 매일 12:00~02:00
가격 비프 버거 12파운드~, 버팔로 윙 10.25파운드
홈페이지 meatliquor.com

런더너가 느끼는 소소한 커피의 행복

카페인 kaffeine

옥스퍼드 서커스 뒷골목에 위치한 작은 카페로 간판도 평범해 무심코 지나치기 쉽다. 죽기 전에 가봐야 할 전 세계 카페 25에 선정되었으며 이곳의 진가를 아는 런던 로컬들과 커피 러버들은 꼭 찾는 숨은 명품 카페다. 카페 주변에서 일하는 젊은 런더너들이 자주 찾고 날씨가 좋은 날이면 가게 밖 길거리에서 자유롭게 커피를 마신다. 최소 3년 이상의 트레이닝을 받은 수준급 바리스타들이 펼치는 호주 스타일의 진한 커피와 화려한 라테 아트가 예술이다.

Data 지도 315p-G
가는 법 구지 스트리트역, 옥스퍼드 서커스역에서 도보 10분
주소 66 Great Titchfield Street, London W1W 7QJ
전화 020-7580-6755
운영 시간 월~금 07:30~17:00, 토 08:30~17:00, 일 09:00~17:00 가격 커피 3~4파운드
홈페이지 kaffeine.co.uk

월드 베스트 바 넘버 원!

아르티잔 Artesian

랑함 호텔 안에 위치한 바로, 세계 최고의 바Bar 1위에 당당히 이름을 올린 곳이다. 세계 최고의 바텐더들이 보여 주는 기술과 예술성은 감동 그 자체. 그들의 환상적인 칵테일 맛을 느껴 보자. 예쁜 디저트도 있어 칵테일과 함께 즐기기 좋다. 고급스러우면서도 모던한 중국풍 인테리어가 인상적이다. 드레스 코드는 스마트 캐주얼.

Data 지도 314p-F 가는 법 옥스퍼드 서커스역에서 도보 5분 주소 1C Portland Place, London W1B 1JA 전화 020-7636-1000 운영 시간 일~수 16:00~24:00, 목~토 16:00~01:00 가격 칵테일 21파운드~, 스낵 7파운드~ 홈페이지 www.artesian-bar.co.uk

여자들이 좋아하는 감각 있는 모던 바

28°-50°

런던의 예쁜 숨은 골목인 세인트 크리스토퍼 플레이스 끝자락에 위치한 모던하고 세련된 와인 바. 위도 28-50도 지역에서 전 세계 와인이 가장 많이 생산되고 있다고 해서 붙여진 이름이다. 30여 가지가 넘는 와인과 유러피언 음식들을 함께 즐길 수 있다. 내부 한가운데 위치한 삼각형의 바와 와인 잔, 조명이 유니크하다.

Data 지도 314p-F 가는 법 본드 스트리트역에서 도보 5분 주소 15-17 Marylebone Lane, London W1U 2NE 전화 020-7486-7922 운영 시간 월~목 08:00~23:30, 금·토 08:00~24:00, 일 10:00~22:30 가격 메인 17.95파운드~, 와인 한 잔 4파운드~ 홈페이지 www.2850.co.uk

세계 최고 백화점으로 두 번 연속 선정된

셀프리지 Selfridges

해러즈 백화점 다음으로 영국에서 두 번째로 큰 규모의 백화점이다. 총 6층의 건물 입구에 들어서면 화려한 명품관과 디자이너 제품들이 시선을 사로잡는다. 3층에 위치한 세계에서 가장 큰 규모의 청 편집숍, 데님 스튜디오는 꼭 들르자. 먹기 아까울 정도로 예쁜 컵케이크를 비롯해 맛있는 군것질거리가 가득한 푸드홀과 푸짐히 한 끼 식사를 할 수 있는 셀프리지 키친에서 든든히 배를 채울 수도 있다. 유명 디자이너와 패션 잡지사가 함께 작업하는 셀프리지 쇼윈도 디스플레이도 놓치지 말자.

Data 지도 314p-F
가는 법 본드 스트리트역에서 도보 5분. 또는 마블 아치역에서 도보 10분 주소 400 Oxford Street, London W1A 1AB
전화 080-0123-400
운영 시간 월~금 10:00~22:00, 토 10:00~21:00, 일 11:30~18:00
홈페이지 www.selfridges.com

한국이 그리울 때 찾는 한국 슈퍼마켓

서울 프라자 Seoul Plaza

이곳이 런던인지 한국인지 잠시 헷갈리는 곳. 한국 만두, 어묵 같은 냉동 식품부터 김치, 라면, 과자, 소주, 음료수 없는게 없다. 술 종류를 제외하고는 한국과 비교해서 크게 가격이 비싸지 않으니 여행 중 한국 음식을 먹고 싶을 때 마음껏 쇼핑해 보자.

Data 지도 315p-G
가는 법 토트넘 코트 로드역에서 도보 1분
주소 Units R06, &R08 Centre Point, 101 New Oxford St, London WC1A 1DB
전화 020-3838-4216
운영 시간 매일 10:00~20:00

150년이 넘는 역사를 가진 대중적인 백화점

존 루이스 John Lewis

1864년 오픈해 현재 영국 전역에 45곳이 넘는 지점을 가진 영국인들이 사랑하는 대중적인 백화점이다. 저렴한 가격으로 최상의 품질과 서비스를 제공한다. 영국 왕실에도 생활용품을 납품하고 있어 품질은 보증되어 있다. 인테리어, 조명, 의류, 신발, 아동용품, 스포츠용품, 주방용품, 식품 등 없는 것이 없다. 그중에서도 눈을 뗄 수 없을 만큼 화려하고 다양한 2층의 패브릭 제품과 지하의 디자이너 그릇 코너는 존 루이스에서 가장 인기 있는 곳. 6층에는 아름다운 루프탑 정원, 5층에는 카페가 있고 지하 식품코너에는 품질 좋고 맛있는 식료품을 판매하니 꼭 들러보자.

Data 지도 314p-F
가는 법 옥스퍼드 스트리트역에서 도보 3분 주소 300 Oxford Street London W1C 1DX
전화 020-7629-7711
운영 시간 월~수, 금·토 10:00~20:00, 목 10:00~ 21:00, 일 12:00~18:00
홈페이지 www.johnlewis.com

아이도 어른도 빠져드는 디즈니 세상

디즈니 스토어 Disney Store

디즈니 캐릭터를 사랑하는 아이들이라면 말할 것도 없고, 어른들 마저도 동심으로 돌아가게 만드는 곳. 우리에게 친숙한 라이온 킹, 니모, 스파이더맨부터 전 세계 여자아이들의 로망 백설공주, 신데렐라 공주 시리즈까지. 인형, 슬리퍼, 옷, 컵, 문구류 등 제품 종류도 다양하다. 하지만 그중 가장 인기 있는 것은 단연 스타워즈와 겨울왕국이다. 엘사 드레스와 올라프 인형은 전 세계적으로 인기 아이템. 근위병 미키마우스 인형, 빅 벤과 미니마우스가 그려진 티셔츠는 런던 디즈니 스토어에서만 만날 수 있다.

Data 지도 314p-F 가는 법 본드 스트리트역에서 도보 1분 주소 350-352 Oxford Street London W1C 1JH 전화 020-7491-9136 운영 시간 월~토 09:00~22:00, 일 12:00~18:00 가격 공주 드레스 20파운드~, 인형 10파운드~ 홈페이지 www.disneystore.co.uk

190년의 역사를 가진 우산 장인의 집

제임스 스미스 & 선 James Smith & Sons

제임스 스미스 & 선은 1830년에 시작해 약 190년의 긴 역사를 가진 우산 장인의 집이다. 건물 외관, 내부 모두 옛 모습 그대로를 간직하고 있어 타임머신을 타고 19세기로 이동한 느낌을 받는다. 우산과 지팡이는 대대로 내려온 전통 그대로 수작업해서 만든다. 좋은 품질과 튼튼함은 이곳 우산의 기본, 다양한 색과 동물 모양을 비롯해 여러 가지 손잡이의 모양이 독특하다. 영국의 저명한 귀족계층, 군인, 신사들이 즐겨 찾는 곳이다. 〈타임아웃〉에서 선정한 100대 숍 중 한 곳으로 직원들의 자긍심과 애사심이 대단하다.

Data 지도 315p-H
가는 법 토트넘 코트 로드역에서 도보 5분 주소 53 New Oxford Street, London WC1A 1BL
전화 020-7836-4731
운영 시간 화~금 10:30~17:30, 토 10:30~17:15, 일·월 휴무
가격 접이우산 50파운드~
홈페이지 www.james-smith.co.uk

해리포터 그래픽 디자이너의 특별한 작품 세계 속으로

하우스 오브 미나리마 House of MinaLima

해리포터 영화 시리즈에 참여한 그래픽 디자이너인 미라Mira와 에두아르도Eduardo의 갤러리 겸 매장이다. 해리포터 영화 작업을 기반으로 독특하고 색다른 일러스트 디자인을 만들기 위해 자체 디자인 스튜디오인 미나리마MinaLima를 설립했다. 해리포터 테마로 꾸며진 매장은 협소한 편이지만 무료입장 가능하며 해리포터 엽서, 뱃지, 포스터 작품과 두 디자이너의 개인 예술 작품도 구매할 수 있다.

Data 지도 315p-G
가는 법 옥스포드 서커스역에서 도보 10분
주소 157 Wardour St, London W1F 8WQ
전화 020-3214-0000
운영 시간 매일 11:00~19:00
가격 포스트카드 2.95파운드, 아트 프린트 30파운드~
홈페이지 minalima.com

|Theme|

동심을 찾아 떠나는 런던 여행

일상과 여러 책임감에서 벗어나 낯설고 새로운 곳을 탐험하는 것만으로도 진정한 여행의 행복을 느낄 수 있다. 그 행복 그대로 아무 생각없이 웃고 떠들며 신나게 동심으로 돌아갈 수 있는 옥스포드 스트리트 주변의 호기심 천국 세 곳을 소개한다.

현실판 모노폴리 방탈출게임

모노폴리 라이프사이즈드

Monopoly Lifesized

부루마블의 원조 격인 모노폴리 보드게임을 현실판으로 체험해 보자. 모노폴리 보드 게임에서 갖고 놀던 작은 크기의 구성품들이 이곳에서는 마치 이상한 나라의 앨리스가 된 것처럼, 모노폴리 세상으로 들어온듯 거대하게 꾸며져 있다. 인기 있는 곳이니 성수기에 방문하기 원한다면 미리 서둘러 홈페이지에서 꼭 예약하도록 하자.

Data 지도 315p-G 가는 법 토트넘 코트 로드역에서 도보 7분 주소 213-215 Tottenham Ct Rd, London W1T 7PS 전화 020-8164-6469 운영 시간 화~금 12:00~23:00, 토 10:00~23:00, 일 10:00~22:30, 월 휴무 가격 49파운드 홈페이지 www.monopolylifesized.com

이곳은 현실인가 착시인가 신비한 세상

트위스트 뮤지엄 Twist Museum

예술가와 신경과학자, 철학자들이 협력하여 개발한 몰입형 박물관으로 2022년 개관했다. 'TWIST'는 'The Way I See Things(내가 사물을 보는 관점)'의 약자로서 세상을 보는 다양한 관점과 경험을 보는 방식에 대한 호기심을 불러일으킨다. 빛과 착시를 활용한 다양한 전시관을 둘러보며 즐거운 체험을 해보자.

Data 지도 314p-F 가는 법 옥스포드 서커스역에서 도보 1분 주소 248 Oxford St, London W1C 1DH 운영 시간 월~금 11:00~20:00, 토 10:00~21:00, 일 10:00~19:30 가격 27.50파운드(입구에서 구매 시), 23.50파운드(온라인 예매 시) 홈페이지 twistmuseum.com

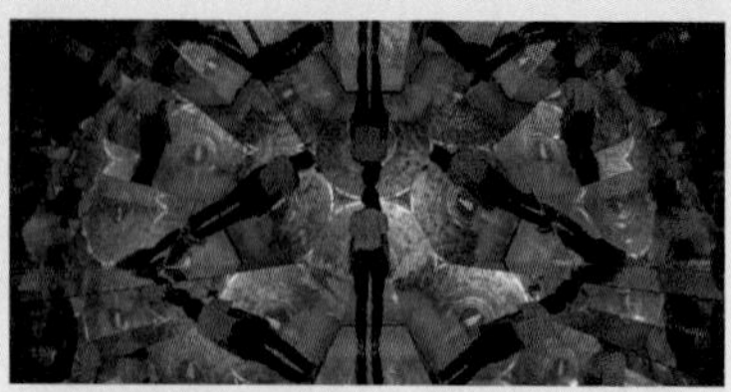

만화 팬이라면 꼭 들러보자

만화 박물관 The Cartoon Museum

18세기부터 지금까지 영국의 만화, 캐리커처를 전시하는 만화 박물관으로 6,000점이 넘는 영국 만화 작품을 보유하고 있다. 만화와 관련된 다양한 상설 전시도 열린다.

Data 지도 315p-G 가는 법 옥스포드 서커스역에서 도보 8분 주소 63 Wells St, London W1A 3AE 전화 020-7580-8155 운영 시간 화·수·금~일 10:00~17:30, 목 10:30~20:00, 월 휴관 가격 9.50파운드 홈페이지 www.cartoonmuseum.org

|Theme|

작고 예쁜 상점들이 가득한 거리
말리본 하이 스트리트

옥스퍼드 스트리트는 규모가 크고 잘 알려진 유명 브랜드숍과 대형 백화점들이 주를 이룬다. 좀 더 유니크하고 세련된 브랜드를 만나고 싶다면, 옥스퍼드 스트리트와 같은 번잡함을 피하고 싶다면, 바로 이곳 말리본 하이 스트리트Marylebone High Street로 가보자. 본드 스트리트역에서 베이커 스트리트를 잇는 약 500m의 말리본 동네 거리를 따라 아기자기한 가게, 호텔, 레스토랑들이 있다. 고급스러운 디자이너 편집숍부터 작은 앤티크 단추가게까지, 가게마다 개성과 자부심을 엿볼 수 있다.

Data 지도 314p-F
가는 법 본드 스트리트역에서 나와 셀프리지 방향으로 가다가 첫 번째 길인 제임스 스트리트로 들어가 5분 정도 걸으면 이어지는 길
주소 Marylebone High Street, Marylebone, City of Westminster, London W1U
전화 020-7580-3163
홈페이지 marylebonevillage.com

런던에서 가장 아름다운 서점
다운트 북스 Daunt Books

고풍스럽고 아름다운 분위기를 느낄 수 있는 여행책 전문 서점으로 오래된 나무계단과 서점 한쪽을 가득 채운 스테인드글라스가 인상적이다. 에코백, 머그컵과 같은 다운트 북스 기념품도 판매한다.

Data 지도 314p-F 주소 83 Marylebone High Street, Marylebone W1U 4QW 전화 020-7224-2295 운영 시간 월~금 09:00~18:30, 토 10:00~19:00, 일 12:00~18:00
홈페이지 www.dauntbooks.co.uk

눈이 즐거운 제품으로 가득한 인테리어 소품 가게
콘란 숍 The Conran Shop

3층에 걸쳐 전 세계 유명 디자이너들의 고품질 가구, 조명, 인테리어 용품, 선물용품을 판매한다. 기발한 아이디어가 넘치는 독특한 제품으로 가득하다. 상대적으로 비싼 가격이지만, 사고 싶은 충동이 마구 드는 곳.

Data 지도 314p-B 주소 55 Marylebone High Street, W1U 5HS 전화 020-7723-2223 운영 시간 월~금 10:00~18:00, 토 10:00~19:00, 일 12:00~18:00
홈페이지 www.conranshop.co.uk

일요일에만 열리는 신선한 스트리트 마켓
말리본 파머스 마켓 Marylebone Farmers' Market

말리본 하이 스트리트 뒤 공용주차장에서 열리는 일요일 스트리트 마켓. 판매자가 직접 생산한 신선한 채소와 과일은 물론이고, 수제 꿀, 빵, 간식거리, 와인 등을 만날 수 있다. 런던사람들의 정겨운 주말 시장 분위기를 느껴 보자.

Data 지도 314p-F 주소 Cramer Street, W1U 4EW 전화 020-7833-0338 운영 시간 일 10:00~14:00 홈페이지 www.lfm.org.uk

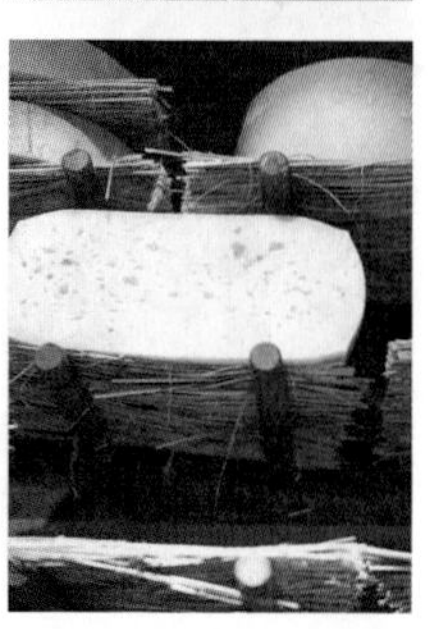

최상의 치즈를 맛보자
라 프로마주리 La Fromagerie

작은 치즈 가게로 시작해 지금은 채소, 잼, 소스, 아이스크림 등을 파는 홈메이드 식재료 가게로 성장했다. 최상급의 치즈를 파는 기본 철학에는 변함이 없다. 신선한 치즈와 와인을 함께 즐길 수 있는 카페도 있다.

Data 지도 314p-F 주소 2-6 Moxon Street, W1U 4EW
전화 020-7935-0341
운영 시간 월~토 09:00~19:00, 일 09:30~18:00
홈페이지 www.lafromagerie.co.uk

4대째 내려오는 샌드위치 맛집

폴 로스 앤 선 Paul Rothe & Son

1900년 시작한 로스 가문의 전통 있는 샌드위치 가게이다. 신선한 고기, 치즈, 샐러드, 소스를 원하는 대로 고르면 눈앞에서 바로 맛있는 맞춤 샌드위치를 만들어 준다.

Data 지도 314p-F 주소 35 Marlyebone Lane, Marylebone W1U 2NN 전화 020-7935-6783 운영 시간 월~금 08:30~16:00, 토 11:30~16:00, 일 휴무 홈페이지 paulrotheandsondelicatessen.co.uk

35년 전통의 럭셔리 초콜릿 전문점

로코코 초콜릿 Rococo Chocolates

전통의 맛과 경험을 그대로 고객들에게 선사하고자 유행을 따르지 않고 최고급 재료만을 사용하여 정성껏 만든 자부심 있는 초콜릿 가게. 풍부하고 절묘한 영국 전통 초콜릿 맛을 느껴보자.

Data 지도 314p-F 주소 3 Moxon St, Marylebone, W1U 4EP 전화 020-7935-7780 운영 시간 매일 10:00~19:00 홈페이지 rococochocolates.com

형형색색 리본 천국

브이브이 룰록스 V V Rouleaux

리본, 코사지, 깃털, 레이스 등 장신구 제품들이 가득하다. 디자이너, 패션계 종사자들이 자주 들러 다양한 색감의 리본 장신구를 보며 영감을 얻는 곳이기도 하다. 상상하는 대로 만들어지는 신기한 장신구의 세계를 만나 보자.

Data 지도 314p-F 주소 102 Marylebone Lane, W1U 2QD 전화 020-7224-5179 운영 시간 월~토 10:00~18:00, 일 휴무 홈페이지 www.vvrouleaux.com

맞춤 핸드메이드 향수 전문점

르 라보 Le Labo

나만을 위한 향수를 만들 수 있는 곳. 원하는 향을 선택하면 바로 그 자리에서 향수를 만들어 맞춤 라벨까지 붙여 준다. 세상에 하나밖에 없는 특별한 향을 만들고 간직하는 즐거움이 있다.

Data 지도 314p-B 주소 28a Devonshire Street, W1G 6PS 전화 020-3441-1535 운영 시간 월~토 10:00~18:00, 일 12:00~17:00 홈페이지 lelabofragrances.com/uk_en

세계 최고의 칵테일 바가 있는

더 랑함 The Langham

1865년 오픈해 150년의 역사를 가진 유럽 최초의 그랜드 호텔이다. 건물 외부는 웅장한 빅토리안 시대 스타일이고 내부는 깔끔하고 모던한 화이트 스타일이다. 총 380개의 객실을 보유하고 있다. 스위트룸, 클럽 룸은 전통적인 영국 스타일의 인테리어를 바탕으로 꾸몄으며 일부 방 창문으로는 고풍스러운 런던 도심이 펼쳐진다. 스위트룸, 클럽 룸에 묵으면 아침 식사와 저녁 식사가 무료이고 음료와 알코올이 제공되는 클럽 라운지를 이용할 수 있다. 랑함 호텔의 자랑 중 하나는 세계 최고의 바 No.1에 손꼽힌 아르티잔 칵테일 바! 여행 후 숙소로 돌아와 편안하게 칵테일을 즐길 수 있는 곳이다. 그 외에도 16m 길이의 수영장, 헬스클럽, 스파 시설을 갖추고 있다. 호텔 위치는 BBC 방송국 바로 앞이며 옥스퍼드 스트리트, 리젠트 파크 등이 가깝다.

Data 지도 314p-F
가는 법 옥스퍼드 서커스역에서 도보 5분 주소 1C Portland Place, London W1B 1JA
전화 020-7636-1000
운영 시간 체크인 15:00, 체크아웃 12:00
요금 1박 450파운드~
홈페이지 www.langham-hotels.com

디자이너의 대형 크리스마스트리로 유명한

클라리지스 Claridge's

메이페어 지역에 1812년 지어진 5성급 럭셔리 호텔. 유명인들 외에 로열패밀리들이 많이 묵어서 '버킹엄 궁전의 별관'이라 불리기도 한다. 대리석 화장실 객실에, 스위트룸에는 신선한 꽃과 집사 서비스가 제공되고 일부 룸은 테라스와 그랜드 피아노까지 있다. 특히 매년 11월 중순 설치하는 호텔 로비의 거대한 크리스마스트리로 유명하다. 돌체 앤 가바나, 버버리 디자이너의 호텔 트리 작품의 설치를 시작으로 런던 시내 크리스마스 점등도 함께 이루어진다. 옥스퍼드 스트리트와 하이드 파크가 가깝다.

Data 지도 314p-F 가는 법 본드 스트리트역에서 도보 5분 주소 Claridge's, Brook Street, Mayfair, London W1K 4HR 전화 020-7629-8860 운영 시간 체크인 15:00, 체크아웃 12:00 요금 1박 450파운드~ 홈페이지 www.claridges.co.uk

우아한 분위기에 예술 작품이 전시된

샤롯데 스트리트 호텔 Charlotte Street Hotel

2000년 오픈한 5성급 럭셔리 호텔이다. 영국 예술 거장들의 작품과 조각들로 내부가 꾸며져 있다. 클래식한 분위기의 벽화와 고급스러운 가구, 우아한 침대는 샤롯데 스트리트 호텔을 더욱 호화롭게 만들어 준다. 호텔 내 52개의 객실은 모던 영국 스타일을 반영한 각각의 디자인으로 구성되어 있다. 영국식 요리를 제공하는 오픈 키친이 있는 오스카 레스토랑과 바, 자체 영화관, 헬스클럽이 있다. 영국 박물관, 소호, 옥스퍼드 스트리트는 도보 15분 정도의 거리이다.

Data 지도 315p-G 가는 법 구지 스트리트역, 토트넘 코트 로드역에서 도보 5분 주소 15-17 Charlotte Street, London W1T 1RJ 전화 020-7806-2000 운영 시간 체크인 14:00, 체크아웃 11:00 요금 1박 450파운드~ 홈페이지 www.firmdalehotels.com

기발한 아이디어의 디자이너 가구가 있는

샌더슨 Sanderson

바쁘게 돌아가는 런던의 한중심 웨스트엔드에 위치한 판타지한 호텔이다. 전체적으로 세련되고 깔끔한 분위기에 스타일리시한 호텔이지만 재미있고 기발한 디자인 가구들이 눈길을 끈다. 이상한 나라의 앨리스를 테마로 한 정원에서 애프터눈 티를 마실 수 있다. 옥스퍼드 서커스역과 토트넘 코트 로드역의 중간으로 쇼핑 거리, 영국 박물관과 뮤지컬 극장들이 가깝다.

Data 지도 315p-G
가는 법 옥스퍼드 서커스, 토트넘 코트 로드역에서 도보 10분
주소 50 Berners St, London W1T 3NG
전화 020-7300-1400
요금 더블룸 300파운드~
홈페이지 www.morgans-hotelgroup.com

최고의 위치를 자랑하는 유스호스텔

YHA 런던 센트럴 YHA London Central

런던 배낭여행자들에게 가장 유명하고 인기 있는 유스호스텔이다. 옥스퍼드 스트리트에서 도보 5분 거리이고 리젠트 파크, 킹스 크로스역이 가깝다. 개인실, 더블룸, 가족룸이 있고 모든 도미토리 객실은 8인 이하로 구성되어 있다. 로비에는 스타일리시한 카페, 바가 있어 가볍게 맥주나 와인, 피자, 스낵을 즐길 수 있다. 간단히 음식을 해 먹으려면 식기류와 전자레인지 등이 구비된 셀프 케이터링 부엌 시설을 이용할 수 있다. 수건은 제공되지 않는다. YHA 멤버십에 가입하면 1박당 3파운드씩 할인받을 수 있다.

Data 지도 314p-B
가는 법 그레이트 포틀랜드 스트리트역에서 도보 3분
주소 104 Bolsover Street, London W1W 5NU
전화 084-5371-9154
운영 시간 체크인 14:00, 체크아웃 10:00 요금 도미토리 30파운드~, 프라이빗 룸 60파운드~
홈페이지 www.yha.org.uk

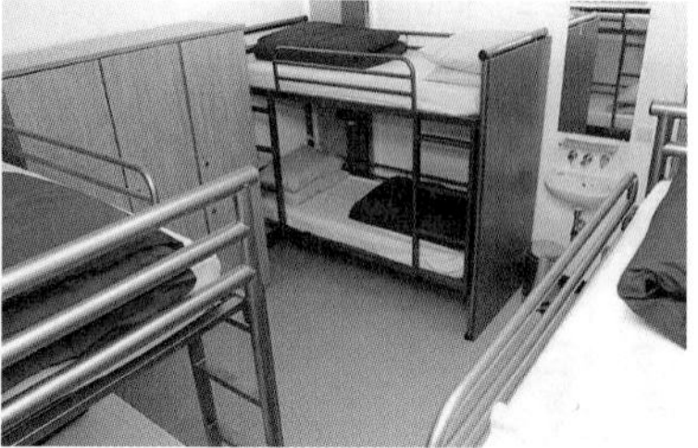

조지안 타운하우스에서 편안한 휴식을

제스몬드 호텔 Jesmond Hotel

40년 넘게 베이넌Beynon 가족이 운영하는 전통있는 영국 B&B이다. 영국 박물관 도보 5분, 굿지 스트리트 지하철 역에서 도보 5분으로, 런던 중심 블룸스버리에 위치해 있으며 대부분의 런던 관광지를 도보 또는 대중교통으로 쉽게 이동할 수 있다. 조지아 풍의 타운하우스 건물에 15개의 침실이 있으며 욕실이 딸린 En-suite 11개의 객실과 공용 화장실을 사용하는 4개의 객실로 구성되어 있다. 조식으로는 신선한 과일과 치즈, 시리얼, 잉글리쉬 브랙퍼스트를 먹을 수 있고 건물 뒤의 아담하고 아름다운 영국식 정원에서 잠시 휴식을 취할 수 있다. 3박 이상 예약 가능하다.

Data 지도 315p-C
가는 법 굿지 스트리트역에서 도보 5분 주소 63 Gower St, London WC1E 6HJ 전화 020-7636-3199 운영 시간 체크인 14:00, 체크아웃 11:00 요금 싱글 91파운드~, 더블 155파운드~
홈페이지 www.jesmondhotel.org.uk

밝고 활기찬 분위기의 호스텔

제너레이터 Generator

세련되고 스타일리시한 콘셉트로 유럽에서 가장 빠르게 성장하고 있는 호스텔 브랜드 중 하나이다. 오래된 경찰서 건물을 리모델링했다. 형형색색의 인상적인 그래픽 디자인이 전체적인 분위기를 활기차고 밝게 만들어 준다. 개인실, 트윈룸, 3~4인실, 8인실, 12인실 도미토리 등 다양하게 객실 선택이 가능하다. 공용 장소에서는 무료 와이파이를 이용할 수 있고 짐 보관 라커, 세탁실, 레스토랑, 바, 극장, 라운지가 있다. 호스텔 위치는 러셀 스퀘어로 영국 박물관, 킹스 크로스역, 코벤트 가든이 가깝다.

Data 지도 315p-D
가는 법 러셀 스퀘어역에서 도보 7분 주소 37 Tavistock Pl, London WC1H 9SE
전화 020-7388-7666
운영 시간 체크인 14:00, 체크아웃 10:00 요금 여자 트윈룸 88파운드~, 8인실 도미토리 16파운드~
홈페이지 generatorhostels.com

London By Area

06

노팅 힐 & 나이츠브리지

Notting Hill & Knightsbridge

알록달록한 파스텔 건물과 향수를 불러일으키는 앤티크 제품들이 가득한 포토벨로 로드 마켓에서 영화 〈노팅 힐〉의 감동을 다시 한 번 느껴 보자. 일 년 내내 즐거운 하이드 파크와 빅토리안 시대의 박물관들을 둘러보며 감성과 지성을 충족시킬 수 있는 지역이다.

CHLOE ALBERRY
84 PORTOBELLO RD
www.chloealberry.com
HENRY GREGORY

노팅 힐 & 나이츠브리지 미리보기

거대한 규모의 하이드 파크를 중심으로 위를 노팅 힐, 서쪽을 켄싱턴, 남쪽을 나이츠브리지라고 부른다. 런던에서 가장 부유한 지역 중 하나로 고급 호텔과 대사관 건물들이 모여 있다. 주요 관광지에서 조금만 주택 지역으로 들어가면 평화롭고 조용한 분위기를 느낄 수 있다.

SEE

토요일마다 열리는 포토벨로 로드 마켓은 노팅 힐 여행에서 필수 코스다. 도심 한가운데에서 마음껏 자연을 즐기는 하이드 파크와 무료로 즐길 수 있는 수준 높은 박물관까지 둘러보자.

EAT

포토벨로 로드 마켓의 싸고 맛있는 군것질거리들이 꽤 든든하다. 켄싱턴 궁전 오린저리에서 교양 있게 즐기는 애프터눈 티 한잔도 빼놓을 수 없다.

BUY

독특한 디자인의 런던 기념품과 영국 느낌 물씬 나는 앤티크 찻잔은 포토벨로 로드 마켓에서만 만날 수 있다.

어떻게 갈까?

언더그라운드 노팅 힐 : 노팅 힐 게이트역, 레드브로크 그로브역 하차

나이츠브리지 : 나이츠브리지역, 사우스 켄싱턴역 하차

버스 노팅 힐 : 7, 12, 23번 이용, 노팅 힐 게이트에서 하차

나이츠브리지 : 14, 49, 70번 이용, 해러즈 혹은 빅토리아 앤 알버트 뮤지엄에서 하차

어떻게 다닐까?

노팅 힐 게이트역에서 52, 452번 버스를 타면 하이드 파크 옆길을 따라 나이츠브리지로 이동한다. 언더그라운드로는 노팅 힐 게이트역에서 사우스 켄싱턴역까지 서클 라인, 디스트릭트 라인을 따라 세 정거장이면 이동할 수 있다. 체력과 시간적 여유가 있다면 도보로 하이드 파크를 따라서 나이츠브리지로 오는 방법도 있다.

노팅 힐 & 나이츠브리지

추천 코스

노팅 힐 & 나이츠브리지 지역은 토요일에 가길 추천한다. 매주 토요일 포토벨로 로드 마켓이 열리기 때문이다. 하지만 주말에는 자연사 박물관, 빅토리아 앤 알버트 박물관, 과학 박물관에 관광객이 많이 몰리기 때문에 여유롭게 박물관을 둘러보고 싶다면 박물관만 따로 평일에 가는 방법도 있다. 박물관 규모가 워낙 커서 보고 싶은 전시관만 미리 정해 둘러보면 시간과 동선을 절약할 수 있다.

포토벨로 로드 마켓을 따라 앤티크 소품 구경하기

시각, 미각, 후각을 자극하는 포토벨로 마켓의 맛있는 길거리 음식 맛보기

도보 20분

켄싱턴 궁전 오린저리에서 여유롭게 애프터눈 티 마시기

도보 3분

아름다운 켄싱턴 궁전과 꽃이 가득한 정원 둘러보기

도보 5분

드넓은 하이드 파크에서 도심 속 자연 즐겨보기

도보 20분

자연사 박물관에서 살아 있는 듯한 공룡 만나기

도보 5분

빅토리아 앤 알버트 박물관에서 화려한 장식의 예술품 구경하기

도보 10분

유럽에서 가장 큰 백화점인 해러즈 백화점에서 즐거운 쇼핑 시간

노팅 힐
Notting Hill
0
200m
Tavistock Rd
Westbourne Park Rd
포토벨로 뮤직
Portobello Music
Lancaster Rd
Talbot Rd
포토벨로 마켓
Portobello Market
레드브로크 그로브
Ladbroke Grove
휴 그랜트의
파란 대문 집
Blue Door
Lancaster Rd
노스 켄싱턴 도서관
North Kensington Library
Talbot Rd
더 레드버리
The Ledbury
브랜드 패키징 광고 박물관
Museum of Brands,
Packaging and Advertising
노팅 힐 서점
The Notting Hill Bookshop
Colville Terrace
일렉트릭 시네마
Electric Cinema
게일스 베이커리
GAIL's Bakery
Lonsdale Rd
Westbourne Grove
그란저 앤 코
Granger & Co.
Portobello Rd
허밍버드 베이커리
The Hummingbird Bakery
Westbourne Grove
Pembridge Villas
포토벨로 프린트 & 지도 숍
The Portobello Print & Map Shop
앨리스
Alice's
포토벨로 마켓
Portobello Market
다우슨 플레이스,
줄리엣 베드 앤 브렉퍼스트
Dawson Place,
Juliette's Bed and Breakfast
Kensington Park Rd
Pembridge Crescent
Clarendon Rd
Ladbroke Grove
포토벨로 호텔
The Portobello Hotel
팜 걸 카페
Farm Girl Café
Kensington Park Gardens
Pembridge Rd
레드브로크 스퀘어 가든
Ladbroke Square Garden
레이시 컨템퍼러리 갤러리
Lacey Contemporary Gallery
노팅 힐 아트 클럽
Notting Hill Arts Club
Ladbroke Square
노팅 힐 게이트
Notting Hill Gate(Sto
피아노 노바일 워크 오브 아트 갤러리
Piano Nobile Works of Art
Ladbroke Rd
노팅 힐 게이트 힐게이트 스트리트
Notting Hill Gate Hillgate St(Stop D)
노팅 힐 게이트
Notting Hill Gate
Notting Hill Gate
노팅 힐 경찰서
Notting Hill Police Station
막스 앤 스펜서
Marks & Spencer
노팅 힐 게이트
힐게이트 스트리트
Notting Hill Gate Hillgate St(Stop E)
홀란드 파크
Holland Park
Holland Park Ave
Campden Hill Rd
Holland Park
홀란드 파크
Holland Park

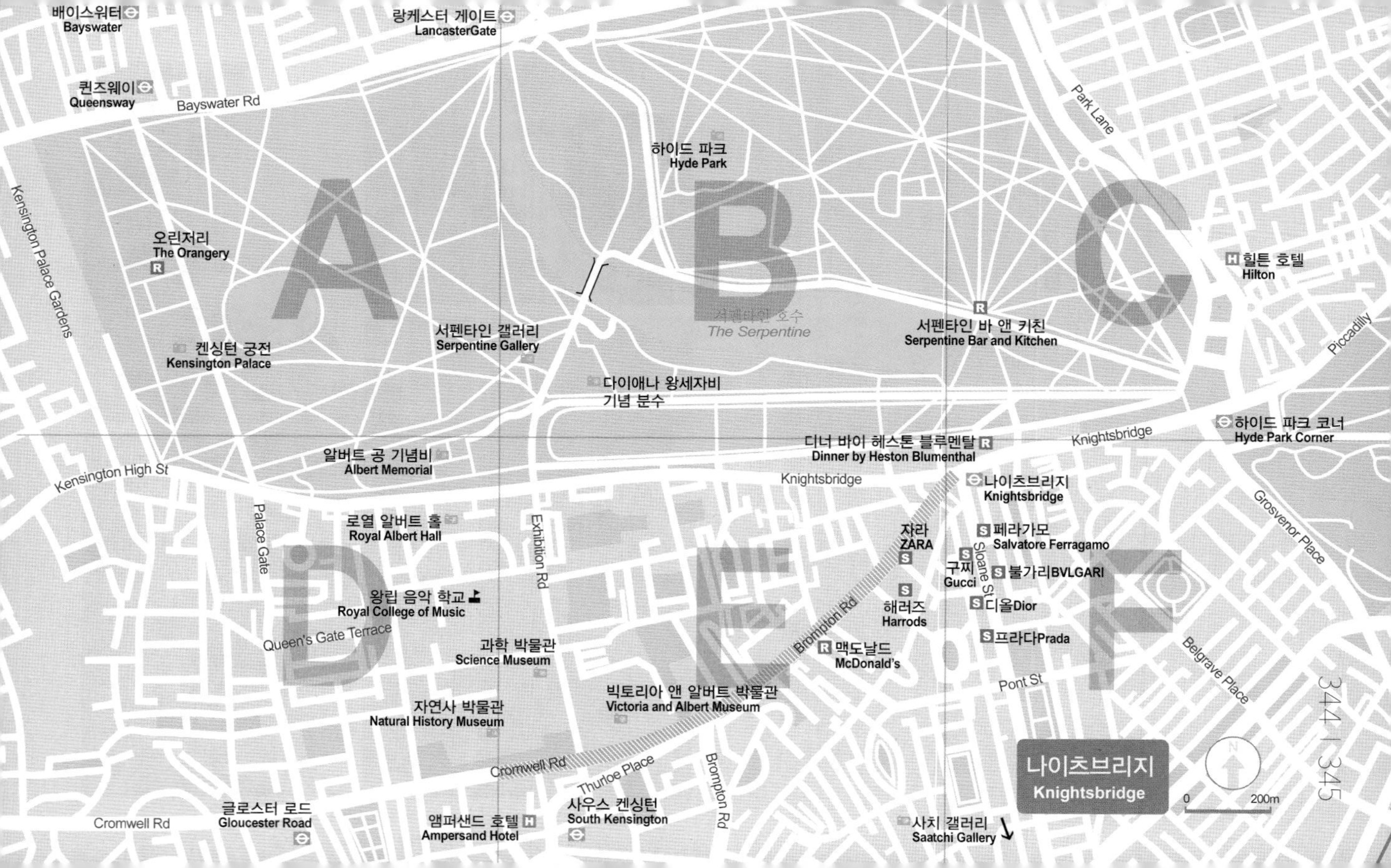
나이츠브리지
Knightsbridge
배이스워터 Bayswater
퀸즈웨이 Queensway
랑케스터 게이트 LancasterGate
Bayswater Rd
Kensington Palace Gardens
하이드 파크 Hyde Park
오린저리 The Orangery
켄싱턴 궁전 Kensington Palace
서펜타인 갤러리 Serpentine Gallery
서펜타인 호수 The Serpentine
다이애나 왕세자비 기념 분수
서펜타인 바 앤 키친 Serpentine Bar and Kitchen
Park Lane
힐튼 호텔 Hilton
Piccadilly
하이드 파크 코너 Hyde Park Corner
Knightsbridge
디너 바이 헤스톤 블루멘탈 Dinner by Heston Blumenthal
알버트 공 기념비 Albert Memorial
Kensington High St
나이츠브리지 Knightsbridge
Grosvenor Place
로열 알버트 홀 Royal Albert Hall
Palace Gate
Exhibition Rd
자라 ZARA
페라가모 Salvatore Ferragamo
구찌 Gucci
Sloane St
불가리BVLGARI
해러즈 Harrods
디올Dior
프라다Prada
왕립 음악 학교 Royal College of Music
Queen's Gate Terrace
과학 박물관 Science Museum
Brompton Rd
맥도날드 McDonald's
Belgrave Place
Pont St
빅토리아 앤 알버트 박물관 Victoria and Albert Museum
자연사 박물관 Natural History Museum
Cromwell Rd
Thurloe Place
Brompton Rd
Cromwell Rd
글로스터 로드 Gloucester Road
앰퍼샌드 호텔 Ampersand Hotel
사우스 켄싱턴 South Kensington
사치 갤러리 Saatchi Gallery
0 200m

휴 그랜트가 사랑한 그곳

노팅 힐 Notting Hill

이름만 들어도 괜히 로맨틱한 일이 벌어질 것만 같은 '노팅 힐'. 휴 그랜트가 런던에서 가장 좋아하는 지역으로 얘기하는 노팅 힐은 영화 덕분에 전 세계 관광객들에게 더욱 사랑받는 장소가 되었다. 파스텔 톤의 알록달록한 건물들만큼 개성 있는 사람들이 살지만, 그 개성이 너무 과하지 않은 빈티지한 곳이다. 평일에는 평화롭고 여유 있는 동네 분위기라면, 토요일은 포토벨로 로드를 따라 열리는 포토벨로 로드 마켓을 찾는 사람들로 북적이고 활기찬 분위기이다. 영화 〈노팅 힐〉에서 휴 그랜트가 일했던 노팅 힐 서점을 비롯해 영화 〈패딩턴〉에 나온 앨리스 숍, 달콤한 컵케이크 세상인 허밍버드 베이커리, 브랜드 패키징 광고박물관 등 다양한 즐길 거리가 있는 곳이다. 1900년대 중반 카리브해 지역에서 넘어온 이민자들이 이곳에 정착하면서 생긴 캐리비안 페스티벌인 '노팅 힐 카니발 축제'가 매년 8월 열린다.

Data 지도 344p
가는 법 노팅 힐 게이트역에서 도보 10분. 또는 레드브로크 그로브역에서 도보 10분
주소 Portobello Rd, London, W11 1LA

런던을 대표하는 앤티크 스트리트 마켓

포토벨로 로드 마켓 Portobello Road Market

노팅 힐에 토요일마다 열리는 앤티크 마켓. 1,000여 개의 노점에서 앤티크 제품, 빈티지 물건, 꽃, 음식, 런던 기념품, 책 등 아주 다양한 물건들을 만날 수 있다. 포토벨로 마켓에서 가장 인상적인 것은 시중에서 쉽게 볼 수 없는 앤티크 제품들. 역사도 출처도 알기 어려운 골동품 중에는 세월의 흔적을 느낄 수 있는 가죽 가방, 18세기 포켓 시계, 은수저, 은 그릇, 인형, 인테리어 소품, 빈티지 안경, 모자 등 다양한 제품이 있다. 포토벨로 마켓 뒤쪽으로 가면 음악을 연주하는 아티스트들도 만날 수 있고, 스톨에서 파는 맛있는 길거리 음식도 저렴하게 먹을 수 있다. 영화 〈노팅 힐〉에서 휴 그랜트가 말한 것처럼 '일부는 진짜고 일부는 가짜'이니 진짜를 저렴한 가격에 득템해 보자.

Data 지도 344p-A,D
가는 법 노팅 힐 게이트역에서 도보 10분
전화 020-7727-7684
운영 시간 토 09:00~19:00
홈페이지 www.portobello-road.co.uk

TIP 토요일 공식 오픈시간은 오전 9시부터 저녁 7시까지이지만 너무 일찍 가거나 늦게 가면 시장이 열리는 중이거나 접는 분위기이니, 늦은 오전에서 이른 오후에 가야 활기찬 분위기를 느낄 수 있다.

노팅 힐 둘러보기

휴 그랜트의 파란 대문 집 Blue Door

영화 〈노팅 힐〉 속 휴 그랜트가 살았던 파란 대문 집. 수많은 기자들이 줄리아 로버츠를 인터뷰하기 위해 찾아온 곳이기도 하다. 포토벨로 로드 안쪽에 위치해 있어 무심코 지나치기 쉬우니 지도를 보고 잘 찾아가자.

 지도 344p-A
주소 280 Westbourne Park Road, Notting Hill, London W11

포토벨로 프린트 & 지도 숍
The Portobello Print & Map Shop

18, 19세기의 오래된 지도와 다양한 그림을 판매하는 상점이다. 오래된 세계지도는 그 당시 사람들의 세계관을 볼 수 있을 뿐 아니라 빈티지 아이템으로도 손색이 없다. 건축, 여행, 자연, 스포츠 등 여러 주제의 그림도 함께 구경해 보자.

Data 지도 344p-D
주소 109 Portobello Road, Notting Hill, London W11 2QB 전화 020-7792-9673 운영 시간 일~금 11:00~16:00, 토 08:00~17:00 홈페이지 www.portobelloprintandmap.co.uk

브랜드 패키징 광고 박물관
Museum of Brands, Packaging and Advertising

12,000여 종의 다양한 브랜드 제품 포장 디자인을 만날 수 있는 박물관. 빅토리아 시대부터 현재까지의 자동차, 초콜릿, 음악, 텔레비전 광고, 가정생활용품 제품의 광고와 제품 패키징의 변천사를 볼 수 있는 독특한 박물관이다.

Data 지도 344p-A
주소 111-117 Lancaster Road, London W11 1QT 전화 020-7908-0880 운영 시간 월~토 10:00~18:00, 일 11:00~17:00, 월요일 · 노팅힐 카니발 · 크리스마스 · 새해 연휴 휴관 요금 9파운드 홈페이지 www.museumofbrands.com

더 레드버리 The Ledbury

미쉐린 별 2개, 세계 50대 레스토랑 중 한 곳, 영국 베스트 레스토랑에 빛나는 프렌치 레스토랑이다. 셰프 브렛 그레이엄의 사르르 녹는 예술적인 코스요리와 와인 한잔으로 여유로운 식사 시간을 가져보자. 예약은 필수!

Data 지도 344p-B
주소 127 Ledbury Road, Notting Hill, London W11 2AQ
전화 020-7792-9090 운영 시간 런치 금·토 12:00~13:30, 디너 화·토 18:00~21:15 가격 테이스팅 메뉴 195파운드(서비스 차지 12.5% 별도) 홈페이지 www.theledbury.com

노팅 힐 서점 The Notting Hill Bookshop

영화 〈노팅 힐〉에서 휴 그랜트와 줄리아 로버츠가 만난 여행 전문 서점. 실제로 영화를 촬영했던 곳은 이제 기념품 숍이 되었고, 영화의 모티브가 된 여행 전문 서점은 한 블록 지난 곳으로 이전했다. 영화의 감동을 잊지 못한 사람들이 여전히 많이 찾는다.

Data 지도 344p-A
주소 13-15 Blenheim Crescent, Notting Hill, London W11 2EE 전화 020-7229-5260
운영 시간 매일 09:00~19:00 홈페이지 www.thenottinghillbookshop.co.uk

앨리스 Alice's

영화 〈패딩턴〉에서 패딩턴 베어의 빨간 모자의 단서를 찾기 위해 찾아간 앤티크 골동품 가게. 빨간색 간판과 건물, 숍 주변을 가득 채우는 골동품들이 인상적이다. 이상한 나라의 앨리스가 사용할 것만 같은 예쁜 소품들이 가득하다.

Data 지도 344p-D
주소 86 Portobello Rd, London W11 2QD
전화 020-7229-8187 운영 시간 화~금 09:00~17:00, 토 08:00~15:00, 일·월 휴무 홈페이지 www.facebook.com/AlicesPortobello

엄청난 규모를 자랑하는 런던의 대표 공원

하이드 파크 Hyde Park

런던의 왕립 공원 중 하나로 어마어마한 규모를 자랑한다. 위치나 규모 면에서 하이드 파크는 런던의 중심을 지키고 있는 심장 같은 곳이다. 무려 6개의 언더그라운드 역이 공원 각각의 코너에 있다. 위로는 노팅 힐, 패딩턴, 마블 아치 지역이 있고, 아래쪽으로 부유한 런더너들의 삶을 엿볼 수 있는 나이츠브리지 지역이 있다. 아름다운 공원의 뷰를 즐기면서도 시내와 가까운 장점 때문에 고급 호텔들도 하이드 파크 주변에 많은 편이다. 1800년대 중반부터 대중 연설장이었던 셰익스피어의 코너, 다이애나 왕비를 추모하는 분수, 예술 및 건축 작품을 전시하는 서펜타인 갤러리, 서펜타인 사클러 갤러리와 같은 주요 장소들이 있다. 하이드 파크를 즐기는 방법은 다양하다. 여유롭게 나무 숲 사이를 산책하거나 서펜타인 호수에서 보트를 탈 수도 있다. 테니스를 칠 수도 있고 심지어 공원 내에서 말을 탈 수도 있다. 각종 야외 공연과 콘서트를 즐길 수도 있고, 물론 런더너처럼 잔디밭에 누워 따듯한 햇살을 맞으며 행복을 느낄 수도 있다.

Data 지도 345p-B
가는 법 퀸스웨이역, 랑케스터 게이트역, 마블 아치역, 하이드 파크 코너역, 나이츠브리지역, 하이 스트리트 켄싱턴역에서 도보 5분 내외 주소 Hyde Park, London W2 2UH
전화 030-0061-2000
운영 시간 매일 05:00~24:00
요금 무료 홈페이지 www.royalparks.org.uk

|Theme|

하이드 파크 일 년 내내 알차게 즐기기

하이드 파크는 언제나 아름다운 공원이지만, 계절에 따라 다양한 즐길 거리들이 있다. 미리 알고 가면 더 즐겁고 알차게 보낼 수 있는 계절별 하이드 파크 즐기기!

봄

공원 곳곳에서 색색의 아름다운 꽃과 파릇파릇한 새싹들이 자라나는 시기이다. 특히 켄싱턴 궁전 정원에서는 화려한 꽃의 향연인 런던 가드닝의 진수를 볼 수 있다.

여름

하이드 파크를 액티브하게 즐길 수 있는 가장 좋은 계절. 공원을 가로질러 흐르는 큰 서펜타인 호수에서 보트를 타며 로맨틱한 시간을 가져보자. 이탈리안 정원의 분수도 시원한 여름을 즐기기에 좋다. 선글라스를 끼고 야외 카페에 앉아 여유를 만끽하자.

가을

하이드 파크가 황금빛으로 물드는 환상의 계절. 수많은 거대한 나무들이 황금색으로 찬란하게 빛나는 장면을 볼 수 있다. 바닥에 수북이 쌓인 낙엽을 던지며 아름다운 가을을 느껴보자.

겨울

날씨가 추워 공원이 삭막할 거라고 생각했다면 노노! 매년 12월이 되면 아이스 스케이트장, 각종 놀이기구, 스트리트 음식이 가득한 대형 크리스마스 마켓이 펼쳐진다. 반짝이는 조명과 신나는 웃음이 가득한 윈터 원더랜드를 만나 보자.

* **윈터 원더랜드** Winter Wonderland

홈페이지 www.hydeparkwinterwonderland.com

영국 왕실의 화려함을 느낄 수 있는 궁전

켄싱턴 궁전 Kensington Palace

하이드 파크 서쪽 끝에 위치한 켄싱턴 궁전은 아름다운 정원과 화려한 궁전 내부를 가지고 있다. 17세기부터 영국 왕실 가족들의 거주지로 사용되고 있는 켄싱턴 궁전은 다이애나 왕비가 살았던 공식적인 주거지로 우리에게도 익숙하다. 지금은 윌리엄 왕자와 그의 아내 케이트 왕세손비, 그리고 로열베이비 조지 왕자와 샬럿 공주까지 함께 살고 있다. 수많은 영국 왕실 가족들이 지냈던 침실, 드레스룸, 연회장, 다이닝룸을 보며 그들의 일상생활을 간접적으로나마 느낄 수 있다. 왕자와 공주들이 어렸을 때 사용하던 장난감과 악기, 옷이 특히 눈여겨볼 만하다. 금장식으로 만든 침대에 누워 화려한 수가 놓인 옷을 입고 생활했던 것을 보면 영국에서 신분제도가 얼마나 대단한지 다시 한 번 느낄 수 있다. 켄싱턴 궁전 밖에 있는 계단식 분수 정원은 규모는 작지만 색색의 아름다운 꽃들로 잘 단장되어 있는 곳이니 꼭 들러 보자.

Data 지도 345p-A
가는 법 퀸스웨이역에서 도보 10분. 또는 하이 스트리트 켄싱턴역에서 도보 10분
주소 Kensington Gardens, London W8 4PX
전화 084-4482-7777
운영 시간 하절기 수~일 10:00~18:00, 월·화 휴관
요금 성인 25.40파운드(기부금 없는 경우)
홈페이지 www.hrp.org.uk

궁전에서 우아하게 즐기는 영국 애프터눈 티

오린저리 The Orangery

아름다운 켄싱턴 정원 옆에 위치한 고급 레스토랑이다. 1704년 앤 여왕이 추운 겨울 서리로부터 감귤 나무 보호와 사교 공간을 목적으로 켄싱턴 궁전 옆에 우아한 온실 정원을 만들었다. 지금은 고급스러운 왕실 스타일 찻잔에 담긴 애프터눈 티를 마실 수 있는 최고의 공간이 되었다. 순백의 하얀색으로 깔끔하게 꾸며진 내부와 커다란 유리창을 통해 보이는 아름다운 켄싱턴 궁전의 정원을 바라보며 잊지 못할 추억을 만들어 보자.

Data 지도 345p-A
주소 The Orangery, Kensington Palace, Kensington Gardens, London W8 4PX
전화 020-3166-6113
운영 시간 하절기(3~10월) 수~일 10:00-18:00, 동절기(11~2월) 수~일 10:00~16:00
요금 46파운드
홈페이지 www.orangery-kensingtonpalace.co.uk

TIP 오전 10시부터 오전 11시 30분까지는 브렉퍼스트, 오후 12시부터 2시 30분까지는 런치, 오후 12시부터 18시까지는 애프터눈 티를 먹을 수 있는 시간이다. 오랜 시간 기다리지 않으려면 미리 인터넷으로 예약하고 가는 것이 좋다.

세계 최고 수준의 장식 예술 전시품을 만나는

빅토리아 앤 알버트 박물관

Victoria and Albert Museum

세계에서 가장 광범위한 장식 예술, 디자인 작품을 보유하고 있는 박물관이다. 1899년 빅토리아 여왕이 남편 알버트 공을 기념하기 위해 자신과 알버트 공의 이름으로 박물관을 지었다. 줄여서 V & A 박물관이라고도 부른다. 4백 5십만 점 이상의 전시품을 통해 수천 년 이상의 역사를 거치며 인간의 창작성이 어떻게 변화했는지 볼 수 있다. 총 6층에 걸친 150개가 넘는 전시관에는 숨 막힐 정도로 아름다운 보석 갤러리를 비롯해 도자기, 유리 공예, 텍스타일, 패션, 보석, 가구, 조각, 사진, 그림, 디자인 제품이 가득하다. 예술품에 관심이 많은 사람, 특히 여성 관람객이라면 좋아하는 곳이다. 기념품 숍에는 쉽게 볼 수 없는 디자이너 제품을 구경하는 재미가 쏠쏠하다. 박물관 건물이 둘러싸고 있는 중앙정원도 놓치지 말자. 아름다운 원형 연못에 둘러 앉아 잠시 여유를 가질 수 있는 곳이다.

Data 지도 345p-E
가는 법 사우스 켄싱턴역에서 도보 5분
주소 Victoria and Albert Museum, Cromwell Rd, London SW7 2RL
전화 020-7942-2000
운영 시간 월~목, 토 · 일 10:00~17:45, 금 10:00~22:00, 12월 24~26일 휴관
요금 무료
홈페이지 www.vam.ac.uk

거대한 공룡 화석이 반기는

자연사 박물관 Natural History Museum

살아 있는 생물과 지구, 우주까지 생생하게 볼 수 있는 박물관이다. 총 8천만 점이 넘는 표본이 전시되어 있고, 연간 500만 명이 방문하는 세계 베스트 5 자연사 박물관 중 한 곳이다. 자연사 박물관은 지구상의 생물을 실제 크기로 만날 수 있는 블루 존Blue Zone, 지구의 탄생부터 다양한 보석, 화산, 지진 등 지구의 움직임을 보여 주는 레드 존Red Zone, 새와 파충류, 지하 광물 등 환경과 관련된 전시를 볼 수 있는 그린 존Green Zone, 찰스 다윈 센터와 야생식물 정원이 있는 오렌지 존Orange Zone의 네 구역으로 나뉜다. 정문으로 입장하면 넓은 건물 로비를 가득 채우는 거대한 공룡 화석이 맞아 준다. 최첨단 기술을 사용한 전시를 통해 인간이 어떻게 자연과 함께 살아가는지를 보여 주고, 자연을 보호하고 지킬 수 있는 방법을 깨닫게 해준다. 특히 실제 공룡과 같은 크기로 만들어진 공룡 모형을 볼 수 있는 공룡관은 아이들과 어른 모두에게 인기 있는 전시관이다. 19세기 중반까지 박물관은 부유한 사람들만 방문할 수 있었지만, 과학자 리처드 오언 경이 누구나 박물관을 즐길 수 있도록 무료입장을 주장하여 지금까지도 무료로 입장할 수 있게 되었다.

Data 지도 345p-D
가는 법 사우스 켄싱턴역에서 도보 5분
주소 The Natural History Museum, Cromwell Road, London SW7 5BD
전화 020-7942-5000
운영 시간 매일 10:00~17:50, 12월 24~26일 휴관
요금 입장료는 무료이나 미리 홈페이지에서 예약 후 방문할 것
홈페이지 www.nhm.ac.uk

TIP 겨울에는 자연사 박물관 앞뜰에 아이스링크장이 오픈한다. 밤이 되면 조명으로 더욱 아름다운 자연사 박물관을 배경으로 스케이트를 즐겨 보자.

빅토리아 여왕이 사랑하는 남편을 그리며 만든 원형 극장

로열 알버트 홀 Royal Albert Hall

세상의 어느 극장이 이토록 웅장하고 아름다울 수 있을까. 돔 형태의 지붕과 붉은 벽돌 외관을 자랑하는 이 극장은 360도 원형 건물이다. 특히 건물 지붕 밑에는 '예술과 과학의 승리'라는 주제로 16개의 이야기가 담긴 인상적인 모자이크 그림을 볼 수 있다. 내부 좌석은 5,200석이 넘고, 각종 클래식, 대중음악, 연극, 발레, 시상식, 라이브 공연과 함께하는 영화 상영회 등이 공연된다. 이 건물은 원래 '예술과 과학의 중앙홀Central hall of Arts and Sciences'이라는 이름으로 지어질 뻔했다. 하지만 빅토리아 여왕이 세상을 떠난 알버트 부군을 기념하기 위해 '예술과 과학의 로열 알버트 홀Royal Albert Hall of Arts and Sciences'로 이름을 바꾸고 1871년 문을 열었다. 남편인 알버트 부군을 기념하는 거대한 알버트 메모리얼 동상도 정면에 위치해 있다. 매년 8~9월이면 BBC 프롬즈 클래식 공연도 열리니 여행 기간과 맞다면 공연도 즐겨 보자.

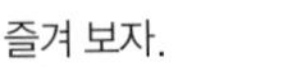
Data 지도 345p-D
가는 법 사우스 켄싱턴역에서 도보 15분. 또는 하이 스트리트 켄싱턴역에서 도보 20분 주소 Royal Albert Hall, Kensington Gore, London SW7 2AP 전화 020-7589-8212 요금 공연마다 다름
홈페이지 www.royalalberthall.com

어려운 과학 원리도 재미있게 배울 수 있는

과학 박물관 Science Museum

과학 박물관에선 더 이상 과학이 어렵고 지루하지 않다. 1857년 오픈해 매년 3백만 명이 넘는 관광객이 찾는 런던 인기 무료 박물관이다. 산업혁명이 시작된 나라인 영국의 과학, 기술, 의학 발달사를 볼 수 있다. 메인 입구 지상층에는 증기 기관이 있는 에너지 홀과 1969년 달에 착륙한 미국 우주선 아폴로 10의 부품을 비롯한 로켓, 우주선, 우주 탐색기 등이 전시된 우주 탐험관이 있다. 1층의 후 엠 아이Who am I 관에서는 인체의 신비를 재미있는 체험과 게임으로 배울 수 있다. 2층에는 기후의 변화를 알 수 있는 대기관과 에너지관, 다양한 시계가 전시된 전시관이 있다. 3층은 초기 항공 기계, 전투기, 항공 엔진 등이 전시되어 있는 항공관이다. 아이들과 학생 여행객에게 추천하는 박물관. 자연사 박물관과 빅토리아 앤 알버트 박물관과 가까이 모여 있어서 함께 둘러보기 좋다.

지도 345p-E
가는 법 사우스 켄싱턴역에서 도보 10분 주소 Science Museum, Exhibition Rd, London SW7 2DD 전화 033-3241-4000
운영 시간 매일 10:00~18:00, 12월 24일~26일 휴관
요금 입장료는 무료이나 미리 홈페이지에서 예약 후 방문할 것
홈페이지 www.sciencemuseum.org.uk

포토벨로에서 만나는 달콤한 컵케이크

허밍버드 베이커리 The Hummingbird Bakery

화려한 색색의 케이크를 만날 수 있는 기분 좋은 곳. '벌새'라는 뜻의 분홍색 허밍버드가 그려진 간판을 따라 들어가 보자. 각종 컵케이크와 무지개색 레이어 케이크, 레드 벨벳 케이크, 브라우니 등 눈과 입이 즐거워지는 곳이다. 노팅 힐이 본점이고, 빅토리아역과 사우스 켄싱턴에 분점이 있다.

Data 지도 344p-C
가는 법 노팅 힐 게이트역에서 도보 15분
주소 133 Portobello Road, Notting Hill, London W11 2DY
전화 020-7851-1795
운영 시간 매일 10:00~17:00
가격 컵케이크 3.25파운드~
홈페이지 hummingbird-bakery.com

호수 위에서 즐기는 아름다운 공원의 경치

서펜타인 바 앤 키친 Serpentine Bar and Kitchen

하이드 파크의 넓고 아름다운 서펜타인 호수 옆에 위치한 레스토랑 바이다. 도심 한가운데라고는 믿을 수 없을 정도의 자연 그대로를 즐기며 여유롭게 식사를 즐길 수 있다. 직화 오븐에서 구운 피자와 여름이면 BBQ 버거와 핫도그를 맛볼 수 있다. 샌드위치, 스무디, 커피, 케이크까지 공원에서 가볍게 즐겨 보자.

Data 지도 345p-C
가는 법 하이드 파크 코너역에서 도보 10분
주소 Serpentine Road, Hyde Park, London W2 2UH
전화 020-7706-8114
운영 시간 월~금 08:00~18:00, 토·일 08:00~19:00
가격 피자 12파운드~
홈페이지 www.serpentine-barandkitchen.com

영국 요리의 자존심을 지키는

디너 바이 헤스톤 블루멘탈

Dinner by Heston Blumenthal

만다린 오리엔탈 호텔에 위치한 브리티시 레스토랑이다. 전통 영국 요리를 현대적 감각으로 재탄생시킨 곳으로 프랑스, 이탈리아 요리에 절대 밀리지 않는 영국 요리의 자존심이다. 월드 베스트 50 레스토랑 중 7위에 랭크되었다. 메뉴에 적혀 있는 숫자는 요리가 완성된 연도를 가리키고 뒷면에는 해당 요리의 기원이 자세히 설명되어 있다. 영국 요리의 전통을 잊지 않으려는 레스토랑의 자부심을 느낄 수 있고, 그래서 영국인들이 셰프 헤스톤 블루멘탈을 더욱 사랑하는 것이다. 닭의 간을 이용해 만든 파테에 젤리를 입힌 귤 모양의 미트 프루트가 이곳의 시그니처 메뉴.

Data 지도 345p-F
가는 법 나이츠브리지역에서 도보 3분 주소 66 Knightsgridge, Hyde Park SW1X 7LA
전화 020-7201-3833
운영 시간 월~금 런치 12:00~14:00, 디너 18:00~21:00, 금~일 런치 12:00~14:30, 디너 18:00~21:30
가격 미트 프루트 26파운드, 머쉬룸 파이 50파운드 (서비스 차지 15%별도)
홈페이지 www.dinnerby-heston.com

유럽에서 가장 큰 럭셔리 백화점

해러즈 Harrods

160년이 넘는 역사를 가진 유럽에서 가장 크고 유명한 백화점이다. 1849년 작은 잡화점에서 시작해 현재는 7층 건물에 330개가 넘는 브랜드숍을 갖춘 런던 대표 백화점이 되었다. 패션, 보석, 화장품, 식품관 등 없는 것이 없는 백화점이지만 특히 명품과 한정품을 판매하는 고급스러운 이미지가 강하다. 건물 내에는 테일러, 뷰티 스파, 이발소, 재정 상담소, 은행 등 다양한 고객 서비스 숍도 있다. 20여 개가 넘는 레스토랑에서는 애프터눈 티, 피자, 스테이크, 중국 음식, 굴 요리 등을 판매한다. 해러즈 백화점의 소유자인 이집트 출신의 모하메드 알 파예드의 스타일을 따라 백화점 건물 곳곳에서 이집트 분위기를 느낄 수 있다. 특히 이집트 벽화와 스핑크스 조각상을 그대로 재현해서 만든 황금의 이집트 에스컬레이터가 가장 유명하다. 알 파예드의 아들 도디 알 파예드와 다이애나 왕비의 죽음을 기리기 위해 그들의 조각상과 추모비가 백화점에 있다. 밤이 되면 11,400개의 전구가 웅장한 백화점 건물을 화려하게 빛낸다.

Data 지도 345p-E
가는 법 나이츠브리지역에서 도보 5분 주소 87-135 Brompton Road, Knightsbridge, London SW1X 7XL
전화 020-3626-7020
운영 시간 월~토 10:00~21:00, 일 12:00~18:00
홈페이지 www.harrods.com

선명한 색감에 기분까지 좋아지는 호텔

앰퍼샌드 호텔 Ampersand Hotel

부유하고 고급스러운 주택가인 사우스 켄싱턴 지역에 위치한 모던 부티크 호텔. 톡톡 튀는 개성을 느낄 수 있는 인테리어와 독특한 테마가 특히 인상적이다. 사우스 켄싱턴 주변 지역의 주요 건물을 형상화해서 호텔 내 곳곳의 인테리어에 반영했는데, 예를 들어 새는 자연사 박물관을, 행성들은 과학 박물관을 상징한다. 선명하고 다양한 색깔의 벽과 가구가 호텔에 묵는 사람들의 기분까지 좋게 만든다. 프랑스 스타일의 응접실, 지중해 스타일의 레스토랑과 칵테일 바, 와인 룸과 24시간 이용 가능한 헬스클럽이 있다. 해러즈 백화점, 자연사 박물관, 빅토리아 앤 알버트 박물관, 하이드 파크가 가깝다.

Data 지도 345p-E
가는 법 사우스 켄싱턴역에서 도보 3분
주소 10 Harrington Rd, London SW7 3ER
전화 020-7589-5895 운영 시간 체크인 14:00, 체크아웃 12:00 가격 1박 240파운드~
홈페이지 www.ampersandhotel.com

앤티크한 분위기의 여심 저격 비앤비

다우슨 플레이스, 줄리엣 베드 앤 브렉퍼스트

Dawson Place, Juliette's Bed and Breakfast

노팅 힐 중심에 있으며 빅토리안 시대 건물의 예쁘고 작은 정원과 고풍스러운 객실이 인기 요인. 5개의 객실은 각각 다른 테마로 꾸며져 있는데 고급스러운 가구와 화사한 색감, 플라워 프린트의 커튼과 린넨 인테리어로 여심을 들뜨게 한다. 매일 아침 식사가 제공되며 원하면 공용부엌도 사용할 수 있다.

TIP 예약은 booking.com에서 Dawson Place, Juliette's Bed and Breakfast로 검색

Data 지도 344p-D
가는 법 노팅 힐 게이트역에서 도보 7분
주소 29 Dawson Pl, London W2 4TH
전화 020-7792-2401 운영 시간 체크인 13:00, 체크아웃 11:00 가격 더블룸 250파운드~

London By Area

07

캠든 & 킹스 크로스

Camden & Kings Cross

문화충격을 받을 만큼 자유로움과 독특함 그 자체인 캠든 마켓, 셜록 팬들의 성지인 셜록 홈스 박물관과 베이커 스트리트 221B 스피디 카페, 해리 포터의 9와 3/4 승강장, 전 세계 유명인들을 다 만날 수 있는 마담 투소까지, 영국 대중문화는 캠든 & 킹스 크로스를 중심으로 시작된다. 놓치기엔 아까운 치명적인 매력을 지닌 런던의 핫한 장소들이 이곳에 모여 있다.

MDEN LOCK
EYE CONTAC
TRANSIT

캠든 & 킹스 크로스

미리보기

캠든 & 킹스 크로스 지역은 캠든 마켓, 셜록과 해리 포터의 촬영지, 파리와 런던을 연결하는 세인트 판크라스역을 찾는 관광객들로 항상 붐빈다. 하지만 복잡한 도심에서 살짝 벗어나 골목 안으로 들어가 보면 여유로운 일상을 즐기는 런더너들을 마주할 수 있다. 특히 프림로즈 힐 주변은 예쁜 런던 주택가의 평화로움 그 자체다.

SEE

아름다운 공원과 경치를 볼 수 있는 리젠트 파크, 프림로즈 힐, 리틀 베니스. 살아 있는 펑키문화를 느낄 수 있는 캠든 마켓. 드라마와 영화의 배경지 셜록 홈스 박물관, 스피디 카페, 킹스 크로스 9와 3/4 승강장을 만나 보자.

EAT

캠든 마켓 안 글로벌 키친에서 전 세계 다양한 음식을 저렴한 가격에 맛볼 수 있다. 스트리트 마켓으로 보는 재미, 시식하는 재미도 있다.

BUY

오리지널 셜록과 해리 포터 기념품들은 바로 캠든&킹스 크로스에서만 살 수 있다.

어떻게 갈까?

언더그라운드 베이커 스트리트 : 베이커 스트리트역 하차
캠든 타운 : 캠든 타운역 하차
킹스 크로스 세인트 판크라스 : 킹스 크로스 세인트 판크라스역 하차

버스 베이커 스트리트 : 13, 18번 이용, 베이커 스트리트에서 하차
캠든 타운 : 24, 27번 이용, 캠든 타운에서 하차
킹스 크로스 세인트 판크라스 : 10, 30번 이용, 세인트 판크라스 인터내셔널 혹은 킹스 크로스 세인트 판크라스에서 하차

어떻게 다닐까?

언더그라운드 역 기준으로 크게 베이커 스트리트, 캠든 타운, 킹스 크로스로 나눌 수 있다. 베이커 스트리트역 주변으로는 셜록 홈스 박물관, 마담 투소가 있고 캠든 타운역 주변으로는 캠든 마켓, 런던 동물원, 리젠트 파크, 프림로즈 힐이 가깝다. 킹스 크로스역 주변으로는 세인트 판크라스역, 영국 도서관이 가까이 있다. 세 구역을 걸어서도 이동할 수 있지만, 도보로 다 이동하기에는 시간상으로나 체력적으로 무리가 있으므로 언더그라운드나 버스로 이동하는 것이 좋다.

캠든 & 킹스 크로스

추천 코스

캠든 & 킹스 크로스는 지역이 넓고 장소마다 볼거리가 많다. 천천히 여유를 가지고 1.5일이나 이틀에 걸쳐 둘러보거나 하루 일정으로는 가보고 싶은 장소 두세 곳만 계획해 보자. 특히 캠든 마켓은 200곳이 넘는 상점이 모여 있어 둘러보는 데 최소 2시간 이상은 필요하다. 날씨 좋은 여름에 프림로즈 힐 언덕에 앉아 석양이 지는 아름다운 런던의 스카이라인을 바라보며 런던에서 또 하나의 추억을 만들어 보자.

1일차

킹스 크로스역 해리 포터 9와 3/4 승강장에서 머플러 휘날리며 사진 찍기

언더그라운드 5분 혹은 46번 버스 10분

캠든 마켓에서 세상 어디에도 없을 독특한 옷과 사람들 구경하기

도보 5분

캠든락 글로벌 키친마켓에서 길거리 음식 맛보기

도보 10분

리젠트 파크 로드에서 예쁜 가게 구경하기

도보 15분

리젠트 파크 퀸메리 정원에서 색색의 장미꽃 향기에 취해 보기

도보 15분

프림로즈 힐 언덕에 앉아 석양이 지는 런던의 스카이라인 바라보기

1.5일차

셜록 팬 인증 장소 스피디 카페와 셜록 홈스 박물관 둘러보기

도보 10분

마담 투소에서 월드스타들과 사진 찍기

언더그라운드 15분

리틀 베니스에서 아름다운 운하 감상하기

캠든 & 킹스 크로스
Camden & Kings Cross
0 200m
런던 동물원
ZSL London Zoo
프림로즈 힐
요크&알바니 호텔
York & Albany Hotel
캠든 타운
모닝턴
런던 센트럴 모스크
London Central Mosque
리젠트 파크
Regent's Park
퀸 메리즈 가든
Queen Mary's Garden
Inner Circle
Park Rd
Albany St
Hampstead Rd
스피디 샌드위치
Speedy's Sandwich Bar &
유니버시티 칼리지 런던 병
University College London Hospi
Euston Rd
워렌
Warren
셜록 홈스 박물관
The Sherlock Holmes Museum
베이커 스트리트
Baker Street Station
말리본 역
Marylebone Station
Baker St
Marylebone Rd
마담 투소
Madame Tussauds
콘란 숍
The Conran Shop
리젠트 파크
Regent's Park
그레이트 포틀랜드 스트리트
Great Portland Street
Cleveland St
Great Portland St
BT타워
BT Tow
리틀 베니스
다운트 북스
Daunt Books
르 라보
Le Labo
YHA 런던 센트럴
YHA London Central
라 프로마주리
La Fromagerie
로코코 초콜릿
Rokoko Chocolates
더 어텐던트
The Attendan
New Cavendish St
폴 로스 앤 선
Paul Rothe & Son
BBC 브로드캐스팅 하우스
BBC Broadcasting House
Old Marylebone Rd
말리본 파머스 마켓
Marylebone Farmers' Market
Marylebone High St
말리본 하이 스트리트
Marylebone High St
브이브이 룰록스
V V Rouleaux
더 랑함
The Langham
카페인
kaffeine
아르티잔
Artesian
Edgware Rd
월레스 컬렉션
The Wallace Collection
Sanc
28°-50°
디즈니 스토어
Disney Store
Oxford
세인트 크리스토퍼스 플레이스
St Christophers Place
존루이스
John Lewis
옥스퍼드 서커스
Oxford Circus
포토그래퍼
The Photog
Oxford St
옥스퍼드 스트리트
Oxford Street
셀프리지
Selfridges
마블 아치
MarbleArch
본드 스트리트
Bond Street
애플 스토어
Apple Store
Brook St
Carnaby St
햄리스
Hamleys
Regent St
New Bond St
Park Lane
왕립 미술원
Royal Academy of Arts
Piccadilly
그린 파크
Green Park

크레젠트
gton Crescent
프리미어 인
Premier Inn
킹스 크로스
Kings Cross
Pentonville Rd
세인트 판크라스 인터내셔널
St Pancras International
난도스
Nando's
런던팡팡민박
King's Cross Rd
세인트 판크라스 르네상스 런던 호텔
St Pancras Renaissance London
트래블로지
Travelodge
메가로 호텔
The Megaro Hotel
영국 도서관
The British Library
유스턴
Euston
클링크261
Clink261
스타벅스
Starbucks
킹스 크로스 인
Kings Cross Inn
풀맨 런던 세인트 판크라스 호텔
Pullman London St Pancras Hotel
치 카페
r & Cafe
런던The편한민박
제너레이터
Generator
성 조지스 가든
St George's Gardens
성 안드류스 가든
St Andrew's Gardens
병원
spital
유스턴 스퀘어
Euston Square
코람스 필즈
Corams' fields
Gower St
유니버시티 칼리지 런던
University College London
스트리트
en Street
러셀 스퀘어
Russell Square Station
Rosebery Avenue
Tottenham Court Road
타워
Tower
구지 스트리트
Goodge Street
영국 박물관
The British Museum
샤롯데 스트리트 호텔
Charlotte Street Hotel
타이거 스토어
Tiger Store
Bloomsbury St
티 앤 태틀
Tea and Tattle
와사비
Wasabi
천서리 래인
Chancery Lan
홀본
Holborn
샌더슨
Sanderson
와사비
Wasabi
서울 베이커리
Seoul Bakery
서울프라자
Seoul Plaza
토트넘 코트 로드
Tottenham Court Road
ford St
허밍버드 베이커리
The Hummingbird Bakery
래퍼스 갤러리
otographers' Gallery
Charing Cross Rd
닐스 야드
Neal's Yard
로열 오페라 하우스
Royal Opera House
Strand
코벤트 가든
Covent Garden
런던 교통 박물관
London Transport Museum
차이나 타운
China Town
레스터 스퀘어
Leicester Square
코벤트 가든 마켓
Covent Garden Market
템플
Temple
서머셋 하우스
Somerset House
위스키 익스체인지
The Whisky Exchange
피카딜리 서커스
Piccadilly Circus
TKTS
국립 초상화 갤러리
National Portrait Gallery
내셔널 갤러리
The National Gallery
워털루 브리지
Waterloo Bridge
Piccadilly
트래펄가 광장
Trafalgar Square
차링 크로스
Charing Cross
고든스 와인바
Gordon's Wine Bar
앰뱅크만 피어
Embankment Pier
Pall Mall

즐길 거리가 가득한 넓은 규모의 도심 공원

리젠트 파크 Regent Park

왕실공원 중 하나로 베이커 스트리트, 프림로즈 힐, 캠든, 워렌 스트리트 주변에 걸친 넓은 규모를 자랑하며 총 둘레만 4.3km가 넘는다. 단순히 크기만 한 공원이 아니라 다양한 볼거리와 즐길 거리가 가득한 생기 있는 공원이다. 런던에서 가장 큰 동물원인 런던 동물원, 화려한 장미꽃이 피는 퀸 메리즈 가든, 런던 북부 지역을 거쳐 흐르는 운하 리젠트 캐널, 보트를 탈 수 있는 넓은 호수, 오픈 원형 극장, 계절마다 아름다운 꽃들로 가득한 애버뉴 가든, 리젠트 파크의 풍경을 감상할 수 있는 가든 카페, 야생 식물들이 모여 있는 야생 가든이 모두 리젠트 파크 안에 있다. 리젠트 파크는 또한 드넓은 잔디밭을 자유롭게 뛰노는 반려견의 천국이다. 동물을 사랑하는 사람이라면 귀여운 강아지부터 늠름하고 친밀한 골든리트리버까지 다양한 반려견들을 만나는 즐거움을 누릴 수 있다. 출퇴근 시간이면 이 공원을 지나는 회사원들도 종종 볼 수 있다. 도시에 살면서도 아름다운 자연을 매일 접할 수 있는 런던의 직장인들이 부러운 때이기도 하다.

Data 지도 366p-A
가는 법 리젠트 파크역에서 도보 3분. 또는 그레이트 포틀랜드 스트리트역, 베이커 스트리트역에서 도보 5분. 또는 캠든 타운역에서 도보 10분
주소 Chester Rd, London NW1 4NR
전화 030-0061-2300
운영 시간 매일 06:00~22:00
요금 무료
홈페이지 www.royalparks.org.uk

퀸 메리즈 가든 Queen Mary's Garden

리젠트 파크 안에 자리한 장미 정원. 조지 5세 왕의 부인인 메리의 이름을 따서 공원 이름을 퀸 메리즈 가든이라 지었다. 무려 12,000종이 넘는 장미가 모여 있는 런던에서 가장 큰 장미 공원이다. 퀸 메리즈 가든 안 한편으로는 층층 돌계단을 타고 내려오는 폭포와 아치형 나무다리, 작은 연못이 있다. 동양 스타일과 영국 스타일을 동시에 느낄 수 있는 곳. 연중 내내 언제 가도 좋은 곳이지만 가장 아름답고 화려하게 핀 장미를 보려면 5, 6월에 방문하는 것이 좋다.

Data 지도 366p-A 가는 법 리젠트 공원 내의 리젠트 대학 옆 이너 서클 안쪽 요금 무료

런던 동물원 London Zoo

리젠트 파크 내에 위치한 런던 동물원은 1828년 동물연구를 위해 처음 문을 열었다. 현재는 약 800종이 넘는 2만 마리의 동물들이 지내고 있다. 호랑이, 고릴라 등 친근한 동물 외에 미어캣, 여우원숭이, 열대우림에 사는 희귀한 새, 서아프리카의 난쟁이하마, 로드리게스 섬에서 온 큰 박쥐, 세계 최대 크기의 코모도큰도마뱀과 같이 전 세계의 희귀한 동물도 만날 수 있다. 하루 두 번씩 진행하는 펭귄먹이쇼는 관광객들에게 가장 인기 있는 쇼. 입장 시 시간을 확인하자.

Data 지도 366p-A 가는 법 캠든 타운역에서 도보 15분. 또는 베이커 스트리트역에서 274번 버스 탑승 후 런던 주에서 하차(약 15분 소요) 주소 LonodonZoo, Regent's Park, London NW1 4RY 전화 020-7449-6200 운영 시간 11~1월 10:00~16:00, 2~3월, 9~10월 10:00~17:00, 4~8월 10:00~18:00 요금 평일 31파운드, 주말 33파운드, 비수기 27.73파운드 홈페이지 www.zsl.org

런던 시내를 한눈에 볼 수 있는 언덕 공원

프림로즈 힐 Primrose Hill

런던의 스카이라인을 한 번에 볼 수 있는 언덕으로 된 공원이다. 프림로즈 힐은 해발 66.7m로 높지 않지만, 산이 없는 평야지대 런던에서는 높은 언덕 중 하나로 뽑힌다. 천천히 산책하듯 10분 정도 걸어 정상에 올라서면 런던 아이, 세인트 폴, 샤드, BT 타워 등 런던 중심가를 다 볼 수 있다.

관광객들이 많은 하이드 파크나 세인트 제임스 파크와는 달리 프림로즈 힐은 주변에 사는 런더너들이 반려견을 산책시키거나 조깅을 하고, 책을 읽으며 여유를 즐기는 분위기이다. 바쁜 여행에 지칠 때쯤 잠시 프림로즈 힐 언덕에 누워 나무와 어우러진 런던의 모습을 바라만 보고 있어도 행복해진다. 런던에서도 손꼽힐 만큼 비싼 프림로즈 힐 주변 파스텔 톤의 예쁜 건물들과 아기자기한 빈티지 가게, 카페를 구경하는 것도 하나의 즐거움. 프림로즈 힐의 또 다른 아름다운 풍경은 바로 야경이다. 날씨가 좋으면 언덕에 앉아서 석양이 지고 밤이 되어 조명으로 반짝이는 런던 시내를 바라볼 수 있다. 자연이 만들어준 최고의 전망대인 프림로즈 힐에서는 런던 아이나 샤드에서 보는 것과는 또 다른 은은한 분위기의 런던 야경을 즐길 수 있다.

Data 지도 371p-A
가는 법 초크 팜역에서 리젠트 파크 로드를 따라 도보 15분
주소 Primrose Hill, London NW1
전화 030-0061-2300
운영 시간 매일 06:00~22:00
요금 무료
홈페이지 www.royalparks.org.uk

런더너들의 여유로운 일상을 엿볼 수 있는 아기자기한 길

리젠트 파크 로드 Regent Park Road

초크 팜역부터 프림로즈 힐과 리젠트 파크를 잇는 길. 고급스러운 수제 신발이나 브랜드 의류 숍, 브런치 레스토랑, 오픈 카페, 디저트 가게 등이 많이 모여 있다. 오래된 책방, 예쁜 꽃집, 빈티지 제품을 판매하는 체리티 숍도 빼놓을 수 없다. 리젠트 파크 로드를 따라 런던의 손꼽히는 아름다운 공원이 두 개나 있기 때문에 상류층 사람들이 많이 사는 곳으로 알려져 있다. 날씨가 좋은 날은 가족들이 어린아이들을 데리고 나와 함께 햇살을 즐기기도 하고, 야외 카페에 앉아 이야기를 나누거나 커피를 즐기는 사람들도 자주 볼 수 있다. 하루 정도 한가로운 분위기의 런던 일상을 체험하고 싶다면 리젠트 파크 로드를 걸어 보자.

Data 지도 371p-B
가는 법 초크 팜역에서 도보 5분
주소 Regent's Park Rd, London NW1 7SX

베이커 가街 221B에 위치한 셜록 홈스의 집

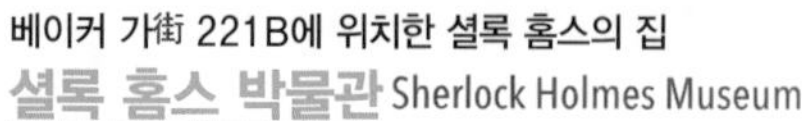

셜록 홈스 박물관 Sherlock Holmes Museum

세계에서 가장 유명한 주소 중 하나, 베이커 스트리트 221B. 셜록 팬이라면 꼭 가봐야 할 곳이다. 영국 추리소설의 대가 아서 코난 도일의 소설 주인공인 유명 탐정 셜록의 집으로 꾸며 놓은 박물관이다. 비영리단체인 셜록 홈스 협회가 운영한다. 박물관 규모는 작은 편으로, 건물 1층 셜록 홈스 숍에는 다양한 셜록 기념품을 판매한다.

Data 지도 366p-E 가는 법 베이커 스트리트역에서 도보 5분 주소 221b Baker Street, London NW1 6XE 전화 020-7224-3688 운영 시간 매일 09:30~18:00 요금 16파운드 홈페이지 www.sherlock-holmes.co.uk

밀랍 인형관 '마담 투소'의 시초

마담 투소 Madame Tussauds

전 세계에서 가장 핫한 유명인들을 한꺼번에 만날 수 있는 곳이 바로 마담 투소이다. 실제 인물과 똑같이 만들어진 밀랍인형들은 마치 살아 있는 듯하다. 프랑스의 밀랍조각가인 마리 투소의 작품들을 모아 1836년 베이커 스트리트에 전시한 것이 마담 투소의 시초이다. 런던에서 시작되어 현재는 뉴욕, 암스테르담, 방콕, 할리우드, 시드니, 홍콩, 도쿄 등 전 세계 주요 도시에 지점이 생겨 관광객들에게 매우 친숙한 세계 최고 밀랍인형관 브랜드가 되었다.

Data 지도 366p-E 가는 법 베이커 스트리트역에서 도보 2분 주소 Marylebone Rd, London NW1 5LR 전화 087-1894-3000 운영 시간 매일 09:00~17:00 (날짜에 따라 다르니 미리 확인) 요금 42파운드(온라인 예매 시 36파운드) 홈페이지 www.madametussauds.co.uk

독특한 간판들이 시선을 사로잡는 런던 펑키 문화의 중심

캠든 마켓 Camden Market

캠든 타운역에서 캠든 하이 스트리트를 따라 펼쳐진 캠든 마켓은 펑키 문화의 중심지답게 빈티지하면서 독특한 개성의 제품을 만나볼 수 있는 스트리트 마켓이다. 구역에 따라 인버네스 마켓, 캠든락 마켓, 스테이블스 마켓으로 나뉜다. 캠든 마켓의 재미 중 하나는 각 상점의 간판을 구경하는 것. 거대한 크기의 조형물이 간판 역할을 하는데 신발, 청바지, 기념품 등 상점에서 파는 물건을 눈에 잘 띄도록 화려하고 크게 장식해 걸어놓았다. 캠든 마켓은 런던에서 문신으로 가장 유명한 곳이기도 하다. 신기한 헤어스타일을 한 사람, 온 몸에 문신을 한 포스가 느껴지는 사람, 복잡한 길거리에서 지나가는 행인들을 그리는 아티스트 등 다양하고 신기한 사람을 많이 만날 수 있다. 무언가에 얽매이지 않고 자유 그 자체가 허용되는 곳이 바로 이곳, 캠든이다. 한국인들보다는 유럽 관광객에게 더 유명하다. 주말에는 전 세계에서 온 관광객으로 붐비니 소지품에 유의하자.

Data 지도 374p
가는 법 캠든 타운역 나오면 바로
주소 Camden High St, London NW1 8NH
전화 020-3763-9900
운영 시간 매일 10:00~18:00
홈페이지 www.camden-market.org www.camdenlock.net

캠든 마켓 둘러보기

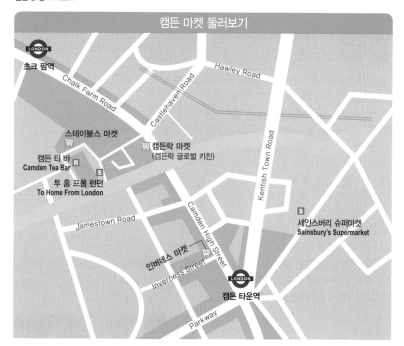

초크 팜역
Chalk Farm Road
Hawley Road
Castlehaven Road
스테이블스 마켓
캠든락 마켓
(캠든락 글로벌 키친)
캠든 티 바
Camden Tea Bar
투 홈 프롬 런던
To Home From London
Kentish Town Road
Jamestown Road
Camden High Street
세인스버리 슈퍼마켓
Sainsbury's Supermarket
인버네스 마켓
Inverness Street
캠든 타운역
Parkway

만물상 같은 스트리트 마켓

인버네스 마켓 Inverness Market

캠든 타운역 앞 인버네스 스트리트에 위치한 인버네스 마켓은 1900년부터 시작된 역사가 오래된 스트리트 마켓이다. 초창기에는 신선한 채소와 과일 중심이었지만 지금은 런던 기념품, 축구클럽 용품, 길거리 음식, 의류, 채소, 과일, 액세서리 등 없는 것 없이 다 파는 만물상 같은 마켓이 되었다. 마켓 한쪽에서는 종종 길거리 공연도 열린다. 영국 국기 유니언잭이 그려진 가죽점퍼나 빅 벤, 빨간 전화박스, 런던 이층버스가 그려진 스웨터나 티셔츠는 런던에서만 볼 수 있는 것들이다. 다른 런던 관광지보다 가격도 저렴한 편이니, 기념이 되는 옷을 사고 싶다면 둘러보고 구매하자. 많이 구매하면 약간의 흥정도 가능하다.

Data 지도 374p
가는 법 캠든 타운역에서 캠든 마켓 방향으로 나와 왼쪽 거리 주소 Inverness St, London NW1 7HB

리젠트 운하를 따라 형성된 빈티지 마켓

캠든락 마켓 Camden Lock Market

도심 한가운데 흐르는 작은 운하와 그 위로 떠다니는 멋진 보트들은 빈티지한 캠든락 마켓에 멋을 더해 준다. 캠든락 마켓은 총 2층의 건물과 스트리트 음식 및 다양한 물건을 파는 외부로 구성되어 있다. 으스스한 검은색 드레스, 20cm가 넘는 아찔한 하이힐, 다소 심한 농담이 적혀 있는 독특한 제품들은 캠든락 마켓에서만 볼 수 있는 것들이다.

Data 지도 374p
가는 법 캠든 하이 스트리트의 리젠트 운하 위 다리 건너자마자 왼쪽
주소 Unit 215-216, Chalk Farm Road, London NW1 8AB

전 세계 다양한 음식을 한곳에서 맛보자

캠든락 글로벌 키친 Camden Lock Global Kitchen

캠든락 마켓 안에 위치한 전 세계 음식을 판매하는 스트리트 마켓. 5파운드 내외의 저렴한 가격으로 신기한 음식들을 맛볼 수 있다. 캥거루 버거에서부터 숯불에 구워 주는 독일 통소시지구이, 달콤하면서 짭짜름한 그리스의 싱싱한 올리브, 그 외에도 자메이카, 에티오피아, 폴란드 등 한국에선 쉽게 접할 수 없는 다양한 나라의 음식들을 마음껏 먹을 수 있다.

Data 지도 374p
가는 법 캠든락 마켓 건물을 통과해 안쪽 마당에 위치
주소 Unit 215-216 Chalk Farm Road London NW1 8AB

대장장이와 말의 역사가 있는 마켓

스테이블스 마켓 Stables Market

차가 없던 시절, 말은 운하에 도착한 자원과 물자를 나르던 런던의 중요한 이동수단이었다. 리젠트 운하를 중심으로 많은 무역과 상거래가 이루어지면서 자연스럽게 많은 말들이 모이게 되었다. 말발굽을 만들고 수리하는 대장장이들과 다친 말을 치료하는 말 병원 등도 생겨났다. 이러한 역사적인 배경을 가지고 '스테이블스(마구간)'라는 이름이 붙은 마켓이 시작되었다. 좁은 터널을 따라 벽돌 마구간 형태를 그대로 유지하며 다양한 제품을 파는 마켓들이 줄지어 있다.

Data 지도 374p
가는 법 리젠트 운하 다리와 캠든락 마켓을 지나 왼쪽 벽돌담 안에 위치 주소 Chalk Farm Rd, London NW1 8AH

세계 최대 규모의 국립 도서관
영국 도서관 The British Library

명실상부 영국을 넘어 전 세계 최고의 도서관. 영국 국립 도서관으로 다양한 언어와 형식으로 된 책, 신문, 잡지, 도장, 지도, 그림 등 1억 7천만 점을 보유하고 있다. 868년 인쇄된 세계 최초의 인쇄물인 금강반야바라밀경, 유네스코 세계기록유산인 구텐베르크 성서, 레오나르도 다빈치의 수첩 등 역사적으로 귀중한 가치를 지닌 문서들도 보관되어 있다.

영국 도서관의 정문을 들어서면 붉은색의 웅장한 도서관 건물과 그 뒤로 동화에 나오는 성과 같은 모습의 세인트 판크라스역 건물이 함께 보인다. 넓은 도서관 광장에 앉아서 컴퍼스를 돌리고 있는 〈뉴턴〉이라는 거대한 조각 작품이 인상적이다. 지하까지 총 6층으로 이루어진 건물 내부에는 전시관, 열람실, 카페, 기념품숍이 있다. 1년 내내 도서관 곳곳에서 다양한 주제의 상시 기획전이 열리는데 단순히 공부만 하는 곳이 아닌 보고 즐길 수 있는 도서관이다. 열람실 내부만 현재 영국거주자임을 증명하는 주거지 확인 레터와 신분증을 제시해 멤버 가입을 한 후 사용 가능하다. 넓은 규모의 최첨단 시설, 집중해서 공부하는 영국 학생들을 보다 보면 배움의 열정을 다시 느끼게 된다.

Data 지도 367p-C
가는 법 킹스 크로스 세인트 판크라스역에서 도보 5분
주소 96 Euston Rd, London NW1 2DB
전화 033-0333-1144
운영 시간 월~목 09:30~20:00, 금 09:30~18:00, 토 09:30~17:00, 일·공휴일 11:00~17:00
요금 무료
홈페이지 www.bl.uk

파리와 런던을 연결하는 고급스러운 기차역

세인트 판크라스 인터내셔널역

St.Pancras International Station

세인트 판크라스역은 1868년 런던과 이스트 미들랜드, 요크를 연결하는 기차노선으로 시작했다. 현재는 런던과 파리를 잇는 유로스타 라인, 노팅엄, 켄트, 브라이튼, 셰필드 등 영국 지방 도시로 가는 노선, 그리고 6개의 지하철 노선이 지나는 런던에서 세 번째로 복잡한 역이다. 빅토리아 시대의 성을 연상시키는 돌과 벽돌로 지은 외관, 82m 높이의 시계탑, 화려한 내부 인테리어는 세인트 판크라스역을 더욱 고급스럽게 만들어 준다. 역 안에 있는 높이 9m가 넘는 거대한 동 조각상인 '더 미팅 플레이스 The Meeting Place'는 영국 유명 조각가 폴 데이의 작품으로 이별하는 남녀의 슬픈 키스 장면을 조각한 것이다. 역내의 피아노는 누구나 연주할 수 있고, 음악공연 등 다양한 문화예술 행사도 열린다. 또한 여느 공항 못지않게 기차역 안에 유명 브랜드숍과 레스토랑 등이 있어 기차 기다리는 시간이 전혀 지루하지 않다.

Data 지도 367p-C
가는 법 킹스 크로스 세인트 판크라스역에서 하차 후 세인트 판크라스 인터내셔널역 방향
주소 St.Pancras International Station, Euston Rd, London N1C 4QP
전화 020-7843-7688
홈페이지 stpancras.com

해리 포터 9와 4분의 3 승강장이 있는 기차역

킹스 크로스역 King's Cross station

Data 지도 367p-C
가는 법 킹스 크로스 세인트 판크라스역에서 하차 후 킹스 크로스역 방향
주소 King's Cross station, Euston Rd, London N19 AL
전화 084-5748-4950

런던 기차역 중 한국인들에게 가장 친숙한 곳. 영화 〈해리 포터〉에서 호그와트 마법학교로 가는 기차를 탔던 장면의 배경장소가 바로 킹스 크로스 기차역이다. 실제로는 영국의 북쪽 도시인 리즈, 뉴캐슬, 에든버러로 가는 기차가 킹스 크로스역에서 출발한다. 1852년 지어져 지금은 런던의 주요 기차역 중 한 곳이 되었다. 1987년 11월 킹스 크로스 지하철역 내에서 발생한 화재로 31명이 사망한 슬픈 역사가 있다. 그 사건 이후 런던 지하철 내 흡연이 전면 금지되고, 목조 계단과 에스컬레이터 주변은 전면 교체되었다. 킹스 크로스는 학사모를 쓴 듯한 시계탑과 네모반듯한 노란색 건물이 인상적이다. 2012년 내부 리모델링 공사를 통해 흰색 철골 구조로 만든 천장 구조가 매우 아름답다. 격자무늬로 땅에서 하늘로 솟아나는 폭포수를 형상화한 작품으로 빛을 받아 미래 공간에 와 있는 듯한 느낌이 든다.

9와 3/4 승강장 해리 포터 숍

The Harrypotter Shop at Platform 9 3/4

Data 전화 020-7803-0500
운영 시간 월~토 08:00~22:00, 일 09:00~20:00 가격 해리 포터 목도리 33파운드, 머그컵 8파운드
홈페이지 harrypottershop.co.uk

호그와트 마법학교로 가는 기차가 출발하는 9와 3/4 승강장은 실제 킹스 크로스역에는 존재하지 않는 영화 속 가상의 승강장. 하지만 전 세계에서 온 수많은 해리 포터 팬들을 위해 킹스 크로스역 내부에 9와 3/4 승강장 표지판을 붙이고 벽을 뚫고 들어가는 짐을 실은 카트 모형을 만들어 놓았다. 역내 직원이 해리 포터 목도리를 날려 주고 다른 직원은 목도리가 날리는 그 순간을 포착해 사진을 두 장 찍어 준다. 이 사진은 역 안에 있는 해리 포터 기념품 숍에서 구매할 수 있고, 개인 카메라로 찍고 싶다면 일행이나 다른 사람에게 부탁해야 한다. 기념품 숍에서는 지팡이, 목도리, 모자 등을 구매할 수 있다.

TIP 상대적으로 관광객이 많이 없는 오전 이른 시간을 이용하자. 줄이 길면 최소 30분 이상을 기다려야 할지도 모른다.

운하 위 예쁜 보트들을 볼 수 있는 런던의 숨은 로맨틱한 장소

리틀 베니스 Little Venice

이탈리아의 아름다운 항구도시 베니스를 연상시키는 런던의 숨은 명소, 리틀 베니스. 런던 북부 지역을 따라 흐르는 리젠트 운하와 런던과 버밍엄을 잇는 그랜드 유니언 운하가 만나는 곳이다. 빈티지한 외관, 화려한 페인팅, 펄럭이는 깃발까지 주인의 개성에 따라 꾸며진 다양한 보트들을 구경해 보자. 이 보트들은 리틀 베니스 사람들의 아지트이자 파티장소. 여유가 있다면 보트 투어를 이용해 리틀 베니스에서 리젠트 파크를 지나 캠든 마켓까지 가 보자. 운하를 따라 양옆으로 지나가는 아름드리나무들과 빅토리안 시대에 지어진 고급 주택들의 멋진 풍경을 만날 수 있다(편도 약 50분 소요). 리틀 베니스 주변의 작은 공원이나 카페에서 이국적인 풍경을 즐기는 것도 좋다.

Data 지도 366p-E
가는 법 워릭 애버뉴역에서 도보 5분. 또는 패딩턴역에서 도보 15분
주소 Maida Ave, London W2 1ST
전화 020-7482-2550
운영 시간 10:00~17:00, 매시 정각 출발(리틀 베니스나 캠든 마켓 아무 곳에서 출발 가능)
요금 투어 편도 14.50파운드
홈페이지 www.londonwater-bus.com

드라마 〈셜록〉의 배경인 베이커 스트리트 221B의 실제 카페

스피디 샌드위치 카페 Speedy's Sandwich Bar & Cafe

영국 BBC 방송의 인기 드라마 〈셜록〉의 촬영지. 셜록과 왓슨 박사가 살던 건물의 베이커 스트리트 221B의 배경이 된 곳이다. 건물의 실제 주소는 엔 가워 거리의 187번지이지만 드라마 촬영 중에만 베이커 스트리트 221B번지로 호수를 바꿔놓았다. 35년간 호텔과 유명한 카페를 관리해 온 크리스 조지우는 좋은 재료를 사용해 맛있는 샌드위치를 만든다는 신념으로 2002년 스피디 카페를 오픈했다. 아담하고 평범한 카페 내부에는 드라마 촬영 현장 사진 등이 걸려 있다.

Data 지도 366p-B
가는 법 유스턴 스퀘어역에서 도보 5분 주소 187 N Gower St, Kings Cross, London NW1 2NJ
전화 020-7383-3485
운영 시간 월~금 06:30~15:30, 토 07:30~13:30, 일 휴무
홈페이지 www.speedyscafe.co.uk

TIP 아침 일찍 오픈해 평일은 오후 3시 30분에 문을 닫는다. 스피디 카페의 대표 메뉴인 파니니와 잉글리시 브렉퍼스트를 먹으려면 여유 있게 오전에 가자.

전 세계 차를 만날 수 있는

캠든 티 바 Camden Tea Bar

100가지가 넘는 전 세계의 다양한 티 품종을 블렌딩하여 최고의 맛과 향을 소개하는 티룸. 인공 색소나 인공향료가 없는 차 본연의 맛을 느낄 수 있다. 각 차마다 원산지와 맛, 향과 효능에 대한 소개도 알아볼 수 있다. 캠든 락 마켓 내에 캠든 티 바Camden Tea Bar, 캠든 티 숍Camden Tea Shop 두 곳이 있는데 캠든 티 바에서는 티를 마실 수 있고, 캠든 티 숍에서는 차를 구매할 수 있다.

Data 지도 p374
가는 법 캠든 타운역에서 도보 약 7분 소요, 캠든 락 마켓 내 위치
주소 90- 92 Camden Lock Pl, London NW1 8AF
전화 020-7428-9211
운영 시간 월~금 10:00~18:00 토·일 휴무
가격 티 2.45파운드~
홈페이지 camdentea.bar

프림로즈 사람들이 가장 사랑하는 컵케이크 가게

프림로즈 베이커리 Primrose Bakery

주택가의 작은 컵케이크집이 이제는 런던의 베스트 컵케이크집이 되었다. 프림로즈의 주인은 2004년 가을, 아이들 파티를 위한 베이킹을 목적으로 가게를 오픈했다. 아이들은 물론 어른들까지 달콤하고 부드러운 컵케이크에 반해 매주 주말이면 사람들이 줄 서서 사갈 만큼 인기가 많아졌다. 지금은 프림로즈뿐만 아니라 코벤트 가든, 켄싱턴에까지 지점을 낼 정도로 런더너와 관광객 모두에게 사랑받는 브랜드로 성장했으며, 프림로즈 베이커리 이름으로 낸 베이킹 책이 네 권이나 있다. 가게 규모는 작지만 아기자기하고 사랑스러운 분홍색 인테리어가 눈에 띈다. 질 좋은 유기농 재료를 사용하고 매일 케이크를 구워 신선함을 유지한다. 요일마다 다른 스페셜 메뉴를 포함해 60개가 넘는 컵케이크 종류가 있다. 프림로즈 베이커리 로고의 앞치마, 티 타월, 기프트 세트도 판매한다. 색깔도 맛도 향도 다양한 컵케이크를 만나고 싶다면 프림로즈 베이커리로 가자.

Data 지도 371p-B
가는 법 캠든 타운역에서 리젠트 파크 방향으로 걷다가 글로스터 거리 방향으로 도보 15분
주소 69 Gloucester Avenue, London NW1 8LD
전화 020-7483-4222
운영 시간 매일 09:00~17:00
가격 컵케이크 2~4파운드
홈페이지 www.primrose-bakery.co.uk

좋은 제품을 저렴하게 사고, 어려운 어린이도 돕는 기부가게

메리스 리빙 & 기빙 숍 Mary's Living & Giving Shop

영국 유통 브랜드 전문가이자 BBC TV 쇼의 진행자로 유명한 메리 포터스의 기부가게. 런던 유명 백화점의 브랜드를 가지고 있고 유통업계에서 성공한 그녀이지만, 기부를 통해 지역경제를 살리고 어려운 아이들을 돕는다는 철학으로 2009년 자신의 이름을 건 기부가게를 열었다. 영국의 일반 기부가게들이 평범하고 저렴한 제품을 주로 판매한다면, 메리의 숍에는 명품 브랜드부터 일반 보세 제품까지 고급스럽고 독특한 제품들이 가득하다. 중고라고 생각되지 않을 만큼 제품의 질이 좋은 편이다. 옷, 신발, 인테리어 소품, 책, 장난감 등 품목도 다양하다. 소비자는 비싼 명품 브랜드의 제품을 저렴한 값에 구입하고 세이브 더 칠드런 Save the Children 단체를 통해 어려운 아이들도 도울 수 있으니 일석이조의 쇼핑을 할 수 있다. 리젠트 파크 로드 외에도 포토벨로, 치스윅, 풀햄, 윔블던 등 런던 곳곳에 지점이 있다.

Data 지도 371p-B
가는 법 초크팜역에서 도보 10분, 리젠트 파크 로드에 위치
주소 109 Regents Park Road, London NW1 8UR 전화 020-7586-9966
운영 시간 월~토 10:00~18:00, 일 12:00~16:00 홈페이지 www.maryportas.com

세계 전역에서 온 이국적인 자수 제품과 액세서리를 파는 가게

갤러리 196 Gallery 196

갤러리 196의 주인 '수SUE'가 직물전문가로 인도에서 일하면서 화려하고 풍부한 색상의 인도 자수의 아름다움에 빠진 것이 갤러리 196의 시초가 되었다. 인도, 이집트, 파키스탄, 터키 등에 살고 있는 친구들로부터 공수한 제품들이 모여 있다. 천연 염색한 스카프, 빈티지하고 에스닉한 액세서리, 한 땀 한 땀 화려한 실로 자수가 놓인 쿠션과 가방, 인도 전통 그림까지. 장인의 손을 거친 진귀하고 독특한 수공예품을 만나 보자.

Data 지도 371p-B 가는 법 초크팜역에서 도보 10분, 리젠트 파크 로드에 위치
주소 196 Regents Park Road, London NW1 8XP 전화 020-7722-0438
운영 시간 화~토 11:00~18:00, 일 11:00~17:00, 월 휴무 홈페이지 www.gallery196.com

런던 기념품 쇼핑은 여기서!

투 홈 프롬 런던 To Home From London

캠든 락 마켓 내에 작은 런던 기념품 상점이다. 공장에서 대량으로 만들어낸 뻔하고 똑같은 디자인의 기념품이 아니라 손으로 직접 그린 수채화 작품 등 기념품을 판매한다. 귀여운 캐릭터와 밝은 색감의 제품도 많아, 런던 여행의 추억을 간직하기에도 좋고 선물용으로도 추천한다. 머그컵, 에코백, 컵 받침 등도 살 수 있다.

Data 지도 p374 가는 법 캠든 타운역에서 도보 약 7분 소요, 캠든 락 마켓 내 위치
주소 Unit 10A, Camden Lock Market, Chalk Farm Rd, London NW1 8AH
전화 075-5705-8520 운영 시간 매일 10:00~18:00 가격 머그컵 12파운드~, 에코백 11파운드~
홈페이지 tohomefromlondon.com

기차역에 위치한 멋진 성 호텔

세인트 판크라스 르네상스 런던 호텔 St Pancras Renaissance London

런던과 파리를 잇는 유로스타가 다니는 세인트 판크라스역에 있는 호텔로 1873년 미들랜드 그랜드 호텔이라는 이름으로 처음 오픈했다. 수압승강기, 콘크리트 바닥, 내화식 구조와 같이 당시에는 획기적인 건물이었으나, 시설유지비가 너무 비싸 1935년부터 2011년까지는 철도 사무실로 이용되었다. 천만 파운드를 들인 리노베이션을 거쳐 2011년에 세인트 판크라스 르네상스 런던 호텔이라는 이름의 5성급 호텔로 다시 오픈했다. 마치 빅토리아 시대의 성을 연상시키는 돌과 벽돌을 이용한 화려한 외관과 82m 높이의 시계탑, 고급스러운 내부 인테리어는 세인트 판크라스 르네상스 호텔의 자랑거리들이다. 일부 객실 창문에서는 플랫폼 사이로 바쁘게 움직이는 기차를 볼 수 있어 특별한 경험이 된다. 영화 〈해리 포터와 비밀의 방〉과 영국 가수 스파이스 걸스의 노래 〈Wannabe〉 뮤직비디오의 배경이 되기도 했다.

Data 지도 367p-C 가는 법 킹스 크로스 세인트 판크라스역 주소 St Pancras International, Euston Road London NW1 2AR 전화 020-7841-3540 운영 시간 체크인 15:00, 체크아웃 12:00 요금 1박 350파운드~ 홈페이지 www.marriott.com

매일 아침 리젠트 파크에서 산책을

요크&알바니 호텔 York & Albany Hotel

길만 하나 건너면 바로 아름다운 리젠트 파크가 있다. 런던 부유층이 사는 멋스러운 동네 분위기를 만끽하며 매일 아침 평화로운 공원을 산책하고 싶다면 매우 추천하는 호텔이다. 클래식 룸, 수페리어 룸, 스위트 룸 등 총 8개의 객실이 있으며 건물 1층에는 고든 램지 레스토랑이 있어서 바로 가까이서 영국 최고 셰프의 음식을 즐길 수 있다.

Data 지도 371p-B 가는 법 캠든 타운역에서 도보 약 10분 주소 127-129 Parkway, London NW1 7PS 전화 020-7592-1227 운영 시간 체크인 15:00, 체크아웃 11:00 요금 클래식룸 380파운드~, 디럭스룸 500파운드~ 홈페이지 www.gordonramsayrestaurants.com/york-and-albany

청결, 친절, 위치 3박자 모두 만족

런던The편한 민박

킹스크로스역에서 도보 10분 거리로, 유로스타나 영국 기차를 타고 이동하기 편리하며, 영국박물관도 도보 15분 거리다. 시내버스를 타고 10~15분 내외면 대부분의 런던 관광지로 이동할 수 있는 최적의 위치이다. 조식은 시리얼과 빵, 우유, 커피 등이 준비되어 있고, 석식은 라면, 밥이 무료로 제공된다. 더블룸, 2~3인실, 3인실 여성 도미토리가 있다.

Data 지도 367p-C 가는 법 킹스크로스역에서 도보 10분 주소 Tavistock Pl, London WC1H 9RX 전화 077-3202-1747 운영 시간 체크인 15:30, 체크아웃 11:00 요금 더블룸 2인 120파운드, 3인 여 도미토리 59파운드(성수기 기준) 홈페이지 postmaster.theminbakuk.com

킹스 크로스역 주변 고급스러운 4성급

풀맨 런던 세인트 판크라스 호텔 Pullman London St Pancras Hotel

세인트 판크라스역과 유스턴역 중간 대로변에 위치한 4성급 체인 호텔인 풀맨 호텔은 16층 규모, 312개의 객실을 자랑한다. 위치, 시설, 규모 등 흠 잡을 곳 없는 호텔이다. 비지니스를 위한 방문이나 신혼여행 등의 커플들에게 추천한다.

Data 지도 367p-C 가는 법 킹스 크로스 세인트 판크라스역, 유스턴역에서 도보 5분
주소 100-110 Euston Rd, Kings Cross, NW1 2AJ 전화 020-7666-9000 운영 시간 체크인 14:00, 체크 아웃 12:00 요금 250파운드~ 홈페이지 www.pullman-londonstpancras.com

©Accor Hotels

©Accor Hotels

화려한 디자인 그리고 독특한 경험

메가로 호텔 The Megaro Hotel

킹스크로스역 길 건너에 건물 전체를 화려하게 장식한 5성급 호텔이 있다. 멋진 건물 외관만큼이나 호텔 내부의 디자인 객실 역시 다양한 색채를 모티브로한 예술 작가들의 작품으로 꾸며져 있다. 독특함이 부담스럽다면 심플하고 깔끔한 스탠다드 룸도 있으니 취향대로 객실을 선택해 보자. 건물 1층에는 미쉐린 인증을 받은 마젠타Magenta 이탈리아 레스토랑과 호커스 포커스Hokus Pokus 칵테일 바가 있다.

Data 지도 367p-C 가는 법 킹스크로스역에서 도보 2분 주소 1 Belgrove St, London WC1H 8AB
전화 020-7843-2222 운영 시간 체크인 14:00~02:00, 체크아웃 11:00
요금 디럭스 더블 룸 310파운드~ 홈페이지 www.themegaro.co.uk

킹스크로스역이 바로 코앞

런던 팡팡 민박

기차를 이용하고 무거운 짐이 많다면 최적의 장소라고 할 정도로 킹스크로스역이 바로 앞이다. 주변에 대형마트, 스타벅스, 레스토랑이 있으며, 정원과 테라스가 있어 휴식하기 좋다. 무료 세탁 서비스(월·수·금)와 무료 짐 보관 서비스도 있다. 평일 조식은 맛있는 한식으로 먹을 수 있고, 주말에는 빵, 우유, 시리얼이 제공된다. 석식은 요일 관계없이 셀프 라면으로 먹을 수 있다.

Data 지도 367p-C 가는 법 킹스크로스역에서 도보 3분 주소 Kings cross, London, NW1 1AT 전화 075-1418-9777 운영 시간 체크인 15:00, 체크아웃 11:00 요금 1인실 90파운드, 2~3인실 140파운드, 도미토리 50파운드(성수기 기준) 홈페이지 pangpangminbak.com

영국 분위기가 물씬 나는 호스텔

클링크 261 Clink 261

학생회관 건물을 리모델링하여 호스텔로 개조했다. 킹스크로스역에서 도보로 5분 거리라서 위치가 좋다. 영국 분위기를 한껏 느낄 수 있는 인테리어도 인상적이다. 로비와 주방 공용에 유니언잭 벽화와 멋스러운 빅벤 시계가 장식되어 있다. 프라이빗 룸, 4~6인실, 8~10인실, 18인실 등 취향과 예산에 따라 다양한 객실을 선택할 수 있다. 각 침대에는 침구, 독서등, 전원 콘센트, USB 포트, 개인 사물함이 구비되어 있으며 도미토리실 이용 시에는 2.50파운드에 리셉션에서 수건을 구매할 수 있다. 오후부터 밤까지 공용주방을 이용할 수 있고, 4.50파운드를 지불하면 조식도 가능하다.

Data 지도 367p-D 가는 법 킹스크로스역에서 도보 5분 주소 261-265 Grays Inn Rd, London WC1X 8QT 전화 020-7183-9400 운영 시간 체크인 16:00, 체크아웃 10:00 요금 6인실 도미토리 35파운드, 프라이빗 트윈룸 160파운드(날짜에 따라 가격 상이) 홈페이지 www.clinkhostels.com

London By Area

08

쇼디치

Shoreditch

깔끔하게 떨어지는 블랙 수트 젠틀맨의 런던은 이제 잊고 자유분방 빈티지 천국 쇼디치로 가 보자. 화려한 그래피티가 길거리를 가득 채운 쇼디치 지역은 다른 사람 눈치 볼 필요 없이 자유로움을 만끽할 수 있는 곳이다.

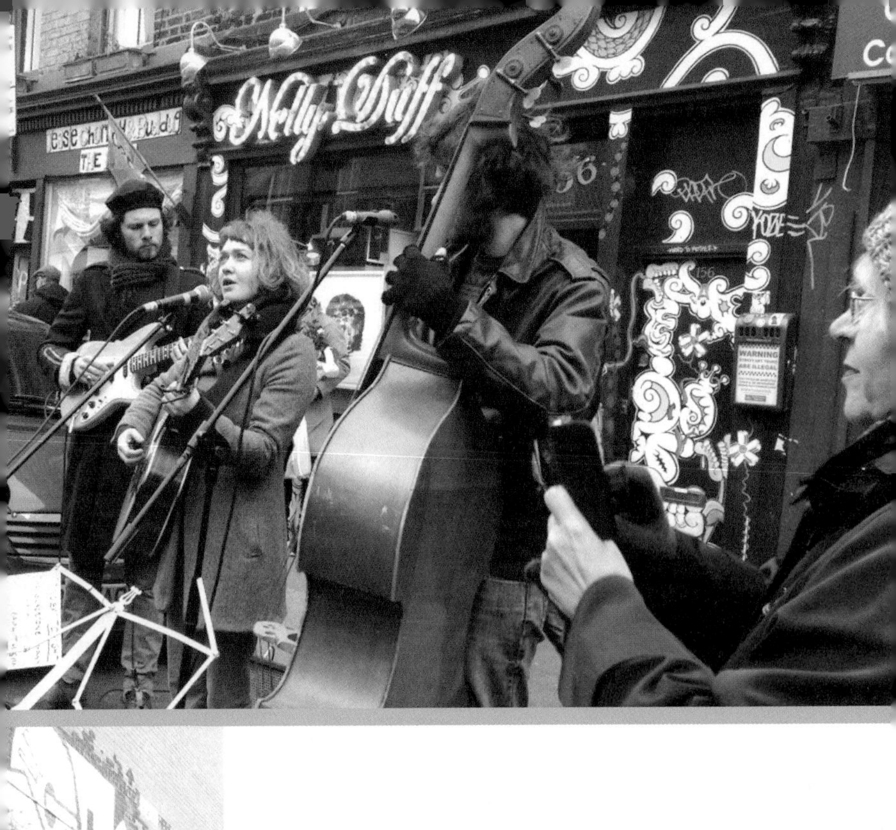
Nelly Duff
WARNING
ARE ILLEGAL

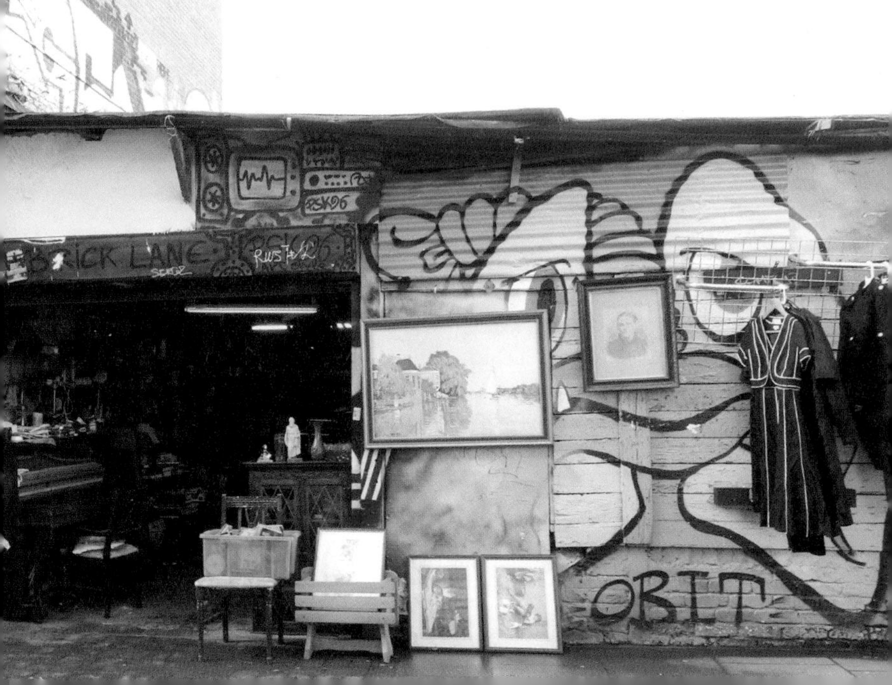
BRICK LANE
OBIT

쇼디치

미리보기

런던 북동쪽 지역을 쇼디치, 혹은 이스트 엔드East end라고 부른다. 런던 중심가 '웨스트 엔드West end'가 역사 깊고 교양 있는 분위기를 느낄 수 있는 곳이라면, '이스트 엔드East end'는 그 모든 형식과 복잡함, 질서가 없는 자유분방함 그 자체인 곳이다. 인도, 방글라데시 이민자들과 노동자, 가난한 예술가들이 모여 살면서 상대적으로 개발은 더디지만, 다양한 문화와 거침없는 거리 예술을 느낄 수 있다. 무엇에도 구속되거나 얽매이고 싶어 하지 않는 젊은 런더너들과 여행자들에게 가장 핫하게 떠오르는 곳이다.

SEE

런던 최대 빈티지 마켓인 브릭 레인 마켓과 올드 스피탈필즈 마켓, 꽃향기 가득한 콜롬비아 로드 플라워 마켓, 쇼디치 골목 구석구석 가득한 그래피티 작품 구경하기.

EAT

선데이 업 마켓에서 5파운드 내외로 전 세계 음식을 다 맛볼 수 있다. 브릭 레인 대표 메뉴 베이글과 핸드 메이드 초콜릿도 놓치지 말자.

BUY

브릭 레인 길거리에 늘어선 빈티지 앤티크 중고 제품들. 두 눈 크게 뜨고 잘 고르면 나에게 꼭 필요한 제품을 아주 저렴하게 득템할 수 있는 찬스가 기다리고 있다.

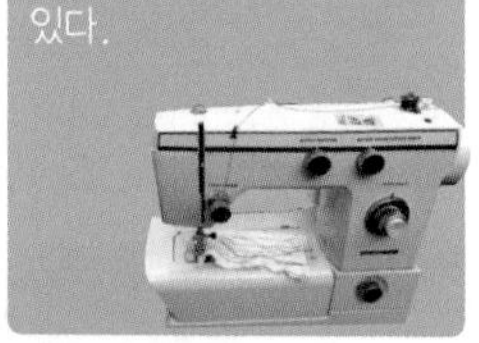

어떻게 갈까?

언더그라운드 리버풀 스트리트역 하차

오버그라운드 쇼디치 하이 스트리트역 하차

버스 8, 388, 26, 48, 78, 149, 242번 이용, 쇼디치 하이 스트리트에서 하차

어떻게 다닐까?

런던 중심가에 비해 쇼디치 지역은 대중교통이 잘 되어 있는 편이 아니다. 브릭 레인 마켓은 차로 통행이 되지 않으므로 주변의 언더그라운드 역이나 버스 정류장에 내려서 도보로 이동하는 것이 편하다. 언더그라운드 이용 시 리버풀 스트리트역, 오버그라운드 이용 시 쇼디치 하이 스트리트역이 가장 가깝다.

쇼디치

추천 코스

쇼디치 지역을 가장 잘 즐길 수 있는 날은 일요일이다. 콜롬비아 로드 플라워 마켓과 브릭 레인 마켓은 매주 일요일만 오픈한다. 일반 상점은 매일 오픈하니, 사람이 많아 번잡한 것이 싫다면 평일이나 토요일에 가도 볼거리는 충분하다. 브릭 레인 마켓은 반나절이면 충분히 둘러볼 수 있다. 여유가 있다면 근처 콜롬비아 로드 플라워 마켓이나 뮤지엄 오브 더 홈, 올드 스피탈필즈 마켓 중 선택해 함께 둘러보자.

아침 일찍 콜롬비아 로드 플라워 마켓에 도착해 아름다운 꽃들 구경하기

버스 10분 혹은 도보 15분

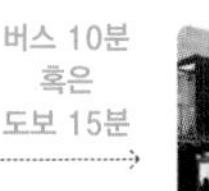

쇼디치 하이 스트리트로 이동 후 세계 최초 팝업 몰인 박스파크 쇼디치 둘러보기

도보 3분

쇼디치 하이 스트리트 역 앞에 펼쳐진 벼룩시장 구경하기

도보 3분

브릭 레인 메인 거리에서 빈티지 제품들 쇼핑하기

도보 이동

브릭 레인 골목 곳곳의 그래피티 작품 감상하기

도보 이동

선데이 업 마켓에서 먹고 싶은 음식들 골라 먹기

도보 5분

올드 스피탈필즈 마켓 둘러보기

쇼디치
Shoreditch
0
200m
A
B
C
D
E
F
뮤지엄오브더홈
Museum of the Home
혹스톤
Hoxton
버버리 아웃렛
Burberry Outlet
Kingsland Rd
Hackney Rd
Columbia Rd
City Rd
레드 독 살롱
Red Dog Saloon
콜롬비아 로드 플라워 마켓
Columbia Road Flower Market
나이트자
Nightjar
베이글베이크 Beigel Bake
박스파크 쇼디치
BOXPARK Shoreditch
올드 스트리트
Old Street
Great Eastern St
Old St
Brick Lane
카하이라
Kahaila
웨슬리 하우스와 사원
Wesley's House and Chaple
City Road
쇼디치 하이스트리트
Shoreditch High Street
로킷 Rokit
Commercial St
Appold St
브릭 레인 마켓
Brick Lane Market
혹스 무어
Hawks Moor
백야드마켓
Backyard Market
선데이 업 마켓
Sunday up market
알라딘 브릭레인
Aladin Brick Lane
Aldersgate St
바비칸 센터
Barbican Centre
무어게이트
Moorgate
올드 스피탈필즈 마켓
Old Spitalfields Market
리버풀 스트리트
Liverpool Street
아티카
ATIKA
London Wall
솜싸
som saa
런던 박물관
Museum of London
London Wall
Moorgate
스시삼바
Sushisamba
알게이트 이스트
Aldgate East
세인트 폴
St. Paul's
원 뉴 체인지
One New Change
리든홀 빌딩
The Leadenhall Building
거킨 빌딩
The Gherkin
알게이트
Aldgate
Cheapside
Threadneedle St
Leadenhall St
세인트 폴 대성당
St. Paul's Cathedral
로이드 빌딩
Lloyd's Building
윌리스 빌딩
The Willis Building
레든홀 마켓
Leadenhall Market
King William St
펜처치 스트리트
Fenchurch Street
Cannon St
맨션 하우스
Mansion House
모뉴먼트
Monument
타워 게이트웨이
Tower Gateway
워키-토키 빌딩
Walkie-Talkie Building
캐논 스트리트
Cannon Street
모뉴먼트
Monument
타워 힐
Tower Hill
뱅크 사이드 피어
Bankside Pier
서더크 브리지
Southwark Bridge
Lower Thames St
코스타
Costa
런던 브리지
London Bridge
타워 피어
Tower Pier
런던 탑
Tower of London
세익스피어 글로브 극장
Shakespeare's GlobeTheatre
런던 브리지 시티 피어
London Bridge City Pier
HMS 벨파스트
HMS Belfast
서더크 대성당
Southwark Cathedral

영국 주택과 인테리어의 역사를 볼 수 있는 곳

뮤지엄 오브 더 홈 Museum of the Home

전통과 역사를 사랑하고 지키려는 영국 사람들의 자부심을 느낄 수 있는 주택 박물관이다. 런던 시내에서 조금 떨어져 있고 규모도 크진 않지만 화려한 영국 가정의 시대상을 볼 수 있고 아름다운 정원도 즐길 수 있다. 런던 시장이었던 로버트 제프리 경의 유산으로 1714년 지어진 건물에 그의 이름을 따서 1914년 제프리 뮤지엄을 설립했다. 정문을 지나면 담쟁이덩굴로 덮인 고풍스럽고 웅장한 박물관 건물이 서 있다. 넓은 정원의 오래된 나무들은 도심 속 작은 공원을 연상케 한다. 1600년대부터 현재까지 400년이 넘는 기간 동안 영국의 주택과 인테리어가 어떻게 변해왔는지 보여준다. 집 내부는 물론 런던 도시의 생활상, 가족 문화와 손님 접대 문화까지 그 당시 삶의 모습이 주택에 고스란히 담겨 있다. 가구, 그림, 설계, 디자인, 벽지, 장식품 등 인테리어를 좋아한다면 들러 보자. 박물관 중간에 통유리창 사이로 정원을 바라보며 티와 케이크를 즐길 수 있는 카페가 있고, 박물관 뒤로는 정원을 시대별로 보여주는 작은 허브 가든이 있다.

Data 지도 392p-B
가는 법 혹스톤역에서 도보 3분. 또는 올드 스트리트역에서 도보 15분. 또는 243번 버스 탑승 후 뮤지엄 오브 더 홈에서 하차 / 리버풀 스트리트역에서 149, 242번 버스 탑승 후 뮤지엄 오브 더 홈에서 하차
주소 136 Kingsland Road Shoreditch London E2 8EA
전화 020-7739-9893
운영 시간 화~일 10:00~17:00, 월요일 · 크리스마스 · 새해 연휴 기간 휴관 요금 무료
홈페이지 www.geffrye-museum.org.uk

일요일마다 열리는 역사 깊은 런던의 꽃 시장

콜롬비아 로드 플라워 마켓 Columbia Road Flower Market

꽃과 정원을 사랑하는 영국 사람들의 워너비 마켓. 콜롬비아 로드 플라워 마켓은 1869년 오픈한 역사 깊은 런던의 스트리트 마켓으로 매주 일요일에 열린다. 아침 8시부터 오후 3시경까지 오픈하며, 오전 10시부터 런더너를 비롯한 많은 관광객들로 서서히 붐비기 시작한다. 천천히 여유롭게 둘러보고 싶다면 상대적으로 한적한 이른 아침에 가보자. 부지런한 꽃 시장 상인들은 새벽 4시부터 장사 준비를 시작한다. 규모 자체는 큰 편은 아니지만 콜롬비아 로드를 따라 저마다의 스톨에서 꽃, 허브, 씨앗 등 다양한 원예 제품을 판매한다. 런던 시내 일반 플라워 숍보다 가격도 훨씬 저렴하고 신선하다. 콜롬비아 로드 주변으로는 길거리 공연도 열리고 맛있는 음식을 파는 레스토랑, 카페들도 있어 한가로이 일요일 오전을 보내기 좋다.

Data 지도 392p-B 가는 법 쇼디치 하이 스트리트역에서 도보 10분. 또는 올드 스트리트역에서 55번 버스 탑승 후 퀸스브리지 로드에서 하차. 또는 리버풀 스트리트역에서 26, 48번 버스 탑승 후 퀸스브리지 로드에서 하차 주소 Columbia Rd, London E2 7RG 운영 시간 매주 일요일 08:00~15:00 홈페이지 www.columbia-road.info

일요일마다 열리는 자유로운 빈티지 마켓

브릭 레인 마켓 Brick Lane Market

자유로운 런던 이스트엔드 문화의 심장인 브릭 레인 마켓. 매주 일요일 벼룩시장이 열리면 이곳은 런던에서 가장 핫한 장소가 된다. 한때 범죄가 많이 발생하던 위험한 빈민가라는 편견을 이겨내고 브릭 레인만의 자유로운 분위기로 젊은 런더너들이 가장 사랑하는 명소로 떠오르고 있다. 중고 옷, 오래된 LP판, 신발, 앤티크 제품을 바닥에 펼쳐 놓고 판매하는데 구경하는 재미가 쏠쏠하다. 역사적으로 가치 있는 제품을 아주 싸게 구입할 수도 있다. 브릭 레인 곳곳의 화려한 그래피티와 아티스틱한 벽화, 길거리 연주도 함께 즐겨 보자. 방글라데시 이민자들이 터를 잡으면서 방글라데시 타운이 형성되었는데, 이에 인도, 방글라데시 스타일의 커리 레스토랑이 유명하다. 포토벨로 마켓이 고풍스러운 앤티크 스타일이라면 브릭 레인 마켓은 히피, 보헤미안 스타일이다.

Data 지도 392p-D 가는 법 쇼디치 하이 스트리트역에서 도보 5분. 또는 리버풀 스트리트역에서 도보 10분 주소 Brick Lane Market, Shoreditch, London E1 6PU 전화 020-7364-1717
운영 시간 브릭 레인 마켓 일요일 10:00~17:00, 일반 상점 매일 10:00~17:00

브릭 레인 둘러보기

선데이 업 마켓 Sunday Up Market

전 세계 맛있는 음식을 다 맛볼 수 있는 실내 푸드 마켓. 신선한 통파인애플 주스, 달콤한 컵케이크, 푸짐한 태국의 팟타이, 우리에게는 약간 생소한 에티오피아 음식까지 없는 메뉴가 없다. 가격도 단품 메뉴는 5파운드 내외로 저렴한 편이다. 일요일 점심시간에는 사람이 많아 앉아 먹을 장소가 협소하니 주의.

Data 주소 91 Brick Ln, London E1 6QL
운영 시간 매주 토 11:00~17:30, 일 10:00~18:00
홈페이지 www.sundayupmarket.co.uk

백 야드 마켓 Back Yard Market

'뒤뜰'이라는 뜻의 백 야드 마켓. 액세서리, 빈티지 옷, 시계, 예술품, 사진 등을 판매한다. 입구는 브릭 레인 메인 길에서 살짝 안쪽에 있어 눈에 잘 띄지 않는다. 입구에는 다양한 길거리 음식을 파는 포장마차가 있고, 다른 쪽 입구에는 앤티크 인테리어 소품과 그릇 파는 가게가 있다.

Data 주소 146 Brick Ln, London E1 6RU
운영 시간 토 11:00~18:00, 일 10:00~18:00
홈페이지 www.backyardmarket.co.uk

아티카 ATIKA

오래된 가구 공장을 개조해 빈티지 백화점으로 만들었다. 명품도 저렴한 가격에 구매할 수 있다. 일반 브랜드숍에서는 절대 발견할 수 없는 유니크한 제품들이 한가득이다. 브릭 레인 메인 골목에서 한버리Hanbury 거리로 들어오면 찾을 수 있다.

Data 주소 55-59 Hanbury Street, London E1 5JP
운영 시간 월~토 11:00~19:00, 일 12:00~18:00
홈페이지 www.atikalondon.co.uk

로킷 Rokit

블리츠와 함께 브릭 레인의 양대 빈티지 스토어. 30년이 넘는 역사를 자랑하듯 화려하고 다양한 패턴의 빈티지, 복고 제품이 많다. 1950년대부터 1990년대까지 시대를 뛰어넘는 복고 패션을 만나고 싶다면 들러 보자. 캠든, 코벤트 가든에도 지점이 있다.

Data 주소 101 Brick Ln, London E1 6SE
운영 시간 월~금 11:00~19:00, 토·일 10:00~19:00
홈페이지 www.rokit.co.uk

알라딘 브릭 레인 Aladin Brick Lane

1979년 오픈한 브릭 레인 주변의 오래된 커리집 중 하나로 메인 셰프는 25년 이상의 경력을 자랑한다. 인도의 다양한 지역뿐 아니라 방글라데시, 파키스탄 등 조금씩 다른 커리를 맛볼 수 있다. BBC 월드 베스트 커리 하우스, 런던 탑 10 인도 레스토랑으로 선정된 커리 맛집이다.

Data 주소 132 Brick Ln, London E1 6RU
운영 시간 월~토 12:00~24:00, 일 12:00~22:30
가격 치킨 티카 마살라 10.95파운드~ 홈페이지 www.aladinbricklane.co.uk

다크 슈가즈 Dark Sugars

달콤하고 진한 초콜릿 향에 가던 길을 잠시 멈추고 나도 모르게 가게 안으로 끌려 들어가게 되는 곳이다. 작은 가게 안에는 오렌지 초콜릿, 장미 초콜릿, 딸기 초콜릿, 칠리 초콜릿 등 다양한 핸드 메이드 초콜릿이 가득하다. 화이트와 다크 초콜릿을 직접 칼로 썰어서 수북하게 뿌려 주는 핫 초콜릿은 꼭 마셔 보자.

Data 주소 141 Brick Ln, London E1 6SB
운영 시간 10:00~20:00 가격 핫 초콜릿 4.5파운드~
홈페이지 www.darksugars.co.uk

베이글 베이크 Beigel Bake

명실상부 브릭 레인에서 가장 인기 있는 곳. 직접 만든 수제 비프 베이컨과 훈제 연어 크림치즈 베이글을 저렴한 가격에 먹을 수 있다. 물가 비싼 런던에서 저렴하게 배를 채울 수 있는 몇 안 되는 곳 중 하나. 맛에 대한 기대가 크면 실망할 수도 있으니 가벼운 마음으로 먹어 보자.

Data 주소 159 Brick Ln, London E1 6SB
운영 시간 24시간 가격 솔트 비프 베이글 7.81파운드
홈페이지 www.facebook.com/beigelbakelondon

카하이라 Kahaila

평일에도 사람들로 북적이는 쇼디치의 핫 플레이스 카페! 진한 커피는 물론이고 다양한 케이크, 샌드위치를 맛볼 수 있다. 모든 수익은 지역 단체 프로젝트를 지원하는 데 쓰는 착한 카페다.

Data 주소 135 Brick Ln, London E1 6SB
운영 시간 매일 09:00~18:00 가격 커피 3파운드~,
케이크 한 조각 3.5파운드~ 홈페이지 kahaila.com

넓은 마켓 광장에 빈티지 제품이 한가득

올드 스피탈필즈 마켓 Old Spitalfields Market

빅토리아 시대인 1876년 지어진 런던의 빈티지 마켓이다. 월~수요일은 일반 마켓, 목요일은 빈티지 보석과 수집품을 판매하는 빈티지 & 앤티크 마켓, 금요일은 패션 & 아트 마켓이 열린다. 토요일은 테마 파켓으로 올드 스피탈필즈 마켓의 상인과 디자이너가 정한 테마에 따라 다양한 제품을 판매한다. 판매되는 제품은 물론이고 마켓 곳곳에 그려진 벽화나 안내판 등으로도 런던 이스트 엔드의 빈티지함을 느끼기에 충분하다.

Data 지도 392p-D
가는 법 리버풀 스트리트역에서 도보 5분 주소 Horner Square, Spitalfields, London E1 6EW
전화 020-7247-8556 운영 시간 월~수, 금·토 10:00~18:00, 목 08:00~18:00, 일 10:00~17:00, 12월 25일~27일 마켓 휴무 홈페이지 www.oldspitalfieldsmarket.com

독특한 제품을 파는 컨테이너 모양의 팝업몰

박스파크 쇼디치 BOXPARK Shoreditch

쇼디치 하이 스트리트역 앞 검은색으로 칠해진 커다란 컨테이너 박스 형태의 쇼핑센터. 60개가 넘는 편집숍과 카페, 레스토랑이 이 거대한 컨테이너 박스 안에 모여 있다. 세계 최초의 팝업몰이기도 한 박스파크에는 흔하지 않은 독특하고 실험적인 디자인의 제품이 대부분이다. 어쿠스틱 밴드 연주, 비디오 게임 대회, 스크린 프린팅 등 다양한 행사도 진행되니 관심 있다면 홈페이지를 통해 확인해 보자.

Data 지도 392p-D
가는 법 쇼디치 하이 스트리트역에서 도보 2분. 또는 올드 스트리트역, 리버풀 스트리트역에서 도보 15분 주소 2-10 Bethnal Green Rd, London E1 6GY
전화 020-7033-2899
운영 시간 월~수 11:00~23:00, 목~토 11:00~23:45, 일 11:00~22:30
홈페이지 www.boxpark.co.uk

EAT

런던 최고의 스테이크와 샴페인을 자부하는

혹스 무어 Hawks Moor

런던 맛집으로 급부상하고 있는 스테이크 하우스 겸 칵테일 바. 이스트 런던인 스피탈필즈에 본점이 있고, 시내 중심에는 세븐 다이얼즈, 나이츠브리지, 에어 스트리트, 길드 홀 등 총 여섯 곳에 지점이 있다. 제대로 된 선데이 로스트와 스테이크를 맛볼 수 있는 곳으로 타임지와 에스콰이어 잡지가 '어디에서도 찾을 수 없는 최고의 스테이집', '스테이크를 사랑하는 사람들의 파라다이스 같은 곳'이라는 격찬을 했다. 빈티지하면서도 세련된 분위기의 벽돌 인테리어와 가구, 트렌디한 키치 예술품들이 멋스럽다. 런던 베스트 샴페인 바로 손꼽히는 샴페인 바도 함께 즐겨 보자.

Data 지도 392p-D
가는 법 쇼디치 하이 스트리트역에서 도보 5분 주소 157b Commercial Street, London E1 6BJ
전화 020-7426-4850
운영 시간 런치 수~토 12:00~15:00, 디너 월~목 17:00~21:00, 금·토 17:00~22:00, 일 11:45~20:00
가격 선데이 로스트 27파운드, 립아이 스테이크 42파운드
홈페이지 thehawksmoor.com

힙한 태국 레스토랑

솜싸 som saa

스피탈필즈 마켓에서 가까운 곳에 있는 핫한 태국 음식점이다. 기존 의류 공장이었던 곳을 이국적이면서 힙한 분위기의 레스토랑으로 탈바꿈했다. 태국 북부 스트리트 푸드를 모티브로한 메뉴로 치킨, 튀긴 농어, 커리, 쏨땀 샐러드 요리가 있다. 라이브 음악공연과 화려한 조명을 즐기면서 태국 칵테일과 음식을 먹을 수 있는 흥겨운 분위기이다.

Data 지도 392p-D
가는 법 알게이트 이스트역에서 도보 5분 주소 43A Commercial St, London E1 6BD 전화 020-7324-7790
운영 시간 월·화 18:00~22:00, 수~토 12:00~14:30, 18:00~22:00, 일 12:00~15:00, 17:00~21:00
가격 그린커리 15.50파운드, 똠얌 18.50파운드
홈페이지 www.somsaa.com

라이브 재즈 음악과 함께 즐기는 칵테일

나이트자 Nightjar

간판도 눈에 잘 띄지 않는 허름한 문을 열면 2015년 세계 최고의 바 3위에 이름을 올린 핫한 칵테일 바의 세상이 펼쳐진다. 훌륭한 바텐더들의 퍼포먼스와 비율이 잘 맞는 칵테일을 맛볼 수 있다. 매일 저녁 9시부터 11시까지는 수준급 라이브 재즈 음악까지 들을 수 있으니 더욱 매력적인 곳이다. 미리 온라인으로 예약을 하고 가자.

Data 지도 392p-A
가는 법 올드 스트리트역에서 도보 2분
주소 The Nightjar, 129 City Road, London EC1V 1JB
전화 020-7253-4101
운영 시간 일~화 18:00~00:30, 수·목 18:00~01:00, 금·토 18:00~02:00
가격 칵테일 13파운드~
홈페이지 www.barnightjar.com

©Paul Storrie

상상을 초월하는 거대 햄버거

레드 독 살롱 Red Dog Saloon

영국에서 가장 큰 버거를 파는 집이다. '파괴자'라는 뜻의 데버스테이터the Devastator 버거는 200g 풀드포크, 500g 스테이크 패티, 베이컨 6조각, 아메리칸 치즈 6장이 하늘 높은 줄 모르고 쌓여 있는 거대 버거. 감자튀김과 밀크셰이크까지 함께 먹는다면 칼로리는 상상하지 않는 걸로 하자. 이 거대한 데버스테이터 버거를 2분 30초 내에 먹거나 세상에서 가장 매운 고추 중 하나인 나카 바이퍼 칠리로 만든 핫 윙을 25초 내에 먹으면 레드 독 살롱 명예의 전당에 오를 수 있다.

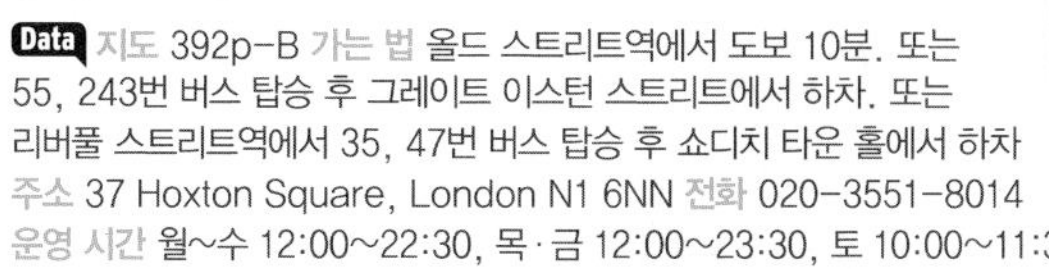

Data 지도 392p-B 가는 법 올드 스트리트역에서 도보 10분. 또는 55, 243번 버스 탑승 후 그레이트 이스턴 스트리트에서 하차. 또는 리버풀 스트리트역에서 35, 47번 버스 탑승 후 쇼디치 타운 홀에서 하차
주소 37 Hoxton Square, London N1 6NN 전화 020-3551-8014
운영 시간 월~수 12:00~22:30, 목·금 12:00~23:30, 토 10:00~11:30, 일 10:00~22:30
가격 데버 스테이터 버거 21파운드, 핫 윙 챌린지 14.50파운드 홈페이지 www.reddogsaloon.co.uk

버버리 제품을 할인받아 사고 싶다면

버버리 아웃렛 Burberry Outlet

명품 버버리의 남성, 여성, 아동 의류와 가방, 액세서리 제품을 30~40% 할인된 가격에 살 수 있는 아웃렛 매장이다. 런던 시내 매장보다는 최신 디자인 제품이 많이 없으나 유행 타지 않는 클래식한 버버리 패턴을 좋아한다면 들러볼 만하다. 특히 버버리의 상징인 트렌치코트 종류가 많다. 가격은 일반적으로 면세점에 비해 좀 더 저렴한 정도이며 잘 찾으면 반값 이상 할인된 제품도 있다. 넓은 매장 안에 깔끔하게 디스플레이 되어 있다.

Data 지도 392p-B
가는 법 해크니 센트럴역에서 도보 5분
주소 29-31 Chatham Pl, London E9 6LP
전화 020-8328-4287
운영 시간 월~토 10:00~18:00, 일 11:00~17:00
홈페이지 uk.burberry.com

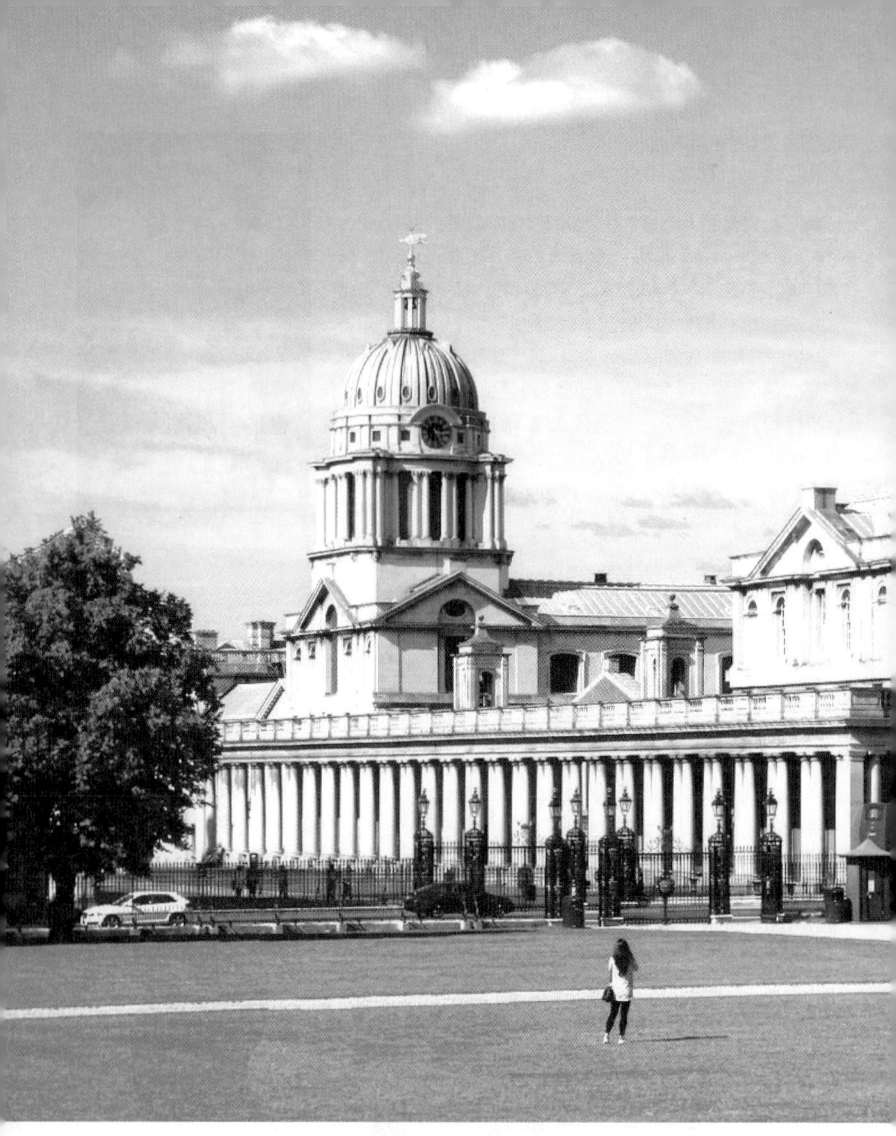

01 그리니치
02 햄스테드
03 큐 가든 & 리치몬드
04 윈저

London Suburbs
By Area

런던
근교 가이드

London Suburbs by Area

01

그리니치

Greenwich

템스강을 따라 동쪽으로 가면 세계 시간의 기준이 정해진 왕립 천문대로 유명한 그리니치 지역이 있다. 영국의 강력한 해상 역사를 보여 주는 커티 삭과 국립 해양박물관부터 시야가 확 트이는 템스강의 경치를 볼 수 있는 그리니치 공원까지 하나하나 특별한 장소들이 모여 있다.

그리니치
미리보기

그리니치는 유네스코 세계유산으로 선정된 역사적인 지역이다. 템스강 옆으로 헨리 8세가 좋아하던 튜더 시대 궁전과 사냥을 즐기던 멋진 뜰이 있었다. 궁전은 사라졌지만 지금 그 자리에는 앤 덴마크 왕비를 위해 지은 아름다운 대저택인 퀸스 하우스와 웅장한 두 개의 돔 건물인 구 왕립 해군 대학이 그리니치 지역을 더욱 빛내고 있다.

SEE

왕립 천문대에 있는 본초자오선은 세계 시간과 경도의 기준이다. 선 위에 서면 세상의 제일 중심에 있게 된다. 19세기 가장 빠르던 쾌속 범선 커티 삭의 화려한 역사를 만나 보자.

EAT

그리니치 마켓 안에 저렴하고 부담 없이 먹을 수 있는 길거리 음식들이 있다. 날씨가 좋으면 그리니치 공원 언덕에 앉아 샌드위치를 즐겨도 좋다.

BUY

화요일부터 일요일까지 그리니치 마켓에서 다양한 빈티지, 앤티크 제품들을 판매한다.

어떻게 갈까?

DLR 주요 관광지는 커티 삭역에서 가는 것이 더 가깝다. 그리니치역에서 내리면 10~15분 정도 걸어가야 한다.

보트 타워 피어에서 RB1 보트나 시티 크루즈 보트를 이용해서 그리니치 피어로 이동(약 20분 소요)

어떻게 다닐까?

그리니치는 걸어서 충분히 볼 수 있는 작고 아담한 지역이다. 왕립 천문대, 국립 해양박물관 등 주요 관광지를 벗어나면 조용하고 평화로운 마을 분위기를 느낄 수 있다. 왕립 천문대와 그리니치 공원은 도보로 약 15분 정도 걸어가야 하는 언덕이니 편안한 마음으로 여유를 가지고 올라가 보자.

그리니치

추천 코스

그리니치 여행의 가장 큰 매력이라면 언더그라운드와 버스가 아닌 색다른 대중교통으로 오갈 수 있다는 것. 모노레일 기차인 DLR을 타고 런던 신 금융의 중심지인 카나리 워프 지역을 볼 수 있고, 수상 보트를 타고 템스강의 아름다운 풍경을 감상할 수 있다. 커티 삭과 왕립 천문대가 그리니치에서 가장 떨어져 있는 곳으로, 여행의 시작과 끝을 이 두 곳으로 정하면 동선을 줄일 수 있다.

뱅크역이나 타워 게이트웨이역에서
DLR을 타고 커티 삭역 도착

도보 15분 →

시간의 중심 왕립 천문대 본초자오선
위에서 기념사진 찍기

도보 2분 ↓

그리니치 공원 언덕에 앉아
아름다운 템스강 풍경 바라보기

← 도보 5분

왕비를 위한 화려한 저택
퀸스 하우스 둘러보기

도보 3분 ↓

구 왕립 해군 대학의
웅장한 돔 건물 걸어 보기

도보 3분 →

영국 해양 역사를 보여 주는
국립 해양 박물관 관람하기

도보 5분 →

그리니치 마켓에서
빈티지, 앤티크 공예품
구경하기

도보 5분

세계에서 가장 빠른
범선이었던 커티 삭
둘러보기

도보 2분

그리니치 피어에서
보트를 타고
템스강 즐기기

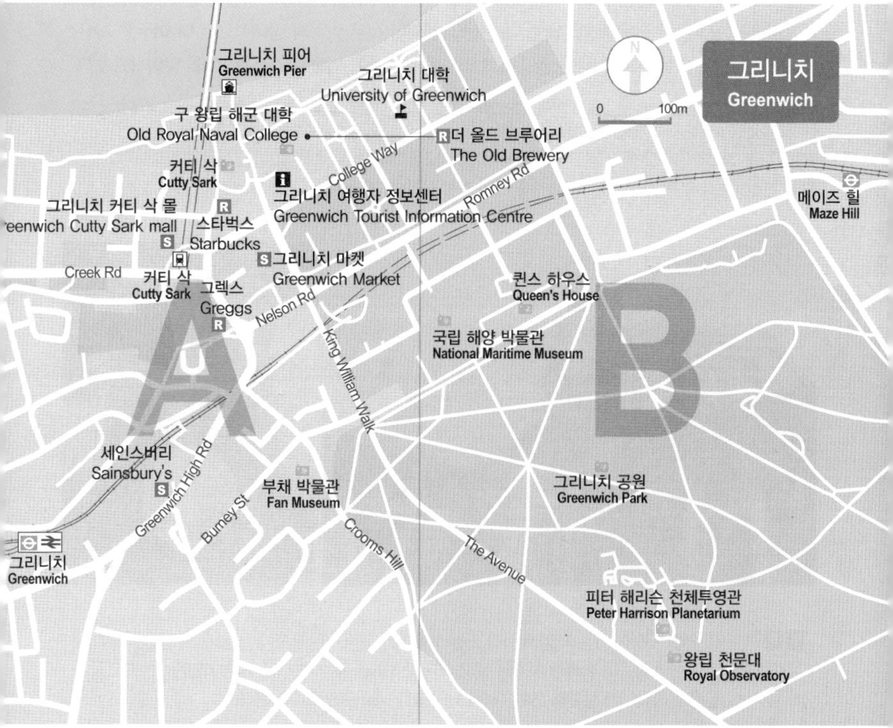

그리니치
Greenwich

0 100m

그리니치 피어
Greenwich Pier
그리니치 대학
University of Greenwich
구 왕립 해군 대학
Old Royal Naval College
더 올드 브루어리
The Old Brewery
College Way
Romney Rd
커티 삭
Cutty Sark
그리니치 여행자 정보센터
Greenwich Tourist Information Centre
그리니치 커티 삭 몰
eenwich Cutty Sark mall
스타벅스
Starbucks
메이즈 힐
Maze Hill
그리니치 마켓
Greenwich Market
Creek Rd
커티 삭
Cutty Sark
그렉스
Greggs
Nelson Rd
퀸스 하우스
Queen's House
King William Walk
국립 해양 박물관
National Maritime Museum
A
B
세인스버리
Sainsbury's
Greenwich High Rd
부채 박물관
Fan Museum
Burney St
그리니치 공원
Greenwich Park
Crooms Hill
The Avenue
그리니치
Greenwich
피터 해리슨 천체투영관
Peter Harrison Planetarium
왕립 천문대
Royal Observatory

세계 시간의 기준이 되는 곳

왕립 천문대 Royal Observatory

그리니치를 찾는 대부분의 이유는 바로 이 그리니치 천문대를 보기 위해서일 것이다. 1675년 찰스 2세에 의해 세워진 공식 왕립 천문대로 지구의 동반구와 서반구를 나누고 세계 시간의 기준이 되는 곳이다. 지구 경도의 기준인 본초자오선이 있는 화려한 명성에 비해 규모가 소박해 실망할 수도 있다. 하지만 세계의 중심인 본초자오선을 양쪽 발 사이에 두고 사진을 찍으려는 관광객들로 언제나 붐빈다. 선 주변에는 세계 주요 도시가 이 선을 기준으로 얼마나 떨어져 있는지 보여주는 경도가 표시되어 있다. 천문대 내에는 천문학 발전에 기여한 인물들의 초상화와 업적을 볼 수 있다. 영국에서 가장 큰 규모의 거대한 굴절 망원경도 놓치지 말자. 피터 해리슨 천체투영관Peter Harrison Planetarium에서는 최신 기술의 우주쇼를 상영하며, 마치 우주인이 되어 신비한 우주를 여행하는 듯한 느낌을 받는다. 천문대 입구에는 24시간을 한 번에 보여주는 시계가 걸려 있다. 왕립 천문대는 1948년까지 왕립 천문대 역할을 하다 런던의 불빛이 너무 밝아져 상대적으로 더 어두운 서식스Sussex 지역으로 이동하고, 지금은 영국 천체 역사를 보여 주는 박물관으로 관광객을 맞이하고 있다.

Data 지도 407p-B 가는 법 DLR 커티 삭역에서 도보 15분. 또는 보트 이용, 그리니치 피어에서 도보 20분 주소 Royal Observatory, Blackheath Avenue, Greenwich SE10 8XJ
전화 020-8858-4422 운영 시간 10:00~17:00, 12월 24~26일 휴관 요금 18파운드(25세 이하 또는 학생 12파운드), 천체투영관 12파운드 홈페이지 www.rmg.co.uk

TIP 천문대 건물 지붕에 있는 타임 볼이라고 불리는 빨간 구체가 눈에 띈다. 템스강의 선원들과 해상 정밀시계를 만드는 사람들이 정확한 시각을 알고 그들의 시계를 맞추게 하기 위해 고안된 것이다. 구체가 12시 58분쯤 올라갔다가 정확히 오후 1시가 되면 줄을 타고 밑으로 떨어진다.

|Theme|

그리니치가 세계의 중심이 된 이야기

세계 시간의 기준선인 본초자오선이 없던 시기, 해상 무역가와 항해 탐험가들은 망망대해에 있는 자신의 현재 위치를 찾기가 매우 어려웠다. 특히 위도는 북극, 남극같이 기준점이 있었지만 경도는 기준점이 없었다. 이에 세계를 하나의 기준선으로 통일하자는 의견으로 1884년 워싱턴에서 국제 자오선 회의가 열렸다. 이때 참가한 25개국 중 22개국이 영국의 그리니치 왕립 천문대를 지나는 본초자오선을 인정했고, 그 선을 기준으로 서반구와 동반구를 나누었다. 그리니치가 경도 기준으로 0도가 되고, 15도씩 멀어질수록 한 시간씩 차이가 난다. 그리니치에서 180도 반대 지점을 날짜변경선으로 설정해서 영국의 정반대에 위치한 태평양이 하루가 가장 먼저 시작된다. 그리니치 왕립 천문대는 19세기 세계질서를 주도하던 영국의 막강한 국제적 힘을 보여 주는 상징적인 곳이다.

언덕에서 바라보는 잊지 못할 런던의 풍경

그리니치 공원 Greenwich Park

왕립 천문대만 생각하고 그리니치에 왔다가 오히려 드넓은 그리니치 공원의 매력에 빠지게 될 것이다. 이전에 왕족들이 사냥을 즐기던 공원으로 지금은 천문대를 찾는 관광객뿐 아니라 그리니치 지역 사람들이 산책하는 넓은 규모의 잔디밭 공원이다. 날씨가 좋으면 공원 언덕에 앉아 그리니치의 역사적인 건물들과 그 뒤로 유유히 흐르는 템스강의 아름다운 풍경을 바라보자. 왼쪽으로는 시티의 화려한 빌딩들을, 정면으로는 반도 모양처럼 곡선으로 나온 카나리 워프 지역을, 오른쪽으로는 둥근 돔이 인상적인 O2 건물까지 한눈에 담을 수 있다.

찬란한 영국의 해상역사를 볼 수 있는

국립 해양 박물관 National Maritime Museum

세계에서 가장 큰 해양 박물관으로 내부는 10개의 갤러리로 나뉘어 있다. 용감하게 바다와 싸워온 사람들을 기리기 위해 19세기 지어졌다. 섬나라 영국 역사에서 바다는 가장 중요한 역할을 해 왔다. 해상 무역과 전쟁에 실제 사용한 배와 격동의 영국 해상 역사를 볼 수 있는 그림, 지도, 도표 등 약 2백5십만 점의 전시품이 있다. 특히 넬슨 갤러리에 있는 1805년 트라팔가르 해전에서 승리한 해상 영웅 넬슨 장군의 제복이 가장 인기 있다. 왕실 바지선인 프린스 프레데릭의 화려한 금박 장식도 둘러보자. 박물관 입구에서는 '거대한 유리병 안의 배' 조형물이 관람객을 맞이한다.

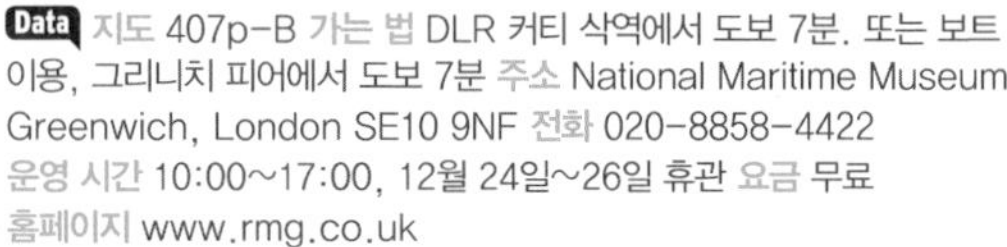
Data 지도 407p-B 가는 법 DLR 커티 삭역에서 도보 7분. 또는 보트 이용, 그리니치 피어에서 도보 7분 주소 National Maritime Museum, Greenwich, London SE10 9NF 전화 020-8858-4422
운영 시간 10:00~17:00, 12월 24일~26일 휴관 요금 무료
홈페이지 www.rmg.co.uk

세계에서 가장 빨랐던 차 운반선

커티 삭 Cutty Sark

그리니치 피어 옆에 위풍당당하게 서 있는 배. 현재 전 세계에 유일하게 남은 차 운반선이다. 1869년 차Tea 운반용으로 첫 항해를 시작했다. 빠른 속도로 중국과 영국을 오간 덕분에 차의 신선함을 유지할 수 있었다. 19세기 당시 쾌속 범선으로는 가장 빠른 속도의 기록을 보유한 역사가 있다. 1871년에는 중국 상하이에서 영국 런던까지 107일 만에 도착해 그 해 클리퍼선 경주에서 우승했다. 1938년 마지막 항해를 마치고 1957년 그리니치에 전시되었다. 화려한 역사를 가진 커티 삭에서 선원들이 어떻게 생활했는지, 가장 빠른 쾌속선은 어떻게 만들어졌는지 알 수 있다.

Data 지도 407p-A 가는 법 DLR 커티 삭역에서 도보 3분. 또는 보트 이용, 그리니치 피어에서 도보 2분
주소 Cutty Sark, King William Walk, Greenwich SE10 9HT 전화 020-8312-6608
운영 시간 매일 10:00~17:00 요금 18파운드(25세 이하 또는 학생 12파운드)
홈페이지 www.rmg.co.uk

실수로 시작된 화려한 17세기 저택

퀸스 하우스 Queen's House

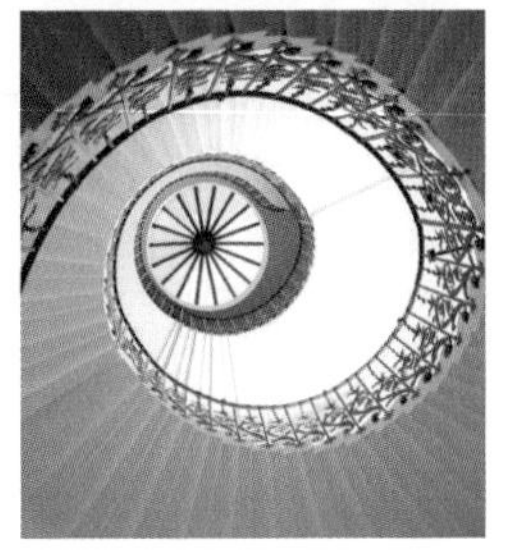

제임스 1세 왕과 그의 부인 앤 덴마크가 사냥을 나갔을 때 부인이 왕이 아끼던 개를 실수로 쏘는 일이 있었다. 왕은 많은 사람들이 보는 앞에서 부인에게 욕을 하고 화를 냈다. 왕으로서 부적절한 행동을 보인 그는 부인에게 사과하고 그리니치의 저택을 주었다. 앤 덴마크는 로만 르네상스 건축을 공부한 디자이너 이니고 존스에게 이곳을 자신이 사용할 아름다운 공간으로 만들어 달라고 부탁했다. 이것이 바로 퀸스 하우스의 시작이다. 안타깝게도 1637년 완공되기 전 앤 덴마크는 죽었고, 이 우아한 건물에서 결국 살지 못했다. 지금은 튜더 왕조의 자화상과 예술 그림 작품들이 전시되어 있다. 화려한 곡선 계단인 '튤립 계단'도 볼거리.

Data 지도 407p-B 가는 법 DLR 커티 삭역에서 도보 10분. 또는 보트 이용, 그리니치 피어에서 도보 15분 주소 Queen's House, Romney Road, Greenwich SE10 9NF 전화 020-8858-4422 운영 시간 10:00~17:00, 12월 24~26일 휴관 요금 무료 홈페이지 www.rmg.co.uk

화려하고 정교한 부채가 모여 있는

부채 박물관 Fan Museum

전 세계의 아름다운 부채들을 모아놓은 독특한 박물관이다. 세계 최초의 부채 박물관! 부채에 관심이 많았던 헬렌 알렉산더 여사가 가지고 있던 개인 수집품과 기증품 7천여 개를 전시해 놓았다. 화려하고 우아해 마치 하나의 미술 작품 같다. 가장 오래된 11세기의 부채부터 18, 19세기 유럽 부채 등 부채의 변천사를 한눈에 볼 수 있으며 다양한 부채의 역할과 예술성도 느낄 수 있다. 아름다운 부채와 함께 옛 유럽의 의상, 카탈로그, 희귀 도서도 전시되어 있다.

Data 지도 407p-A
가는 법 DLR 커티 삭역에서 도보 7분. 또는 그리니치역에서 도보 5분 주소 12 Crooms Hill, Greenwich, London SE10 8ER 전화 020-8305-1441 운영 시간 수~토 11:00~17:00, 일·월·화 휴관 요금 5파운드 홈페이지 www.thefan-museum.org.uk

그리니치를 빛내는 쌍둥이 돔 건물

구 왕립 해군 대학 Old Royal Naval College

템스강을 바라보고 웅장하게 서 있는 두 개의 돔 건물은 구 왕립 해군 대학으로 'The Old Royal Naval College'를 줄여 ORNC라고도 부른다. 원래 이곳은 헨리 8세, 엘리자베스 1세가 태어난 튜더 가문의 그리니치 궁전이 있던 장소이다. 건축가 크리스토퍼 렌 경이 만든 것으로 해군 참전 용사를 위한 은퇴 거주지와 왕립병원으로 사용되다가 1873년에는 왕립해군의 교육, 훈련을 위한 해군 대학으로 사용되었다. 관광객이 티켓으로 입장할 수 있는 곳은 예술 작품이 전시되어 있는 페인티드 홀과 바로크 양식 건물의 진수를 보여주는 채플, 그리니치 500년 역사를 보여 주는 그리니치 비지터 센터 이렇게 세 곳이다. 원래는 세인트 폴 대성당과 같이 하나의 돔으로 지으려고 했으나 퀸스 하우스에서 바라봤을 때 템스강이 가려진다고 해서 두 개의 쌍둥이 돔 건물로 디자인이 수정되었다.

Data 지도 407p-A 가는 법 DLR 커티 삭역에서 도보 10분. 또는 보트 이용, 그리니치 피어에서 도보 10분 주소 Old Royal Naval College, Greenwich, London SE10 9NN 전화 020-8269-4747 운영 시간 10:00~17:00 요금 홀 티켓 15파운드(첫 번째 일요일에는 5파운드) 홈페이지 www.ornc.org

더 올드 브루어리 The Old Brewery

구 왕립 해군 대학 내에 위치한 레스토랑이다. 간단한 음료와 맥주를 마실 수 있는 카페와 바가 있으며 다양한 브런치 및 식사 메뉴도 즐길 수 있다. 세계 최고 클래스의 50종류가 넘는 맥주를 만날 수 있는 곳이다.

Data 주소 The Old Brewery, The Pepys Building, The Old Royal Naval College, Greenwich SE10 9LW 전화 0203-327-1280 운영 시간 월~금 11:00~23:00, 토 10:00~23:00, 일 10:00~22:00 홈페이지 www.oldbrewerygreenwich.com

빈티지 제품이 한가득인 소소한 마켓

그리니치 마켓 Greenwich Market

그리니치 지역 여행에서 절대 빼놓을 수 없는 그리니치 마켓. 포토벨로 마켓이나 브릭 레인 마켓보다는 규모가 작지만 수공예, 빈티지 제품이 알차게 모여 있는 스트리트 마켓이다. 런던 시내에서도 보지 못한 독특하고 눈길을 사로잡는 제품을 이곳에서 만날 수도 있다. 가격도 런던 시내 마켓보다 저렴한 편이다. 요일별로 마켓의 특성이 조금씩 다른데 앤티크, 수집품 등은 주로 목, 금요일이고 수공예품이나 디자인 제품은 수, 금요일, 주말 그리고 공휴일에 주로 만날 수 있다. 오래된 아이들 장난감에서부터 할머니가 사용한 장신구, 세월의 흔적이 가득한 LP판, 색이 바랜 책들 등 120개가 넘는 스톨에서 파는 제품 하나하나에서 세월과 사연이 느껴진다. 마켓 안에서는 5파운드 내에 맛있게 먹을 수 있는 길거리 음식들도 판매하니 간단하게 점심을 해결해 보자.

Data 지도 407p-A
가는 법 DLR 커티 삭역에서 도보 3분, 그리니치역에서 도보 15분. 또는 보트 이용, 그리니치 피어에서 도보 5분
주소 Greenwich Market, London SE10 9HZ
전화 020-8269-5096
운영 시간 10:00~17:30
홈페이지 www.greenwich-marketlondon.com

London Suburbs by Area

02

햄스테드

Hampstead

햄스테드는 런던에서 가장 아름답고 부유한 분위기를 느낄 수 있는 곳이다. 광활한 숲, 햄스테드 공원에서 자연 그대로를 즐겨 보자. 고급 저택과 정원은 햄스테드 지역의 또 다른 볼거리.

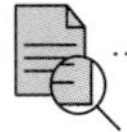

햄스테드

미리보기

햄스테드는 서울의 북촌마을 같은 곳이다. 높은 지형으로 마을 언덕 위에 올라서면 도시 전체 광경을 다 볼 수 있다. 광활한 숲, 햄스테드 공원 등 아름다운 자연에 둘러싸인 마을이다. 오래 전부터 부자들이 저택을 짓고 살았던 곳으로 고급스럽고 전통적인 분위기를 느낄 수 있다.

SEE

햄스테드 히스는 햄스테드를 대표하는 공원이다.
영국의 문화유산을 관리하는 내셔널트러스트에 포함된 켄우드 하우스와 펜톤 하우스 두 화려한 저택에서 영국 귀족 생활을 느껴보자. 아름답게 잘 가꿔진 햄스테드 마을의 주택가도 둘러보자.

EAT

부유한 마을답게 야외 테라스에 앉아 영국 전통 음식을 맛볼 수 있는 고급스러운 레스토랑이 언더그라운드 역 주변으로 곳곳에 있다. 런던 베스트 카페 브랜드인 게일스, 진저 앤 화이트는 햄스테드 지역에 본점이 있다. 이 지역 제일 유명한 맛집인 라 크레프리 드 햄스테드는 줄 서서 먹는 크레페 집이다.

BUY

햄스테드 앤티크 & 수공예 상점을 비롯해 예쁘고 아기자기한 수공예, 앤티크 제품들을 파는 상점들이 많다. 작은 마을이지만 부유층이 많아 구두, 아동복, 여성복 등 고급 브랜드숍들을 쉽게 볼 수 있다.

어떻게 갈까?

언더그라운드 2존 햄스테드역에서 하차

오버그라운드 햄스테드 히스역에서 하차

버스 168번, 24번의 종점인 로얄 프리 하스피털 정류장에서 하차

어떻게 다닐까?

일정을 여유롭게 잡고 편안한 마음으로 걸어서 마을을 둘러보자. 햄스테드 마을은 길이 좁고 언덕이 많아 편안한 신발이 좋다. 햄스테드 공원을 산책할 예정이라면 더욱 활동하기 편한 복장을 챙기자.

햄스테드

추천 코스

햄스테드 여행에서 가장 필요한 것은 '여유'이다. 상점들이 있는 시내는 작아서 걸어서 10분이면 다 둘러볼 수 있다. 햄스테드 마을 곳곳의 아름다운 집들을 둘러보며 고풍스러운 분위기를 즐겨 보자. 오늘만큼은 좋아하는 책을 한 권 들고 광활한 햄스테드 공원 언덕에 앉아 독서를 하거나, 추억에 잠길 만한 음악을 들으며 햄스테드를 산책해 보는 것도 좋다.

햄스테드 언더그라운 역 도착, 빨간 벽돌의 빅토리안 시대 건물들을 둘러보기

도보 2분

유기농 빵집 게일스 베이커리에서 크루아상과 커피로 아침 식사

도보 1분

햄스테드 커뮤니티 마켓에서 햄스테드 생활상 엿보기

도보 2분

햄스테드 앤티크 & 수공예 상점에서 세상에 하나밖에 없는 제품 구경하기

도보 10분

햄스테드 빌리지의 아름다운 집들을 구경하며 햄스테드 히스로 걸어가기

도보 20분

햄스테드 히스 언덕 위에서 런던 시내 바라보기

햄스테드 히스 산책하며 켄우드 하우스로 올라가기

도보 30분

켄우드 하우스에서 화려한 영국 귀족의 삶 엿보기

도보 20분

라 크레프리 드 햄스테드에서 달콤하고 고소한 크레페 먹어 보기

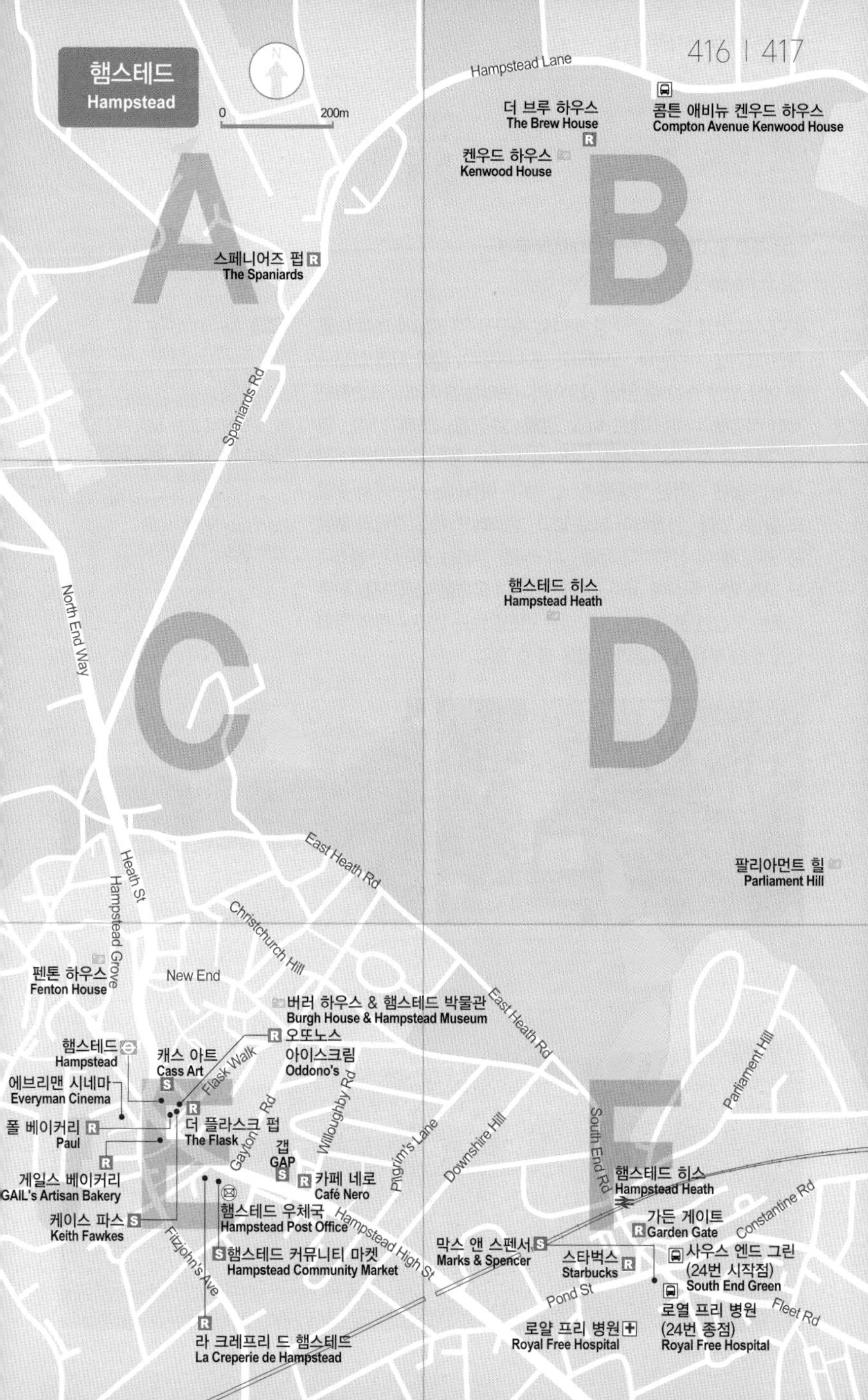

햄스테드
Hampstead
0
200m
Hampstead Lane
더 브루 하우스
The Brew House
콤튼 애비뉴 켄우드 하우스
Compton Avenue Kenwood House
켄우드 하우스
Kenwood House
A
B
스페니어즈 펍
The Spaniards
Spaniards Rd
North End Way
햄스테드 히스
Hampstead Heath
C
D
East Heath Rd
팔리아먼트 힐
Parliament Hill
Heath St
Hampstead Grove
Christchurch Hill
펜톤 하우스
Fenton House
New End
버러 하우스 & 햄스테드 박물관
Burgh House & Hampstead Museum
East Heath Rd
오또노스
아이스크림
Oddono's
햄스테드
Hampstead
캐스 아트
Cass Art
Flask Walk
에브리맨 시네마
Everyman Cinema
Willoughby Rd
Parliament Hill
폴 베이커리
Paul
더 플라스크 펍
The Flask
Gayton Rd
갭
GAP
Pilgrim's Lane
Downshire Hill
South End Rd
E
게일스 베이커리
GAIL's Artisan Bakery
카페 네로
Café Nero
햄스테드 히스
Hampstead Heath
Constantine Rd
햄스테드 우체국
Hampstead Post Office
가든 게이트
Garden Gate
케이스 파스
Keith Fawkes
Hampstead High St
막스 앤 스펜서
Marks & Spencer
Fitzjohn's Ave
햄스테드 커뮤니티 마켓
Hampstead Community Market
스타벅스
Starbucks
사우스 엔드 그린
(24번 시작점)
South End Green
Pond St
로열 프리 병원
(24번 종점)
Royal Free Hospital
Fleet Rd
로얄 프리 병원
Royal Free Hospital
라 크레프리 드 햄스테드
La Creperie de Hampstead

넓은 규모를 자랑하는 자연 그대로의 공원

햄스테드 히스 Hampstead Heath

런던에서 가장 넓은 공원 중 하나로 축구장 약 320개 면적의 광활한 크기를 자랑한다. 오래되고 큰 나무들이 많아 자연 그대로를 여유 있게 즐길 수 있어 공원이라기보다는 숲이라고 표현하는 것이 적절하다. 햄스테드 히스 안에는 수영장, 25개가 넘는 연못, 켄우드 하우스, 운동장, 아이들 놀이터 등이 있어 가족, 친구들과 함께 다양한 활동을 할 수 있다. 여름에는 연못에서 수영도 할 수 있다. 관광객이 별로 없고, 햄스테드 히스 주변의 부유층 런더너들이 산책이나 운동, 피크닉을 즐기는 곳이다. 햄스테드 히스 언덕 정상에 올라 다양한 런던의 모습을 바라보자. 한편으로는 복잡한 런던 중심가를 다른 한편으로는 빨간 지붕의 평화로운 런던 부유층 마을의 풍경을 볼 수 있다.

Data 지도 417p-B,D
가는 법 언더그라운드 햄스테드역에서 도보 10분. 또는 오버그라운드 햄스테드 히스역, 가스펠 오크에서 도보 5분. 또는 24, 168번 버스 타고 종점 햄스테드 히스에서 내려 도보 5분
주소 Gordon House Rd, London NW5 1QR
전화 020-7332-3322
운영 시간 24시간
요금 무료

|Theme|

햄스테드 마을 곳곳 구경하기

전 세계에서 가장 물가가 비싼 런던에서도 햄스테드 지역은 워낙 부유층이 모여 사는 곳이라 일반 집 한 채의 가격이 우리 돈으로 100억이 족히 넘는다. 그래서인지 마을 곳곳에서 햄스테드사람들의 집에 대한 자부심과 애정을 느낄 수 있다. 갈색 벽돌에 좁고 긴 창문이 특색인 빅토리안 스타일로 기본 건축양식은 비슷하지만, 색색의 문과 예쁜 정원을 꾸며 놓아 집집마다의 개성을 구경하는 재미가 있다. 햄스테드 마을 골목골목을 걸으며 예쁜 집들을 만나 보자.

화려한 귀족 생활을 보여주는 대저택

켄우드 하우스 Kenwood House

영화 〈노팅 힐〉에서 휴 그랜트가 촬영 중인 줄리아 로버츠를 만나기 위해 찾아온 곳이 바로 이곳 켄우드 하우스이다. 여유가 있다면 천천히 산책하는 기분으로 햄스테드 공원을 따라 20~30분가량 걸어서 올라갈 수 있고, 켄우드 하우스만 볼 계획이라면 골더스 그린Golders Green역에서 210번 버스를 타고 켄우스 하우스 정류장에서 내리면 된다. 건축가였던 로버트 아담이 기존의 집을 1764년 리모델링하면서 현재의 켄우드 하우스의 모습을 갖추게 되었다. 내부에는 고풍스러운 가구들과 벽을 가득 채우는 그림들이 있다. 네덜란드 화가 베르메르, 영국의 풍경 화가 터너의 작품도 만날 수 있다. 그중 렘브란트의 〈두 개의 원과 자화상〉은 가장 인기 있는 작품. 화려한 귀족 생활의 인테리어를 볼 수 있는 켄우드 하우스 내에서도 특히 건축가 아담의 도서관은 화려함으로 압도할 만큼 멋진 곳이다. 꼭 내부의 그림을 즐기지 않더라도, 날씨 좋은 날 켄우드 하우스 앞 언덕에 앉아 아름다운 자연을 즐겨 보자. 이른 봄에는 수선화, 5월에는 진달래가 만개하고 여름밤이면 연못 주변에 클래식 콘서트가 열린다.

Data 지도 417p-B 가는 법 언그라운드 햄스테드역에서 햄스테드 공원을 따라 도보 20분. 또는 골더스 그린역에서 210번 버스 타고 켄우드 하우스에서 하차 후 도보 3분 주소 Hampstead Lane, Hampstead, NW3 7JR 전화 020-8348-1286 운영 시간 10:00~17:00, 크리스마스 연휴 및 1월 1일 휴관 요금 요금 입장료는 무료이나 미리 홈페이지에서 예약 후 방문 홈페이지 www.english-heritage.org.uk

렘브란트의 <두 개의 원과 자화상>

자화상을 많이 그렸던 렘브란트의 40여 개의 자화상 중 하나. 젊은 날에 그는 부유하고 성공한 모습의 자화상을 그렸지만, 이 작품에서는 나이가 들고 극심한 가난에 시달리던 화가 자신이 두 아내와 사랑하는 아들마저 죽자 모든 것을 체념한 듯한 감정을 표현했다. 렘브란트 뒤에 있는 두 원에 대해서는 학자들의 의견이 다양하다. 영원과 완벽성이라는 주장도 있고, 단순히 예술 표현의 한 가지 방법이라는 의견도 있지만 정확하게 밝혀진 것은 없다. 시대의 거장인 렘브란트의 슬픈 노년이 느껴지는 그림을 켄우드 하우스에서 만나 보자.

켄우드 하우스에 있는 고풍스러운 카페, 더 브루 하우스

The Brew House

높은 천장과 판석 바닥 디자인으로 더 브루 하우스의 카페 내부에서도 켄우드 하우스의 고풍스러운 분위기를 느낄 수 있다. 여름이면 야외 테라스 테이블에 앉아 따뜻한 햇살과 켄우드 하우스 주변의 아름다운 경치를 함께 느낄 수 있다. 샐러드, 샌드위치, 케이크, 차, 커피 외에도 구운 연어, 로스트 허브 치킨 등 든든히 배를 채울 수 있는 런치 메뉴도 있다. 관광지임에도 햄스테드에 사는 지역 사람들이 자주 찾는다. 켄우드 하우스를 방문했다면 더 브루 하우스에서 잠시 멋진 분위기를 즐겨 보자.

Data 주소 Kenwood House, Hampstead Ln, London NW3 7JR 전화 020-8341-5384
운영 시간 하절기 09:00~18:00, 동절기 09:00~16:00
가격 샌드위치 4.5 파운드, 플랫 화이트 3파운드

햄스테드에서 가장 오래된 역사를 간직한

펜톤 하우스 Fenton House

오래된 역사에 비해 아직 관광객에게 많이 알려지지 않은 숨겨진 보물 같은 곳이다. 1686년, 무역상이었던 윌리엄, 매리가 지어 살기 시작한 후 약 330년이 지난 지금은 영국의 내셔널 트러스트 민간 단체에서 관리하고 있다. 여름이면 장미 넝쿨이 가득한 빨간 벽돌담과 색색의 다양한 꽃들이 만발한 비밀의 정원을 만날 수 있다. 집 내부에는 17세기 조지안 스타일의 가구, 자수, 도자기 그리고 당시 사용되던 악기들이 전시되어 있다. 특히 음악의 어머니 헨델이 영국에서 살던 당시에 연주했던 하프시코드 악기는 펜톤 하우스에서 꼭 보아야 할 전시품. 집안 전체에서 클래식한 매력을 느낄 수 있다. 여름에는 펜톤 하우스 정원에서 클래식 공연이 열린다. 조용한 발코니에서 바라보는 아름다운 런던 시내의 뷰도 놓치지 말자. 하절기(3~10월) 운영 시간은 일주일에 딱 이틀 금요일과 일요일이다. 월요일이 공휴일이면 오픈한다. 동절기(11~3월)에는 운영하지 않는다.

Data 지도 417p–E 가는 법 언더그라운드 햄스테드역에서 도보 10분 주소 Hampstead Grove, Hampstead, London NW3 6SP 전화 020–7435–3471 운영 시간 금 · 일 11:00~16:00 요금 11파운드 홈페이지 www.nationaltrustcollections.org.uk/place/fenton-house

정이 느껴지는 골목 안 작은 시장

햄스테드 커뮤니티 마켓 Hampstead Community Market

작은 골목 안에 위치한 햄스테드 커뮤니티 마켓. 꽃집, 과일가게, 생선가게, 정육점, 샌드위치 가게가 작은 골목 안에 오밀조밀 모여 있다. 규모는 작지만 햄스테드 동네의 소소한 사람 사는 분위기를 느낄 수 있는 시장이다. 마켓 입구에 위치한 꽃가게에서 사고 싶은 꽃을 골라 요청하면 그 자리에서 바로 고급스러운 꽃다발을 만들어 준다. 매주 토요일은 지역 주민들이 직접 만든 각종 빈티지, 수공예 제품이나 음식들을 파는 벼룩시장이 열린다. 햄스테드 커뮤니티 센터도 함께 자리 잡고 있어 마을의 행사나 무료 공연 등의 정보도 얻을 수 있다.

지도 417p–E
가는 법 언더그라운드 햄스테드역에서 도보 5분 주소 78 Hampstead High St, London NW3 1RE 전화 020–7794–8313
운영 시간 월~토 08:00~17:00(가게마다 다름)
홈페이지 www.hampsteadcommunitycentre.co.uk

다양한 빈티지 수공예품이 가득한 상점

케이스 파스 Keith Fawkes

햄스테드 좁은 골목 안으로 따라 들어가면 앤티크, 빈티지 수공예 제품을 파는 25개의 작은 가게들이 모여 있다. 60년이 넘는 긴 역사를 가진 이곳은 중세 시대부터 현대까지 다양한 시대의 수공예품 천국이다. 수공예품 범위도 다양해 주얼리, 도자기, 유리공예품, 가구, 인테리어 소품, 조명, 클래식 시계, 부엌 용품, 미술작품, 패브릭, 모자, 액세서리, 잠옷, 단추, 퀼트까지 만날 수 있다. 긴 세월을 품은 물건들 속에서 진짜 보물을 발견해 보자. 세상에서 하나밖에 없는 디자인 수공예 제품들이 가득한 햄스테드 앤티크 & 수공예 상점으로 가 보자.

Data 지도 417p–E
가는 법 언더그라운드 햄스테드역에서 도보 5분
주소 1–3 Flask Walk, London NW3 1HJ
전화 020–7435–0614
운영 시간 10:00~17:00

런던에서 맛보는 리얼 프랑스 크레페

라 크레프리 드 햄스테드 La Creperie de Hampstead

햄스테드의 맛집을 꼽으라면 단연 이곳이다. 코너에 있는 작은 길거리 가게이지만 40년 넘는 역사를 가지고 있으며 세계 각지에서 관광객들이 찾아오는 곳이다. 초콜릿, 메이플 시럽, 땅콩버터, 바나나 등이 들어간 스위츠 메뉴도 맛있지만 버섯, 마늘, 아스파라거스, 치즈 등을 듬뿍 넣은 세이버리는 한 끼 식사를 대신할 만큼 든든한 이곳의 대표 메뉴이다.

Data 지도 417p-E 가는 법 언더그라운드 햄스테드역에서 도보 5분 주소 77 Hampstead High St, London NW3 1RE 전화 020-7445-6767 운영 시간 월·화 휴무, 수·목 11:45~23:00, 금~일 11:45~23:30 가격 머시룸 앤 치즈 8파운드, 바나나 초콜릿 6.30파운드

신선하고 착한 재료로 빵을 만드는

게일스 베이커리 GAIL's Artisan Bakery

유기농 재료를 사용해 담백하고 깔끔한 빵을 만드는 베이커리. 베이킹을 사랑한 란과 톰 두 청년이 베이킹 전문가 게일 메지아의 도움으로 2005년 두 청년의 집 중간인 햄스테드에 첫 베이커리를 오픈했다. 가게명은 스승의 이름에서 따온 것이다. 신선하고 좋은 재료로 만든 건강한 빵으로 인기를 얻어 지금은 런던 소호, 노팅 힐, 사우스 켄싱턴 등 30여 곳에 지점이 있다. 매일 30종류가 넘는 빵을 굽는다. 달콤하고 촉촉한 케이크와 바리스타의 커피를 함께 즐겨 보자.

Data 지도 417p-E 가는 법 언더그라운드 햄스테드역에서 도보 5분
주소 64 Hampstead High Street, London, NW3 1QH
전화 020-7794-5700 운영 시간 월~금 06:30~19:30, 토 06:30~19:00, 일 07:00~18:30 가격 스콘 2.40파운드, 브라우니 2.50파운드
홈페이지 gailsbread.co.uk

야외 정원 안에서 즐기는 시원한 여름 맥주

가든 게이트 Garden Gate

햄스테드 지역 주민들에게 인기 있는 펍 중 한 곳. 특히 여름이면 정원에 있는 야외 테이블에서 맥주를 즐기는 사람들로 항상 붐빈다. 맥주 외에도 피시 앤 칩스, 매시 포테이토&소시지, 플랫아이언 스테이크, 선데이 로스트 등 정통 영국 음식들을 맛볼 수 있다. 평일 오후 2시 전까지는 브런치 메뉴, 오후 6시 전까지는 2코스, 매주 수요일에는 버거데이 등 요일별로 다양한 프로모션이 있으니 놓치지 말자.

Data 지도 417p-F
가는 법 오버그라운드 햄스테드 히스역에서 도보 3분
주소 14 South End Road, Hampstead, London, NW3 2QE
전화 020-7435-4938 운영 시간 월~토 12:00~23:00, 일 12:00~22:30
가격 서로인 스테이크 26파운드, 치즈버거 15파운드
홈페이지 www.thegardengatehampstead.co.uk

BUY

사고 싶은 미술 · 디자인 용품이 가득한 아트숍

캐스 아트 Cass Art

각종 미술, 디자인 제작 용품을 판매하는 아트숍. 캐스 아트는 내셔널 갤러리, 왕립예술학교 같은 영국의 예술단체를 후원하며, 지역사회 화가 및 예술가들과 협업하는 아트 브랜드이다. 붓, 물감, 이젤 등 전문 미술 도구 외에도 아이들에게 선물하기 좋은 인형 만들기, 누구나 손쉽게 따라 할 수 있는 컬러링 책 등 다양해서 미술에 관심이 없는 사람들도 흥미가 생기는 곳이다. 소호, 차링 크로스, 켄싱턴에도 지점이 있지만 햄스테드 지점 규모가 크다.

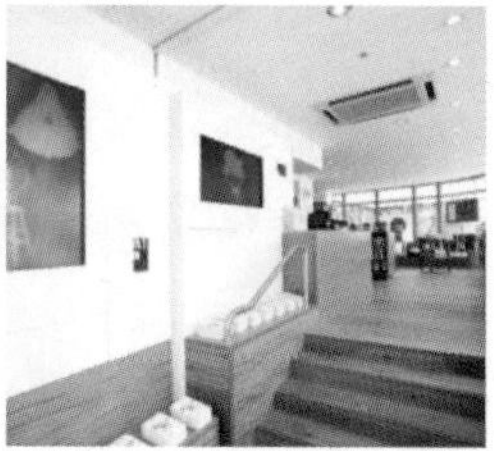

Data 지도 417p-E
가는 법 언더그라운드 햄스테드 역에서 도보 5분
주소 58-62 Heath Street, London, NW3 1EN
전화 020-7435-5479
운영 시간 월~토 09:00~18:00, 일 11:00~18:00
홈페이지 www.cassart.co.uk

London Suburbs by Area

03

큐 가든 & 리치몬드

Kew Garden & Richmond

런던 시내에서 언더그라운드로 30분이면 도착하는 아름다운 정원 마을이다. 유네스코 세계유산으로 지정된 영국 정원의 본보기 큐 가든과 아름다운 자연풍경과 멋스럽게 조화된 마을 리치몬드를 만나 보자.

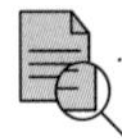

큐 가든 & 리치몬드
미 리 보 기

3만 종의 식물이 살고 있는 큐 가든에서 진정한 피크닉을 즐겨 보자. 템스강의 아름다운 풍경을 따라 조성된 리치몬드 마을 곳곳에서는 평화로운 영국 중산층의 삶을 볼 수 있다. 헨리 8세가 사랑하던 화려한 궁전 햄튼 코트도 들러 보자.

SEE

꽃과 나무를 사랑한다면 자연으로 둘러싸인 큐 가든의 매력에 흠뻑 빠져 보자. 600여 마리의 사슴이 자유롭게 뛰노는 리치몬드 공원도 빼놓을 수 없다. 헨리 8세의 이야기를 담은 드라마나 책을 미리 접하고 가면 햄튼 코트 궁전을 두 배 더 즐길 수 있다.

BUY

큐 가든 기념품 숍에는 예쁜 꽃과 야생화가 그려진 제품들이 한가득이다. 리치몬드 거리에는 고급 패션, 수제화 브랜드숍을 비롯해 하우스 오브 프레이저 백화점이 있어 여유롭게 쇼핑을 즐기기 좋다.

어떻게 갈까?

큐 가든, 리치몬드 언더그라운드, 오버그라운드 이용, 큐 가든역, 리치몬드역에서 각각 하차

햄튼 코트 궁전

기차 : 워털루역에서 탑승 후 햄튼 코트역에서 하차(35분 소요)

어떻게 다닐까?

큐 가든과 리치몬드는 런던 시내에서 언더그라운드나 오버그라운드로 이동 가능하다. 리치몬드 시내는 작은 편으로 도보로 둘러볼 수 있지만 리치몬드 공원까지 가려면 최소 30~40분은 도보로 이동해야 한다. 햄튼 코트 궁전은 워털루역에서 한 번에 기차로 이동할 수 있다.

큐 가든 & 리치몬드

추천 코스

큐 가든, 리치몬드 공원, 햄튼 코트 궁전은 모두 규모가 크고 걸어서 둘러봐야 하는 곳이므로 하루에 이 세 곳을 다 가기에는 시간적으로나 체력적으로 무리가 있다. 큐 가든, 리치몬드 시내와 리치몬드 공원, 햄튼 코트 궁전 중에 가장 가고 싶은 한 곳만 선택해 런던에서 반나절 일정으로 계획해 보자.

큐 가든

큐 가든역에 도착해 큐 가든 입구로 이동하기

다양한 꽃과 나무들을 보며 피크닉 즐기기

트리 탑 워크웨이를 걸으며 하늘에서 큐 가든 정원 바라보기

리치몬드

리치몬드역에 도착해 아기자기한 리치몬드 상점들 구경하기

리치몬드 브리지와 테라스 가든에서 아름다운 템스강 풍경 즐기기

사슴들이 뛰어노는 리치몬드 파크 둘러보기

햄튼 코트 궁전

워털루역에서 기차를 타고 햄튼 코트역에서 내리기

헨리 8세의 화려한 삶을 보여주는 궁전 곳곳 관람하기

멋스러운 정원과 영국에서 가장 유명한 미로 둘러보기

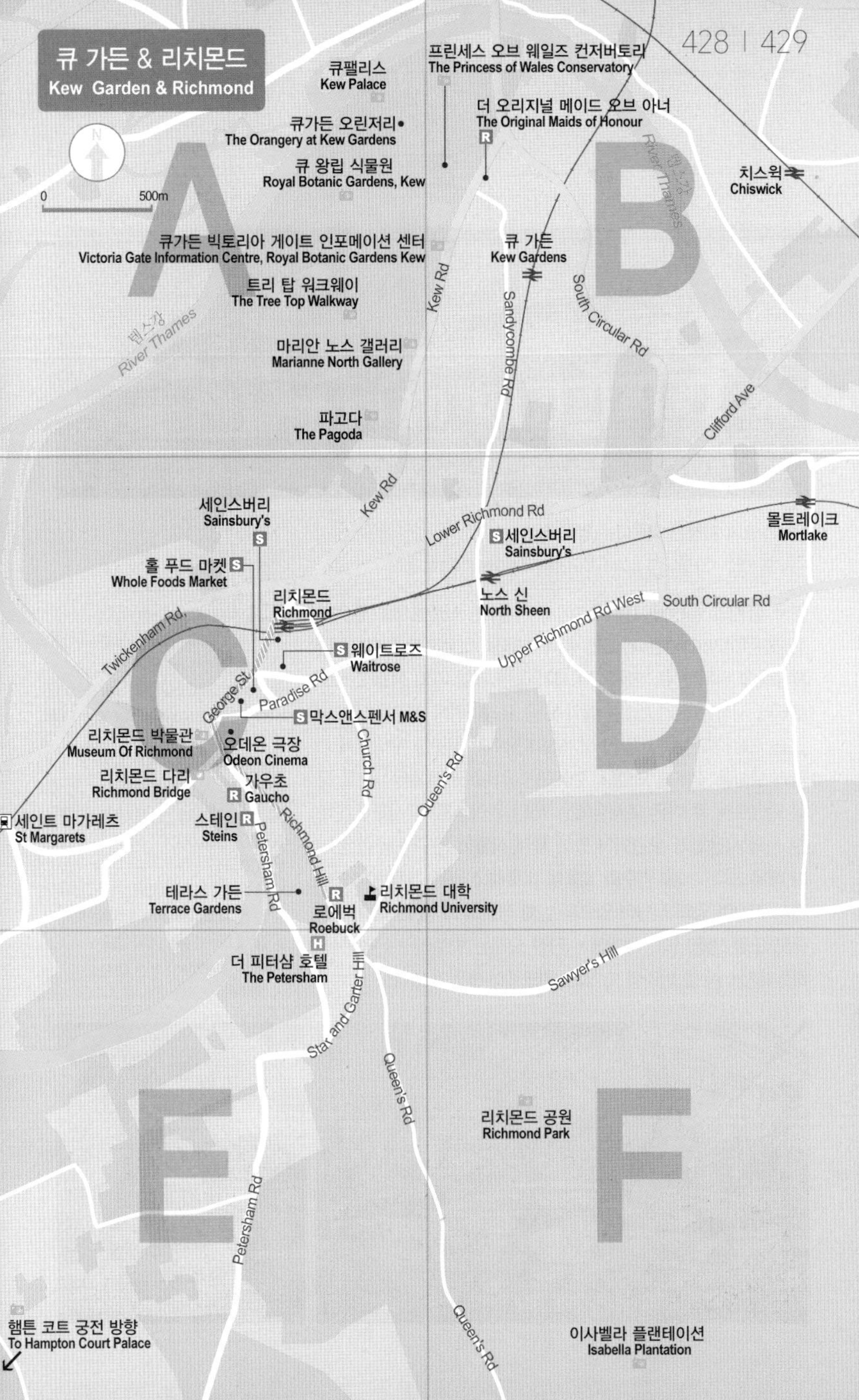
큐 가든 & 리치몬드
Kew Garden & Richmond
0
500m
A
B
C
D
E
F
큐팰리스
Kew Palace
프린세스 오브 웨일즈 컨저버토리
The Princess of Wales Conservatory
큐가든 오린저리
The Orangery at Kew Gardens
더 오리지널 메이드 오브 아너
The Original Maids of Honour
큐 왕립 식물원
Royal Botanic Gardens, Kew
치스윅
Chiswick
큐가든 빅토리아 게이트 인포메이션 센터
Victoria Gate Information Centre, Royal Botanic Gardens Kew
큐 가든
Kew Gardens
트리 탑 워크웨이
The Tree Top Walkway
템스강
River Thames
마리안 노스 갤러리
Marianne North Gallery
Kew Rd
Sandycombe Rd
South Circular Rd
Clifford Ave
파고다
The Pagoda
세인스버리
Sainsbury's
Lower Richmond Rd
세인스버리
Sainsbury's
몰트레이크
Mortlake
홀 푸드 마켓
Whole Foods Market
리치몬드
Richmond
노스 신
North Sheen
Upper Richmond Rd West
South Circular Rd
Twickenham Rd.
웨이트로즈
Waitrose
George St.
Paradise Rd
막스앤스펜서 M&S
리치몬드 박물관
Museum Of Richmond
오데온 극장
Odeon Cinema
Church Rd
Queen's Rd
리치몬드 다리
Richmond Bridge
가우초
Gaucho
세인트 마가레츠
St Margarets
스테인
Steins
Petersham Rd
Richmond Hill
테라스 가든
Terrace Gardens
리치몬드 대학
Richmond University
로에벅
Roebuck
더 피터샴 호텔
The Petersham
Sawyer's Hill
Star and Garter Hill
리치몬드 공원
Richmond Park
햄튼 코트 궁전 방향
To Hampton Court Palace
이사벨라 플랜테이션
Isabella Plantation

유네스코에 지정된 아름다운 영국 정원

큐 왕립 식물원 Royal Botanic Gardens, Kew

영국 정원의 끝판왕이자 세계에서 가장 큰 식물원으로 줄여서 '큐 가든'이라고 부른다. 3만 종의 식물을 보유하고 있다. 런던 서남쪽에 위치한 큐 가든은 16세기 중반 캐플 가의 정원 조성으로부터 시작된다. 1731년 웨일스 공 프레더릭이 이곳을 양도받았고, 그가 죽은 뒤 미망인 어거스타 공주가 이곳을 꾸미면서 지금의 모습을 갖추게 되었다. 2003년 유네스코 세계유산으로 등재 되었으며 큐 가든 도서관에는 75만 권의 식물 장서과 17만5천 점의 식물화가 보관되어 있어 세계 식물학 연구에 공헌한 바가 매우 크다. 식물 연구와 교육을 비롯해 정원을 가꾸는 가드너까지 750여 명의 직원이 있으니 실제 정원의 크기만큼이나 조직 규모 또한 엄청나다. 세계에서 가장 오래된 빅토리안 유리온실, 하늘에서 나무를 바라볼 수 있는 워크웨이가 인기 있다.

Data 지도 429p-A
가는 법 언더그라운드, 오버 그라운드 큐 가든역에서 도보 10분
주소 Royal Botanic Gardens, Kew, Richmond, Surrey TW9 3AB
전화 020-8332-5655
운영 시간 하절기(5~8월) 10:00~19:00, 동절기(11~1월) 10:00~15:00, 그 외 기간 10:00~17:00
요금 하절기(2~10월) 21.50파운드 (2일 전 미리 예매 시 17파운드), 동절기(11~1월) 14파운드
홈페이지 www.kew.org

|Theme|

큐 가든 100배 즐기기

큐 가든을 대표하는 must see 장소들은 바로 여기!

올드 라이언 Old Lion

1759년부터 시작된 큐 가든의 역사와 함께 자란 큐 가든에서 가장 오래된 나무들.

큐 팰리스 Kew Palace

조지 3세와 그의 자녀들의 아름다운 저택.

파고다 The Pagoda

1762년에 지어진 중국식 탑. 높이가 무려 50m이다.

마리안 노스 갤러리
Marianne North Gallery

전 세계를 다니며 다양한 식물화를 수집한 마리안 노스 여사의 갤러리.

리클라이닝 마더 앤 차일드
Reclining Mother and Child

현대 조각의 거장 헨리 무어의 작품.

수련 하우스
The Waterlily House

다양한 크기의 수련을 만날 수 있는 곳.

팜 하우스 The Palm House

큐 가든을 대표하는 건축물이자 세계에서 가장 큰 빅토리안 시대의 유리온실.

프린세스 오브 웨일즈 컨저버토리 The Princess of Wales Conservatory

10개의 다양한 기후조건을 갖춘 온실.

트리 탑 워크웨이
The Tree Top Walkway

마치 새가 된 것처럼 나무 위를 걸으며 아름다운 경치를 내려다볼 수 있다.

자유롭게 뛰노는 사슴을 볼 수 있는 광활한 공원

리치몬드 공원 Richmond Park

좀 멀고 오래 걸어야 하지만 광활한 자연 그대로를 즐기고 싶다면 추천하는 곳이다. 런던에서 가장 큰 왕립 공원으로 공원보다는 드넓은 야생 초원에 가깝다. 17세기 찰스 1세 때 사슴 사냥을 위한 공원으로 조성되었다. 650여 마리의 사슴이 공원에서 지내고 있다. 시기에 따라 수많은 사슴 떼를 볼 수도 있고, 서너 마리밖에 못 볼 수도 있다. 리치몬드 연못에서는 오리, 백조나 야생동물, 야생화, 버섯 등을 볼 수 있다. 리치몬드역에서 최소 30분 정도는 걸어가야 하므로 든든한 체력과 편한 신발은 필수.

Data 지도 429p-F 가는 법 언더그라운드, 오버그라운드 리치몬드역에서 도보 30분 주소 Richmond Park, Richmond TW10 5HS 전화 030-0061-2200 운영 시간 하절기 07:00~21:00, 동절기 07:30~17:00 요금 무료
홈페이지 www.royalparks.org.uk

철쭉꽃 향기 가득한 영국왕실 정원

이사벨라 플랜테이션 Isabella Plantation

영국 사람들이 사랑하는 리치몬드 공원의 숨은 정원이다. 리치몬드 공원의 규모에 비해 이사벨라 플랜테이션은 크지 않지만 다양한 종류의 꽃이 있어 2시간 이상 느긋이 둘러볼 수 있다. 봄에는 동백꽃, 목련, 수선화, 초롱꽃이 피고 철쭉과 진달래가 피는 4~6월이 가장 화려하다. 여름에는 백합과 장미, 가을에는 붉은 단풍과 낙엽을 즐길 수 있다. 정원을 가로질러 흐르는 작은 시냇물과 연못 주변에 가득 심어진 철쭉꽃의 아름다운 풍경도 볼 수 있다. 리치몬드 공원 내에서도 깊숙한 곳에 있어 오래 걸어가야 한다.

Data 지도 429p-F 가는 법 언더그라운드, 오버그라운드 리치몬드역에서 도보 40분 주소 Kingston upon Thames, Greater London KT2 7NA 전화 030-0061-2200 운영 시간 하절기 07:00~21:00, 동절기 07:30~17:00 요금 무료
홈페이지 www.royalparks.org.uk

부자들이 많이 사는 예쁜 거리

리치몬드 거리 Richmond Street

리치몬드 마을은 런던의 부자들이 많이 사는 동네이다. 리치몬드 공원과 템스강 주변이라 자연을 느낄 수 있는 평화로운 분위기이다. 리치몬드 시내 자체는 크지 않지만 테스코, 세인스버리, 웨이트로즈 등 주요 대형마트와 고급 의류 브랜드, 하우스 오브 프레이저와 같은 백화점까지 있다. 리치몬드 마을을 배경으로 한 다양한 예술작품과 사무용품을 판매하는 상점도 있으니 들러 보자. 주택가 쪽으로 걷다 보면 영국의 전형적인 고급 주택과 빈티지 클래식 자동차 등에서 영국 부유층의 삶을 엿볼 수 있다.

Data 지도 429p-C
가는 법 언더그라운드, 오버그라운드 리치몬드역에서 도보 30분, 리치몬드역에서 리치몬드 파크를 따라 가는 길
주소 Richmond, London TW9

TIP 리치몬드 다리 주변과 리치몬드 언덕에 위치한 테라스 가든에서 바라보는 템스강의 경치가 정말 아름답다.

헨리 8세의 화려한 삶을 볼 수 있는 웅장한 궁전

햄튼 코트 궁전 Hampton Court Palace

프랑스에 화려함으로 치장한 베르사유 궁전이 있다면 영국에는 웅장하고 멋스러운 햄튼 코트가 있다. 500년의 역사를 자랑하는 궁전으로 튜더식, 고딕 양식, 바로크 양식 등 다양한 건축양식을 볼 수 있으며 영국에서 가장 웅장하고 우아한 궁전으로 손꼽힌다. 햄튼 코트는 헨리 8세 왕의 대법관까지 지낸 토마스 울시 추기경을 위해 1514년 지어진 것이다. 헨리 8세는 이곳이 마음에 들어 반강제로 울시 추기경으로부터 빼앗았고, 자신의 권력을 보여 주듯 더욱 화려하고 웅장하게 증축하여 아내들과 함께 머물렀다. 고딕 양식의 높은 천장과 긴 복도를 따라 걸려 있는 미술작품, 조각상은 튜더 왕가의 화려한 시대상을 잘 보여준다. 특히 천 명의 음식을 만들 만큼 당시 가장 큰 규모였던 헨리 8세의 부엌은 꼭 들러야 할 장소. 영국에서 가장 유명한 미로와 20만 송이의 꽃을 볼 수 있는 화려한 장미 정원도 볼거리다. 한국어 오디오가 가능하며 티켓 가격에 포함되어 있으니 꼭 이용해 보자. 헨리 8세의 파란만장한 삶을 그린 드라마 〈튜더스〉나 관련 책을 읽고 간다면 많은 것을 느낄 수 있을 것이다.

Data 지도 429p-E 가는 법 워털루역에서 기차 탑승 후 햄튼 코트역에서 하차(35분 소요). 또는 리치몬드역 앞 정류장에서 R68번 버스 이용, 햄튼 코트 정류장까지 50분 소요 주소 East Molesey, Surrey KT8 9AU 전화 020-3166-6000 운영 시간 10:00~17:30 요금 주중 26.30파운드, 주말 29파운드 홈페이지 www.hrp.org.uk

|Theme|

햄튼 코트 궁전 둘러보기

컴벌랜드 아트 갤러리 Cumberland Art Gallery
홀 베인, 반 야크, 렘브란트 등 거장의 명화를 전시해 놓은 갤러리.

그레이트 홀 Great Hall
가장 큰 중세 시대의 홀로, 영국에서 가장 오래된 극장이기도 하다. 외팔들보의 건축양식 지붕과 직물로 짠 그림들이 멋스러운 곳.

헨리의 왕관 Henry's Crown
화려함 그 자체로 재탄생한 헨리 8세의 왕관.

채플 로열 The Chapel Royal
천장 가득 색색의 부채꼴 모양 조각이 멋스러운 사원.

윌리엄 3세와 메리 2세의 아파트 William III's & Mary II's Apartment
화려한 벽화와 천장화가 가득한 왕가의 사적인 공간.

헨리 8세의 부엌 Henry VIII's Kitchens
왕의 연회를 담당했던 튜더 시대 당시 가장 큰 부엌의 모습.

초콜릿 부엌 Chocolate Kitchens
300년의 역사를 자랑하는 영국 왕실의 첫 초콜릿 부엌.

미로 The Maze
1700년대에 디자인된 퍼즐 같은 미로. 관광객들이 좋아하는 장소 중 하나이다.

매직 가든 Magic Garden
튜더 시대를 테마로 한 작은 놀이동산(하절기에만 오픈).

사진출처: www.hrp.org.uk

London Suburbs by Area

04

윈저
Windsor

런던에서 템스강을 따라 서쪽에 위치한 윈저는 작지만 아름다운 역사 도시이다. 천 년의 역사를 간직한 윈저성을 만나러 런던에서 반나절 일정으로 가볍게 떠나 보자.

그리니치
미 리 보 기

윈저는 풍부한 역사, 문화유산에 더해 즐길 거리까지 가득한 도시이다. 정복왕 윌리엄이 요새로 세운 윈저성은 11세기부터 지금까지 영국 왕실 가족들이 사랑하는 견고하고 화려한 성이다. 템스강 건너편에는 영국 대표 명문 사립학교인 이튼 칼리지가 있다. 아담하지만 깊은 역사를 자랑하는 윈저에서 즐거운 시간을 보내 보자.

근위병들이 윈저성부터 시내를 따라 늠름하게 행진한다. 4km가 넘는 곧은길이 펼쳐져 있는 롱 워크의 아름다운 경치도 놓치지 말자.

EAT

윈저성 주변에 맛있는 아이스크림을 파는 가게가 많다. 날씨 좋은 날 아이스크림을 들고 한가로이 윈저 시내를 둘러보자.

BUY

윈저 & 이튼 센트럴 기차역과 이어진 윈저 로열 쇼핑 센터에는 기념품과 브랜드숍, 카페가 모여 있다.

어떻게 갈까?

기차 런던 워털루역, 패딩턴역에서 기차 탑승 후 윈저 & 이튼 리버사이드역이나 윈저 & 이튼 센트럴역에서 하차(약 1시간 소요) *일부 기차는 슬라우역에서 환승해야 하는 경우가 있다.

그린라인 코치 런던 빅토리아 코치 스테이션, 하이드 파크 코너, 켄싱턴 하이 스트리트, 해머 스미스 정류장에서 그린라인 코치 702번을 타고 윈저에서 하차(약 1시간 30분 소요) 한 시간에 1대. 자세한 시간표는 홈페이지 참조 www.greenline.co.uk

어떻게 다닐까?

윈저는 걸어 다닐 수 있는 작은 마을이다. 윈저 & 이튼 리버사이드역이나 윈저 & 이튼 센트럴역 아무 곳에서나 내려도 윈저성과 이튼 칼리지를 가기에 무리가 없다.

윈저

추천 코스

런던에서 한 시간이면 갈 수 있고 마을 자체가 크지 않아서 반나절 일정으로 계획하기 좋다. 윈저 근위병 교대식은 하절기인 4~7월에는 매일 진행되지만, 그 외 기간에는 달마다 홀수, 짝수 날에 번갈아 가며 진행되므로 이왕이면 근위병 교대식을 볼 수 있게 날짜를 잘 맞춰보자.

워털루역이나 패딩턴역에서 기차를 타고 윈저 & 이튼 센트럴역에 도착

도보 10분 →

윈저성에 도착 후 11시에 진행되는 근위병 교대식 구경하기

도보 5분 ↓

윈저성 내부 둘러보기

← 도보 10분

아름드리나무가 울창한 롱 워크를 따라서 산책하기

도보 20분 ↓

템스강의 평화로운 분위기 즐기기

도보 20분 →

멋진 교복을 입은 이튼 칼리지 학생들을 만나 보기

도보 25분 →

버스 15분

윈저 로열 쇼핑센터
둘러보기

아이가 있는 가족 이라면 레고랜드에서
즐거운 시간 보내기

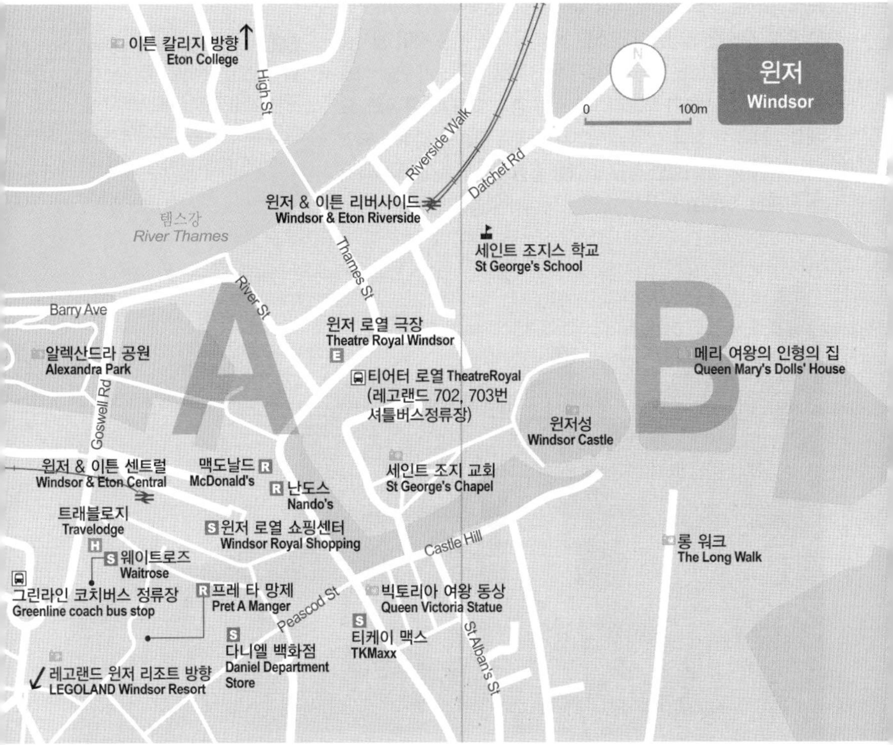

윈저
Windsor

0 100m

이튼 칼리지 방향
Eton College

High St

Riverside Walk

Datchet Rd

윈저 & 이튼 리버사이드
Windsor & Eton Riverside

템스강
River Thames

Thames St

세인트 조지스 학교
St George's School

River St

Barry Ave

윈저 로열 극장
Theatre Royal Windsor

알렉산드라 공원
Alexandra Park

티어터 로열 TheatreRoyal
(레고랜드 702, 703번
셔틀버스정류장)

메리 여왕의 인형의 집
Queen Mary's Dolls' House

Goswell Rd

윈저성
Windsor Castle

윈저 & 이튼 센트럴
Windsor & Eton Central

맥도날드
McDonald's

난도스
Nando's

세인트 조지 교회
St George's Chapel

트래블로지
Travelodge

윈저 로열 쇼핑센터
Windsor Royal Shopping

Castle Hill

롱 워크
The Long Walk

웨이트로즈
Waitrose

그린라인 코치버스 정류장
Greenline coach bus stop

프레 타 망제
Pret A Manger

Peascod St

빅토리아 여왕 동상
Queen Victoria Statue

티케이 맥스
TKMaxx

St Alban's St

다니엘 백화점
Daniel Department
Store

레고랜드 윈저 리조트 방향
LEGOLAND Windsor Resort

왕실 가족이 사랑한 천 년 역사의 성

윈저성 Windsor Castle

'천 년의 도시'라는 명칭에 걸맞게 윈저성은 천 년이 넘는 기간 동안 영국 왕과 왕비의 거처가 된 오래되고 중후한 분위기의 성이다. 윈저 왕가의 명칭이 이 성의 이름에서 유래했다. 윈저성은 엘리자베스 2세 여왕과 필립공이 영면에 든 곳이다. 영국 군주의 공식 주거지인 런던의 버킹엄 궁전, 에든버러의 홀리루드 궁전과 함께 윈저성은 엘리자베스 2세 여왕이 생전 사랑했던 주말 휴양지였다. 현재 500명이 넘는 사람들이 성안에서 지내며 성을 관리하고 있다. 사람이 거주하는 성 중에 전 세계에서 가장 오래되고 큰 성으로도 알려져 있다. 템스강이 내려다보이는 언덕 위에 정복왕 윌리엄이 간소한 목조 요새를 세운 것이 윈저성의 시작이다. 1165년 헨리 2세가 둥근 탑을 지탱하기 위해 석조를 사용하고, 건축가 제프리 와이트빌 경이 조지 4세를 위해 요새를 개축하고 탑을 더욱 높이면서 지금의 모습을 갖추게 되었다. 하늘에서 바라보면 둥근 타워를 중심으로 양쪽으로 퍼져 있는 구조로, 날개를 펼쳐 날고 있는 독수리 모양이다.

Data 지도 439p-B
가는 법 윈저 & 이튼 센트럴역에서 도보 10분 주소 Windsor Castle, Windsor, Berkshire SL4 1NJ
전화 020-7766-7304
운영 시간 하절기(3~10월) 10:00~17:15, 동절기(11~2월) 10:00~16:15 요금 30파운드(온라인 예매 시 28파운드)
홈페이지 www.royalcollection.org.uk

TIP 윈저성 라운드 타워에 걸려 있는 깃발을 확인하자. 왕이 지금 윈저성에 머물고 있다면 로열 스탠다드기The Royal Standard가 휘날리고 있을 것이다.

|Theme|

윈저성 둘러보기

롱 워크 Long Walk

언덕 위의 윈저성부터 윈저 그레이트 파크까지 이어진 곧은길. 총길이 4.26km, 폭 75m로 길 양쪽에는 이중으로 심어진 나무들이 길게 늘어서 있다. 일 년 내내 멋지지만 특히 가을에 붉게 물든 나무들과 윈저성의 풍경이 멋스럽다.

근위병 교대식 Changing the Guard

런던 버킹엄 궁전처럼 윈저성에서도 근위병들의 교대식이 진행된다. 버킹엄 궁전처럼 화려하고 크진 않지만 1660년부터 이어져 온 고풍스러운 분위기의 행사이다. 오전 11시에 시작해 약 30분간 진행된다. 교대식이 진행되는 날짜는 미리 홈페이지에서 확인하자.

메리 여왕의 인형의 집 Queen Mary's Dolls' House

조지 5세가 부인인 메리 왕비에게 준 미니어처 인형 집으로 윈저성의 하이라이트이다. 1920년대 당시의 가장 기술 있는 500명의 장인들이 심혈을 기울인 화려한 작품이다. 실제 크기의 12분의 1로 축소한 수천 개의 물건들의 살아 있는 디테일을 직접 확인해 보자.

스테이트 아파트먼트 State Apartments

© Royal collection

영국을 방문하는 국빈들이 공식적으로 묵을 수 있는 곳으로 로코코, 고딕, 바로크 양식의 가구와 디자인을 볼 수 있다. 렘브란트, 루벤스와 같은 거장의 그림과 금으로 된 호랑이 머리상을 포함해 윈저성에 살았던 왕과 왕비가 수집한 역사적인 예술품들을 볼 수 있다. 헨델이 작곡한 음악이 흘러나오는 오르골 시계도 놓치지 말자.

세인트 조지 교회 St George's Chapel

윈저성 안에 위치한 고딕 양식의 교회로 11명의 영국 군주의 무덤이 있는 곳이다. 헨리 8세, 찰스 1세 왕, 엘리자베스 2세 여왕이 잠든 곳이다. 일요일에는 예배가 있어 일반 관람객은 받지 않으며 예배에 참석한다면 입장 가능하다.

영국을 대표하는 약 600년 역사의 명문 사학

이튼 칼리지 Eton College

헨리 6세가 1440년 세운 학교로 약 600년의 역사가 있는 영국 대표 사립학교다. 주로 왕실, 귀족, 정부 고위 관료 등의 자제인 13~18세 남학생들이 입학한다. 전 영국 총리인 데이비드 카메룬을 비롯해 총 19명의 영국 총리를 배출했다. 윌리엄과 해리 왕자도 이튼을 다녔으며 아버지인 찰스 황태자와 어머니 고 다이애나 왕비와 함께 학교에서 찍은 사진이 유명하다. 이튼 칼리지는 단지 지식만을 강조하는 것이 아니라 지덕체의 균형을 강조하고, 나라를 이끌어 가는 노블레스 오블리주를 실천하는 6가지의 교훈으로 명성이 높다. 특히 1, 2차 세계대전 당시 나라를 위해 제일 먼저 앞장선 이튼 칼리지 학생들의 용기 있는 정신은 아직도 영국인들과 후배들의 가슴에 남아 있다. 일반 관광객 출입은 학교 상황에 따라 다르니 공식 홈페이지를 참고하자.

Data 지도 439p–A
가는 법 윈저 & 이튼 센트럴역에서 도보 15분 주소 Eton College, Windsor SL4 6DW
전화 017–5337–0100 홈페이지 www.etoncollege.com

고풍스러운 분위기의 쇼핑센터

윈저 로열 쇼핑센터 Windsor Royal Shopping Centre

1897년 지어진 윈저 & 이튼 칼리지 센트럴역에 위치한 쇼핑센터이다. 유리 천장으로 덮인 고풍스러운 빅토리안 시대 건축물 안에는 약 40개가 넘는 가게, 레스토랑, 카페, 바, 수공예 마켓 등이 있다.

Data 지도 439p–A
가는 법 윈저 & 이튼 센트럴 기차역 내 주소 Goswell Hill, Windsor, Berkshire SL4 1RH
전화 017–5379–7070
운영 시간 월~토 10:00~18:00, 일 11:00~17:00
홈페이지 www.windsorroyal-shopping.co.uk

즐거움이 가득한 레고 세상

레고랜드 윈저 리조트 LEGOLAND Windsor Resort

레고 블록을 좋아한다면 눈이 휘둥그레지는 곳. 55개가 넘는 놀이기구와 흥미로운 쇼를 비롯해 레고로 만든 건축물이 한가득 모여 있는 레고 놀이동산이다. 영웅을 레고로 만들어 전시해 놓은 관이 있고, 소방관이 되어 불을 끄고 레고 자동차를 직접 운전하고 면허증을 취득하는 등의 재미있는 체험들이 많다. 가장 많은 사랑을 받는 곳은 미니랜드로 전 세계의 유명한 건축물을 5천만 개가 넘는 레고 블록으로 만들어 전시해 놓았다. 레고로 만든 빅 벤, 버킹엄 궁전 근위병 교대식, 세인트 폴 성당, 타워 브리지 앞에서는 아이들도 거인이 된다. 스타워즈관, 닌자관, 레고 조립관, 영국에서 가장 큰 레고 숍도 놓치지 말자. 물을 이용한 놀이기구와 작은 워터파크도 있으니 방수되는 옷과 수영복을 챙겨 가면 좋다. 온라인으로 미리 티켓을 예약하면 할인받을 수 있다.

Data 지도 439p-A 가는 법 윈저 시내 티어터 로열Theatre Royal 정류장에서 그린라인 702번 버스를 타고 레고랜드에서 하차(약 15분 소요). 또는 런던 빅토리아 코치 스테이션, 하이드 파크 코너, 켄싱턴 하이 스트리트, 해머스미스 정류장에서 그린 라인 702번 버스 타고 레고랜드 하차(약 2시간 소요, 1시간에 1대)
주소 Winkfield Road, Windsor, Berkshire SL4 4AY 전화 087-1222-2001
운영 시간 10:00~18:00(계절마다 운영 시간 다르니 미리 홈페이지에서 확인) 가격 66파운드(미리 온라인 예매 시 34파운드) 홈페이지 www.legoland.co.uk

London Suburbs by Area

05

브라이턴 & 세븐 시스터즈

Brighton & Seven Sisters

영국 남부의 어촌 마을에서 즐길 거리가 가득한 해안 도시가 된 브라이턴, 빛나는 하얀 절벽이 아름다운 세븐 시스터즈 바다에서 보내는 행복한 하루 일정!

미리보기

브라이턴은 예술적 감각이 뛰어났던 조지 4세가 사랑했던 곳으로 지금도 자유롭고 아티스틱한 분위기를 느낄 수 있다. 도시 곳곳에서 눈에 띄는 독특한 벽화와 그래피티, 색색의 건물들은 파란 바다와 잘 어울린다.

SEE

햇살 좋은 날에 세븐 시스터즈 절벽 위에 앉아 바라보는 아름다운 바다 풍경은 절대 잊을 수 없다. 조지 4세의 화려한 연회 궁전인 로열 파빌리온은 브라이턴의 대표 건축물이다.

EAT

해안 도시인만큼 피시 앤 칩스 레스토랑을 자주 볼 수 있다. 바다 풍경을 보며 맛보는 신선한 피시 앤 칩스는 브라이턴의 추천 메뉴.

BUY

빈티지, 보헤미안 스타일을 판매하는 노스 레인은 골목 골목 구경하는 재미가 쏠쏠한 곳이다.

어떻게 갈까?

기차 빅토리아역, 런던 브리지역에서 브라이턴 기차역까지 약 1시간(*미리 사이트에서 예매하거나 3~4명 이상 단체로 왕복 티켓 티켓을 사면 더 저렴하다. 온라인 여행카페나 한인 민박에서 동행을 구해서 함께 구매하는 것도 방법이다.)

코치 빅토리아 코치 스테이션에서 브라이턴 코치 스테이션까지 2시간 30분 소요.

어떻게 다닐까?

브라이턴 기차역에서 로열 파빌리온, 브라이턴 피어 같은 주요 관광지는 10~20분이면 충분히 걸어서 이동 가능하다. 천천히 브라이턴 도시를 즐기며 바다 쪽을 따라서 걸어가 보자. 세븐 시스터즈 절벽은 브라이턴 시내에서 버스를 타고 약 1시간 정도 이동해야 한다.

브라이턴 & 세븐 시스터즈

추천 코스

브라이턴 & 세븐 시스터즈 지역은 런던에서 당일치기 일정으로 다녀오기에 좋은 곳이다. 런던 도시에서 벗어나 드넓은 초원과 바다를 바라보면 색다른 영국의 매력에 빠질 수밖에 없다. 평일에 비해 상대적으로 기차 금액이 저렴하고, 세븐 시스터즈 절벽으로 바로 가는 버스가 자주 다니는 일요일에 브라이턴을 방문하는 것이 좋다.

브라이턴역에서 세븐 시스터즈행 버스 티켓 구매 후 바다 방향을 따라 내려가며 브라이턴 도시 둘러보기

도보 10분 →

처칠 스퀘어 정류장에서 버스 탑승 후 창밖의 해안 풍경 바라보기

버스 1시간 →

12번 버스를 탑승한 경우 세븐 시스터즈 파크 정류장에서 내려 초원 위로 걷기

도보 40분~1시간 ↓

세븐 시스터즈의 아름다운 풍경 담기

← 버스 1시간

인도 스타일의 화려한 궁전 로열 파빌리온 둘러보기

← 도보 5분

바다 위의 놀이공원 브라이턴 피어에서 놀기

도보 10분 ↓

색색의 간판과 건물이 가득한 노스 레인 구경하기

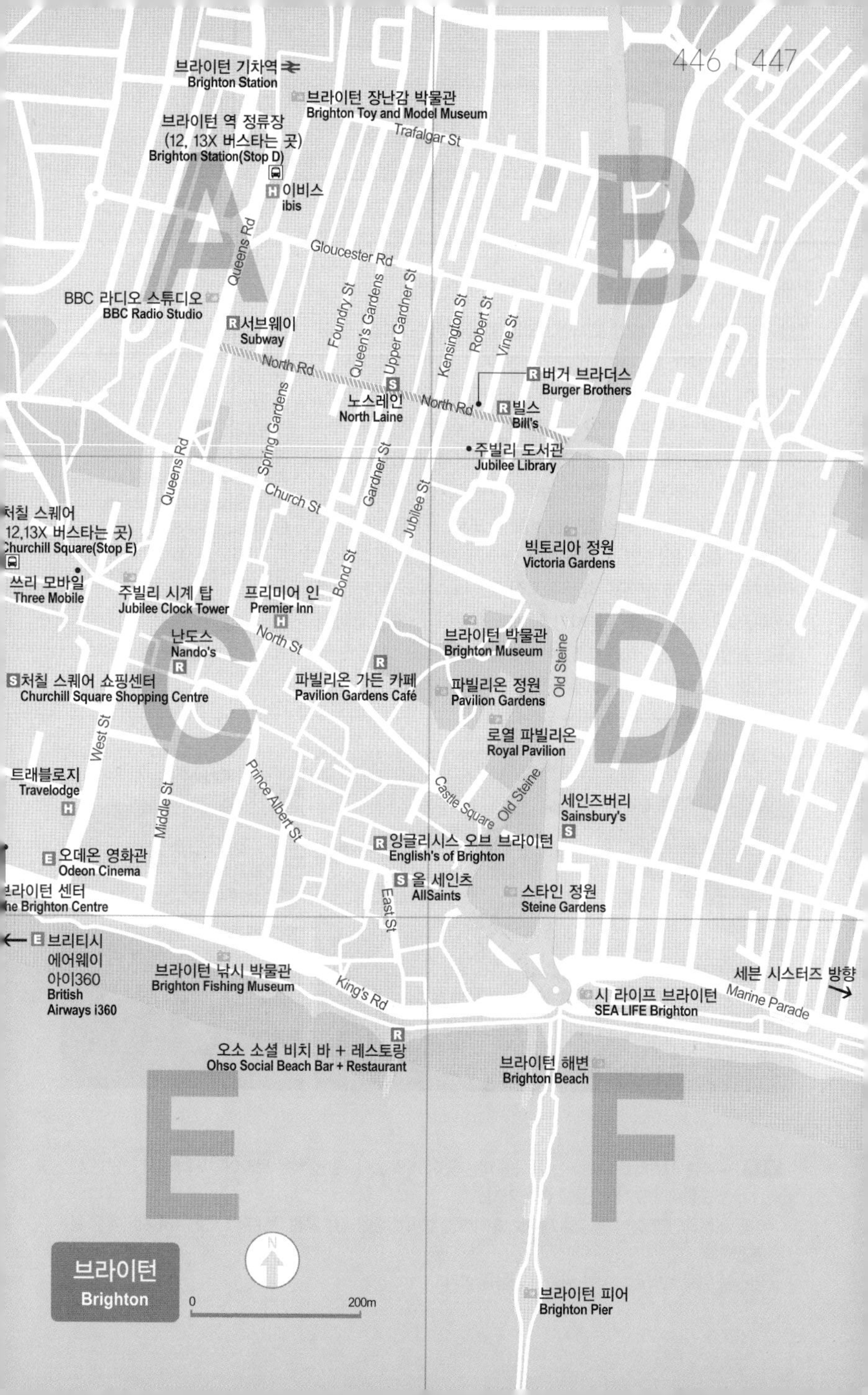

브라이턴 기차역
Brighton Station
브라이턴 장난감 박물관
Brighton Toy and Model Museum
Trafalgar St
브라이턴 역 정류장
(12, 13X 버스타는 곳)
Brighton Station(Stop D)
이비스
ibis
Queens Rd
Gloucester Rd
BBC 라디오 스튜디오
BBC Radio Studio
서브웨이
Subway
Foundry St
Queen's Gardens
Upper Gardner St
Kensington St
Robert St
Vine St
North Rd
버거 브라더스
Burger Brothers
노스레인
North Laine
빌스
Bill's
Spring Gardens
주빌리 도서관
Jubilee Library
Gardner St
Jubilee St
Church St
처칠 스퀘어
12,13X 버스타는 곳)
Churchill Square(Stop E)
빅토리아 정원
Victoria Gardens
쓰리 모바일
Three Mobile
주빌리 시계 탑
Jubilee Clock Tower
프리미어 인
Premier Inn
Bond St
난도스
Nando's
North St
브라이턴 박물관
Brighton Museum
Old Steine
처칠 스퀘어 쇼핑센터
Churchill Square Shopping Centre
파빌리온 가든 카페
Pavilion Gardens Café
파빌리온 정원
Pavilion Gardens
West St
로열 파빌리온
Royal Pavilion
트래블로지
Travelodge
Middle St
Prince Albert St
Castle Square
Old Steine
세인즈버리
Sainsbury's
잉글리시스 오브 브라이턴
English's of Brighton
오데온 영화관
Odeon Cinema
올 세인츠
AllSaints
브라이턴 센터
The Brighton Centre
East St
스타인 정원
Steine Gardens
브리티시
에어웨이
아이360
British
Airways i360
브라이턴 낚시 박물관
Brighton Fishing Museum
King's Rd
세븐 시스터즈 방향
시 라이프 브라이턴
SEA LIFE Brighton
Marine Parade
오소 소셜 비치 바 + 레스토랑
Ohso Social Beach Bar + Restaurant
브라이턴 해변
Brighton Beach
브라이턴
Brighton
N
0
200m
브라이턴 피어
Brighton Pier

눈부시게 하얀 절벽이 아름다운 해안

세븐 시스터즈 절벽 Seven Sisters Cliffs

영국 남부의 대표적 해안 도시인 브라이턴 주변에는 엄청난 높이의 하얀 절벽들이 장관을 이룬다. 그중에서도 7개의 절벽이 나란히 모여 있는 세븐 시스터즈 절벽은 국가공원으로 지정되었다. 절벽 위 푸른 초원에는 하얀 조약돌이 많아 이름을 만들어 기념사진을 찍기도 한다. 해변은 모래사장이 아닌 작은 돌들로 이루어져 있다. 어마어마한 절벽의 높이를 가늠하기 어렵다면 해안가를 걷는 사람과 그 뒤의 절벽을 비교해 보자. 드넓은 초원에서 한가로이 풀을 뜯는 양과 소를 보며 영국의 전원마을 풍경을 만끽하자. 평화롭게 산책을 하거나 자전거를 타기에도 좋다. 절벽 위에서 바라보는 노을은 놓치기 아까운 장관이다. 벌링 갭에서 바로 출발하는 13X 버스가 있다면 노을 풍경을 꼭 보자. 만약 12번 버스를 타야 한다면 어두워진 길을 따라 다시 1시간을 걸어 나와야 하기 때문에 추천하지는 않는다.

Data 지도 449p-B
가는 법 12, 12A, 12X 버스 타고 세븐 시스터즈, 파크 센터에서 하차 후 도보 40분~1시간. 또는 13X 버스 타고 벌링 갭에서 하차 후 도보 5분
주소 Seven Sisters Country Park, Exceat, Seaford, East Sussex BN25 4AD
전화 034-5608-0193
운영 시간 09:00~16:00 사이 추천
요금 무료
홈페이지 www.sevensisters.org.uk

TIP
- 세븐 시스터즈 해변에는 음식을 파는 곳이 거의 없다. 런던 혹은 브라이턴 시내에서 간단한 샌드위치나 도시락, 물을 챙겨 가자.
- 아름다운 해안과 절벽 풍경을 제대로 즐기려면 날씨가 좋은 날, 오전 9시부터 오후 4시 사이에 가길 추천한다.
- 안전을 위해 절벽 끝에서는 위험한 행동을 삼가자.

버스를 이용해 브라이턴과 세븐 시스터즈 가기

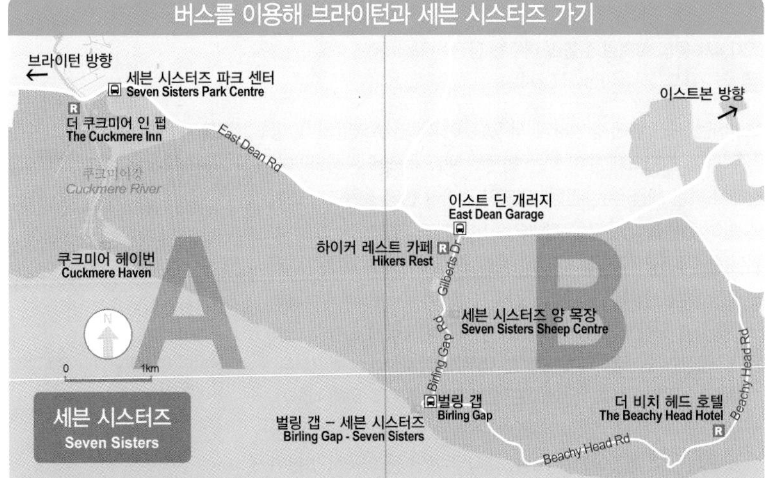

1. 버스 티켓 구매하기

하루 동안 무제한으로 버스를 이용할 수 있는 원데이 네트워크 세이버networkSAVER 티켓을 구매하자. 버스에 타서 기사님에게 직접 구매(7파운드)하거나 'Brighton & Hove buses' 앱(5.50파운드)에서 미리 구매할 수 있다.

2. 세븐 시스터즈로 가는 버스

❶ **12, 12A, 12X번** : 매일 운행하는 시내버스. 세븐 시스터즈 파크 센터 혹은 이스트 딘 개러지 정류장에서 내려 약 1시간 정도 걸어가면 세븐 시스터즈 절벽에 도착한다.

버스 노선 : 브라이턴 스테이션Brighton Station(Stop D)→(1시간 10분)→세븐 시스터즈Seven Sisters, 파크 센터Park Centre→(5분)→이스트 딘 개러지East Dean Garage→(15분)→이스트본Eastbourne

TIP • 정확한 버스 시간표와 요금 정보는 공식 홈페이지(www.buses.co.uk)에서 확인하자.

• 브라이턴에서 세븐 시스터즈로 가는 버스에서는 오른쪽 창가에 앉아야 멋진 해안도로와 바다 풍경을 보면서 갈 수 있다.

❷ **13X번** : 하절기 6월 중순~9월 중순에는 매일, 그 외 날짜는 일요일, 공휴일에만 운영한다. 오전 9시 오후 5시 기준으로 하절기 월~토요일, 동절기 일요일, 공휴일에는 하루에 3번 운행하고, 하절기 일요일, 공휴일은 1시간에 1대 운행한다. 12번 버스에 비해 날짜와 시간이 제한적이지만 브라이턴 기차역에서 바로 출발해 세븐 시스터즈 파크 센터 정류장과 벌링 갭 정류장에 하차한다. 벌링 갭 정류장에서 내리면 바로 해안가와 절벽에 도착할 수 있어 오래 걸을 필요가 없다.

버스 노선 : 브라이턴 스테이션 Brighton Station(Stop D)→(6분)→브라이턴 처칠 스퀘어Churchill Square(stop E)→(1시간)→세븐 시스터즈, 파크 센터 Seven Sisters, Park Centre →(10분) →벌링 갭Birling Gap→(20분)→ 이스트본Eastbourne

조지 4세 왕의 화려한 삶을 보여주는 궁전

로열 파빌리온 Royal Pavilion

브라이턴 해안 옆에 장엄하게 서 있는 이국적인 스타일의 이 궁전은 후에 조지 4세 왕이 되는 리젠트 왕자에 의해 완성되었다. 원래 소박한 세를 주는 건물이었지만 건축가 헨리 홀란드가 조지에게 이 건물을 아름다운 저택으로 만들자고 제안했다. 로열 파빌리온은 조지가 마음껏 음악과 춤을 즐기며 여자들과 놀 수 있는 장소였다. 1815년 저명한 건축가 존 내시가 인도 스타일로 재건축하기 시작해 조지가 왕이 된 시기와 비슷하게 공사가 완료된다. 웅장한 돔 양식의 외관만큼 내부도 이색적이고 화려하다. 시각예술, 음악, 건축, 문화에 관심이 많던 조지를 위해 내부를 프랑스, 영국, 중국, 인도의 예술이 조화된 곳으로 만들었다. 궁전 곳곳의 금박 용, 야자수 모형, 대나무 계단 등 이국적인 분위기를 구경하는 재미가 있다. 성대한 만찬과 무도회, 공연 등이 열린 뮤직 룸과 반큐팅 룸에서 연회를 즐기던 조지를 상상해 보자. 화려함의 끝을 보여주는 궁전이지만 1차 세계대전 당시 부상한 인도 군인들을 위해 병원으로 사용되기도 했다. 온라인 예매 시 10% 할인받을 수 있다.

Data 지도 447p-D
가는 법 브라이턴 기차역에서 도보 15분
주소 4/5 Pavilion Buildings, Brighton BN1 1EE
전화 030-0029-0900
운영 시간 4~9월 09:30~17:45, 10~3월 10:00~17:15
요금 18파운드
홈페이지 brightonmuseums.org.uk/royalpavilion

브라이턴 도시의 역사를 보여 주는

브라이턴 박물관 Brighton Museum

로열 파빌리온 정원에 위치한 박물관이자 아트 갤러리. 고대 이집트에서 빅토리안 시대에 이르기까지 전 세계에서 수집한 다양한 예술, 공예 유물을 전시해 놓았다. 이집트관에는 당시 이집트인들의 생활을 보여주는 보석, 신발, 거울, 동물 미라 등의 유물이 있다. 장식 예술관에서는 17세기부터 현재까지의 도자기, 유리 공예, 가구, 보석과 같은 예술품을 만날 수 있다. 중세 시대에 어촌으로 유명했던 브라이턴이 해안 관광지로 떠오르기까지의 역사를 보여 주는 전시관도 있다. 자연사, 순수미술, 의상 & 텍스타일, 장난감, 영화 미디어, 고고학 등 분야가 다양하다.

Data 지도 447p-D
가는 법 브라이턴 기차역에서 도보 15분
주소 Brighton Museum, Royal Pavilion Gardens, Brighton BN1 1EE
전화 030-0029-0900
운영 시간 화~일 10:00~17:00, 월 휴관
요금 9파운드
홈페이지 brightonmuseums.org.uk/brighton

하늘에서 바라보는 아름다운 브라이턴

브리티시 에어웨이 아이 360

British Airways i360

브라이턴에서만 즐길 수 있는 완전 새롭고 짜릿한 경험이다. 마치 우주선의 부분같이 유선형 관람차가 138미터의 높이의 상공으로 천천히 올라간다. 이는 런던 트래펄가 광장의 우뚝 솟은 넬슨 장군 동상의 무려 3배 높이이다. 런던 아이의 설계자가 디자인하여 360도의 통 유리 밖으로 한편으로는 브라이턴 도시의 전경을 다른 한편으로는 끝없이 펼쳐진 아름다운 해안과 바다를 볼 수 있다. 세계에서 가장 높은 움직이는 관람 타워 안에는 스파클링 와인도 마실 수 있는 스카이 바가 있다. 기념품 숍에서 브라이턴 지역 예술가들이 만든 이색적인 기념품도 판매한다.

Data 지도 447p-E 가는 법 브라이턴 기차역에서 도보 20분 주소 British Airways i360, Lower Kings Road, Brighton BN1 2LN
전화 033-3772-0360 운영 시간 월~목 10:00~19:00, 금·토 09:30~20:30, 일 09:30~19:00 (시기에 따라 다름) 요금 17.95파운드
홈페이지 britishairwaysi360.com

즐길 거리가 가득한 바다 위의 놀이공원

브라이턴 피어 Brighton Pier

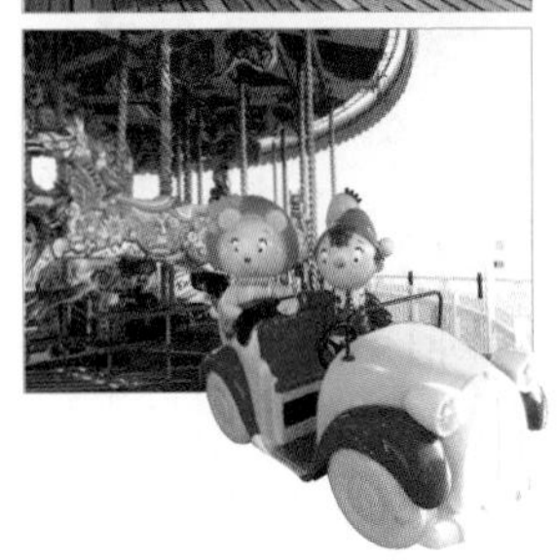

바다 위에서 롤러코스터를 타고, 바닷바람을 맞으며 비행기 놀이기구를 타는 건 어떤 기분일까. 브라이턴 피어는 바다 위에서 즐기는 놀이동산이자 브라이턴의 자랑이다. 우리나라의 월미도를 떠올릴 수도 있겠지만 브라이턴 피어는 1899년 오픈해 110년이 넘는 역사를 자랑하는 곳으로 바다 위에 떠 있다는 자체가 신기한 곳이다. 긴 데크를 따라 아이스크림, 추로스, 도넛, 커피 등을 파는 가게가 있다. 대형 미끄럼틀, 회전목마 등을 비롯해 성인도 즐길 수 있는 범퍼카, 롤러코스터도 있다. 발밑으로 바다가 펼쳐지는 아찔한 스릴을 경험하고 싶다면 비행 놀이기구에 도전해 보자. 밤바다 위 반짝이는 브라이턴 피어의 야경이 멋지다.

Data 지도 447p-F 가는 법 브라이턴 기차역에서 도보 20분 주소 Brighton Pier, Madeira Drive, Brighton, East Sussex BN2 1TW 전화 012-7360-9361 운영 시간 월~금 10:00~18:00, 토·일 10:00~19:30 요금 일반 입장 무료, 놀이기구 무제한 이용 30파운드(온라인 예매 시 25파운드) 홈페이지 brightonpier.co.uk

세계에서 가장 오래 운영 중인 아쿠아리움

시 라이프 브라이턴 SEA LIFE Brighton

브라이턴 피어 옆에 위치한 시 라이프 브라이턴은 세계에서 가장 오랫동안 운영 중인 아쿠아리움이다. 내부는 빅토리안 시대의 화려한 건축양식으로 꾸며져 있다. 열대우림관 Rainforest에는 아나콘다와 피라니아 같은 약간은 무서울 수도 있는 동물과 물고기들이 살고 있다. 바닥이 투명한 글래스 보텀 보트를 타고 물 바로 위에서 아주 가깝게 물속 동식물을 만날 수도 있다. 영국에서 처음 생긴 보트로 아이들이 아쿠아리움에서 가장 좋아하는 코스이다. 수족관에서 어떻게 바다 생물들을 관리하는지 볼 수 있는 '비하인드 더 신 투어'와 먹이를 주고 만져볼 수 있는 시간도 있다. 온라인 예매 시 30% 할인받을 수 있다.

Data 지도 447p-F 가는 법 브라이턴 기차역에서 도보 20분 주소 SEA LIFE Brighton, Marine Parade, Brighton, East Sussex BN2 1TB 전화 087-1423-2110 운영 시간 10:00~17:00 요금 24.50파운드(온라인 예매 시 22.50파운드) 홈페이지 www.visitsealife.com/brighton

브라이턴 브랜드 쇼핑의 중심

처칠 스퀘어 쇼핑센터 Churchill Square Shopping Centre

브랜드 숍들이 모여 있는 브라이턴에서 가장 번화한 쇼핑센터. 브라이턴 기차역에서 도보로 10분, 해안에서 도보 5분이면 갈 수 있는 브라이턴 시내 중심에 있다. 80개가 넘는 브랜드 숍과 카페, 레스토랑 등이 입점해 있다. 실내 쇼핑몰로 날씨에 상관없이 쾌적하게 쇼핑을 즐길 수 있다. 크리스마스 시즌이면 쇼핑센터 주변으로 크리스마스 마켓들이 열린다.

Data 지도 447p-C
가는 법 브라이턴 기차역에서 도보 10분
주소 Churchill Square Centre Management Suite, Russell Place, Brighton BN1 2RG
전화 012-7332-7428
운영 시간 월~수 09:00~18:00, 목~토 09:00~19:00, 일 11:00~17:00
홈페이지 www.churchillsquare.com

알록달록한 빈티지 골목이 모여 있는

노스 레인 North Laine

'레인Laine'은 낮은 구릉지대를 뜻하는 서식스 지방의 방언이다. 노스 레인 지역은 이전에는 빈민가였지만 지금은 브라이턴에서 가장 인기 있는 빈티지 & 보헤미안 스타일의 쇼핑 거리로 탈바꿈했다. 각각 특색 있는 여러 골목에 400개가 넘는 빈티지 옷가게, 펍, 카페, 라이브 공연장, 박물관 등이 모여 있다. 골목 벽과 바닥에 그려진 독특한 그림, 알록달록한 색색의 건물과 간판을 구경하는 재미가 있다. 노스 레인의 골목에는 글로스터 로드, 뉴 로드, 노스 로드, 본드 스트리트, 켄싱턴 가든스, 시드니 스트리트 등이 있다.

Data 지도 447p-A
가는 법 브라이턴 기차역에서 도보 10분 주소 North Laine, Brighton BN1
홈페이지 northlaine.co.uk

London Suburbs by Area

06

옥스퍼드

Oxford

'꿈꾸는 첨탑들의 도시' 옥스퍼드는 800년 전통의 세계적인 대학도시이다. 잉글랜드 중심부의 중요한 지리적 위치 덕분에 정치적, 종교적, 산업적으로 발달된 도시 옥스퍼드로 떠나 보자.

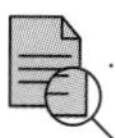

옥스퍼드

미리보기

11세기 프랑스를 침략한 정복왕 윌리엄 1세 시대 이후로 많은 영국의 지식인들이 프랑스로 유학을 다녀오게 된다. 그들은 교육에 관심을 가지게 되었고 당시 옥스퍼드의 교회 등을 빌려 학생들을 가르치기 시작한다. 마침내 13세기에 영국 최초의 대학인 '유니버시티 칼리지', '벨리올 칼리지', '머튼 칼리지'가 옥스퍼드에 생긴다. 옥스퍼드는 하나의 대학 이름이 아니고 대학 연합체를 가리키며, 옥스퍼드에는 38개의 독립된 대학과 6개의 부속 단체가 있다.

SEE

옥스퍼드를 대표하는 대학들뿐만 아니라 영국에서 가장 오래된 도서관인 보들리언 도서관, 라파엘의 작품을 볼 수 있는 애슈몰린 박물관, 아인슈타인의 칠판이 걸려 있는 과학사 박물관 등 볼거리가 풍부하다. 또 옥스퍼드는 세계적으로 유명한 판타지 소설의 작가를 배출하고 해리 포터 영화의 배경이 된 곳이다. 판타지를 좋아하는 사람이라면 미리 옥스퍼드와 관련된 소설이나 영화를 보고 오자.

EAT

옥스퍼드 커버드 마켓에는 원조 벤스쿠키 매장을 비롯해 다양한 먹거리가 가득하다.

어떻게 갈까?

기차 패딩턴역에서 옥스퍼드역까지 약 1시간. 모든 역을 다 거치는 완행 기차를 탈 경우 2시간이 걸린다. 주요 역만 거치는 1시간짜리 기차인지 확인하고 티켓을 구매하자.

코치 빅토리아 코치 스테이션에서 옥스퍼드 버스 스테이션까지 약 2시간 소요된다.

투어 런던에서 옥스퍼드만 가는 투어업체는 거의 없고 코츠월드/옥스퍼드를 묶어서 가거나 비스터 빌리지를 묶어서 가는 업체들이 대부분이다. 한인 투어업체와 종류가 다양하다.

어떻게 다닐까?

옥스퍼드역에서 시내 중심까지는 약 10분 정도 걸어가야 한다. 옥스퍼드 시내 자체는 큰 편이 아니라 도보로 다닐 수 있다.

옥스퍼드

추천 코스

옥스퍼드를 걷다 보면 지금이 21세기라는 것을 잠시 잊을 만큼 아주 오래된 도시의 분위기를 느낄 수 있다. 대학들을 비롯해 상점, 교회, 박물관, 도서관 건물들이 고풍스럽고 중후하다. 날씨가 맑은 날에 세인트 메리 처치 전망대에서 옥스퍼드 도시를 빛내는 화려한 첨탑의 스카이 라인을 담아보자.

뱅크역이나 타워 게이트웨이역에서
DLR을 타고 커티 삭역 도착

도보 15분

시간의 중심 왕립 천문대 본초자오선
위에서 기념사진 찍기

도보 5분

그리니치 공원 언덕에 앉아
아름다운 템스강 풍경 바라보기

도보 1분

왕비를 위한 화려한 저택
퀸스 하우스 둘러보기

도보 3분

구 왕립 해군 대학의
웅장한 돔 건물 걸어 보기

도보 1분

영국 해양 역사를 보여 주는
국립 해양 박물관 관람하기

도보 5분

커버드 마켓에서
원조 벤스 쿠키
맛보기

도보 10분

크라이스트 처치
칼리지에서 해리 포터
배경지 가 보기

도보 15분

시간적, 체력적 여유가
된다면 캠퍼스가
아름다운 모들린
칼리지도 둘러보자

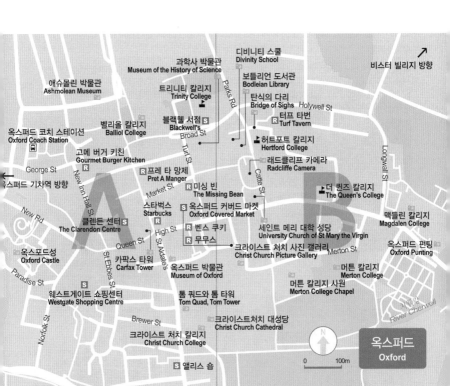

디비니티 스쿨
Divinity School
과학사 박물관
Museum of the History of Science
비스터 빌리지 방향
보들리언 도서관
Bodleian Library
애슈몰린 박물관
Ashmolean Museum
트리니티 칼리지
Trinity College
Parks Rd
탄식의 다리
Bridge of Sighs
Holywell St
터프 타번
Turf Tavern
블랙웰 서점
Blackwell's
벨리올 칼리지
Balliol College
옥스퍼드 코치 스테이션
Oxford Coach Station
Broad St
허트포트 칼리지
Hertford College
고메 버거 키친
Gourmet Burger Kitchen
Turl St
래드클리프 카메라
Radcliffe Camera
Longwall St
George St
프레 타 망제
Pret A Manger
옥스퍼드 기차역 방향
New Inn Hall St
Catte St
미싱 빈
The Missing Bean
더 퀸즈 칼리지
The Queen's College
Market St
스타벅스
Starbucks
옥스퍼드 커버드 마켓
Oxford Covered Market
New Rd
맥들린 칼리지
Magdalen College
클렌든 센터
The Clarendon Centre
벤스 쿠키
세인트 메리 대학 성당
University Church of St Mary the Virgin
High St
무무스
Queen St
옥스퍼드 펀팅
Oxford Punting
St Aldate's
크라이스트 처치 사진 갤러리
Christ Church Picture Gallery
Merton St
옥스포드성
Oxford Castle
카팍스 타워
Carfax Tower
St Ebbes St
옥스퍼드 박물관
Museum of Oxford
머튼 칼리지
Merton College
Paradise St
머튼 칼리지 사원
Merton College Chapel
웨스트게이트 쇼핑센터
Westgate Shopping Centre
톰 쿼드와 톰 타워
Tom Quad, Tom Tower
처웰강
River Cherwell
Norfolk St
Brewer St
크라이스트처치 대성당
Christ Church Cathedral
크라이스트 처치 칼리지
Christ Church College
N
0 100m
옥스퍼드
Oxford
앨리스 숍

옥스퍼드 학문의 중심이자 앨리스와 해리 포터를 만날 수 있는

크라이스트 처치 칼리지 Christ Church College

옥스퍼드에서 가장 귀족적인 분위기를 풍기며 재정적으로도 부유한 학교로 손꼽힌다. 멋스러운 학교 건축물은 전 세계에 영향을 미쳐 크라이스트 처치 칼리지의 건축과 이름을 딴 학교, 지명, 성당 등을 미국과 뉴질랜드에서도 볼 수 있다. 1525년 토마스 울시 경이 자금을 모아 거대한 규모의 대학을 설립할 계획이었지만 그의 명예가 실추되어 140년간 4분의 3만 완성된 상태로 남아 있었다. 1546년 헨리 8세의 재건으로 대학은 완성되었고, 헨리 8세가 지은 케임브리지의 트리니티 칼리지와 자매학교를 맺었다. 영화 〈해리 포터〉의 배경으로도 유명하고, 수학과 교수인 찰스 루트위지 도지슨이 동화 『이상한 나라의 앨리스』를 집필하기도 했다. 17세기 사회계약설을 주장한 영국 대표 철학자 존 로크, 기독교인들의 실천 신앙을 주장한 감리교 창시자 존 웨슬리 등 세계적인 위인들이 다녔다. 또 옥스퍼드 대학 중 가장 많은 수인 13명의 영국 수상을 배출한 영국 역사에서 빼놓을 수 없는 가치를 지닌 학교이다. 메도우 게이트Meadow Gate로 입장해 캔터버리 게이트Canterbury Gate로 나온다.

Data 지도 457p-A 가는 법 옥스퍼드 기차역에서 도보 20분. 또는 13번 버스 탑승 후 세인트 알데이츠에서 하차 주소 St Aldate's, Oxford OX1 1DP 전화 018-6527-6150 운영 시간 월~토 10:00~17:00, 일 14:00~17:00 요금 셀프가이드 투어 18파운드(온라인 예매 시 16파운드), 가이드그룹 투어 10파운드 홈페이지 www.chch.ox.ac.uk

|Theme|

크라이스트 처치 칼리지 둘러보기

크라이스트 처치 칼리지의 넓은 뜰

톰 쿼드와 톰 타워 Tom Quad, Tom Tower

톰 쿼드는 크라이스트 처치 칼리지 안에 있는 넓은 사각형의 안뜰이다. 'ㅁ'자 모양으로 강당, 예배당, 도서관으로 둘러싸여 있다. 옥스퍼드에서 가장 크고 멋진 뜰이라는 평가를 받는다. 톰 쿼드 중심에서 바라보면 정면에 우뚝 서 있는 탑이 톰 타워이다. 크라이스트 처치를 졸업한 크리스토퍼 렌 건축가가 설계한 것으로 타워 안에는 그레이트 톰 벨이라고 불리는 약 7톤 무게의 종이 있다. 매일 저녁 9시 5분이 되면 101번의 종이 울렸는데, 옥스퍼드의 학생 수 100명과 1663년에 더해진 1명의 수를 의미한다. 지금은 특별 행사 때만 종이 울린다.

영국에서 가장 작은 대성당

크라이스트 처치 대성당 Christ Church Cathedral

약 1160~1200년에 지어져 1546년부터 크라이스트 처치 대학 소속 성당으로 쓰이기 시작했다. 아치형의 높은 천장과 벽면을 가득 채운 스테인드글라스 그림들이 매우 화려하다. 1, 2차 세계대전 때 희생된 크라이스트 처치 칼리지 학생들과 직원들의 전쟁 기념비가 세워져 있다.

홈페이지 www.chchchoir.org

해리 포터 식당으로 유명한 그레이트 홀

그레이트 홀 Great Hall

크라이스트 처치 칼리지에서 절대 빼놓을 수 없는 곳이다. 높은 천장과 길게 펼쳐진 식탁 그리고 홀을 둘러싸고 있는 벽면에는 학교를 완성한 헨리 8세부터 현재 엘리자베스 여왕 2세까지 영향력 있는 사람들의 초상화가 걸려 있다. 스테인드글라스에는 앨리스도 그려져 있으니 찾아보자. 영화 〈해리 포터〉에서는 특수효과를 사용해 실제로는 그보다 규모가 작다. 고풍스러운 이곳에서 아직도 교수와 학생들은 식사를 한다고 하니 그것만으로도 충분히 둘러볼 가치가 있다.

옥스퍼드 대학을 연결하는 핵심 도서관 시스템

보들리언 도서관 Bodleian Library

학문의 도시 옥스퍼드의 중심이자 1602년에 설립된 유럽에서 가장 오래된 도서관이다. 영국의 정치가이자 학자인 토마스 보들리 경은 쇠퇴해 가는 옥스퍼드 대학의 도서관을 활성화시키고 싶어 했다. 그는 소유하고 있던 장서 2천여 권을 이용해 1602년 11월 보들리언이라는 이름으로 도서관을 재건했다. 보들리는 영국에서 출판되는 모든 책을 한 권씩 기증받아 보관했으며, 이 제도는 지금까지 유지되고 있다. 그의 노력으로 현재 1천2백만여 권의 장서와 8만 건이 넘는 희귀본을 보유하고 있으며 영국에서 두 번째로 큰 규모의 도서관이 되었다. 고전 파피루스, 필사본, 지도, 악보 등도 보관되어 있다. 1455년 펴낸 구텐베르크의 성경과 1623년 셰익스피어의 최초의 희곡집 등은 역사적으로 특히 의미가 깊다. 보들리언 도서관은 옥스퍼드 도시 전체에 있는 107개의 도서관 건물을 일컫는 도서관 시스템을 말하며 지하로 연결된 컨베이어 벨트를 통해 각 도서관 건물로 책이 자동으로 이동된다.

Data 지도 457p-B
가는 법 옥스퍼드 기차역에서 도보 20분
주소 Bodleian Library Broad Street, Oxford OX1 3BG
전화 018-6527-7162
운영 시간 월~금 09:00~17:00, 토 09:00~16:30, 일 11:00~17:00
요금 투어에 따라 다름
홈페이지 www.bodleian.ox.ac.uk

|Theme|

보들리언 도서관 투어

투어 종류

디비니티 스쿨 Divinity School

15분간 디비니티 스쿨 홀만 둘러볼 수 있는 코스.

가격 2.50파운드 투어 시간 월~토 09:00~17:00, 일 11:00~17:00

오디오 가이드 Audio Guide

디비니티 스쿨, 래드클리프 카메라, 웨스튼 라이브러리를 셀프오디오 가이드로 둘러볼 수 있는 코스. 보들리언 도서관은 포함되어있지 않다.

가격 5파운드

라이브러리 가이드 투어 Library guided tours

디비니티 스쿨, 보들리언 도서관을 둘러보는 코스. 30분, 60분, 90분 가운데 선택할 수 있다.

가격 10파운드(30분), 15파운드(60분), 20파운드(90분) 투어 시간 10:00, 10:30, 14:00, 15:00(투어 종류에 따라 상이)

옥스포드 워킹 투어 City of Oxford Walking Tour

가이드 설명을 들으며 옥스포드 도시를 둘러보는 워킹투어로 90~120분 소요

가격 20파운드~ 투어 시간 11:00, 14:00

투어 장소

디비니티 스쿨 Divinity School

학생들이 수업을 듣고 시험을 보던 중세 시대 수직 홀로 화려한 아치형 천장이 인상적이다. 해리 포터 영화에서 양호실과 강의실로 등장한다.

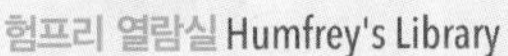

험프리 열람실 Humfrey's Library

보들리언 도서관에서 가장 오래된 열람실로 고풍스러운 분위기에 압도되는 곳이다. 영화 해리 포터에서 볼드모트를 찾아내기 위해 연구하던 도서관이다.

래드클리프 카메라 Radcliffe Camera

보들리언 도서관의 더 많은 장서를 보유하기 위해 1860년에 지어진 아름다운 돔 건물이다. 영국에서 세 번째로 큰 돔이며 특히 밤에 바라보는 야경이 멋스럽다.

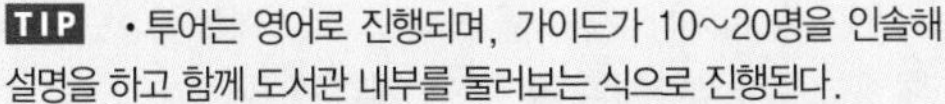

TIP • 투어는 영어로 진행되며, 가이드가 10~20명을 인솔해 설명을 하고 함께 도서관 내부를 둘러보는 식으로 진행된다.

• 가이드의 허락 없이 임의로 도서관 내부를 돌아다니거나 사진을 찍을 수 없다.

|Theme|

옥스퍼드와 판타지

옥스퍼드는 판타지의 요람이라고 불릴 만큼 세계적으로 유명한 판타지 소설 작가를 많이 배출하고, 판타지 영화의 배경이 되기도 한 곳이다. 판타지를 좋아한다면 옥스퍼드를 꼭 가야 할 또 하나의 이유이다.

옥스퍼드가 배출한 판타지 소설 작가

J.R.R. 톨킨 머튼 칼리지의 영문과 교수였으며『호빗』과『반지의 제왕』을 집필했다.
C.S. 루이스 모들린 칼리지의 영문학 교수였으며,『나니아 연대기』를 집필했다.
찰스 루트위지 도지슨 크라이스트 처치 칼리지의 수학과 교수였으며 루이스 캐럴이라는 필명으로『이상한 나라의 앨리스』를 집필했다.

크라이스트 처치 칼리지와 이상한 나라의 앨리스

150년 전 크라이스트 처치 칼리지의 수학과 교수였던 찰스 루트위지 도지슨은 자신의 가장 친한 친구이자 학장이었던 헨리 리델의 세 딸에게 어느 날 이야기를 들려주었다. 주인공이 옥스퍼드와 가까운 폴리 브리지에서 그곳으로부터 약 8km 떨어진 갓스토 마을까지를 모험한 이야기로, 이 이야기를 너무 좋아한 학장의 둘째 딸 앨리스가 찰스에게 자신을 위해 책으로 써 달라고 요청한 것이 세계적인 명화『이상한 나라의 앨리스』가 탄생하게 된 배경이다.

옥스퍼드와 해리 포터

해리 포터 팬이라면 꼭 가야 할 장소들! 영화 속 실제 배경 장소를 옥스퍼드 곳곳에서 찾아보자.
❶ 크라이스트 처치 칼리지의 그레이트 홀은 해리 포터 영화 속 학생 식당의 배경이다.
❷ 보들리언 도서관 안의 디비니티 스쿨은 영화에서 양호실과 강의실로 등장한다.
❸ 보들리언 도서관의 험프리 열람실은 영화 속에서 볼드모트를 찾아내기 위해 연구하던 도서관이다.

|Theme|

방문해 볼 만한 옥스퍼드의 대학교

옥스퍼드의 38개 대학 중에서도 가장 오래된 역사를 가진 학문적 명성이 가득한 세 곳을 추천한다. 옥스퍼드의 자랑으로 여행객들이 방문할 만한 가치가 있다.

머튼 칼리지 Merton College

1264년 지어진 750년이 넘는 역사를 가진 학교이다. 최초의 판타지 소설인 『호빗』과 『반지의 제왕』의 작가 J.R.R. 톨킨이 교수로 재직했던 학교이자 『황무지The Waste Land』를 쓴 T.S. 엘리엇을 비롯한 다수의 노벨상 수상자가 배출된 곳이다.

Data 지도 457p-B 가는 법 옥스퍼드 기차역에서 도보 25분. 또는 5, 13번 버스 타고 퀸스 레인에서 하차 후 도보 3분 주소 Merton St, Oxford OX1 4JD 전화 018-6527-6310 운영 시간 월~금 14:00~17:00, 토 10:00~17:00, 일 12:00~17:00 요금 5파운드 홈페이지 www.merton.ox.ac.uk

벨리올 칼리지 Balliol College

1263년 벨리올 가문에서 창립한 정치, 철학, 경제로 유명한 대학이다. 세 명의 영국 총리를 비롯하여 『정의란 무엇인가』의 작가 마이클 센델과 '보이지 않는 손'의 경제학의 아버지 애덤 스미스가 이 대학 출신이다.

Data 지도 457p-A 가는 법 옥스퍼드 기차역에서 도보 15분. 또는 14, 500번 버스 타고 모들린 스트리트에서 하차 후 도보 3분 주소 Balliol College, Oxford OX1 3BJ 전화 018-6527-7777 운영 시간 매일 10:00~17:00 요금 5파운드 홈페이지 www.balliol.ox.ac.uk

맥들린 칼리지 Magdalen College

1458년 설립되어 예술 분야에서 명성이 높은 학교이다. 톨킨과 함께 옥스퍼드를 대표하는 판타지 작가로 『나니아 연대기』를 집필한 C.S. 루이스가 영문학 교수로 재직했던 학교이며 극작가이자 시인, 소설가인 오스카 와일드도 이 학교를 다녔다. 캠퍼스가 특히 아름답다.

Data 지도 457p-B 가는 법 옥스퍼드 기차역에서 도보 30분. 또는 5, 13번 버스 타고 퀸스 레인에서 하차 후 도보 5분 주소 Magdalen College, Oxford OX1 4AU 전화 018-6527-6000 운영 시간 10:00~19:00 (시기별로 다름) 요금 6파운드 홈페이지 www.magd.ox.ac.uk

영국 최초의 공공 박물관

애슈몰린 박물관 Ashmolean Museum

1683년 설립된 영국 최초의 박물관이다. 영국의 수집가이자 정치가인 엘리아스 애슈몰이 여행가들로부터 수집한 동전, 서적, 판화, 지리학, 동물학 사료 등을 기반으로 설립했다. 기원전 8천 년경부터 현재에 이르기까지 인류의 예술과 고고학을 볼 수 있는 박물관이다. 이집트 미라를 비롯해 미노스 문명, 앵글로색슨족이 사용하던 유물, 이탈리아 화가 라파엘로의 가장 큰 그림과 중국 현대 미술까지 전시물의 규모와 범위가 매우 광대하다. 옥스퍼드의 주요 관광지와는 조금 떨어져 있지만 둘러볼 만한 가치가 충분한 곳이다.

Data 지도 457p-A
가는 법 옥스퍼드 기차역에서 도보 10분. 또는 14, 500번 버스 타고 조지 스트리트에서 하차 후 도보 3분
주소 Ashmolean Museum, Beaumont St Oxford OX1 2PH
전화 018-6527-8000 운영 시간 매일 10:00~17:00
요금 무료 홈페이지 www.ashmolean.org

아인슈타인의 친필을 볼 수 있는

과학사 박물관 Museum of the History of Science

고대부터 20세기 초까지 인류의 과학 역사를 보여주는 박물관. 18,000개가 넘는 과학 유산을 만날 수 있다. 전통적으로 인문학이 강세인 옥스퍼드이지만 보일의 법칙으로 유명한 로버트 보일, 많은 사람을 살려낸 항생제인 페니실린을 발견한 알렉산더 플레밍과 같은 유명한 과학자들도 배출했다. 옥스퍼드학파가 이용했던 원소기호를 만들던 기구와 각종 천문학 기구, 시계의 변천사 등을 볼 수 있다. 그중에서도 가장 유명한 것은 '아인슈타인의 칠판'으로 1931년 아인슈타인이 옥스퍼드를 방문하여 강의했을 때 칠판에 남긴 그의 친필이다.

Data 지도 457p-A
가는 법 옥스퍼드 기차역에서 도보 15분. 또는 14, 500번 버스 타고 모들린 스트리트에서 하차 후 도보 5분 주소 Museum of the History of Science, Broad Street Oxford OX1 3AZ 전화 018-6527-7280
운영 시간 화~일 12:00~17:00
요금 무료
홈페이지 www.mhs.ox.ac.uk

옥스퍼드의 멋진 스카이라인을 볼 수 있는 전망대

세인트 메리 대학 성당 University Church of St Mary the Virgin

옥스퍼드의 중심에서 가장 아름다운 도시의 전경을 내려다볼 수 있는 성당이다. 127개의 계단을 따라 오르면 래드클리프 카메라를 비롯해 옥스퍼드 학교들의 멋진 첨탑 전망을 볼 수 있다. 1280년부터 약 800년간 옥스퍼드의 저명한 학자와 교수들이 이 성당에 모여 강의를 하거나 미사를 드렸다. 커피나 티를 즐길 수 있는 가든 카페도 있다. 성당 입장은 무료이나 전망대는 입장료를 내고 들어가야 한다. 날씨가 좋지 않으면 타워 입장이 안 될 수도 있다. 성당이나 타워에 입장하기 위해 얼굴을 가리는 커버를 지참해야 한다.

Data 지도 457p-B 가는 법 옥스퍼드 기차역에서 도보 20분. 또는 5, 13번 버스 타고 퀸스 레인에서 하차 후 도보 2분 주소 University Church of St Mary the Virgin, High St, Oxford OX1 4BJ
전화 018-6527-9111 운영 시간 월~토 09:30~17:00, 일 12:00~17:00
요금 성당 무료 입장, 전망대 5파운드 홈페이지 www.university-church.ox.ac.uk

옥스퍼드에서 가장 유명한 다리

탄식의 다리 Bridge of Sighs

탄식의 다리라고 불리는 이 다리의 실제 이름은 허트포드 브리지Hertford Bridge이다. 하트포드 대학교와 뉴 칼리지 레인New College Lane을 잇는 독특한 다리로 옥스퍼드의 랜드마크 중 하나이다. 이탈리아 베네치아의 탄식의 다리와 닮았다고 해서 이름이 붙여졌지만 실제로는 베네치아의 리알토 다리와 더 비슷하다. 내려오는 이야기에 따르면 옥스퍼드 학생들을 대상으로 한 신체검사에서 하트포드 대학 학생들의 몸무게가 가장 많이 나오자, 학교 측에서는 운동을 하라는 의미로 이 다리를 이용하지 말고 계단으로 걸어 다니라고 했다고 한다. 하지만 실제로는 이 다리를 이용하는 것이 더 많은 계단을 오르는 것이었다고 한다.

Data 지도 457p-B
가는 법 옥스퍼드 기차역에서 도보 20분 주소 Bridge of Sighs, New College Ln, Oxford OX1 3BL

옥스퍼드에서 맛보는 진한 커피의 맛

미싱 빈 The Missing Bean

옥스퍼드의 추천 카페로 신맛보다는 쓴맛이 강한 진한 커피를 맛볼 수 있는 곳이다. 카페 근처에 있는 로스트하우스에서 매주 신선한 에티오피안 원두를 로스팅한다. 진한 이탈리아 스타일 커피와 달콤한 케이크, 치아바타 샌드위치도 함께 즐길 수 있다. 옥스퍼드 사람들이 좋아하는 미싱 번 커피를 마시며 카페 창가 자리에 앉아 고풍스러운 옥스퍼드 분위기를 느껴 보자.

Data 지도 457p-A
가는 법 옥스퍼드 기차역에서 도보 15분
주소 The Missing Bean Cafe, 14 Turl Street, Oxford OX1 3DQ
전화 018-6579-4886
운영 시간 월~금 08:00~16:30, 토 09:00~17:00, 일 10:00~16:00
가격 커피 2.5파운드~
홈페이지 www.themissingbean.co.uk

옥스퍼드의 숨겨진 역사적인 펍

터프 타번 Turf Tavern

세인트 헬렌스 패시지의 아주 좁고 구불구불한 골목에 숨겨진 옥스퍼드의 유명한 펍이다. 무려 13세기부터 이어져 온 역사적인 곳으로 옥스퍼드 대학 학생들이 즐겨 찾는다. 100% 비프 패티와 훈제 치즈, 채소 등을 올린 더티 버거를 비롯해 프라임 스테이크 버거, 버터밀크 치킨버거 등이 대표 메뉴. 탄식의 다리 근처에 자리 잡고 있다.

Data 지도 457p-B
가는 법 옥스퍼드 기차역에서 도보 20분
주소 4-5 Bath Place, Oxford, Oxfordshire OX1 3SU
전화 018-6524-3235
운영 시간 11:00~23:00
홈페이지 www.turftavern-oxford.co.uk

150년 전통 옥스퍼드 최대의 서점

블랙웰 서점 Blackwell's

옥스퍼드에서 가장 유명한 서점으로 1879년 오픈해 약 150년의 역사를 가지고 있다. 학문의 도시 옥스퍼드의 서점답게 판매하는 문학작품과 학술서의 범위가 방대해서 도서관 같은 분위기를 느낄 수 있다. 특히 지하에 위치한 노링턴 룸Norrington Room에는 16만 권 이상의 책이 있으며 책장의 길이를 합치면 약 5km나 된다. 단일 책 서점으로는 가장 많은 책을 보유해 기네스북에도 올라온 곳이다. 길 건너편에는 음악 악보와 예술 포스터만 전문으로 판매하는 블랙웰 아트 앤 포스터 숍Blackwell's Art and Poster Shop이 있다. 옥스퍼드 본점에서 시작해 지금은 영국 전역에 60곳이 넘는 서점을 가진 큰 기업으로 성장했다.

Data 지도 457p-A
가는 법 옥스퍼드 기차역에서 도보 15분. 또는 14, 500번 버스 타고 모들린 스트리트에서 하차 후 도보 5분
주소 Blackwell Ltd, 50 Broad Street, Oxford OX1 3BQ
전화 018-6533-3690
운영 시간 월~토 09:00~18:00
홈페이지 www.blackwell.co.uk

정겨운 분위기를 느끼는 전통 시장

옥스퍼드 커버드 마켓 Oxford Covered Market

옥스퍼드 중심에 위치한 실내 전통시장으로 1770년 시작되었다. 옥스퍼드 사람들뿐 아니라 여행자들도 꼭 방문하는 곳으로, 정겨운 분위기를 느낄 수 있다. 주문 제작으로 만들어지는 수제 케이크 숍, 신선한 아라비카 원두와 홍차를 전문적으로 판매하는 카듀 앤 코를 포함한 40여 개의 가게에서는 신선한 채소와 고기, 꽃, 보석, 모자, 가방 등 다양한 제품을 판매한다. 즐길 거리와 먹을거리가 가득한 커버드 마켓을 구경해 보자.

Data 지도 457p-B 가는 법 옥스퍼드 기차역에서 도보 15분 주소 The Covered Market Oxford, Market St, Oxford OX1 3DZ 운영 시간 월~토 08:00~17:30, 일 10:00~16:00(가게마다 다름) 홈페이지 oxfordcovered-market.co.uk

세계적으로 유명한 수제 쿠키의 원조

벤스쿠키 Ben's Cookies

우리에게도 익숙한 벤스쿠키는 초콜릿을 너무 사랑한 헬지 루빈스테인이 1984년 커버드 마켓에서 팔면서 시작되었다. 지금도 벤스쿠키 본점에서는 매일 갓 구운 고소하고 촉촉한 벤스쿠키를 만날 수 있다. 초콜릿 칩, 오트밀, 땅콩버터, 코코넛 쿠키 등 다양한 맛의 쿠키를 맛보자.

Data 지도 457p-A 가는 법 옥스퍼드 커버드 마켓 내 전화 018-6524-7407 운영 시간 월~토 09:15~17:30, 일 11:00~17:00 가격 4개 12.45파운드 홈페이지 www.benscookies.com

다양한 맛을 고를 수 있는 셰이크 전문점

무무스 Moo-Moo's

핑크색 바탕에 환하게 웃고 있는 하얀 소 캐릭터의 밀크셰이크 가게이다. 옥스퍼드에서 처음으로 밀크셰이크와 스무디를 팔기 시작해 옥스퍼드 학생들과 여행객들에게 인기 있는 브랜드이다. 수십 가지의 맛을 원하는 대로 골라 만들어 먹는 재미가 있다.

Data 지도 457p-A 가는 법 옥스퍼드 커버드 마켓 내 전화 018-6520-0025 운영 시간 월~토 10:00~17:30, 일 휴무 가격 스몰 3.5파운드 홈페이지 www.moo-moos.co.uk

영국 대표 럭셔리 아웃렛

비스터 빌리지 Bicester Village

옥스퍼드 외곽의 작은 마을인 비스터(바이스터)에 위치한 명품 아웃렛이다. 한국의 대형 명품 아웃렛을 기대하고 갔다면 생각보다 작은 규모에 다소 실망할 수도 있다. 비스터 빌리지 홈페이지나 인포메이션 센터를 방문해 지도와 각종 쿠폰을 챙기자. 디올, 프라다, 바버, 멀버리, 버버리, 비비안 웨스트우드 등 다양한 영국 브랜드를 만날 수 있다. 기본적으로 30%, 일부 브랜드는 60% 이상 세일을 한다. 비스터 빌리지에서 대한민국으로 나라 설정 후 VIP 패스를 QR코드로 다운받으면 10% 할인을 받을 수 있다(쿠폰은 다운 후 24시간만 유효). 구매를 많이 할 계획이라면 빈 캐리어를 가져가자. 양손 가득 쇼핑백을 무겁게 들고 올 필요가 없다.

Data 지도 457p-B
가는 법 쇼핑 익스프레스 코치 이용. 또는 런던 말리본역에서 기차 타고 비스터 타운 하차.
또는 옥스퍼드 시티 센터 모들린 스트리트에서 S5, X5 버스 타고 비스터 빌리지에서 하차
주소 Bicester Village, 50 Pingle Drive, Bicester, Oxfordshire OX26 6WD
운영 시간 월~토 09:00~20:00, 일 10:00~19:00 홈페이지 www.bicester-village.com

TIP 비스터 빌리지 어떻게 갈까?

❶ **기차 :** 런던 말리본역에서 비스터 타운을 오가는 기차. 30분에 한 대 있다. 기차로 약 50분 이동 후 비스터 타운역에서 아웃렛까지 도보 약 10분 소요.
요금 왕복 25파운드 옥스포드 기차역에서 탑승 후 비스터 빌리지역에서 하차. 약 15분 소요.

❷ **버스 :** 옥스퍼드 시티 센터 모들린 스트리트Magdalen Street에서 비스터 빌리지로 가는 S5 버스가 약 30분에 한 대 있다. 버스로 40분 이동 후 비스터 빌리지 정류장에서 아웃렛까지 도보 약 10분 소요. 요금 왕복 5~6파운드

❸ **쇼핑 익스프레스 코치 :** 런던 시내에서 비스터 빌리지까지 한 번에 갈 수 있는 직통 코치이다. 현재 코로나로 일시 중지 상태지만 런던에서 이용 예정이라면 비스터 빌리지 홈페이지에서 운영 여부를 한 번 더 확인해 보자.

London Suburbs by Area

07

코츠월드

Cotswolds

영국인들이 사랑하는 전원 마을. 코츠월드의 작은 마을에서는 아기자기한 벌꿀색의 영국 전통 집과 아름다운 자연 풍경을 볼 수 있다.

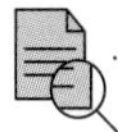

코츠월드

미리보기

코츠월드는 런던 서쪽에 위치한 넓은 구릉지대를 말하며 동화 같은 작은 마을들이 모여 있는 지역이다. 코츠월드의 특징인 허니골드색의 석회암 집들이 아름다운 영국의 전원 풍경과 조화롭게 어우러진다. 런던에서 코츠월드로 가는 차창 밖으로 보이는 푸른 초원과 그 위에서 한가로이 풀을 뜯는 양들의 풍경도 놓치지 말자.

SEE

코츠월드에서는 어느 곳을 찍어도 엽서와 화보가 된다. 카메론 디아즈가 출연한 영화 〈로맨틱 홀리데이〉의 배경이 된 곳. 소박하고 아담한 코츠월드의 전통주택을 만나 보자.

EAT

아름다운 코츠월드 풍경을 배경으로 애프터눈 티를 즐길 수 있는 곳이 많다.

어떻게 갈까?

■ **보톤 온 더 워터** 런던 패딩턴역에서 승차, 킹햄Kingham에서 하차(기차 약1 시간 20분) 후 보톤 온 더 워터행 802번 버스 탑승. 워메모리얼War Memorial정류장에서 하차(버스 약 40분 소요).

■ **바이버리** 보톤 온 더 워터 마을 뉴세이전트 정류장에서 패어포드행 855번 버스 탑승 후 바이버리 브리지 하우스, 트라우트 팜 혹은 바이버리 포스트 오피스 정류장에서 하차(약 40분 소요).

■ **캐슬 쿰** 런던 패딩턴역에서 승차, 치펀햄Chippenham역에서 하차(기차 약 1시간) 후 버튼행 95번 버스 탑승. 빌리지 센터 정류장에서 하차(버스 약 20분 소요).

어떻게 다닐까?

코츠월드는 대중교통이 발달하지 않은 곳이라 마을 간의 이동이 불편하다. 하루에 버스가 자주 없고 격일로 운행하는 경우도 종종 있으니 버스 홈페이지에서 날짜, 시간을 꼭 미리 확인하고 계획한 뒤 버스를 이동하도록 하자. 버스를 자주 이용할 예정이라면 10.50파운드의 코츠월드 디스커버러 패스(The Cotswolds Discoverer Pass)를 기차역이나 버스 기사님에게 직접 구매할 수 있다. 코츠월드 내 시내 버스를 하루 동안 무제한 탈 수 있다.

* 코츠월드 버스 시간표 정보 사이트(버스 번호 검색하면 정류장과 시간표 검색 가능)

bustimes.org , www.pulhamscoaches.com

버스 환승이 복잡하게 느껴진다면, 편하게 코츠월드의 여러 마을을 여행하고 싶다면 코츠월드 투어 업체를 이용하는 방법을 추천한다.

마이리얼트립 www.myrealtrip.com에서 코츠월드 검색

코츠월드

추천 코스

해마다 수많은 관광객이 찾고 있지만 아름다운 자연풍경과 전통가옥을 보존하기 위해 기차선로를 놓지 않았다. 마을과 마을을 이어주는 교통편이 발달하지 않아 대중교통으로 가기에는 시간, 비용적으로 어려움이 있다. 편하게 여러 마을을 다니고 싶다면 코츠월드 투어를 이용하자. 코츠월드의 마을 자체는 아담해서 여유 있게 산책하며 둘러보기 좋다.

보톤 온 더 워터

마을을 흐르는 윈드러시강을 따라 산책하기

베이커리 온 더 워터에서 따뜻한 스콘 맛보기

스몰토크 티룸에서 고소한 라자냐 즐기기

바이버리

600년 역사를 간직한 알링턴 로에서 기념사진 찍기

깨끗한 콜른강에 사는 송어 구경하기

담쟁이 덩쿨이 예쁜 스완 호텔 둘러보기

캐슬 쿰

작고 예쁜 마을
캐슬 쿰 둘러보기

매너하우스 호텔의
아름다운 정원
산책하기

매너하우스 호텔에서
고풍스럽게 애프터눈 티
즐기기

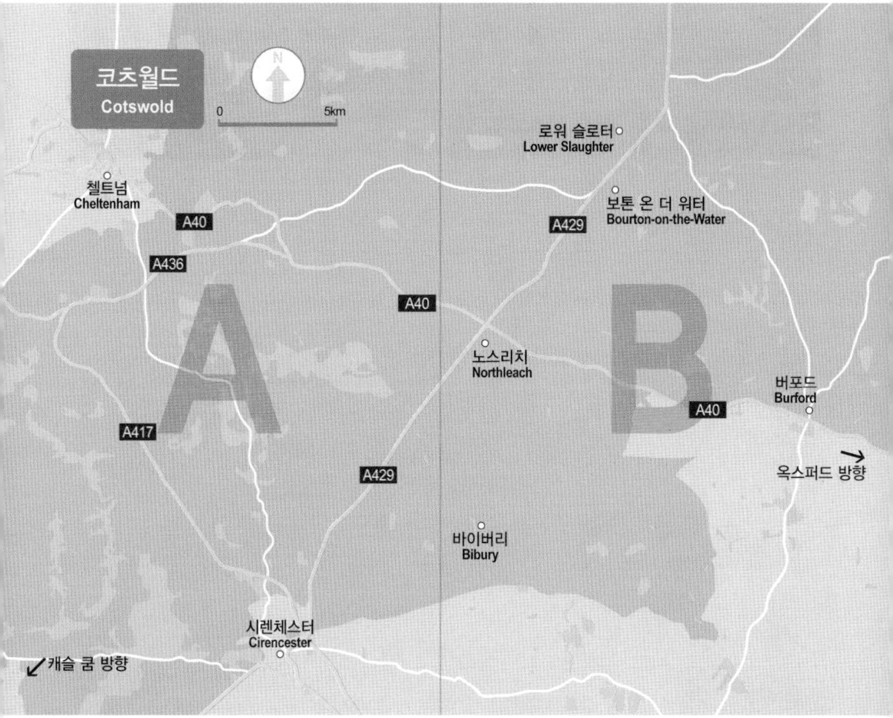

코츠월드
Cotswold

N
0 5km

로워 슬로터
Lower Slaughter

첼트넘
Cheltenham

A40

보톤 온 더 워터
Bourton-on-the-Water

A429

A436

A40

A

B

노스리치
Northleach

버포드
Burford

A40

A417

A429

옥스퍼드 방향

바이버리
Bibury

시렌체스터
Cirencester

캐슬 쿰 방향

영국에서 가장 아름다운 마을

바이버리 Bibury

세계적으로 유명한 영국의 텍스타일 디자이너이자 시인, 소설가인 윌리엄 모리스가 '영국에서 가장 아름다운 마을'이라고 칭할 만큼 사랑한 마을이다. 전형적인 코츠월드 전원 풍경을 보여 주는 작은 마을로 깨끗한 콜른강에는 송어들이 살고 있다. 역사와 전통을 느낄 수 있는 석회암 집들과 아름다운 자연 풍경이 멋스러운 곳이다.

Data 지도 473p-B 가는 법 보톤 온 더 워터 마을 뉴세이전트 정류장에서 855번 버스 탑승 후 바이버리 브리지 하우스, 트라우트 팜 혹은 바이버리 포스트 오피스 정류장에서 하차(약 40분 소요)

콜른강
River Coln
송어 양식장
Trout Farm
스완 호텔
The Swan Hotel
버스정류장
버스정류장
버스정류장
버스정류장
B4425
버스정류장
버스정류장
B4425
우체국
Post Office
Hawkers Hill
B4425
캐서린 휠
The Catherine Wheel
Awkward Hill
알링턴 로
Arlington Row
A
B
B4425
Church Rd
성 마리아 교회
St Mary's Church
콜른강
River Coln
바이버리
Bibury
N
0 100m

알링턴 로 Arlington Row

코츠월드 하면 대표적으로 떠오르는 곳. 600년이 넘은 집들이 모여 있는 작은 길이다. 코츠월드 인증샷은 바로 이곳에서!

Data 지도 474p-A
주소 Arlington Row, Bibury, Cirencester GL7 5NJ

송어 양식장 Trout Farm

1902년에 지어진 송어 양식장으로 송어들에게 먹이를 주는 체험을 할 수 있어 아이들이 있는 가족이라면 경험해 볼 만하다. 양식장 밖에서 바라보는 가든이 예쁘다.

Data 지도 474p-A
주소 Arlington, Bibury, Cirencester GL7 5NL 전화 012-8574-0215
운영 시간 하절기(3~9월) 09:00~17:00, 동절기(10~2월) 09:00~16:00 요금 7.50파운드
홈페이지 www.biburytroutfarm.co.uk

스완 호텔 The Swan Hotel

17세기에 지어진 4성급 호텔로 아름다운 콜른 강과 바이버리 마을을 바라볼 수 있다. 호텔 건물을 둘러싸고 있는 담쟁이 나무가 멋스럽다.

Data 지도 474p-B
주소 The Swan, Bibury, Nr Cirencester, Gloucestershire GL7 5NW
전화 012-8574-0695 운영 시간 체크인 14:00, 체크아웃 11:00 요금 1박 220파운드~
홈페이지 www.cotswold-inns-hotels.co.uk

코츠월드의 베니스

보톤 온 더 워터 Bourton-on-the-Water

마을을 따라 흐르는 윈드러시강 위에 작고 예쁜 다리들이 있어 코츠월드의 베네치아라고도 불린다. 강 주변으로는 아기자기한 앤티크 제품과 기념품을 파는 숍, 레스토랑이 있다. 일 년 내내 아름답지만 특히 크리스마스 시즌에는 강을 따라서 트리 조명이 반짝인다. 영국 전통 스콘과 따듯한 크림티를 마시며 한가로운 전원 풍경을 즐기기에 최고의 마을이다. 앵글로색슨인들이 모여 살며 요새라는 뜻의 보Burgh와 마을이라는 뜻의 톤Ton이 합쳐져 '보톤', 강 위에 있는 마을이라는 뜻으로 보톤 온 더 워터라는 마을 이름이 생기게 되었다.

Data 지도 473p-B 가는 법 런던 패딩턴역에서 기차 타고 모어톤 인 더 마시역에서 하차. 역 앞 버스 정류장에서 801번 버스 타고 뉴세이전트Newsagent 정류장에서 하차

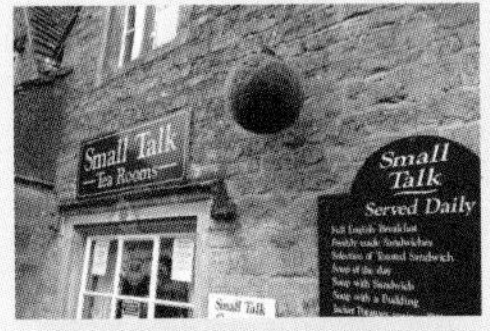

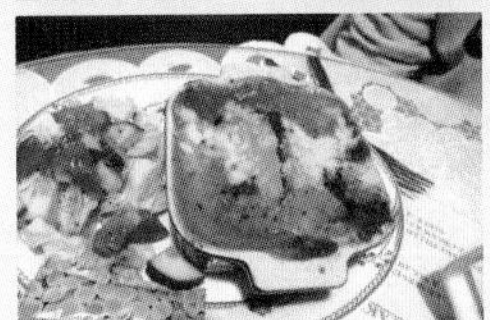

Small Talk
Tea Rooms
Small Talk
Served Daily

스몰토크 티룸 Smalltalk Tearooms

오래된 영국 시골마을의 따뜻한 분위기를 느낄 수 있는 레스토랑. 특히 라자냐가 맛있다.

Data 지도 477p-A 주소 The Forge, High Street, Bourton-on-the-Water GL54 -2AP 전화 014-5182-1596 운영 시간 10:00~16:00 가격 크림티 세트 5.50파운드~, 라자냐 7.99파운드~

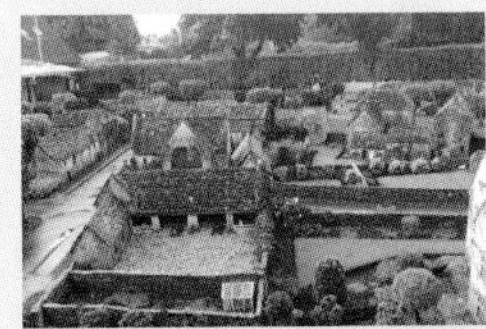

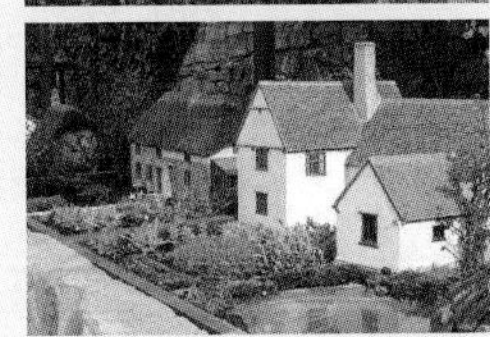

모델 빌리지 Model Village

아름다운 코츠월드 마을을 실제 크기의 9분의 1로 축소해서 만든 미니어처 마을.

Data 지도 477p-B 주소 The Model Village, Bourton-on-the-Water, GL54 2AF 전화 014-5182-0467 운영 시간 서머타임 기간 10:00~18:00 요금 4.5파운드 홈페이지 www.themodelvillage.com

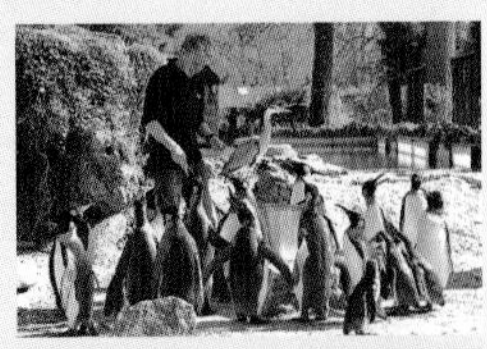

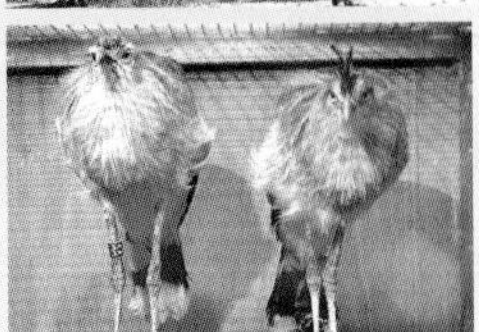

버드랜드 Birdland

전 세계에서 온 500여 마리의 다양한 새를 만나고 먹이를 줄 수 있는 테마공원.

Data 지도 477p-B 주소 Rissington Rd, Bourton-on-the-Water, Cheltenham GL54 2BN 전화 014-5182-0480 운영 시간 4~10월 10:00~16:00 요금 12.95파운드 홈페이지 www.birdland.co.uk

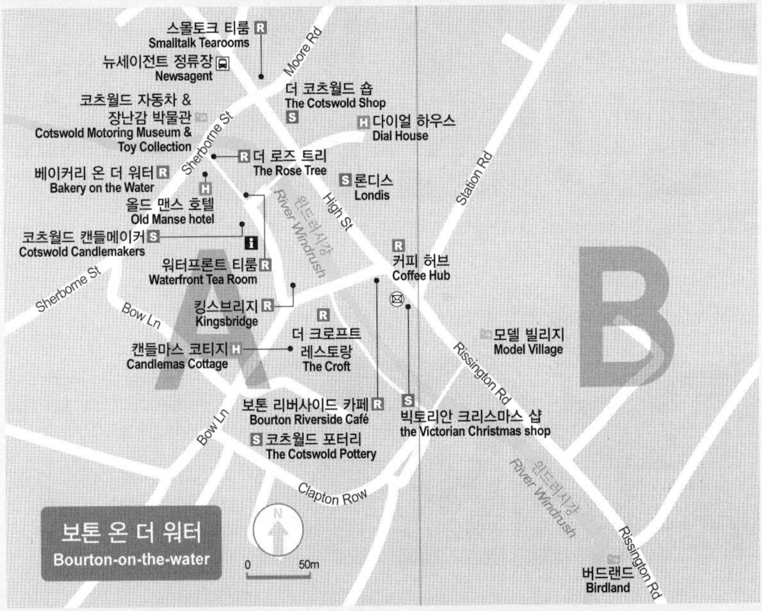

스몰토크 티룸
Smalltalk Tearooms
뉴세이전트 정류장
Newsagent
코츠월드 자동차 & 장난감 박물관
Cotswold Motoring Museum & Toy Collection
더 코츠월드 숍
The Cotswold Shop
다이얼 하우스
Dial House
더 로즈 트리
The Rose Tree
베이커리 온 더 워터
Bakery on the Water
론디스
Londis
올드 맨스 호텔
Old Manse hotel
코츠월드 캔들메이커
Cotswold Candlemakers
워터프론트 티룸
Waterfront Tea Room
커피 허브
Coffee Hub
킹스브리지
Kingsbridge
더 크로프트 레스토랑
The Croft
캔들마스 코티지
Candlemas Cottage
모델 빌리지
Model Village
보톤 리버사이드 카페
Bourton Riverside Café
빅토리안 크리스마스 샵
the Victorian Christmas shop
코츠월드 포터리
The Cotswold Pottery
Moore Rd
Sherborne St
Station Rd
High St
윈드러시강
River Windrush
Bow Ln
Rissington Rd
Clapton Row
A
B
N
0
50m
버드랜드
Birdland
보톤 온 더 워터
Bourton-on-the-water

베이커리 온 더 워터 Bakery on the Water

강을 바라보고 있는 파란색 간판의 빵집. 직접 만든 스콘과 클로티드 크림은 강력 추천 메뉴이다.

Data 지도 477p-A
주소 1 Sherborne Street, Bourton-on-the-Water, GL54 2BY 운영 시간 매일 08:00~17:00
가격 크림티 세트 6.90파운드
홈페이지 www.bakeryonthewater.co.uk

올드 맨스 호텔 Old Manse Hotel

1748년에 지어진 호텔. 영국식 펍, 피시 앤 칩스, 라자냐 등을 파는 레스토랑도 있다.

Data 지도 477p-A
주소 Victoria Street, Bourton-on-the-Water, Cheltenham GL54 2BX
전화 014-5182-0082
운영 시간 체크인 14:00, 체크아웃 11:00
요금 1박 110파운드~

킹스브리지 Kingsbridge

윈드러시강 바로 옆에 위치한 펍으로 180년 역사를 자랑한다.

Data 지도 477p-A
주소 Riverside, Bourton-on-the-Water, Bourton on the Water GL54 2BS
전화 014-5182-4119
운영 시간 월~토 12:00~23:00, 일 12:00~22:30 가격 버거 11.95파운드 홈페이지 www.kingsbridgepub.co.uk

코츠월드의 숨은 보석 같은 마을

캐슬 쿰 Castle Combe

영국에서 가장 아름다운 마을로 2회 연속 뽑힌 아기자기한 작은 마을이다. 아름다운 자연환경 속에 숨겨져 쉽게 찾을 수 없는 코츠월드의 보석 같은 마을이다. 〈워 호스〉, 〈스타더스트〉, 〈울프 맨〉과 같은 영화의 촬영지로 더욱 유명해졌다.

Data 지도 473p-A
가는 법 코츠월드 남쪽에 위치해 보톤 온 더 워터, 바이버리와 묶어 하루에 가기에는 무리가 있다. 오히려 바스와 가깝다. 런던 패딩턴역이나 바스역에서 치팬햄역까지 기차(런던에서 기차 1시간 20분 소요)로 이동 후 리틀톤드루행 35번 버스를 타고 빌리지 센터에서 하차(버스 약 20분 소요)

매너하우스 호텔 Manor House Hotel

작은 마을 캐슬 쿰에서 가장 큰 면적을 자랑하는 14세기 건물의 호텔이다. 웅장한 성을 연상케 하는 건물과 넓은 정원에서 골프, 숙박, 애프터눈 티 세트를 즐길 수 있다.

Data 가는 법 캐슬 쿰 마을 입구를 바라보고 작은 다리 옆 왼쪽으로 호텔 메인 게이트가 있다.
주소 Castle Combe, Chippenham SN14 7HR 전화 012-4978-2206
운영 시간 체크인 15:00, 체크아웃 11:00 요금 1박 250파운드~ 홈페이지 www.manorhouse.co.uk

London Suburbs by Area

08

케임브리지

Cambridge

옥스퍼드와 함께 영국의 오래된 대학들이 있는 학문의 도시 케임브리지에서 캠 강을 따라 아름다운 대학 건축물과 독특한 다리들을 만나 보자.

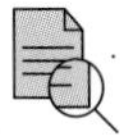

케임브리지
미리보기

13세기에 설립된 대학의 오래된 역사만큼 영국의 왕을 비롯해 수상, 시인, 작가, 과학자들이 많이 배출된 학문의 요람이다. 케임브리지에는 31개의 대학들이 모여 있고 인구의 약 15% 이상이 학생과 교수진이다. 윌리엄 왕세손과 케이트 미들턴 왕세손비는 케임브리지의 공작과 공작부인으로 케임브리지에서 이들의 사진과 기념품을 자주 볼 수 있다.

SEE

규모는 작지만 방대한 예술품이 전시된 피츠 윌리엄 박물관과 고딕 양식의 화려한 스테인드글라스가 장관인 킹스 칼리지 사원은 케임브리지의 자랑이다.

ENJOY

캠강을 따라 펀팅을 즐기며 케임브리지의 역사와 낭만을 느껴 보자.

BUY

사각 모양에 어깨끈이 있는 책가방인 케임브리지 사첼백과 케임브리지 학교들의 전통 문양이 그려진 배지와 티셔츠는 케임브리지를 대표하는 기념품이다.

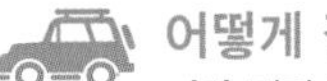

어떻게 갈까?

기차 런던 킹스크로스역, 리버풀 스트리트역에서 케임브리지 기차역까지 약 1시간 (*모든 역을 다 거치는 완행 기차를 탈 경우 2시간이 넘게 걸린다. 주요 역만 거치는 1시간짜리 기차인지 확인하고 티켓을 구매하자.)

코치 빅토리아 코치 스테이션에서 케임브리지 시티 센터까지 2시간 10분 소요

어떻게 다닐까?

케임브리지 기차역은 관광지가 모여 있는 시내에서 약 1.5km 떨어져 있다. 시내까지 도보로는 20~30분이 걸리며 1, 3, 7번 버스를 타면 시내로 이동할 수 있다. 시내 자체는 크지 않으므로 주요 관광지는 도보로 이동 가능하다.

케임브리지

추천 코스

옥스퍼드가 중후하고 오래된 도시의 느낌이라면 케임브리지는 규모가 크고 시원시원한 디자인의 대학 건물들로 웅장하고 모던한 느낌이 든다. 주요 도심에서 벗어나면 현대적이고 깔끔한 건물들을 쉽게 볼 수 있다. 케임브리지 대학생들의 젊음의 에너지를 느껴 보자.

케임브리지역에 도착해서 도보나 버스로 시내로 이동하기

도보 30분 혹은 버스 10분 →

피츠 윌리엄 박물관에서 명화와 유물 관람하기

도보 10분 →

밀 폰드로 이동해 따스한 햇살을 받으며 펀팅 즐기기(펀팅 소요 시간 45분)

도보 15분 ↓

세인트존스 칼리지와 트리니티 칼리지 둘러보기

← 도보 5분

킹스 칼리지와 사원 내부 감상하기

← 도보 3분

킹스 퍼레이드의 아기자기한 골목길 둘러보기

도보 2분 ↓

사첼 백과 케임브리지 대학 기념품도 놓치지 말자

도보 20분 혹은 버스 10분 →

시간 여유가 있다면 케임브리지 대학 식물원 둘러보기

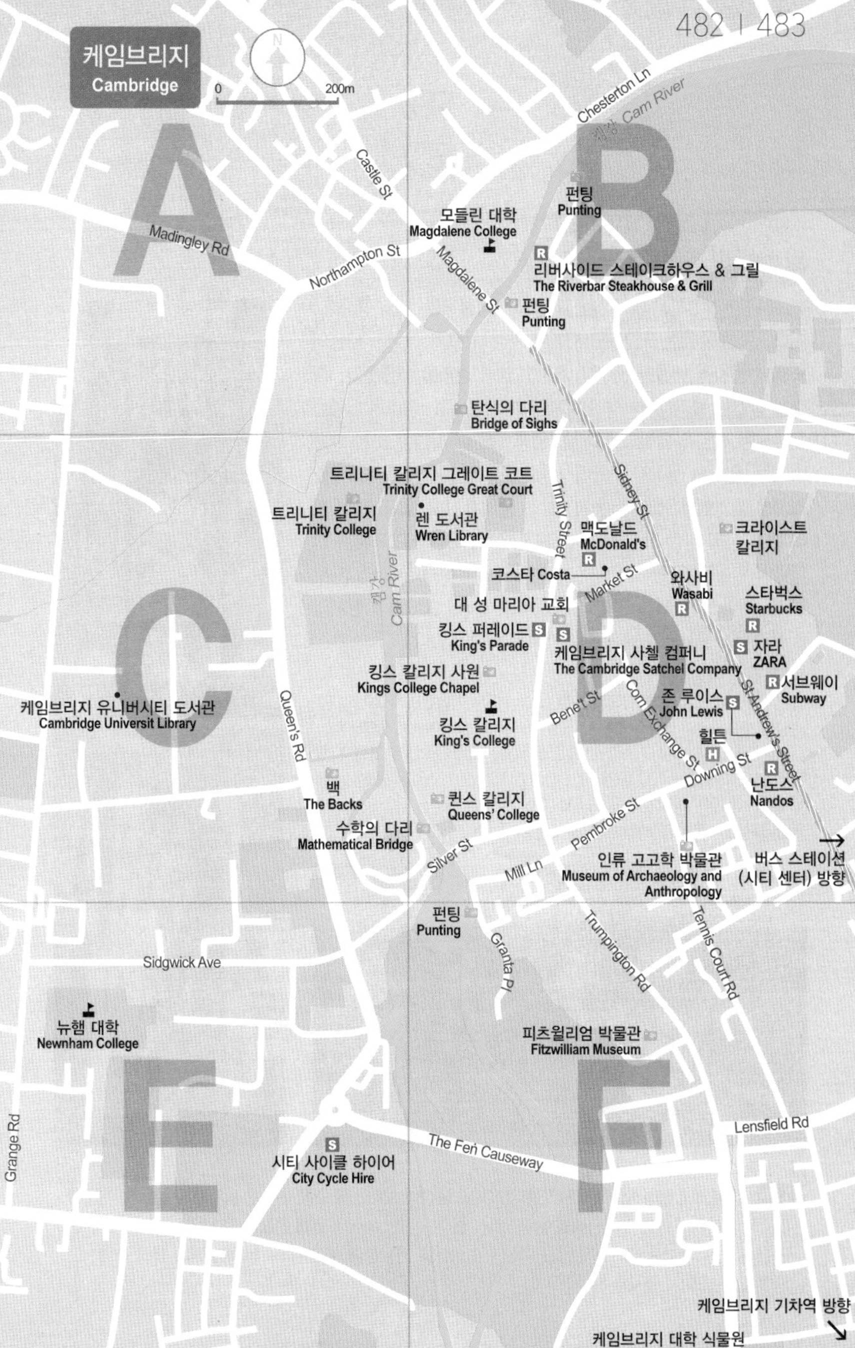
케임브리지
Cambridge
0 200m
A
B
C
D
E
F
Chesterton Ln
캠강 Cam River
Castle St
Madingley Rd
Northampton St
Magdalene St
펀팅
Punting
모들린 대학
Magdalene College
리버사이드 스테이크하우스 & 그릴
The Riverbar Steakhouse & Grill
펀팅
Punting
탄식의 다리
Bridge of Sighs
트리니티 칼리지 그레이트 코트
Trinity College Great Court
트리니티 칼리지
Trinity College
렌 도서관
Wren Library
Trinity Street
Sidney St
맥도날드
McDonald's
크라이스트
칼리지
코스타 Costa
Market St
캠강
Cam River
와사비
Wasabi
스타벅스
Starbucks
대 성 마리아 교회
킹스 퍼레이드
King's Parade
자라
ZARA
케임브리지 사첼 컴퍼니
The Cambridge Satchel Company
서브웨이
Subway
킹스 칼리지 사원
Kings College Chapel
케임브리지 유니버시티 도서관
Cambridge Universit Library
Queen's Rd
Bene't St
Corn Exchange St
존 루이스
John Lewis
St Andrew's Street
킹스 칼리지
King's College
힐튼
Downing St
난도스
Nandos
백
The Backs
퀸스 칼리지
Queens' College
Pembroke St
수학의 다리
Mathematical Bridge
Silver St
Mill Ln
인류 고고학 박물관
Museum of Archaeology and Anthropology
버스 스테이션
(시티 센터) 방향
펀팅
Punting
Granta Pl
Trumpington Rd
Tennis Court Rd
Sidgwick Ave
뉴햄 대학
Newnham College
피츠윌리엄 박물관
Fitzwilliam Museum
Grange Rd
시티 사이클 하이어
City Cycle Hire
The Fen Causeway
Lensfield Rd
케임브리지 기차역 방향
케임브리지 대학 식물원
Cambridge University Botanic Garden

수많은 인재를 배출한 영국의 명문 대학

트리니티 칼리지 Trinity College

1546년 헨리 8세에 의해 설립된 영국의 명성 있는 대학 중 하나이다. 학생 수로는 케임브리지에서 가장 규모가 크고, 32명의 노벨 수상자를 배출한 곳이다. 6명의 영국 총리를 배출했고, 중력을 발견한 물리학자이자 수학자인 아이작 뉴턴, 장場의 개념을 집대성한 제임스 클러크 맥스웰, 영국 낭만파 시인인 조지 고든 바이런, 영국의 철학자 루드비히 비트겐슈타인 등이 트리니티 칼리지를 졸업했다. 윌리엄 왕자, 찰스 황태자, 에드워드 7세, 헨리 왕자 등의 왕실 가족들도 이곳을 다녔다. 우아하고 드넓은 잔디밭이 있는 튜더 풍의 입구는 그레이트 코트Great Court라고 부른다. 셰익스피어와 뉴턴의 장서를 비롯해 55,000권의 장서와 2,500개의 필사본이 보관된 렌Wren 도서관이 있다.

Data 지도 482p-C
가는 법 케임브리지 기차역에서 도보 30분. 또는 케임브리지 기차역 앞 레일웨이Railway 정류장에서 1, 3번 버스 타고 크라이스트 칼리지에서 하차 후 도보 10분 주소 Trinity College, Cambridge CB2 1TQ
전화 012-2333-8400 운영 시간 하절기 10:00~17:00, 동절기 10:00~16:00, 학교 행사나 크리스마스 기간 휴무
요금 3파운드 홈페이지 www.trin.cam.ac.uk

TIP 대학교에 들어서면 설립자인 헨리 8세의 동상이 보이는데 왼쪽 손에는 십자가가 달린 보주를 들고 있고 오른쪽 손에는 책상다리를 들고 있다. 원래 화려한 보석이 달린 홀을 잡고 있었지만 그의 문란한 사생활과 종교개혁을 좋아하지 않던 학생들이 장난을 가장하여 책상다리로 바꿔놓았다. 학교 측에서는 비판적인 사고이자 역사의 하나라고 여겨 원래대로 돌려놓지 않았다고 한다.

폭넓은 소장품을 자랑하는 최고의 소규모 박물관

피츠윌리엄 박물관 Fitzwilliam Museum

케임브리지에서 가장 영향력 있고 기념비적인 박물관이다. 케임브리지 트리니티 홀 대학 졸업생인 비스카운트 피츠 윌리엄은 단지 전시 공간이 아닌 공부하고 느끼는 도서관으로서의 박물관을 만들고 싶어 했다. 그는 외할아버지로부터 물려받은 네덜란드 미술품과 직접 구매한 유명 이탈리아 화가들의 작품 144점, 500권이 넘는 장서, 헨델의 친필 사인이 적힌 악보를 포함한 중세 악보들을 기증했고 1816년 그의 이름을 딴 피츠 윌리엄 박물관이 설립되었다. 영국 박물관과 내셔널 갤러리의 축소판이라 불릴 정도로 방대한 영역을 다루고 있다.

Data 지도 482p-F
가는 법 케임브리지 기차역에서 도보 20분
주소 Trumpington Street, Cambridge CB2 1RB 전화 012-2333-2900
운영 시간 화~토 10:00~17:00, 일요일 및 공휴일인 월요일 12:00~17:00, 12월 24~26일 · 12월 31일 · 1월 1일 및 월요일 휴관 요금 무료
홈페이지 www.fitzmuseum.cam.ac.uk

케임브리지를 대표하는 고딕 양식 사원

킹스 칼리지 사원 Kings College Chapel

킹스 칼리지는 화려한 수직 고딕 양식의 사원과 함께 케임브리지 최고의 건물로 일컬어진다. 킹스 칼리지의 하이라이트는 80m 높이의 고딕 양식 건물인 킹스 칼리지 사원이다. 세계에서 가장 큰 부채꼴 모양으로 조각된 천장과 온 벽면을 가득 채운 화려한 스테인드글라스는 사람들을 압도한다. 이 장엄한 스테인드글라스는 네덜란드 유리 장인들이 제작한 것으로 다행히 시민전쟁 때 손상되지 않고 지금까지 보존되고 있다. 셀프 가이드 투어 티켓으로 입장하여 사원 내부와 외부의 기념 정원을 둘러볼 수 있다.

Data 지도 482p-D
가는 법 케임브리지 기차역에서 도보 30분. 또는 케임브리지 기차역 앞 레일웨이Railway 정류장에서 1, 3번 버스 타고 크라이스트 칼리지에서 하차 후 도보 10분 주소 Kings College Chapel, King's Parade, Cambridge CB2 1ST
전화 012-2333-1212
운영 시간 09:30~16:30 요금 14파운드(온라인 예매 시 12.50파운드)
홈페이지 www.kings.cam.ac.uk

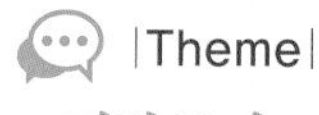

|Theme|

펀팅 투어

케임브리지 여행에서 절대 빼놓을 수 없는 펀팅Punting! 캠강을 따라 좁고 긴 나무배를 타고 노를 저으며 케임브리지의 아름다운 풍경을 볼 수 있다. 걸어서는 갈 수 없는 퀸스 칼리지의 수학의 다리나 세인트존스 칼리지의 탄식의 다리, 백The Backs이라고 불리는 아름다운 정원을 배를 타고 둘러보자. 케임브리지 대학생들이 아르바이트로 노를 저어 주며 대학교와 주변 건물들에 대한 흥미로운 역사와 숨은 이야기들을 들려준다. 직접 노를 저어서 가는 방법을 선택할 수도 있다. 시간은 약 45분 정도 소요된다.

- 금액은 성인 한 명 기준 25~30파운드 사이이다.
- 킹스 퍼레이드 주변 길에서 펀팅 티켓을 파는 사람들은 불법이다. 캠강 주변에 있는 공식 티켓 판매소에서 구입하자.
- 온라인으로 예매 시 더 저렴하다.

홈페이지 **스커다모어스** www.scudamores.com / 레츠고펀팅 www.letsgopunting.co.uk / **케임브리지펀팅컴퍼니** www.cambridgepuntcompany.co.uk

|Theme|

케임브리지의 독특한 다리들

케임브리지는 캠강을 연결하는 다리라는 뜻이다. 캠강 앞으로는 케임브리지 대학들의 본관이 세워져 있고 강 건너편으로 대학들의 신관 건물과 아름답고 푸른 정원이 있다. 강 양쪽을 도보로 잇는 많은 다리들은 각자의 사연과 역사가 있다. 유유히 흐르는 캠강을 따라 독특한 다리들을 둘러보자.

탄식의 다리 Bridge of Sighs

캠강 양쪽에 있는 세인트존스 칼리지를 잇는 다리다. 1831년 헨리 허친슨에 의해 지어졌다. 빅토리아 여왕이 케임브리지에서 가장 사랑한 장소이기도 하다. 기숙사에 사는 학생들이 시험을 보러 교수님의 사무실이 있는 본 건물로 가기 위해 이 다리를 건너면서 한숨을 쉰다는 것에서 이름이 유래되었다는 재미있지만 슬픈 이야기가 있다. 옥스퍼드에도 같은 이름의 다리가 있는 것으로 보아 시험은 수재들에게도 압박감을 주는 존재인 것은 마찬가지인 듯하다. 지도 483p-B

수학의 다리 Mathematical Bridge

캠강을 사이에 두고 있는 퀸스 칼리지 캠퍼스 양쪽을 이어주는 다리다. 곧은 목재로 지어진 다리로 공식 명칭은 '나무다리Wooden Bridge'이지만 복잡한 공학적 설계를 바탕으로 못이나 나사를 전혀 사용하지 않아 '수학의 다리'라고도 불린다. 아이작 뉴턴이 수학적 계산을 통해 만든 이 다리를 후에 공학자들이 해체하고 다시 만들어 보려다가 실패해서 지금 다리에는 못과 나사가 보인다는 이야기가 있다. 하지만 실제 이 다리는 뉴턴이 죽고 22년 후인 1749년 제임스 에섹 영거와 윌리엄 에더릿에 의해 만들어진 것이다. 지도 483p-D

아담하고 고풍스러운 분위기의 캠퍼스

퀸스 칼리지 Queens' College

규모는 작지만 이름만큼이나 고풍스러운 건물들과 아담한 캠퍼스가 예쁜 곳이다. 1448년 마가렛 왕비에 의해 설립되고 1465년 엘리자베스 왕비에 의해 재설립되었다. 두 명의 왕비에 의해 세워졌다고 해서 'Queen's'가 아닌 'Queens" 칼리지라는 이름이 붙었다. 케임브리지에서 손꼽히는 오래된 건물로 영국 중세 시대 목재 건물인 프레지던트 로지President's Lodge와 4면의 건물로 둘러싸인 아담한 마당인 코트Court들을 둘러보자.

Data 지도 482p-D
가는 법 케임브리지 기차역에서 도보 20분. 또는 힐스 로드 정류장에서 1, 3번 버스를 타고 세인트 안드류스 스트리트에서 하차 후 도보 10분
주소 Queens' College, Cambridge, CB3 9ET
전화 012-2333-5511
운영 시간 학기 중인 4월 말~7월, 크리스마스 기간, 학교 행사 기간에는 입장 불가, 그 외 기간 10:00~16:30
요금 5파운드
홈페이지 www.queens.cam.ac.uk

편안한 마음으로 둘러보는 예쁜 식물원

케임브리지 대학 식물원

Cambridge University Botanic Garden

찰스 다윈의 멘토였던 존 스티븐 헨슬로우 교수가 1831년 케임브리지 학교를 위해 만든 아름다운 식물원이다. 15년 뒤인 1846년 대중에게 공개된 이래 지금까지 영국 정원 분야와 생태계 연구에 지대한 영향을 끼쳐왔다. 8천 종이 넘는 식물들이 가득한 이 식물원은 케임브리지 대학의 연구와 수업에 사용될 뿐만 아니라 이곳을 찾는 많은 관광객들의 쉼터가 되어준다. 일 년 내내 계절별로 잘 꾸며진 정원에서 아름다운 식물들을 볼 수 있다.

Data 지도 483p-F
가는 법 케임브리지 기차역에서 도보 13분 주소 University Botanic Garden, 1 Brookside, Cambridge CB2 1JE 전화 012-2333-6265
운영 시간 10:00~18:00
요금 8파운드 홈페이지 www.botanic.cam.ac.uk

아기자기한 상점이 모여 있는 골목

킹스 퍼레이드 King's Parade

킹스 칼리지 대학 앞에 길게 뻗은 골목이다. 골목을 따라 아기자기한 사탕 가게, 인테리어 숍, 아트센터, 기념품 숍을 비롯해서 레스토랑, 카페가 있다. 케임브리지에서 가장 번화한 곳이니만큼 많은 관광객이 찾는 곳이며 학기 중에는 자전거로 통학하는 케임브리지 학생들을 만날 수 있다.

Data 지도 482p-D
가는 법 케임브리지 기차역에서 도보 30분. 또는 케임브리지 기차역 앞 레일웨이 정류장에서 1, 3번 버스 타고 크라이스트 칼리지에서 하차 후 도보 10분
주소 King's Parade, Cambridge CB2 1SJ

케임브리지를 대표하는 튼튼한 통가죽의 학생 가방

케임브리지 사첼 컴퍼니 The Cambridge Satchel Company

케임브리지 대표 브랜드인 '더 케임브리지 사첼 컴퍼니'는 책가방처럼 생긴 네모난 모양에 어깨끈이 있는 학생 가방이다. 통가죽을 사용해 튼튼하고 다양하고 화려한 색상으로 케임브리지는 물론 전 세계 100여 개 국가에 브랜드 스토어를 보유하고 있다. 케임브리지 사첼 백의 고향에서 만나 보자.

Data 지도 482p-D
가는 법 킹스 퍼레이드에서 세인트 메리스 패시지 골목
주소 2 St Mary's Passage, Cambridge CB2 3PQ
전화 012-2335-2435
운영 시간 월~토 09:00~18:00, 일 11:00~17:00
홈페이지 www.cambridgesatchel.com

London Suburbs by Area

09

바스

Bath

도시 자체가 유네스코 세계 문화유산으로 등록된 곳으로 웅장한 조지안 석조건물들과 자연풍경이 아름답게 어우러지는 역사의 도시이다.

바스

미리보기

목욕이라는 뜻의 도시 이름에서 알 수 있듯 바스에는 지금도 매일 온천수가 올라온다. 2천 년 넘는 기간 동안 바스는 여유로운 휴가와 문화 예술을 즐길 수 있는 사교의 도시였다. 유유히 바스를 흐르는 에이븐강과 언덕 위에 지어진 18세기 조지안 석조 건축물들이 바스를 더욱 아름답게 빛낸다.

SEE

로마인들이 온천을 즐기던 로만 바스는 바스 여행의 핵심이다. 조지안 건축의 결정판, 로열 크레센트와 더 서커스 건물도 경이롭다.

EAT

로만 바스 건물 안의 펌프룸은 바스에서 가장 우아하게 애프터눈 티를 즐길 수 있는 곳이다. 300년 역사를 자랑하는 샐리 런즈 번과 크림티도 바스의 자랑이다.

ENJOY

사교, 문화의 도시답게 바스 곳곳에는 거리 예술가들의 공연이 자주 열린다. 여유롭게 즐겨 보자.

어떻게 갈까?

기차 런던 패딩턴역에서 바스 스파역까지 약 1시간 30분 소요

코치 빅토리아 코치 스테이션에서 바스 버스 스테이션까지 약 3시간 소요

어떻게 다닐까?

런던에서 바스로 당일치기 여행을 갈 예정이라면 오래 걸리는 코치보다 기차를 추천한다. 바스는 중심가가 넓지 않아 바스 스파 기차역에서 로만 바스, 펄트니 브리지 주변으로 걸어 다닐 수 있다. 로열 크레센트와 제인 오스틴 센터는 도보 20분 정도 소요된다.

바스

추천 코스

도시 전체가 중후하고 고풍스러운 멋을 지니고 있다. 로만 바스나 펄트니 브리지와 같은 유명 건축물도 꼭 둘러봐야 하겠지만, 아기자기한 소품이나 기념품을 파는 작은 가게가 골목골목 숨어 있으니 여유를 가지고 도시를 즐겨 보자. 바스가 배경인 제인 오스틴의 소설이나 드라마를 보고 가면 감회가 남다를 것이다.

바스 스파역에 도착해
로만 바스 방향으로 걸어가기

도보 10분 →

2천 년 전 로마인들이 온천을 즐기던
로만 바스 둘러보기

도보 1분 ↓

펌프 룸에서 유황
온천물 시음해 보기

← 도보 1분

화려한 고딕 양식의
바스 성당 둘러보기

도보 5분 ↓

바스에서 가장 아름다운
펄트니 브리지 감상하기

도보 10분 →

로열 크레센트와
더 서커스 건물 둘러보기

도보 5분 →

The Jane Austen Centre
& Regency Tea Rooms

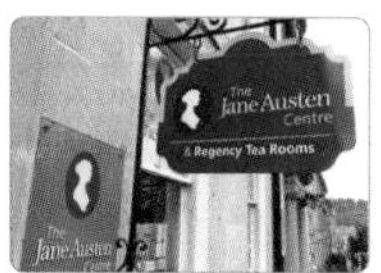

제인 오스틴 센터에서
미스터 다시 기념품 사기

도보 10분

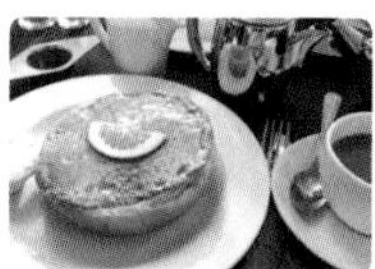

샐리 런즈에서 고소한 번과
크림티 즐기기

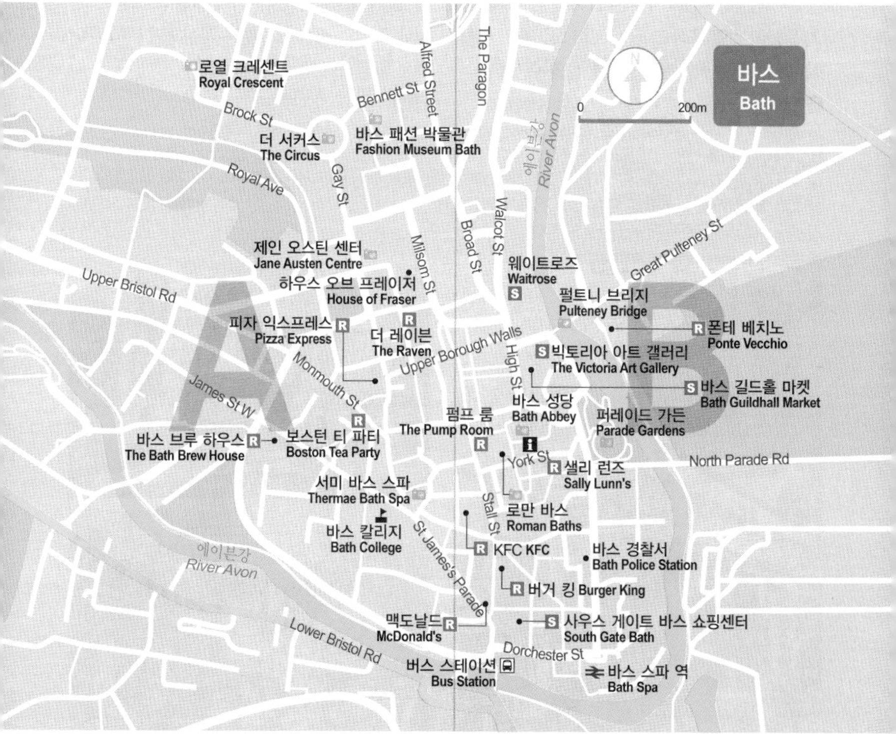

바스
Bath
0
200m
로열 크레센트
Royal Crescent
Brock St
Bennett St
Alfred Street
The Paragon
더 서커스
The Circus
바스 패션 박물관
Fashion Museum Bath
Royal Ave
Gay St
에이번강
River Avon
Walcot St
Broad St
Great Pulteney St
제인 오스틴 센터
Jane Austen Centre
Milsom St
웨이트로즈
Waitrose
Upper Bristol Rd
하우스 오브 프레이저
House of Fraser
펄트니 브리지
Pulteney Bridge
피자 익스프레스
Pizza Express
더 레이븐
The Raven
폰테 베치노
Ponte Vecchio
Upper Borough Walls
빅토리아 아트 갤러리
The Victoria Art Gallery
Monmouth St
High St
James St W
바스 길드홀 마켓
Bath Guildhall Market
바스 성당
Bath Abbey
펌프 룸
The Pump Room
퍼레이드 가든
Parade Gardens
바스 브루 하우스
The Bath Brew House
보스턴 티 파티
Boston Tea Party
York St
샐리 런즈
Sally Lunn's
North Parade Rd
서미 바스 스파
Thermae Bath Spa
Stall St
로만 바스
Roman Baths
바스 칼리지
Bath College
St James's Parade
KFC KFC
바스 경찰서
Bath Police Station
에이븐강
River Avon
버거 킹 Burger King
맥도날드
McDonald's
사우스 게이트 바스 쇼핑센터
South Gate Bath
Lower Bristol Rd
Dorchester St
버스 스테이션
Bus Station
바스 스파 역
Bath Spa

로마인들이 사랑한 온천

로만 바스 Roman Baths

기원전 7~8세기경 켈트족의 블로더드 왕자가 바스에서 목욕을 한 뒤 한센병이 나았다는 전설이 있었다. 그 후 많은 병자들이 치유를 위해 찾았으며 로마 시대를 거치며 휴양과 치유의 도시로 유명해졌다. 현재까지도 영국의 유일한 유황 온천으로 매일 온천수가 올라오고 있다. 기원 60~70년경에 지어진 이 로마 스타일의 아름다운 석조 건축물은 온천 주변을 둘러싼 기둥과 위층에서 바라보는 로마 황제들과 브리튼 통치자들의 동상이 압권이다. 그 당시 로마 사람들의 생활상을 보여주는 박물관도 함께 입장할 수 있다.

Data 지도 493p-B 가는 법 바스 스파역에서 도보 10분 주소 The Roman Baths, Stall Street, Bath BA1 1LZ 전화 012-2547-7785
운영 시간 하절기 09:00~22:00, 동절기 09:00~18:00 요금 하절기(6~8월) 주말 28파운드, 주중 26파운드, 그 외 기간은 18~26파운드 사이
홈페이지 www.romanbaths.co.uk

바스에서 가장 아름다운 다리

펄트니 브리지 Pulteney Bridge

바스에서 가장 아름다운 다리이다. 이탈리아 피렌체의 베키오 다리를 본떠 만든 다리로 상가들이 다리 위에 늘어서 있다. 에이븐 강의 양쪽을 잇기 위해 1774년 지어졌고 길이는 약 45m로 그리 길지 않다. 다리 밑으로 곡선 모양의 3단 계단으로 흐르는 강의 모습이 독특하다. 펄트니 브리지 앞에 위치한 퍼레이드 가든은 유료 입장이지만 펄트니 브리지와 주변의 아름다운 풍경을 담기 좋은 곳이다. 영화 〈레미제라블〉에서 자베르 역의 러셀 크로우가 자살하기 위해 뛰어내린 촬영지로 더욱 유명해졌다.

Data 지도 493p-B
가는 법 바스 스파역에서 도보 15분
주소 Pulteney Bridge, Bridge Street, Bath, Avon BA2 4AT

바스 풍경을 바라보며 즐기는 루프탑 스파

서미 바스 스파 Thermae Bath Spa

로마 시대 공동 목욕탕이라는 뜻의 서미Thermae 스파 루프탑 노천탕에서 바스의 아름다운 전경을 바라보며 따듯하게 스파를 즐길 수 있다. 특히 스파에서 바라보는 해 질 녘 풍경은 잊지 못할 장관이다. 미네랄이 풍부한 온천수에 여행의 피로와 긴장을 풀자. 메인 스파 패키지를 이용하면 루프탑 노천탕, 실내 월풀 온천, 아로마 스팀룸을 2시간 동안 즐길 수 있고 타월, 가운, 슬리퍼 비용이 포함 되어 있다. 스파는 만 16세 이상만 입장할 수 있으며 수영복을 입고 즐기는 스파이므로 수영복을 꼭 챙기도록 하자.

Data 주소 493p-A
가는 법 바스 스파역에서 도보 10분 주소 Thermae Bath Spa, The Hetling Pump Room, Hot Bath Street, Bath BA1 1SJ
전화 012-2533-1234
운영 시간 매일 09:00~21:30
요금 메인 스파 2시간 이용 평일 40파운드, 주말 45파운드
홈페이지 www.thermae-bathspa.com

영국의 화려한 패션 역사를 볼 수 있는 곳

바스 패션 박물관 Fashion Museum Bath

패션 역사에 관심 있다면, 영국의 시대 드라마를 즐겨 본다면 추천할 만한 패션 박물관이다. 패션 분야로 세계 10대 박물관에 손꼽히는 바스 패션 박물관은 조지안 시대의 영국 전통의상부터 현재 유명 디자이너의 패션 작품까지 볼 수 있는 곳이다. 멋스러운 조지안 건물인 어셈블리 룸은 손님을 초대해 차를 마시고, 각종 게임과 연회를 즐기고, 음악을 듣던 곳으로 패션 박물관 입장 티켓으로 함께 둘러볼 수 있다. 빅토리안 시대 영국 전통의상을 입고 사진을 찍을 수 있는 드레스 룸도 있다. 2023년 현재는 바스 도심 중심으로 박물관 건물 이전 프로젝트 진행으로 임시 휴관 중이다.

Data 지도 493p-A
가는 법 바스 스파역에서 도보 20분. 또는 6번 버스 타고 알프레드 스트리트에서 하차 후 도보 2분
주소 Fashion Museum, Assembly Rooms, Bennett Street, Bath BA1 2QH
전화 012-2547-7789
홈페이지 www.fashionmuseum.co.uk

|Theme|

존 우드 더 영거의 멋스러운 건축물 투어

존 우드 더 영거는 바스의 아름다운 건축물을 설계한 영국의 건축가로 18세기 영국 조지안 스타일의 건축 역사에 큰 영향을 미친 인물이다. 그가 설계한 250여 년 전의 화려한 건물들을 둘러보자.

로열 크레센트 Royal Crescent

크레센트는 초승달이라는 뜻으로, 로열 크레센트는 초승달처럼 곡선으로 길게 늘어져 있는 건축물이다. 1767년 짓기 시작해 1775년 완공되었으며 영국 조지안 건축 스타일을 가장 잘 보여주는 건축물이다. 30개의 집이 하나의 건물로 연결되어 있다. 1번지는 박물관, 16번지는 5성급 호텔로 사용되고 있다. 나머지는 개인의 집으로 고급 타운하우스이다. 로열 크레센트 앞에는 넓은 잔디 공원이 있는데 두 부분으로 나뉘어 있다. 건물 바로 앞의 한적한 공원은 로열 크레센트에 사는 사람들만 이용할 수 있고, 그 아래가 일반인이 들어갈 수 있는 곳이다. 공원에서 로열 크레센트를 배경으로 파노라마 사진을 찍어 보자.

Data 지도 493p-A
가는 법 바스 스파역에서 도보 20분. 또는 바스 버스 스테이션에서 6번 버스 타고 랜스다운 로드, 알프레드 스트리트Lansdown Road, Alfred Street에서 하차 후 도보 5분 주소 로열 크레센트 The Royal Crescent, BATH, BA1 2LS 더 서커스 The Circus, Bath, BA1 2EW

더 서커스 The Circus

로열 크레센트와 이어진 원형 건물이다. 중간의 나무를 중심으로 정확히 원 모양이며, 건물은 길을 따라 세 부분으로 나뉘어 있다. 존 우드 더 엘더가 처음 설계를 시작했지만 공사 시작 3개월 전에 죽어 그의 아들인 존 우드 더 영거가 1768년 완공했다. 콜로세움과 같은 이탈리아 원형 건물의 디자인을 본떠 설계한 것으로 건물 외관을 따라 멋스러운 조각들을 볼 수 있다. 원의 중심에는 큰 나무와 더 서커스 주민들이 이용하는 공원이 있지만 예전에는 저수지가 있었다. 영국 화가 토마스 게인즈버러, 할리우드 스타 니콜라스 케이지 등 많은 유명인이 이곳에서 살았다.

1200년의 역사를 자랑하는 고딕 성당

바스 성당 Bath Abbey

로만 바스 옆에 웅장하게 서 있는 150m의 고딕 양식 건물이 바스 성당이다. 1,200년이 넘는 기간 동안 몇 번의 변화가 있었다. 757년 시작된 앵글로색슨 성당이 노르만 정복자에 의해 허물어지고 1090년경 거대한 노르만 성당이 세워졌다가 15세기경 현재의 모습을 갖추게 되었다. 성당 내에는 예수의 인생을 스테인드글라스에 순서대로 묘사해 놓았다. 성당 서쪽 입구에는 야곱의 사다리를 오르는 천사들의 조각이 있다.

Data 지도 493p-B
가는 법 바스 스파역에서 도보 10분 주소 Bath Abbey, Bath BA1 1LT 전화 012-2542-2462 운영 시간 10:00~17:00 (행사에 따라 운영 시간 변경될 수 있으니 미리 홈페이지에서 확인 후 방문) 요금 6.50파운드 홈페이지 www.bathabbey.org

바스가 사랑하는 여작가를 기념하는

제인 오스틴 센터 Jane Austen Centre

영국을 대표하는 여성 작가이자 세계적으로도 유명한 소설을 쓴 제인 오스틴은 1801년부터 1806년까지 바스에서 지냈다. 그동안 『노생거 사원』과 『설득』을 집필했으며 이 소설 속에서 그녀가 얼마나 바스를 사랑했는지를 느낄 수 있다. 제인 오스틴 센터는 그녀가 살았던 곳을 개조해 작품과 그 당시 문화와 시대상을 볼 수 있도록 전시해 놓은 곳이다. 건물 내부는 크진 않지만 당시 의상과 모자를 착용하고 사진을 찍을 수 있는 포토존과 애프터눈 티를 마실 수 있는 티 룸이 있다. 건물 입구의 기념품 숍은 누구나 들어갈 수 있으며 제인 오스틴의 책, DVD, 엽서 등 다양한 기념품을 구경하는 재미가 있다.

Data 지도 493p-A
가는 법 바스 스파역에서 도보 15분. 또는 6번 버스 타고 브로드 스트리트에서 하차 후 도보 5분
주소 40 Gay Street, Queen Square, BATH, Bath BA1 2NT 전화 012-2544-3000
운영 시간 09:50~16:20
요금 14.50파운드 홈페이지 www.janeausten.co.uk

TIP 제인 오스틴 페스티벌

매년 9월 둘째 주 바스에서는 제인 오스틴 페스티벌이 열린다. 제인 오스틴 센터를 기점으로 약 500명이 넘는 참가자들이 소설 배경의 의상을 차려입고 행진을 하거나 춤을 추고, 음악을 즐긴다. 바스 시내 곳곳에서 전통 의상을 입은 사람들을 만나면 타임머신을 타고 제인 오스틴의 시대로 돌아간 것 같다. 정확한 페스티벌 날짜는 바스 관광 홈페이지에서 확인하자.
홈페이지 visitbath.co.uk

EAT

300년 역사의 번 베이커리

샐리 런즈 Sally Lunn's

바스에서 절대 빼놓을 수 없는 번 베이커리집이다. 프랑스 난민이었던 샐리 런이 1680년 영국 바스로 건너와 자신의 이름을 걸어 만든 것이다. 건물 지하에는 샐리가 처음 가게를 열었을 때 번을 굽던 오븐과 부엌 기구들을 볼 수 있는 작은 박물관도 있다. 직접 구운 고소한 번을 기본으로 다양한 잼이나 크림을 선택할 수 있다. 가장 인기 있는 메뉴는 번 위에 클로티드 크림과 잼을 발라 먹는 샐리런 크림티 세트.

Data 지도 493p-B
가는 법 바스 스파역에서 도보 7분 주소 4 North Parade Passage, Bath BA1 1NX 전화 012-2546-1634 운영 시간 10:00~21:00
가격 크림티 세트 11.50파운드~, 샐리 런 번 5.6파운드~
홈페이지 www.sallylunns.co.uk

로만 바스에서 즐기는 우아한 애프터눈 티

펌프 룸 The Pump Room

로만 바스 건물 내에 있는 우아한 레스토랑이다. 로만 바스에 입장하지 않더라도 펌프 룸의 발코니에서 로만 바스의 작은 온천탕을 볼 수 있다. 오전 시간에는 브런치 메뉴를, 12시 이후부터는 애프터눈 티를 즐길 수 있다. 수준급의 피아니스트, 바이올리니스트가 식사와 애프터눈 티를 더 편안하게 즐길 수 있도록 연주한다.

Data 지도 493p-B
가는 법 바스 스파역에서 도보 10분, 로만 바스 건물 내
주소 The Roman Baths, Stall Street, Bath BA1 1LZ
전화 012-2547-7785
운영 시간 브런치 10:00~11:30, 애프터눈 티 12:00~17:30
가격 트래디셔널 애프터눈 티 37.50파운드
홈페이지 www.romanbaths.co.uk

TIP 바스 온천수를 마셔볼 수 있는 분수 Spa Water Fountain

펌프 룸 안에는 바스 온천수를 마셔 볼 수 있는 작은 분수가 있다. 43가지의 미네랄과 철분이 함유된 온천물이 분수로 흘러나와 잉어 입으로 흘러 들어가는 모양이다. 맛이 꽤 독특한데, 바스에 온 기념으로 맛을 보자. 시음은 50펜스이고 로만 바스, 펌프 룸 이용 고객은 무료이다.

여행 준비 컨설팅

여행이 끝나고 돌이켜 생각해 보면 하루하루 여행을 준비할 때가 제일 즐거웠던 시간이었다. 이 기분 좋은 설렘을 즐기며 꼼꼼하고 알뜰하게 런던 여행을 준비해 보자.

D-80

MISSION 1 여행 일정을 계획하자

1. 런던에서 자유여행을 즐겨 보자

영어를 못한다고 자유여행을 걱정할 필요는 전혀 없다. 오히려 학교 다닐 때 배운 기초 영단어가 빛을 발하는 순간이 올 것이니 말이다. 간단한 인사말과 쉬운 단어로도 충분히 의사를 전달할 수 있고, 감사의 마음을 표현할 수 있다. 전 세계 여행자들이 가장 많이 찾는 도시답게 대중교통, 관광지 안내, 쇼핑 제도가 매우 잘 되어 있다. 길을 잃어도, 대중교통 이용 방법을 잘 모르더라도 친절한 런더너들이 쉽게 설명해 줄 것이다. 대부분의 주요 관광지는 도보로 이동할 수 있어 자유여행을 즐기기 좋은 도시이다.

2. 출발일을 정하자

비교적 기후가 온화하고 연교차가 크지 않아 사계절 모두 여행하기 좋다. 봄, 여름은 해가 길고 비가 자주 오지 않는다. 반면 가을, 겨울은 해가 짧고 비가 자주 오지만 런던 시내 곳곳에 황금색 낙엽과 아름다운 조명 장식이 긴 밤을 화려하게 빛낸다. 개인 취향에 따라 야외활동을 좋아한다면 봄과 여름을, 크리스마스 분위기를 즐기고 싶다면 가을과 겨울 시즌을 선택하자. 런던 홀리데이 〈STEP3 Enjoying 01 런던의 일 년〉 내용을 참고하자.

3. 여행 기간을 결정하자

런던 시내는 3일이면 핵심 관광지만 딱 둘러볼 수 있다. 하지만 런던의 진짜 매력을 느끼고 싶은 많은 여행자들은 5일~일주일 정도로 잡는다. 여유롭게 런던 시내와 공원을 둘러보고, 런던과는 또 다른 분위기의 근교 도시를 한두 곳 일정에 포함하려면 일주일을 추천한다.

D-70

MISSION 2 여행 예산을 짜자

1. 여행예산의 중요성

예산의 가장 큰 부분을 차지하는 것은 항공권과 숙박비이다. 그 외에 식비, 교통비, 입장료, 쇼핑 등이 있다. 예산은 개인마다 다르므로 총 얼마라고 말하기가 어려운 부분이다. 하지만 여행 전에 대략적인 예산을 정해 놓으면 그에 맞춰 전체적인 여행 스타일과 일정을 결정하기 쉽다. 또한 정한 예산 범위 내에서 합리적인 소비를 하게 되므로 충동 쇼핑을 자제할 수 있다.

2. 항공권은 얼마나 들까?

성수기, 비성수기, 경유 여부, 항공사 상황에 따라 다르긴 하지만, 왕복 직항 티켓은 140~250만 원, 경유 티켓은 120~200만 원이다. 루프트한자, 에어프랑스, 핀에어, KLM 등 유럽 국적 항공사들이 자주 프로모션을 진행하니 항공사 홈페이지나 SNS, 여행 커뮤니티를 자주 확인하는 것이 저렴한 티켓을 구하는 방법이다.

3. 숙박비는 얼마나 들까?

여행 예산을 여유롭게 잡았다면 편안하고 쾌적한 호텔을 선택할 것이고, 예산을 아끼려는 여행자는 저렴한 호스텔이나 한인 민박을 선택할 것이다. 4성급 이상 고급 호텔은 1박에 200파운드 이상, 3성급 이상 체인 호텔은 1박에 100파운드 이상이며 호스텔, 한인 민박의 도미토리는 1박 40~60파운드이다.

4. 식비는 얼마나 들까?

런던의 비싼 물가를 체감할 수 있는 부분이다. 식당 임대료와 인건비가 높은 런던의 물가가 고스란히 포함되어 있기 때문에 절대적인 가격은 비싼 편이다. 커피 3~5파운드, 샌드위치 등 간단한 점심 5~10파운드, 점심 메뉴 15파운드 이상, 저녁 메뉴 20~40파운드, 펍 맥주 한 잔 4~7파운드이다. 식비를 절약하고 싶다면 간단히 조리할 수 있는 컵밥, 컵라면 등을 한국에서 미리 챙겨 가자.

5. 교통비는 얼마나 들까?

1존 기준으로 3일이면 25파운드, 1주일 40파운드이다. 런던 외의 다른 도시를 가기 위한 기차, 코치의 비용은 추가로 계산해야 한다. 기차, 코치 티켓은 사이트에서 미리 예약해야 저렴하다.

6. 입장료는 얼마나 들까?

런던 주요 박물관과 갤러리, 공원의 입장료는 무료이다. 하지만 웨스트민스터 사원, 런던 타워, 세인트 폴 대성당, 해리 포터 스튜디오 등은 입장료를 내야 한다. 이 외에도 런던 시티투어버스, 축구장 투어, 뮤지컬 티켓 비용이 든다.

D-60

MISSION 3 항공권을 확보하자

1. 여권 유효기간을 확인하자

영국은 대한민국 여권 보유자가 무비자로 여행할 수 있으며, 여행 목적으로 영국에서 최대 머무를 수 있는 기간은 6개월이다. 영국 입국일 기준 여권 유효기간이 6개월 이상 남아 있어야 한다. 항공권 예매 전에 여권을 확인해 보고, 유효기간이 애매하게 남았다면 이 기회에 재발급을 받자.

2. 항공권은 언제 살까?

항공사 상황에 따라 다르긴 하지만 최소 두 달 전에는 구매하는 것을 추천한다. 아무리 훌륭한 여행 계획을 짜놓아도 항공권을 구하지 못하면 헛수고일 뿐이다. 특히 여름 성수기에 여행할 계획이라면 늦어도 3개월 전까지는 꾸준히 여러 항공사 사이트와 프로모션을 검색해서 저렴한 티켓을 확보하자.

3. 어떤 티켓을 구입할까?

인천공항에서 런던 히드로 공항까지 오가는 직항 항공사는 대한항공, 아시아나항공 두 곳이며, 경유 항공사는 핀에어, 중국항공, KLM네덜란드, 케세이퍼시픽, 러시아항공, 에미레이트 항공 등이 있어 선택의 폭이 넓다. 검색했을 때 직항과 경유의 가격 차이가 크지 않고, 다른 경유 도시에서 스탑오버할 계획이 아니라면 비행 시간이 가장 짧고 갈아탈 필요가 없는 직항편을 추천한다. 어린아이나 노약자가 있는 경우라면 직항편이 좋다.

4. 어디서 티켓을 구입할까?

할인 항공권 취급 업체나 항공권 비교 사이트를 검색해 보자. 항공사의 특가 프로모션이 뜨면 알림을 주는 앱(플레이 윙즈)도 있다.

할인 항공권 취급 업체

인터파크항공 air.interpark.com
와이페이모어 www.whypaymore.co.kr

항공권 비교 사이트

스카이스캐너 www.skyscanner.co.kr
카약 www.kayak.co.kr

5. 티켓을 살 때 주의할 점은?

티켓 가격 검색 시 공항세와 관련 택스가 모두 포함되어 있는지 확인하자. 환불, 취소할 경우의 수수료, 마일리지 적립 여부, 허용하는 짐의 무게, 스탑오버 여부, 티켓의 유효기간 등 모든 조건을 꼼꼼하게 확인한 뒤에 결제해야 한다. 항공 티켓 예약 시 여권번호와 여권상 이름을 정확히 기재해야 한다. 여권과 항공권에 쓰인 영어 스펠링 하나, 숫자 하나라도 다르면 탑승이 거절될 수 있다. 좌석을 확약받고 이메일로 모든 것이 확정된 E-티켓을 받으면 기재된 날짜와 시간 등 모든 것을 꼼꼼히 살펴보자.

D-50

MISSION 4 여행정보를 수집하자

1. 여행 정보 수집의 진짜 목적

관광지와 맛집, 쇼핑 정보를 아는 것이 여행 정보의 전부가 아니다. 여행 50일 전이라는 꽤 긴 디데이를 정해 놓은 이유는 여행할 런던이라는 도시와 영국에 대한 역사와 문화를 좀 더 깊게 알고 가길 바라는 마음에서다. 단지 런던의 겉모습만이 아니라 그 나라와 도시를 이해하고 알아 간다면 여행에서 보고 느끼는 것이 훨씬 달라질 것이다. 영국 사람들의 사소한 행동과 익숙한 태도도 이해할 수 있을 것이다. 거창하고 어렵게 생각할 필요는 없다. 헨리 8세의 역사를 다룬 영화나 런던 배경의 셜록 드라마만 보고 가더라도 런던 여행은 훨씬 재밌어질 것이다. 명화를 좋아한다면 내셔널 갤러리의 명화 작품에 대한 설명을 미리 인터넷이나 책으로 공부해 보자.

2. 책을 펴자

인터넷에 아무리 많은 여행 후기와 정보가 있다 하더라도 조각조각의 정보들만으로는 가보지 않은 곳에 대해 큰 그림을 그리기가 어렵다. 런던 지도를 펴고 런던 시내가 어디에 있는지, 중요한 관광지가 어디인지 확인해 보자. 이 책의 테마별, 지역별 정보를 보며 나만의 여행 스타일과 방향을 그려볼 수 있을 것이다.

3. 여행 카페와 블로그 후기를 참고하자

책을 읽으며 큰 그림을 잡았다면 페이지의 한계로 담지 못한 세세한 정보를 인터넷으로 찾아보자. 마음에 드는 곳에 대한 더 다양한 사진과 후기를 원한다면 여행 카페나 블로그 후기를 참고하자. 다만 후기는 글쓴이의 주관적인 견해가 다소 있을 수 있으니 휘둘리지 말고 '참고'만 하자. 너무 많은 후기를 보다 보면 오히려 막상 관광지에 대한 기대감과 설렘이 사라질 수 있으니 필요한 정보만 딱 얻고 약간의 기대감을 남겨두자.

4. 구글을 적극 이용하자

관광지 입장료와 운영 시간은 변경될 가능성이 있으니 정확한 최신 정보는 공식 홈페이지에서 한 번 더 확인하자. 특히 구글맵은 런던 여행에서 가장 필수적인 앱이다. 길을 찾고, 대중교통 이용할 때 정확하고 빠른 데이터를 제공하니 사용 방법을 미리 한국에서 연습하는 것도 구글맵에 익숙해지는 데 좋은 방법이다.

D-40

MISSION 5 숙소를 예약하자

1. 숙소의 위치는 어디로 할까?

숙소를 예약하기 전에 런던 여행 정보를 먼저 수집 하면 숙소 위치에 대한 감을 잡기 훨씬 쉽다. 런던 지도를 펴고 가고 싶은 관광지를 표시한 뒤에 가장 중간에 위치한 지역으로 숙소를 알아보면 이동시간을 절약할 수 있다. 런던 1존 지역은 언더그라운드나 버스로 쉽게 주요 관광지로 이동할 수 있지만 시내 중심이다 보니 다소 복잡한 분위기이다. 2존은 언더그라운드로 런던 중심가까지 약 20~30분가량 이동해야 하지만, 아름다운 자연과 런더너의 일상을 여유롭게 즐길 수 있다.

2. 런던에는 어떤 숙소가 있을까?

1박에 300파운드가 넘는 최고급 호텔들은 단순히 고급 호텔이 아닌, 100년 이상의 역사를 자랑하는 런던 귀족 사교 문화의 장이다. 영국 최고 디자이너들이 참여한 예술적인 부티크 호텔은 런던에서의 독특한 하룻밤을 선물할 것이다. 실용적이고 깔끔한 일반 체인 호텔과 저렴한 가격이 매력인 호스텔까지 선택의 폭이 넓다. 영국 가정집의 편안함을 느끼며 아침을 먹을 수 있는 B & B도 있다.

3. 어떻게 예약할까?

호텔이나 호스텔에 묵을 예정이라면 여러 곳의 프로모션 정보를 제공하고 가격 비교를 해주는 예약 사이트를 이용해 보자. 일일이 각 홈페이지에 들어가서 예약하는 것보다 시간과 가격을 절약할 수 있다. 무엇보다 한국어로 번역되어 마음도 편하다. B & B는 에어비앤비나 B & B 전용 사이트를 이용하고, 한인 민박은 한인 민박 포털이나 각 민박 홈페이지를 통해 정보를 얻자.

호텔 예약 사이트

트리바고 www.trivago.co.kr
부킹닷컴 www.booking.com

호스텔 예약 사이트

호스텔스닷컴 www.hostels.com/ko

B & B 예약 사이트

에어 비앤비 www.airbnb.com
베드앤브랙퍼스트 www.bedandbreakfast.com
트립어드바이저 www.tripadvisor.com

한인 민박 포털 사이트

마이리얼트립 www.myrealtrip.com
민다 www.theminda.com

D-30

MISSION 6 각종 증명서를 준비하자

1. 여행자 보험을 들어야 할까?

아무 사건사고 없이 즐겁게 여행을 마무리하는 것이 가장 이상적이다. 하지만 혹시라도 일어날 수 있는 일들을 대비하기 위해 준비하는 것이 바로 여행자 보험이다. 갑자기 몸이 아프거나, 사고를 당하거나, 귀중품을 도난당한다면 여행자 보험으로 보상받을 수 있다. 회사와 보험 종류마다 다르지만, 단기 여행자라면 비교적 저렴한 금액(5만 원 이하)에 가입하고 보상을 받을 수 있으니 꼭 들고 여행 가길 추천한다.

2. 꼼꼼하게 여행자 보험을 숙지하자

사망, 상해, 도난, 질병이 포함되었는지, 보장 조건은 어떠한지, 어떻게 보험금액을 받을 수 있는지 꼼꼼하게 비교 후에 가입하고 보험 내용을 알고 있는 것이 중요하다. 출발 전 공항에서 드는 보험이 가장 비싸므로 미리 인터넷으로 가입해 두자. 보험증서, 비상 연락처, 제휴 병원 등의 증빙 서류는 여행 시 꼭 챙기자. 만약 여행 중 도난을 당했다면 현지 경찰서에 가서 도난 증명서(Stolen 항목에 체크)를 받아와야 귀국했을 때 보상받기 수월하다. 병원을 갔다면 병원에서 받은 증명서와 영수증도 잘 챙겨오자.

여행자 보험 가입 사이트

삼성화재 direct.samsungfire.com
현대해상 direct.hi.co.kr

3. 국제학생증을 만들자

런던 대부분의 관광지는 무료입장이긴 하지만, 일부 유료 관광지의 경우 학생인 경우 20~30% 할인받을 수 있다. 만 12세 이상의 풀타임 학생이라면 국제학생증을 만들 수 있으며, 온라인 신청으로 발급받을 수 있으니 미리 만들어 두자.

ISIC

필요 서류 재학증명서 등의 학생 증명 서류, 여권, 신분증, 증명사진
수수료 유효기간 1년 17,000원, 2년 34,000원
홈페이지 www.isic.co.kr

4. 국제운전면허증을 만들자

런던은 대중교통이 잘 되어 있고, 중심가가 워낙 복잡하기 때문에 차를 운전하며 런던 시내를 여행하는 것은 추천하지 않는다. 더군다나 교통혼잡세(The Congestion Charge)라는 제도가 있어서 평일 낮에 차로 런던 중심가를 지나면 하루에 15파운드를 내야 한다. 하지만 런던 근교 도시를 여유 있게 차로 둘러보고 싶다면 하루 이틀 정도 렌트를 할 수 있다. 이런 경우 국제운전면허증과 국내운전면허증, 여권을 지참하고 운전하자. 영국은 한국과 운전 방향이 반대이므로 특히 유의하자.

D-15

MISSION 7 알뜰하게 환전하자

1. 현금

영국은 유로를 쓰는 나라가 아니다. 파운드라는 영국 화폐를 사용하므로 한국에서 미리 파운드로 환전해 가자. 영국에는 한화를 파운드로 바꿀 수 있는 곳이 거의 없다. 인천공항에서 환전하는 것보다 주 거래 은행에서 환율 우대를 받는 것이 이득이니, 여행 전에 환율 추이를 봐서 적절한 시점에 환전하도록 하자. 도난, 분실의 위험이 있으니 한인 민박 숙소비나 투어 비용, 소소한 쇼핑, 식사비용같이 딱 필요한 만큼만 현금으로 가져가자. 만약 런던에서 파운드를 유로로 바꿔야 한다면 일반 은행보다는 빅토리아역 주변의 사설 환전소가 환율이 가장 좋은 편이니 이곳들을 이용해 보자.

2. 신용카드 & 체크카드

관광지 입장료, 쇼핑, 레스토랑, 오이스터 카드 충전까지 런던에서 카드로 결제할 수 있고, 현금이 필요한 경우에는 ATM 기계에서 인출할 수 있다. 도난, 분실의 위험이 있는 현금과 달리 카드는 잃어버려도 바로 정지 신고를 할 수 있으니 더욱 안전하고 들고 다니기가 편하다. 카드는 해외 사용 가능한 비자, 마스터카드 로고가 있어야 사용할 수 있다. 카드 분실이나 정지를 대비해 사용 가능한 다른 카드도 챙겨 두면 도움이 된다. 수수료는 보통 1~2.5%이며, 카드 뒷면에는 꼭 사인을 하자. 해외 사용이 가능한 카드(마스터, 비자, 아메리칸 익스프레스)가 연결된 삼성페이, 애플페이도 대부분의 매장에서 사용 가능하다.

카드 분실신고 시 전화번호

분실정지 전화번호
비자카드 0800-89-1725
마스터카드 0800-96-4767

TIP 알뜰하게 여행하자. 신박한 트래블 카드!

환전 수수료와 해외 인출 수수료 0%! 게다가 내가 원하는 시점, 원하는 환율에 외화를 충전하고 환전할 수 있다. 컨택리스 결제 기능이 가능하고 해외 가맹점 이용 수수료 무료이니 알뜰하고 쉽고 편하게 여행하고 싶다면 트래블 카드를 챙겨보자. 런던 교통카드 기능도 가능하다.

트래블 월렛 Travel Wallet(비자Visa 카드 기반)은 모든 은행 계좌 연동이 가능하다는 게 장점. 환전 가능한 통화가 38개(2023년 기준)로 한 번 여행에서 여러 나라를 여행할 경우 장점이 많다. 트래블 월렛 앱으로 충전 및 사용기록 확인까지 가능하다.

트래블 로그 Travelog는 여행 욕구를 뿜뿜 일으키는 감각적인 카드 디자인이 매력적이다. 마스터Master카드 기반. 하나은행 계좌 연동으로 하나머니 앱으로 충전하고, 수수료 면제 금액이 확인되어 얼마나 아꼈는지를 쉽게 확인할 수 있다.

D-2

MISSION 8 여행 짐을 싸자

여행 준비가 가장 실감 나는 순간, 바로 짐 쌀 때이다. 안 가져가면 챙겨올걸 하고 후회하고, 가져가면 굳이 무겁게 이건 안 가져와도 되는데 하며 후회한다. 여행에 완벽한 짐 꾸리기는 없는 듯하다. 하지만 아래 리스트를 참고해서 개인의 취향에 맞게 골라보자. 짐을 다 싸면 항공사에서 허용하는 짐 무게가 맞는지 확인해 보자. 런던에서 쇼핑한 것들을 넣을 공간을 감안해서 여유 있게 짐을 싸는 것은 필수!

1. 꼭 가져가야 하는 준비물

여권 유효기간을 다시 한번 확인하자. 혹시 분실할 경우를 대비해 사진이 나와 있는 여권 첫 면의 복사본과 여권 사진도 몇 장 챙기자.

항공권 스마트폰으로 E-티켓만 보여줘도 발권이 가능하다. 여행이 아닌 특별 목적으로 입국 심사 인터뷰를 해야 할 경우에는 리턴 티켓이 필요할 수도 있다.

여행 경비 환전한 파운드와 해외에서 사용 가능한 신용카드를 챙기자.

각종 증명서 필요하다면 국제학생증, 국제운전면허증, 혹시 모를 여권 분실에 대비해 신분증 또는 여권 사본, 여권용 사진 1매를 챙기자.

옷 두꺼운 옷 하나 입는 것보다 얇은 카디건이나 셔츠, 티셔츠 등으로 겹쳐 입으면 변화무쌍한 영국 날씨 변화 효율적으로 대처할 수 있다.

스카프 한여름이 아니고는 영국은 아침저녁으로 쌀쌀하고 바람도 많이 부는 편이다. 스카프를 가져가면 체온을 지켜주고 감기 예방에도 좋다.

신발 런던의 관광지들은 대부분 주변에 모여 있기 때문에 걸어서 관광하기 좋다. 오래 많이 걸으려면 당연히 편하고 가벼운 신발이 좋다.

가방 지갑, 핸드폰, 카메라 등을 넣을 수 있는 작은 크로스백이 좋다.

동전 지갑 영국은 동전 단위가 크고 종류가 많아 동전 사용 빈도가 높다. 동전 지갑에 동전, 지폐, 오이스터 카드, 꼭 필요한 신용카드 정도만 챙겨 다니면 휴대하기에도, 계산할 때에도 편하다.

우산 영국 여행에서 없어선 안 될 우산. 특히 가을과 겨울 여행자라면 꼭 챙기자. 여행할 때 들고 다닐 수 있는 가볍고 접히는 사이즈가 좋다.

세면도구 호텔에서 기본적인 세안용품은 제공하지만, 본인이 쓰던 칫솔, 치약, 클렌저 등을 챙겨가도 좋다.

화장품 샘플이나 필요한 만큼만 공병에 덜어 가자. 외부 활동이 많으므로 선크림도 꼭 가져가자.

비상약품 감기약, 소화제, 모기약, 반창고, 연고 등 기본적인 약은 조금씩 챙겨 가자.

생리용품 영국 제품은 한국제품에 비해 부피도 크고 질도 좋지 않다. 평소에 본인이 쓰던 제품으로 가져가자.

핸드폰 시계, 지도, 정보검색, 한국으로 연락, 카메라 모든 기능을 할 수 있다.

카메라 인생사진을 남기고 싶다면 화질 좋은 카메라를 챙기자. 충전기도 잊지 말자.

멀티 어댑터 영국은 230V, 3개의 네모난 핀으로 된 콘센트를 사용한다. 220V를 사용하는 한국과 다르므로 휴대폰과 카메라 충전을 위해 멀티 어댑터가 필요하다.

가이드북, 종이지도 지도 앱이 잘 되어 있긴 하지만, 종이지도만큼 가독성이 좋은 것이 없다. 필요한 정보가 있을 땐 가이드북에서 바로 찾아보자.

2. 가져가면 좋은 준비물

우비, 방수 점퍼 우산이 크게 역할을 하지 못할 정도로 바람이 불거나 맞기도 애매하고 우산을 쓰기에도 애매한 보슬비가 내릴 때는 가벼운 우비나 방수되는 패딩점퍼가 좋다.

장화 영국 사람들은 특별히 비가 오지 않아도 패션아이템으로 장화를 즐겨 신는다. 하지만 부피가 커서 여행자 입장이라면 한국에서 가져가는 것보다는 오히려 영국에서 사는 것이 디자인이나 가격 면에서 좋다.

선글라스 햇빛으로부터 눈을 보호하자. 런더너처럼 한가로이 공원에 앉아 여유를 즐기고 싶다면 더욱더 선글라스를 챙겨 가자.

스마트 캐주얼 복장 대부분의 런던 뮤지컬과 오페라 공연장, 애프터눈 티, 칵테일 바, 호텔 레스토랑은 입장 시에 깔끔한 스마트캐주얼 스타일을 요구한다. 청바지, 운동화, 슬리퍼, 샌들, 짧은 바지나 짧은 치마는 입장이 불가한 곳들도 있다. 재킷, 셔츠, 블라우스, 원피스 등으로 갖춰 입고 그 분위기를 교양 있고 멋지게 즐겨 보자.

지퍼백 세탁해야 할 옷을 담거나 작은 물건들을 분류해서 짐 싸기 좋다.

손톱깎이, 면봉 가져가면 분명 '잘 가져왔구나' 하는 아이템. 부피도 작으니 챙겨 가자.

반짇고리 단추나 지퍼가 떨어졌을 때 사용하자.

핫팩 런던 숙소는 난방이 잘 안된다. 가을, 겨울 밤에는 추울 수 있으니 추위를 많이 타면 챙겨 가자.

컵라면, 컵밥 얼큰하고 따듯한 라면을 먹으면 다시 여행할 힘이 난다. 한인 민박에서는 라면을 제공하니 호텔, 호스텔 여행자라면 챙겨 보자.

D-day

MISSION 9 런던으로 입국하자

인천공항에서 출국하기

1. 항공사 카운터 확인

최소 출발 2시간 전까지는 공항에 도착해 3층 출국장으로 간다. 운항 정보 안내 모니터를 보고 해당 항공사 체크인 카운터를 확인하자.

2. 탑승 수속

해당 항공사의 카운터로 가서 여권과 항공권을 보여 주고 보딩패스를 받는다. 티켓에 적힌 탑승 시간과 게이트, 좌석을 자세히 확인한다. 일부 항공사의 경우 출국 48시간이나 24시간 전부터 온라인 체크인이 가능하며, 원하는 좌석선택 및 탑승권 출력을 할 수 있다.

3. 짐 부치기

일반적인 이코노미 클래스의 항공 수하물은 23kg까지 허용된다. 항공사마다 다르니 티켓에 나온 규정을 잘 확인하자. 칼, 송곳, 면도기, 발화 물질, 100ml가 넘는 액체나 젤 등은 기내에 들고 탈 수 없으니 수하물에 넣자.

4. 보안 검색

여권과 보딩패스가 있는 사람만 출국장 안으로 들어갈 수 있다. 기내 휴대용 물품은 엑스레이를, 사람은 금속탐지기를 통과한다. 보석이나 고가의 물건을 휴대하고 있다면 세관에 미리 신고하자. 태블릿 PC, 노트북이 있다면 가방에서 빼서 다른 트레이에 담는다.

5. 출국 수속

만 19세 이상 대한민국 여권을 소지한 국민이라면 별도 등록 없이 자동 출입국 심사를 받을 수 있다. 여권의 인적 사항 면을 판독기에 올려놓고 자동문이 열리면 게이트 안으로 들어간다. 지문인식과 안면인식 절차를 거쳐 쉽고 빠르게 출입국이 가능하다.

6. 탑승

탑승 마감 20~30분 전까지는 해당 게이트에 도착하자. 외국 항공사의 경우에는 모노레일을 타고 별도의 청사로 이동해야 하므로 더 여유 있게 출발하자. 인터넷으로 구입한 면세 물품을 찾을 경우 대기시간을 감안해 더 일찍 출국 수속을 밟자.

런던 히드로 공항으로 입국하기

1. 공항 도착

10시간이 넘는 긴 비행 후에 드디어 꿈에 그리던 런던에 도착했다. 잊어버리고 내리는 물건은 없는지 한 번 더 살핀 뒤에 비행기에서 내리자.

2. 전자여권 게이트 입국

2019년 5월 20일부터 한국, 미국, 캐나다, 호주 등의 국적을 가진 승객의 영국 입국 시 조금 더 편하게 입국할 수 있는 자동 입국심사 E-passport gate 제도가 정식으로 운영되고 있다. 이전처럼 영국 입국신고서를 작성하거나 심사관 인터뷰 없이 입국장 내 위치한 전자 여권 게이트 E-passport gate 부스를 이용해 간단하게 입국이 가능하다. 대상자는 한국 국적의 만 18세 이상 전자 여권 소지자이며, 만 12~17세의 경우에는 성인 동반 시에만 자동 입국 게이트 이용이 가능하다. 12세 미만 어린이가 있거나, 단기 교육을 위해 방문하거나, 사증 발급이 요구되는 목적의 입국 시 심사관 대면 인터뷰를 거쳐 입국 도장을 받아야 한다.

3. 수화물 찾기

이제 런던이 정말 눈앞에 있다. 탑승했던 항공편에 해당하는 레일 번호로 가서 짐을 찾자. 마지막까지 내 짐이 나오지 않는다면 배기지 클레임 태그Baggage Claim Tag를 가지고 항공사에 분실신고를 한다.

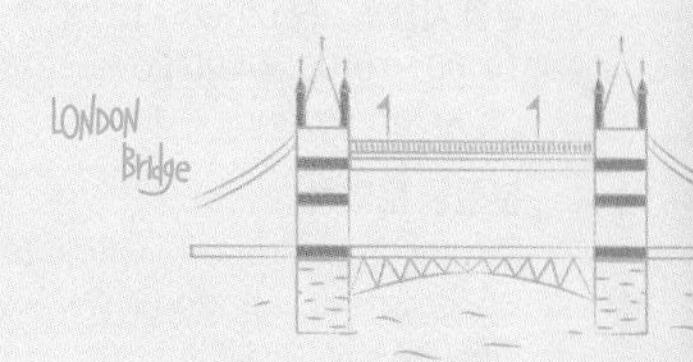

| 꼭 알아야 할 런던 필수 정보 |

NO.1 런던에 대한 기본 상식

면적 런던의 총면적은 1,572km²로 서울보다 약 2배 이상 넓다. 하지만 인구는 약 8백 5십만 명으로 서울보다 약 2백만 명 적다. 산이 없고 평평한 지형 덕분에 높은 건물에 모여 살지 않고 넓게 퍼져 산다.

시차 한국보다 9시간 느리다. 서머타임 기간(3월 마지막 주 일요일~10월 마지막 주 일요일)에는 8시간이다.

기후 북대서양에 둘러싸인 섬나라로 계절에 따른 기온 변화는 크지 않다. 하지만 습한 바람과 비가 자주 오며 날씨가 변덕스럽다.

언어 영국식 억양의 영어를 사용한다.

전화 영국의 국가번호는 +44이다. 반대로 영국에서 한국으로 전화를 걸 때는 +82(한국)+0을 뺀 지역번호 혹은 핸드폰 번호+상대방 전화번호를 누른다.

통화 파운드(pound/£)를 사용하며 일부 관광지를 제외하고는 유로를 받는 곳은 거의 없다.

전압 영국의 전압은 230V/50Hz로 3개의 네모난 핀으로 된 콘센트를 사용한다.

NO.2 긴급 연락처

주영 한국 대사관

가는 법 세인트 제임스 파크역에서 도보 5분, 빅토리아역에서 도보 15분
주소 60 Buckingham Gate, Westminster, London SW1E 6AJ
전화 020-7227-5500(업무시간 외 긴급연락처 078-7650-6895)
운영 시간 월~금 09:00~12:00, 14:00~16:00 **홈페이지** overseas.mofa.go.kr/gb-ko/index.do

분실물 문의처

주소 the Lost Property Office at 200 Baker Street, London NW1 5RZ
전화 034-3222-1234

응급 전화(경찰, 소방서, 구급차 동일)

전화 999

응급상황이 아닌 경찰 신고

전화 101

긴급 연락 병원

세인트 마리스 병원 St. Marys Hospital
가는 법 패딩턴역에서 도보 3분
주소 Praed St, London W2 1NY
전화 020-3312-6666

유니버시티 칼리지 병원 University College Hospital
가는 법 워렌 스트리트에서 도보 1분
주소 235 Euston Rd, Bloomsbury, London NW1 2BU
전화 020-3456-7890

항공 관련

대한항공
주소 Savile Row, London, W1S 2ES
전화 020-7851-1557

아시아나 항공
주소 The second floor south, 1-11 Carteret street, London, SW1H 9DJ
전화 084-5602-9900

히드로공항 전화 084-4335-1801
게트윅공항 전화 084-4892-0322

여행 정보 사이트

런던 관광 사이트 www.visitlondon.com
영국 관광 사이트 www.visitbritain.com
런던 교통청 tfl.gov.uk
타임아웃 런던 www.timeout.com/london

| 런던 여행 주의 사항 TOP 6 |

NO.1 소지품은 항상 잘 챙기자

다른 유럽 대도시들에 비해 치안이 좋은 편이지만 사람이 모이는 관광지에는 소매치기가 많으니 귀중품과 휴대폰, 카메라는 특히 주의하자. 공공장소에서 휴대폰이나 가방을 테이블이나 의자에 놓는 일은 절대 하지 말자. 맥도날드 같은 곳에서 불우 이웃 기금 모금이라고 하면서 사인을 받는 척하고 귀중품을 가져가는 일도 종종 있다. 최근 오토바이를 탄 소매치기 일당이 길거리에서 사진을 찍거나 문자를 보내는 관광객의 휴대폰을 가로채 가는 일이 종종 발생하니 길거리에서는 최대한 휴대폰 사용을 자제하자.

NO.2 수상한 사람은 경계하자

빅 벤 앞이나 피카딜리 서커스 주변에는 슈렉 같은 만화 캐릭터나 찰리 채플린의 분장을 하고 사진 찍자는 사람들이 있다. 처음에는 친절하게 웃으면서 사진을 찍지만 후에는 험악하게 사진 비용을 요구하고 끝까지 따라온다. 눈을 마주치지 말고 무시하는 것이 상책!

NO.3 차 조심 길 조심

영국은 우리와 교통체계 방향이 반대이다. 차가 오른쪽에서 오니 항상 양쪽을 잘 보고 길을 건너자.

NO.4 화장실 이용하기

런던 시내의 공용 화장실은 찾기 어렵기도 하고 대부분 유료이다. 대신 갤러리, 박물관 내의 화장실은 무료이니 갈 기회가 있을 때 화장실을 이용해두자.

NO.5 비상약은 미리 챙기자

런던 곳곳에 있는 부츠에서도 약을 구입할 수 있지만 증상을 제대로 영어로 전달하는 것이 어려울 수 있으니, 간단한 비상약은 미리 한국에서 준비해 가자. 여행 전에 여행자 보험을 가입하는 것이 현명하다.

NO.6 단위를 헷갈리지 말자

영국은 거리를 킬로미터km가 아닌 마일mile을 기준으로 한다. 1마일은 약 1.6킬로미터이다.

| 여행에 필요한 기본 영어 표현 |

영국에서 일부 단어는 우리에게 익숙한 미국식 표현과 다르다. 볼일 보러 화장실에 가고 싶어서 '배스룸'이 어디냐고 물으면 목욕을 하는 줄 알고 욕조가 있는 화장실을 알려줄 것이다. 런던 상점에서 '팬츠'를 달라고 하면 속옷을 받을 수 있으니 아래 표현을 잘 읽어 보자.

NO.1 쇼핑할 때

뜻	영국영어	미국영어
바지	Trousers	Pants
속옷	Pants/Underwear	Underwear/Panties
장화	Wellington Boots / Wellies	Rain boots
운동화	Trainers	Sneakers

NO.2 식당에서

뜻	영국영어	미국영어
쿠키	Biscuit	Cookie
사탕, 군것질 거리	Sweets	Candy
바삭한 감자칩	Crisps	Potato Chips
두툼한 감자튀김	Chips	French Fries
애피타이저	Starter	Appetizer
디저트	Puddings/Afters	Dessert
계산서	Bill	Check
포장	Take-away	Take out

NO.3 길에서

뜻	영국영어	미국영어
주차장	Car park	Parking Lot
횡단보도	Pedestrian Crossing	Cross Walk
주유소	Petrol Station	Gas Station
전화박스	Phone Box	Telephone Booth
화장실	Toilet	Bathroom/Restroom
쓰레기통	Bin/Dust Bin	Trash Can

NO.4 기타 단어

뜻	영국영어	미국영어
가을	Autumn	Fall
공휴일	Bank Holiday	National Holiday
엘리베이터	Lift	Elevator
줄서기	Queue	Stand in a Line
병원/의원	Surgery	Clinic
약국/약사	Chemist	Drug Store
축구	Football	Soccer
아파트의 한 집	Flat apartment	Apartment

INDEX

EAT

INDEX

BUY

SLEEP